高等学校土木工程专业“卓越工程师”教育“十四五”规划教材

# 建筑力学

## （第3版）

主　编　黎永索　何　叶
副主编　彭智高

武汉理工大学出版社
·武　汉·

**内 容 提 要**

本书是依据土建类应用型本科人才培养目标，结合应用型人才培养的特点编写的实用教材，涵盖了静力学、材料力学和结构力学的主要内容。全书共 13 章，包括建筑力学基础，平面任意力系，截面的几何参数，杆件的轴向拉伸与压缩，杆件的剪切、挤压与扭转，梁的弯曲，应力状态与强度理论，组合变形，压杆稳定，平面体系的几何组成分析，静定结构内力计算，静定结构的位移计算及超静定结构的内力计算。每章均配有教学目标、小结、思考题、习题，书后附有部分习题简答。

本书适用于 64～80 学时的教学安排，适合作为城市规划、建筑学、工程管理、工程造价、给水排水科学与工程、交通工程、水利水电工程、市政工程等专业建筑力学课程的教学用书，也可供相关的工程技术人员参考。

**图书在版编目(CIP)数据**

建筑力学 / 黎永索，何叶主编. -- 3 版. -- 武汉：武汉理工大学出版社，2025. 8

ISBN 978-7-5629-7547-2

Ⅰ. TU311

中国国家版本馆 CIP 数据核字第 202504P3M9 号

**项目负责人**：高　英　汪浪涛　戴皓华　　**责任编辑**：高　英

**责 任 校 对**：李正五　　**版面设计**：正风图文

**出 版 发 行**：武汉理工大学出版社

**社　　　址**：武汉市洪山区珞狮路 122 号

**邮　　　编**：430070

**网　　　址**：http://www.wutp.com.cn

**经　　　销**：各地新华书店

**印　　　刷**：武汉市洪林印务有限公司

**开　　　本**：787×1092　1/16

**印　　　张**：16.75

**字　　　数**：429 千字

**版　　　次**：2025 年 8 月第 3 版

**印　　　次**：2025 年 8 月第 1 次印刷　总第 9 次印刷

**定　　　价**：40.00 元

凡购本书，如有缺页、倒页、脱页等印装质量问题，请向出版社发行部调换。

本社购书热线电话：027-87391631　87664138

# 第 3 版前言

本书是依据土建类一流应用型本科人才培养目标，结合以培养应用型人才为主的普通高等学校城乡规划、建筑学、工程管理、工程造价、给水排水科学与工程、交通工程、水利水电工程、市政工程等专业的需求，在第 2 版的基础上修订而成的。

为适应应用型本科高校的实际情况，本书紧扣教学基本要求，精简内容，突出重点，力求在有限的学时内充分讲述与城建类专业密切相关的力学基本概念、基本理论和基本方法，满足应用型本科高等学校城建类人才培养要求。

本书共计 13 章，第 1、2 章为刚体静力学，主要内容包括建筑力学基础、平面力系的简化与平衡计算；第 3 至 9 章为材料力学，主要内容包括截面几何参数与计算，杆件的轴向拉伸与压缩，杆件的剪切、挤压与扭转，梁的弯曲，应力状态与强度理论，组合变形和压杆稳定；第 10 至 13 章为结构力学，主要内容包括平面体系的几何组成分析、静定结构内力计算、静定结构的位移计算、超静定结构内力计算。

本书在每章开头都有教学目标，目的是使读者在学习本章前能对该章节的主要内容有个系统的认识，并依据教学大纲的要求，较快地掌握该章的知识要点。每章后都附有小结、思考题和难度不等的习题，为读者学习掌握该章知识提供帮助。

本书编写由湖南城市学院黎永索（第 1、3 章）、何叶（第 7 章）、彭智高（第 6 章）、彭桂强（第 12 章）、肖虹（第 8 章）、王初红（第 9 章）、姜磊（第 4 章）、赵稳军（第 2 章）、吴丽君（第 5 章）、杨山波（第 11 章）、陈欣（第 13 章）、朱伟华（第 10 章）共同完成。全书由黎永索、何叶负责统稿并担任主编。

本书编写过程中得到了很多力学同仁的指导和帮助，书中内容参考了很多力学教材，本书编写也得到了湖南城市学院土木工程、城乡规划、建筑学、工程造价、给排水科学与工程、测绘工程等湖南省一流专业建设点的资助，在此一并致谢。

本书在第 2 版基础上对教学内容进行了删减和优化，但限于编者水平，书中难免存在欠妥之处，恳请广大读者批评指正。

**编　者**

2025 年 4 月

# 目　　录

# 1 建筑力学基础

**教学目标**

(1)了解建筑力学课程的性质、任务

(2)了解刚体、变形固体基本概念和变形固体基本假设

(3)掌握力与力系的基本概念、静力学的基本公理

(4)掌握结构简化原则和结构计算简图的选取与简化

(5)掌握物体受力分析方法和绘制受力图

## 1.1 建筑力学的研究对象和任务

在日常生产和生活中,需要建造各种各样的建筑物或构筑物,这些建筑物或构筑物不仅要满足一定的使用功能,还要确保安全、经济与合理。对这些建筑物或构筑物进行结构设计时,结构的力学分析和计算对确保建筑物的安全、经济和适用性非常关键。**建筑力学**是研究建筑物或构筑物设计中有关力学分析与计算问题的一门课程。

### 1.1.1 建筑力学的研究对象

建筑力学的研究对象是各种各样的建筑物或构筑物。

建筑物中承受荷载而起骨架作用的部分称为**结构**,组成结构的每一部分称为**构件**。结构和构件承受的荷载有其自重、风荷载、人群荷载、屋面积雪、吊车压力等,同时,还承受其他因素的影响,如温度变化、支座沉降、地震作用等。图 1.1 为单层工业厂房,其结构一般由屋面板、连系梁、屋架、吊车梁、柱、基础等构件组成。

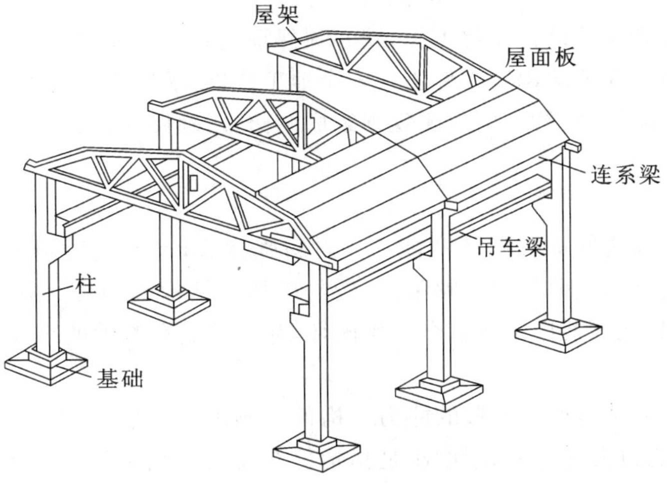


**图 1.1**

结构的类型很多，按照结构构件的形状和几何尺寸，可以将结构分为杆件结构、板壳结构和实体结构三类。

**杆件结构**是由若干根杆件相互连接而成，图 1.1 所示厂房即为杆件结构。杆件的几何特征是其长度远大于截面的宽度和高度，如图 1.2(a)所示。杆件轴线为直线的称为直杆，杆件轴线为曲线的称为曲杆。各种结构中，杆件结构最多，本书讨论的也主要是杆件结构。

**板壳结构**又称薄壁结构，是指长度和宽度远大于其厚度的结构。形状为平面的板壳结构称为板，如图 1.2(b)所示；形状为曲面的板壳结构称为壳，如图 1.2(c)所示。

**实体结构**是指三个方向的尺寸比较接近，为同一量级的结构，图 1.2(d)所示的挡土墙，堤坝、块式基础等也是实体结构。

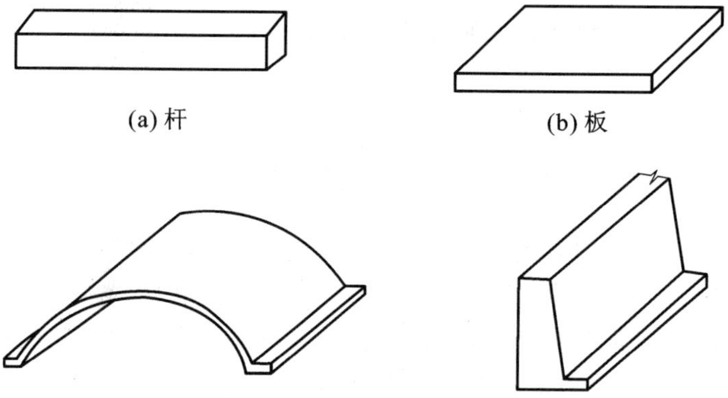

(a) 杆　(b) 板　(c) 壳　(d) 挡土墙

图 1.2

### 1.1.2　建筑力学的基本任务

任何建筑物或机器设备都是由若干构件或零件组成的。在正常工作的情况下，组成建筑物和机器设备的各个构件通常都要受到各种外力的作用。例如，房屋中的梁要承受楼板传给它的重量、轧钢机受到钢坯变形时的阻力等。

要想使建筑物和机器设备正常工作，就必须保证组成它们的每一个构件在荷载作用下都能正常工作。为了保证结构和构件正常安全地工作，要求结构和构件必须满足以下要求：

(1)构件必须按照一定的几何组成规则组成结构，以确保在荷载作用时能够维持几何形状不发生改变。

(2)强度要求

**强度**是指材料或构件抵抗破坏的能力。材料强度高，是指这种材料比较坚固，不易破坏；材料强度低，则是指这种材料不够坚固，较易破坏。结构或构件必须具备一定的承载能力，否则在荷载或其他因素作用下就会发生破坏，甚至造成灾难性的事故。

(3)刚度要求

**刚度**是指构件或结构抵抗变形的能力。构件的刚度大，是指构件在荷载作用下不易变形，即抵抗变形的能力大；构件的刚度小是指构件在荷载作用下较易变形，即抵抗变形的能力小。任何物体在外力作用下，都会产生不同程度的变形。在工程中，即使构件强度足够，如果变形过大，也会影响其正常工作。例如，楼板梁在荷载作用下产生的变形过大，下面的抹灰层就会开裂、脱落。因此，在实际工程中，为保证构件在荷载作用下产生的变形不超过一定的范围，就要求构件具有一定的刚度。

（4）稳定性要求

受压的细长杆和薄壁构件，必须保持原有的平衡，即要求具备一定的**稳定性**。当压力增加时，构件突然失去初始平衡而破坏的现象，称为失稳。构件失稳将导致结构物的破坏。例如，房屋中受压柱如果是细长的，当压力超过一定限度后，就有可能显著地变弯，甚至弯曲折断，由此酿成严重事故。因此，细长的受压构件，必须保证其具有足够的稳定性。

建筑力学的任务是研究结构的几何组成规则，以及在荷载作用下结构和构件的强度、刚度和稳定性问题。其目的是保证结构按照设计要求正常工作，使所设计的结构和构件安全可靠、经济合理。

本书着重讨论构件的强度和刚度问题，并用较大篇幅讨论结构的内力计算。讨论结构的内力计算，一方面是学习内力的计算方法，另一方面也是为构件的强度和刚度计算提供内力条件。通过内力计算，了解结构的整体受力性能，为工程结构的设计提供理论依据。

## 1.2 建筑力学基本概念与假设

### 1.2.1 刚体

**刚体**是指在任何外力的作用下，大小和形状始终保持不变的物体，或者说在力的作用下其内任意两点间的距离不变的物体。实际上，任何物体受到力的作用后都会产生或大或小的变形，但在一些力学问题中，物体变形这一因素与所研究的问题无关，或对所研究的问题影响甚微，这时，就可将物体视为刚体，从而使问题得到简化。例如：桥梁在车辆、人群等荷载作用下的最大竖向变形一般不超过桥梁跨度的1/700～1/900。物体的微小变形对于研究物体的平衡问题影响很小，因而可以将物体视为不变形的理想物体——刚体。

### 1.2.2 变形固体

（1）变形固体的概念

自然界中的任何物体在外力作用下，都会产生或大或小的变形。由于固体的可变形性质，所以又将固体称为变形固体。严格地讲，自然界中的一切固体均属变形固体。

在建筑力学中，通常将物体抽象化为两种计算模型，即刚体模型和理想变形固体模型。在一些力学问题中，可以不考虑物体的变形，将物体视为刚体，从而使所研究的问题得到简化。如在第2章中，研究物体的平衡问题时，可将物体视为刚体。而有一些力学问题，物体的变形是不可忽略的，不考虑物体的变形就得不到问题的正确解答，故将物体视为变形固体。从第4章开始，研究的物体都是变形固体。

### 1.2.3 变形固体的基本假设

（1）**连续性假设**：连续性是指材料内部没有空隙。

(2)**均匀性假设**:均匀性是指材料的力学性质各处都相同。

(3)**各向同性假设**:材料沿不同的方向具有相同的力学性质。

满足连续均匀、各向同性假设的变形固体称为理想变形固体。采用理想变形固体模型不但使理论分析和计算得到简化,而且计算所得的结果在大多数情况下都能满足工程精度要求。

在工程实际中,大多数构件在荷载作用下,其几何尺寸的改变量与构件本身的尺寸相比都很小,称这类变形为“**小变形**”。由于变形很小,所以在研究构件的平衡、运动等问题时,可忽略其变形,采用构件变形前的原始尺寸进行计算,从而使计算大为简化。建筑力学中把实际材料看作连续、均匀、各向同性的可变形固体,且大多数情况下局限在弹性变形范围内和小变形条件下进行研究。

### 1.2.4 力与力系

(1)力的三要素

**力是物体间相互的机械作用,这种相互作用可以使物体的机械运动状态或形状发生改变**。力在日常生活和生产中随处可见,如物体的重力、摩擦力、水的压力等。

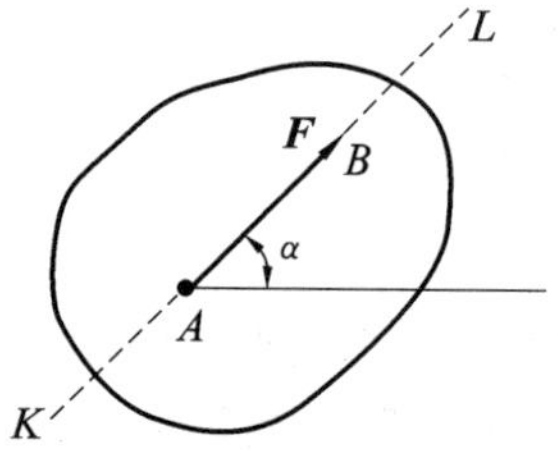


图 1.3

力的作用效应有外效应和内效应两种。力的外效应是使物体的机械运动状态发生改变,也叫**力的运动效应**;而力的内效应是使物体的形状发生改变,也叫**力的变形效应**。

通常用**力的三要素**来描述力对物体的作用效应,即力的大小、力的方向和力的作用点。由力的三要素可知,力是矢量,记作 $\boldsymbol{F}$,本书中的粗斜体均表示矢量。力可以用一带箭头的直线段表示,如图 1.3 所示。

力的国际单位是牛顿(N)或千牛顿(kN),$1\ \text{N}=1\ \text{kg}\cdot\text{m/s}^2$, $1\ \text{kN}=1\times10^3\ \text{N}$。

(2)力对点之矩

物体在力作用下产生的外效应,除移动效应外,还有**转动效应**。力对物体的移动效应取决于力的三要素,而力对物体的转动效应则用力矩来度量。用扳手拧(转动)螺母时[图 1.4(a)],其转动效应与力 $F$ 的大小、方向(扳手的旋向)和转动中心 $O$ 到力 $F$ 作用线的距离 $d$ 有关。物体在图 1.4(b)所示平面内受力 $F$ 作用,并绕某一点 $O$ 转动,则点 $O$ 称为转动中心,又叫**矩心**。矩心 $O$ 到力 $F$ 作用线的距离 $d$ 称为**力臂**。乘积 $F\cdot d$ 再加上适当的正负号称为力 $F$ 对 $O$ 点之矩,又称**力矩**,用符号 $M_O(\boldsymbol{F})$ 或 $M_O$ 表示。

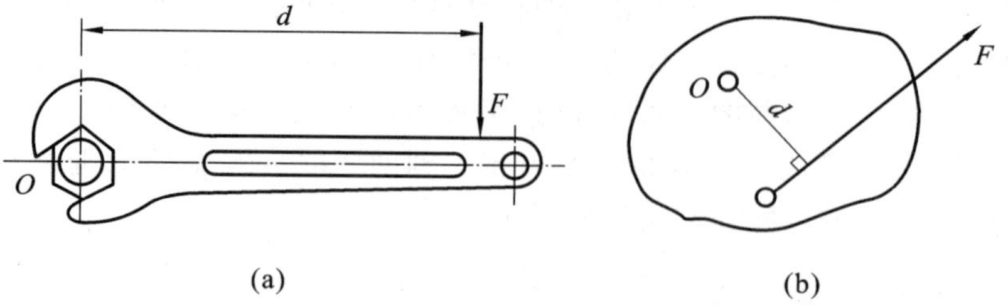


图 1.4

$$M_O = M_O(\boldsymbol{F}) = Fd \tag{1.1}$$

力矩的正负号规定：力使物体绕矩心做逆时针方向转动时为正，反之为负。力矩是一个与矩心位置有关的代数量。力矩的单位为 N·m 或 kN·m。

力矩的计算过程可总结为一找二算三判断。一找是找到力臂，二算是算出力矩的大小，三判断是根据力矩的正负号规定正确判断出力矩的正负号。当力等于零或力臂等于零时，力矩为零。

(3)力系

**力系**是作用于同一个物体上的一组力。力系分为平面力系和空间力系两种。作用线都在同一平面内的力系称为平面力系；各力的作用线不在同一平面内的力系称为空间力系。

平面力系可分为平面汇交力系、平面力偶系、平面平行力系和平面任意力系(图 1.5)。各力作用线都汇交于平面内同一点的力系称为**平面汇交力系**[图 1.5(a)]；由若干个力偶组成的平面力系称为**平面力偶系**[图 1.5(b)]；各力作用线平行的平面力系称为**平面平行力系**[图 1.5(c)]；各力作用线既不汇交又不平行的平面力系称为**平面任意力系**[图 1.5(d)]。

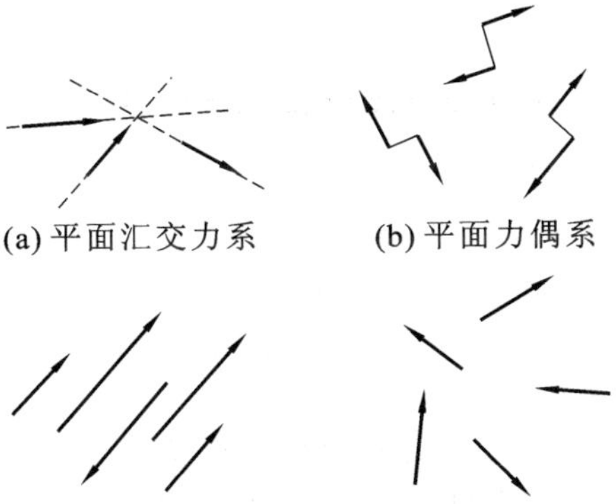

(a) 平面汇交力系　(b) 平面力偶系

(c) 平面平行力系　(d) 平面任意力系

**图 1.5**

**等效力系**是指两个力(系)对物体的作用效果完全相同的力系。

使物体平衡的力系称为**平衡力系**。

若一个力与一个力系等效，则这个力称为该力系的**合力**，而力系中的各个力称为该合力的**分力**。

### 1.2.5 静力学公理

**静力学公理**是指人们在生产和生活实践中长期积累和总结出来并通过实践反复验证的具有一般规律的定理和定律。它是静力学的理论基础，并且无须证明。常见的公理有以下 4 个：

(1)力的平行四边形法则

作用在物体上同一点的两个力，可以合成为一个合力，此合力的大小和方向由以此二力矢量为邻边构成的平行四边形的对角线确定，合力的作用点不变。如图 1.6(a)所示，$\boldsymbol{F}$ 为 $\boldsymbol{F}_1$ 和 $\boldsymbol{F}_2$ 的合力，即合力等于两个分力的矢量和。

$$\boldsymbol{F}_1 + \boldsymbol{F}_2 = \boldsymbol{F} \tag{1.2}$$

也可用三角形法则来确定合力，将二力依次首尾相接作为三角形的两边，三角形的封闭边则为二力的**合力**，如图 1.6(b)所示。力的平行四边形法则和三角形法则是最简单的力系简化法则，同时也是**力的分解法则**。

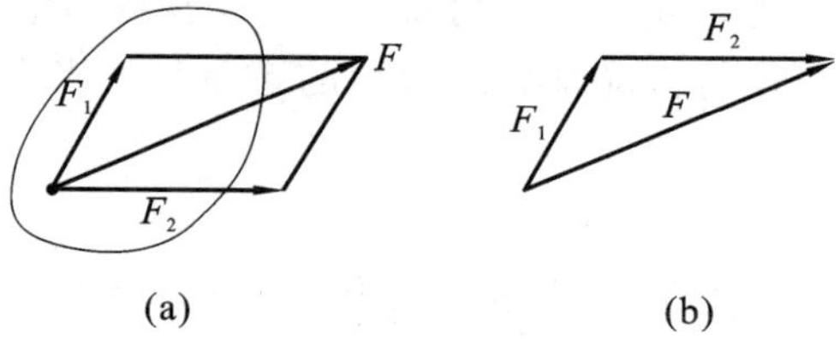


**图 1.6**

(2)二力平衡公理

作用于同一刚体上的两个力使其平衡的必要和充分条件是，这两个力大小相等、方向相反且作用在同一条直线上，即 $F_A = F_B$，如图 1.7 所示。

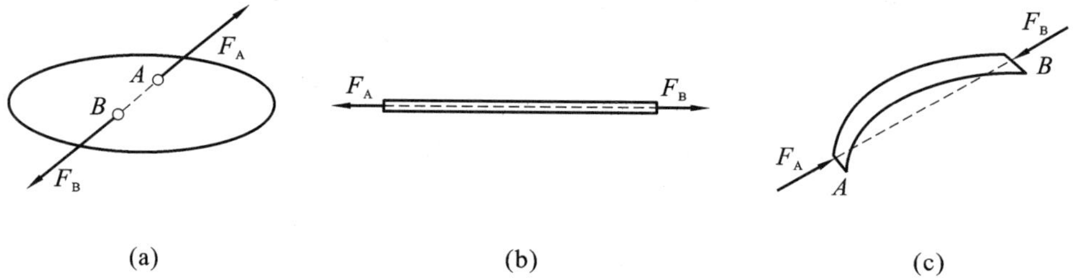


**图 1.7**

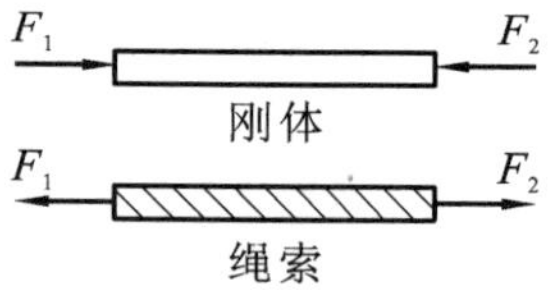


**图 1.8**

二力平衡公理对于刚体是充分的也是必要的，而对于变形体只是必要的，不是充分的。图 1.8 所示的绳索两端受到一对大小相等、方向相反的拉力作用时可以平衡，若是压力则不能平衡。

利用此公理可以确定力的作用线位置，如刚体在两个力的作用下平衡，若力的作用点确定，则力的作用线必在这两个作用点的连线上。此外，二力平衡力系是最简单的平衡力系。

受二力作用而处于平衡状态的杆件或构件称为二力杆件(简称为二力杆)或二力构件。图 1.9 中 $BC$ 杆即为二力杆。

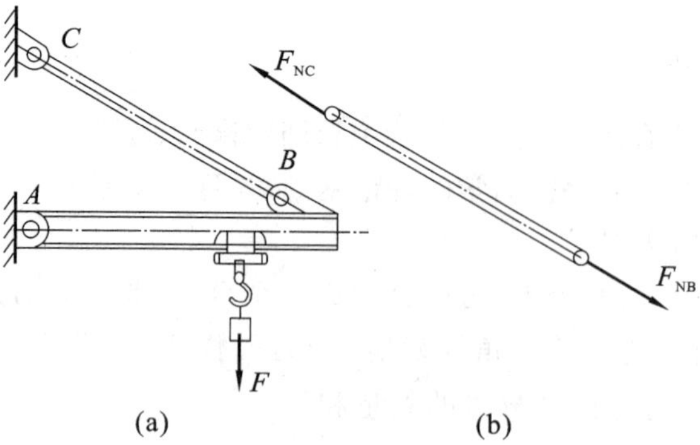


**图 1.9**

(3)加减平衡力系公理

作用于同一刚体上的任意力系中,加上或去掉任何平衡力系,原力系对刚体的作用效果不会改变,也表明同一刚体在平衡力系作用下不会产生运动效应。

由加减平衡力系公理,可以推导出力的可传性。

**推论1:力的可传性定理** 作用于同一刚体上的力可沿其作用线移动到刚体内任意一点,而不改变该力对刚体的作用效应,如图1.10所示。

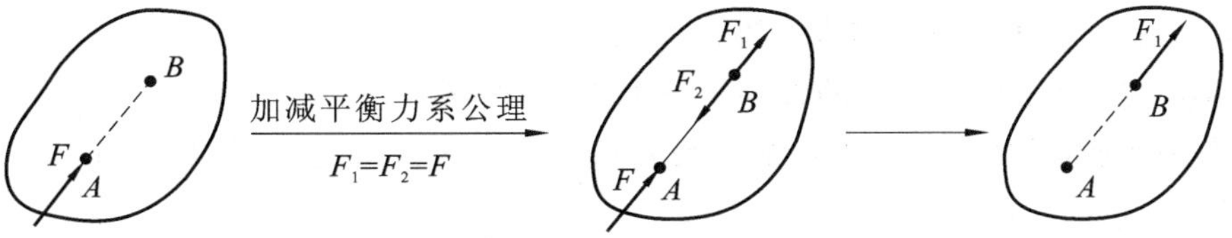


**图1.10**

由二力平衡公理和加减平衡力系公理,可以得出三力平衡汇交定理。

**推论2:三力平衡汇交定理** 刚体在三力作用下处于平衡,若其中的两个力汇交于一点,则第三个力必汇交于该点,如图1.11所示。

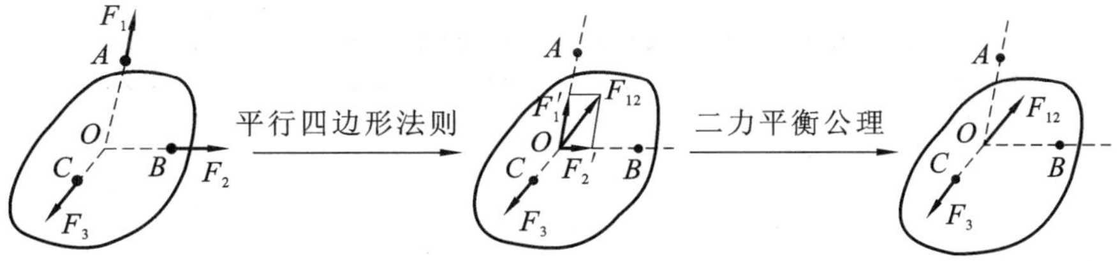


**图1.11**

应当指出,三力平衡汇交定理的条件是必要条件,不是充分条件。同时它也是确定力的作用线的方法之一,即若刚体在三个力的作用下处于平衡,若已知其中两个力的作用线汇交于一点,则第三个力的作用点与该汇交点的连线为第三个力的作用线,其指向由二力平衡公理来确定。

(4)作用与反作用定律

物体之间的作用力与反作用力总是成对出现,其大小相等、方向相反,沿同一直线且分别作用在这两个相互作用的物体上。如图1.12所示,$C$铰处$F_C = F'_C$为一对作用力与反作用力。

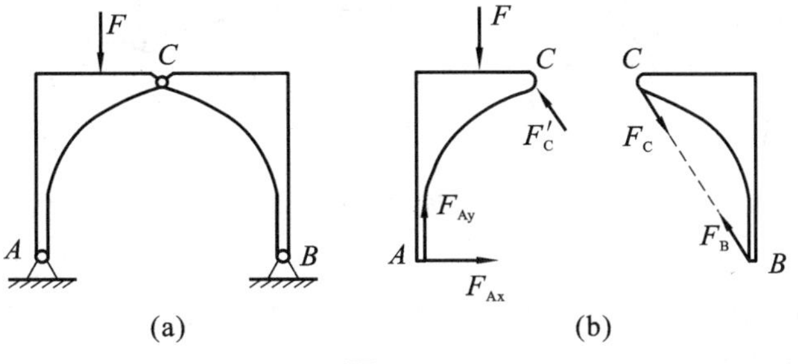


**图1.12**

# 1.3 结构简化与计算

## 1.3.1 结构体系的简化

建筑结构一般都是空间结构，各部分相互连接成为一个空间整体，以承受各个方向可能出现的荷载。多数情况下，常忽略一些次要的空间约束而将实际结构分解为平面结构，使计算得以简化，本书主要讨论平面结构的计算问题。

按连接方法，常见杆件结构的计算简图如图 1.13 所示。

**梁**：梁由受弯构件组成，杆件轴线一般为直线。梁一般分为单跨梁[图 1.13(a)]、多跨梁[图 1.13(b)]或连续梁。

**刚架**：由梁和柱组成的结构，具有刚结点[图 1.13(c)、图 1.13(d)]。

**拱**：一般由曲杆构成。在竖向荷载作用下，支座产生水平反力[图 1.13(e)]。

**桁架**：由若干直杆用铰链连接组成的结构[图 1.13(f)]。

**组合结构**：由桁架和梁或刚架组合在一起形成的结构，其中含有组合结点[图 1.13(g)]。

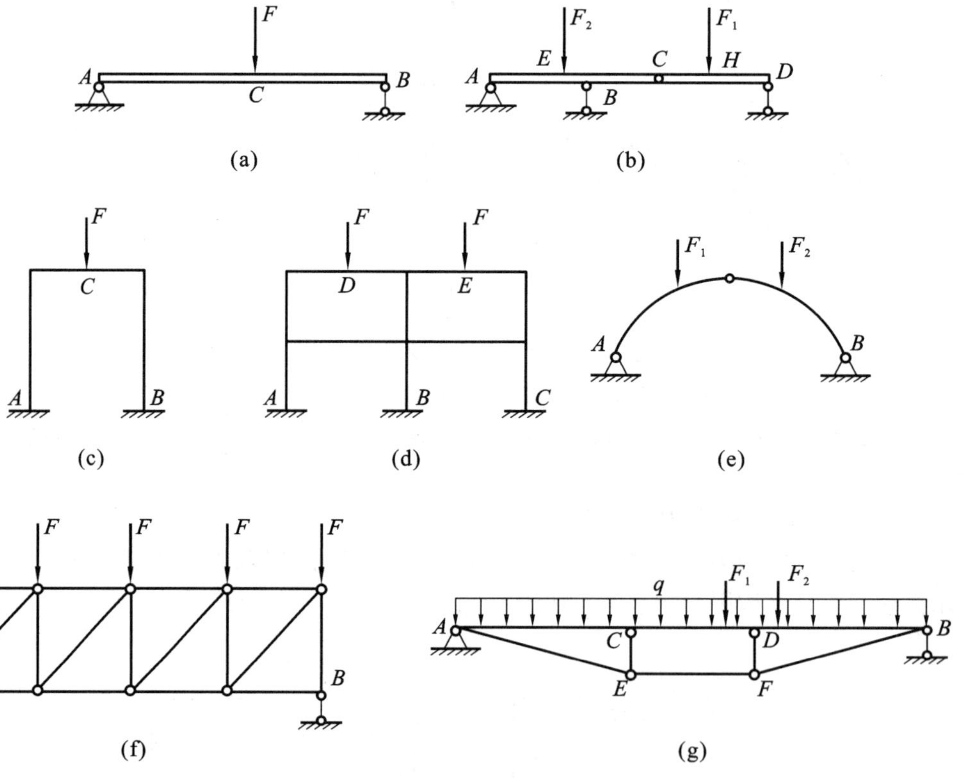


**图 1.13**

(1)杆件的简化

杆件一般简化成轴线，杆件之间的连接区一般简化成结点，杆长用结点间距表示，荷载作用简化至杆件的轴线上。

(2)结点的简化

杆件之间的连接区通常简化成为铰结点、刚结点和组合结点三种理想的结点形式，如图1.13所示。

**铰结点**的特征是其所连接的各杆件可以绕结点自由转动，杆件间的夹角可以改变，但杆件间不能发生相对移动，故铰结点只传递力(轴力和剪力)，不传递力矩(弯矩)。在计算简图中，铰结点用一个小圆圈表示。图1.14(a)所示屋架的杆件间的连接对相对转动的约束不强，受力时杆件可发生微小的转动，这种结点可近似地按照铰结点处理[1.14(b)]。

**刚结点**的特征是被连接的杆件在连接处既不能相对移动，又不能相对转动，故刚结点既可以传递力(轴力和剪力)，又可以传递力矩(弯矩)。图1.14(c)中钢筋混凝土的梁和柱现浇在一起的连接方式就是刚结点，计算简图如图1.14(d)所示。

组合结点在杆件连接处，如果将其中一部分杆件之间的连接视为刚性连接，而另一部分杆件之间的连接视为铰链连接，则称这样的结点为**组合结点**。图1.14(e)所示为厂房内的组合式吊车梁，上弦为钢筋混凝土T形截面梁，梁内的预埋钢板在$C$、$D$点与下面的角钢焊接形成组合结点；角钢之间为焊接，简化为铰结点，如图1.14(f)所示的$E$、$F$。

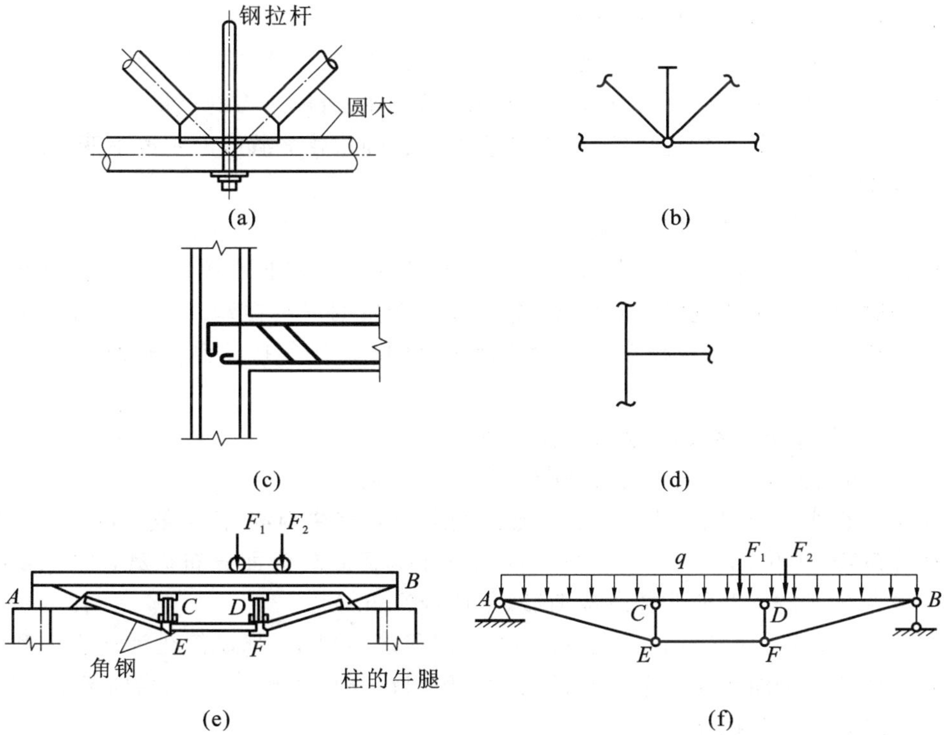


**图1.14**

(3)支座的简化

如图1.15所示，将预制柱子安装在杯形基础内，杯形基础内空隙填充细石混凝土时，将支座简化为固定支座；杯形基础内空隙填充沥青麻丝时，将支座简化为固定铰支座。当梁端支座下方安装滚轴时，支座可以简化为可动铰支座。固定支座和固定铰支座、可动铰支座详细情况见1.3.3节。

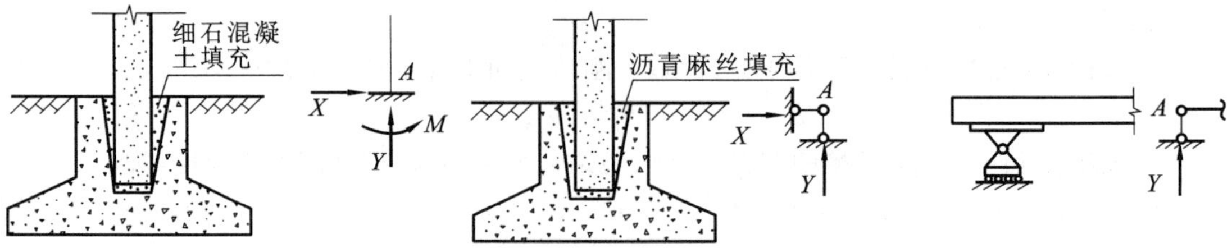


(a) 固定支座　　(b) 固定铰支座　　(c) 可动铰支座

图 1.15

### 1.3.2　荷载的分类

建筑物在施工过程及建成后的使用过程中，均受到各种各样的作用，使建筑物整体或局部发生变形、位移甚至破坏。工程中，对引起建筑物变形、位移甚至破坏的作用均称为**荷载**。

工程中，作用在结构上的荷载是多种多样的，可从不同的角度进行分类。

(1)按其作用时间分为恒载和活载

作用于结构上的荷载作用位置、荷载大小和方向长时间不变化的荷载为**恒载**，如结构的自重、固定在结构上的附属物和设备的重量等。

在建筑物的施工过程和使用期间可能存在的，其大小、方向、作用位置均可随时间的延续而变化的荷载称为**活载**。活载又可分为分布荷载(如人群、冰雪的重量、风压等)和可移动的集中荷载(如车辆、吊车的轮压等，其特点是大小、方向、各荷载间的距离不变，只有作用位置可在建筑物上移动)。

(2)按作用性质分为静载和动载

**静载**的特点是，自作用开始，其值保持不变或者变化过程非常缓慢，不会引起结构的显著振动。**动载**是随时间迅速变化的荷载，会使结构产生明显的振动。土木工程中大多数荷载都按照静载分析，但诸如机械振动、地震和爆炸冲击等，则须按动力荷载处理，以反映其动力效应。

(3)按作用位置分为**移动荷载**和**固定荷载**

(4)按作用位置分布情况分为分布荷载和集中荷载

分布范围很小，可近似认为作用在一点的荷载称为**集中荷载**；沿直线或曲线分布的荷载称为**线分布荷载**(单位：kN/m)；沿平面或曲面分布的荷载称为**面分布荷载**(单位：$kN/m^2$)；沿物体内各点分布的荷载称为**体分布荷载**(单位：$kN/m^3$)。

工程中，荷载的分布情况往往比较复杂，但在很多情况下，都可简化为沿直线和平面均匀分布的荷载进行分析计算。分布荷载的合力作用在分布区域的中心，指向不变，其大小等于分布集度的大小 $q$ 乘以分布范围。

### 1.3.3　约束与约束反力

从运动的角度将所研究的物体分为两类：一类是物体的运动不受它周围物体的限制，这样的物体称为**自由体**，例如飞行中的飞机、炮弹、卫星等；另一类是物体的运动受到它周围物体的限制，这样的物体称为**非自由体**，例如建筑结构中的水平梁受到支撑它的柱子的限制，火车只能在轨道上行驶等。

限制物体运动的物体称为约束物体，简称**约束**。约束必然对被约束物体有力的作用，以阻碍被约束物体的运动或运动趋势，这种力称为**约束反力**，简称反力。

约束反力位于约束与被约束物体的连接或接触处，其方向与该约束所能阻碍物体的运动方向相反。运用这个准则，可确定约束反力的方向和作用点的位置。事实上约束反力是一种**被动力**，与之相对应的力是**主动力**，即主动使物体有运动或有运动趋势的力称为主动力，例如重力、拉力、牵引力等。

工程中大部分研究对象都是非自由体，它们所受的约束是多种多样的，其约束反力的形式也是多种多样的。因此在建筑力学中，将物体所受约束的主要性质保留，忽略次要因素，得到下面几种工程中常见的约束及约束反力：

(1)**光滑面约束**

两物体在接触处的摩擦力很小可以忽略时，认为接触面是光滑的。这种约束不论接触面的形状如何，都只能阻止物体沿接触点的公法线方向上的运动。因此，光滑接触面的约束反力通过接触点，沿着接触面的公法线指向被约束的物体，且只能是压力，用 $F$ 或 $F_N$ 表示，如图 1.16 中的力。

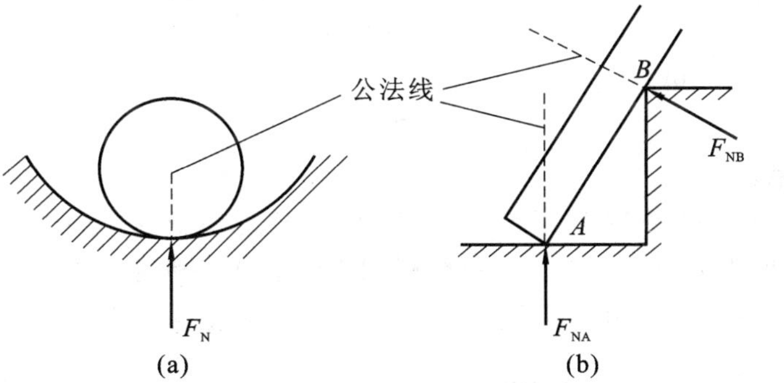


图 1.16

(2)**柔体约束**

用柔软的皮带、绳索、链条阻碍物体运动而构成的约束叫柔体约束。这种约束作用是将物体拉住，且柔体约束只能承受拉力，不能承受压力，所以约束反力一定通过接触点，沿着柔体中心线背离被约束物体的方向，且恒为拉力，如图 1.17 中的力。

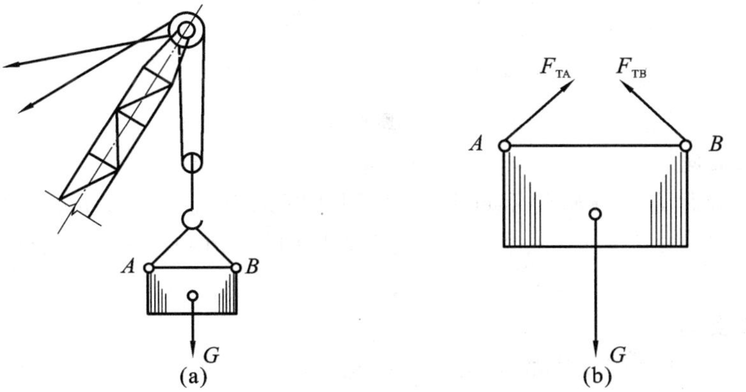


图 1.17

(3)**光滑圆柱铰链约束**

用直径略小的圆柱体将两个物体连接，形成的装置称为圆柱形铰链，若忽略圆孔间的摩擦则称之为光滑圆柱铰链约束，简称铰约束。其特点是不限制物体的转动，但限制物体的平面移动。其约束反力 $F$ 通常用它的两个正交分量 $F_x$、$F_y$ 来表示(图 1.18)。

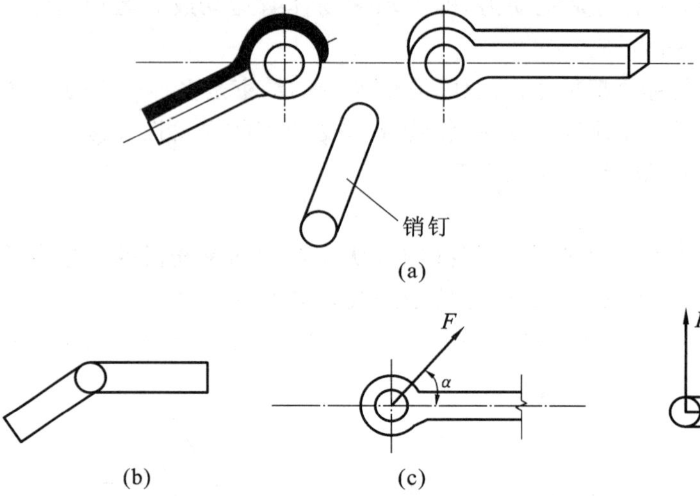


**图 1.18**

(4)**链杆约束**

如图 1.19 所示，$AB$ 杆两端用铰接与其他物体相连，中间不受力的刚性直杆称为链杆，由此所形成的约束称为链杆约束。它只能限制物体沿链杆轴线方向上的移动。链杆可以受拉或者是受压，链杆约束的约束反力沿着链杆的轴线，其指向不定。

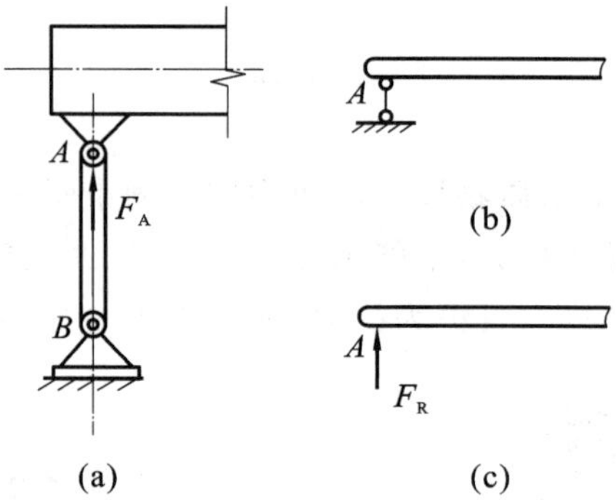


**图 1.19**

(5)**固定铰支座**

图 1.20(a)是固定铰支座的示意图，其简图如图 1.20 (b)、(c)所示。约束反力可以用 $F_A$ 和一未知方向角 $\alpha$ 表示[图 1.20(d)]，也可以用图 1.20(e)所示的一个水平力 $F_{Ax}$和垂直力 $F_{Ay}$表示。

(6)**可动铰支座**

图 1.21(a)是可动铰支座的示意图。将光滑圆柱铰链约束上的一个物体下面放上辊轴，此装置可以在支撑面上移动，且忽略摩擦，则此装置称为**可动铰支座**或滚动铰支座。这

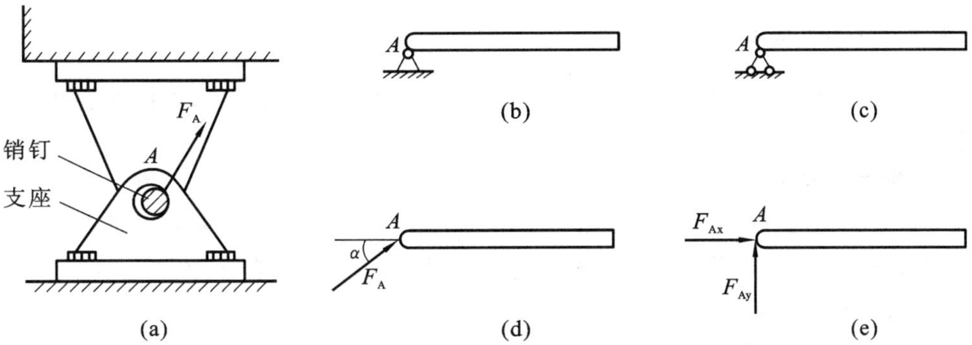


图 1.20

种约束只能约束构件沿垂直于支承面方向的移动，而不能阻止构件绕销钉的转动和沿支承面方向的移动，其约束反力的作用点就是约束与被约束物体的接触点，约束反力通过销钉的中心，垂直于支承面，方向可能指向构件，也可能背离构件，视主动力情况而定。这种支座的简图如图 1.21(b)、图 1.21(c)所示，约束反力如图 1.21(d)所示。

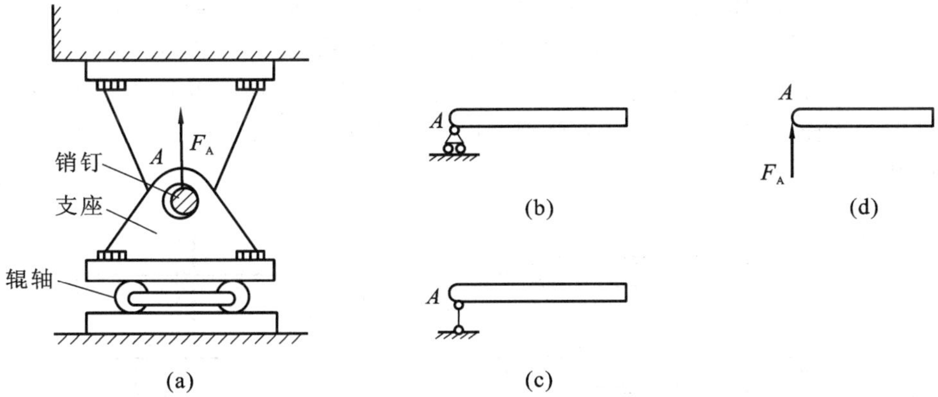


图 1.21

(7)**固定支座**

整浇钢筋混凝土雨篷，一端完全嵌固在墙中，一端悬空[图 1.22(a)]，此时的嵌固端可简化为固定端支座。在嵌固端，既不能沿任何方向移动，也不能转动，所以固定端支座除产生水平和竖直方向的约束反力外，还有一个约束反力偶。其支座反力如图 1.22(c)所示。

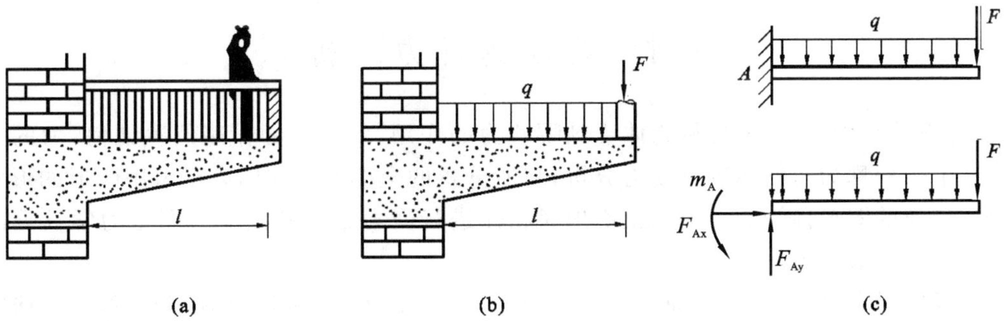


图 1.22

### 1.3.4 杆件的基本变形

工程中的杆件所受的外力是多种多样的，其变形也是各种各样的，而杆件的基本变形形式只有以下四种：

（1）**轴向拉压变形**

在一对方向相反、作用线与杆轴线重合的外力作用下，杆件的主要变形是沿轴线方向的长度增大或减小，这种变形形式称为**轴向拉伸**[图 1.23(a)]或**轴向压缩**[图 1.23(b)]。

（2）**剪切变形**

在一对大小相等、方向相反且相距很近的横向外力作用下，杆件的横截面将沿外力作用方向发生错动[图 1.23(c)]，这种变形形式称为**剪切**。

（3）**扭转变形**

在一对转向相反、作用面垂直于杆轴线的外力偶作用下，杆件任意两个横截面将发生相对转动，但轴线仍维持直线，这种变形形式称为**扭转**[图 1.23(d)]。

（4）**弯曲变形**

在一对转向相反、作用面在杆件的纵向平面（即包含杆轴线在内的平面）内的外力偶作用下，杆件将在纵向平面内发生弯曲，这种变形形式称为**弯曲**[图 1.23(e)]。

工程中的杆件可能同时承受不同形式的外力，同时发生两种或两种以上的基本变形，这种变形情况称为**组合变形**。本书将先分别讨论杆件的每一种基本变形，然后再分析比较复杂的组合变形问题。

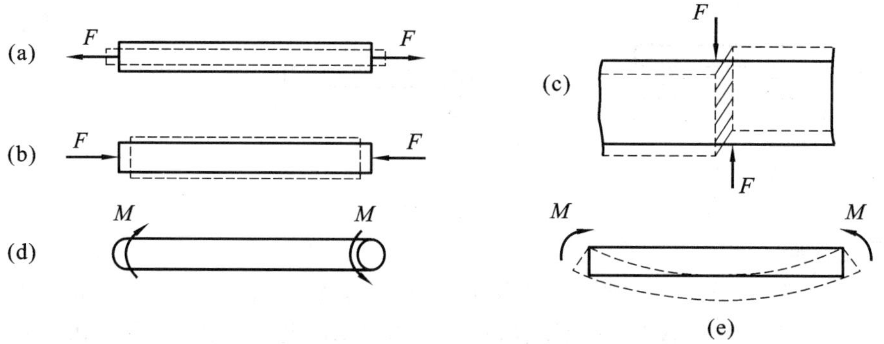


**图 1.23**

## 1.4 物体的受力分析

在力学计算中，首先要分析物体受到哪些力的作用，每个力的作用位置如何，力的方向如何，这个过程称为对物体进行受力分析，将所分析的全部外力和约束反力用图形的形式表示出来，相应的图形称为受力图。正确地对物体进行受力分析和画受力图是力学计算的前提和关键，其步骤如下：

（1）确定研究对象，将其从周围物体中分离出来，并画出其简图，即画分离体图。研究对象可以是一个，也可以由几个物体组成，但必须将它们的约束全部解除。

(2)画出全部的主动力和约束反力。主动力一般是已知的,故必须画出,不能遗漏;约束反力一般是未知的,要从解除约束处分析,不能凭空捏造。

(3)不画内力,只画外力。内力是研究对象内部各物体之间的相互作用力,对研究对象的整体运动效应没有影响,因此不画。但外力必须画出,一个也不能少。外力是研究对象以外的物体对该物体的作用,它包括作用在研究对象上全部的主动力和约束反力。研究对象的运动效应取决于外力,与内力无关,这一点初学者应当注意。

(4)要正确分析物体间的作用力与反作用力。当作用力的方向一经假定,反作用力的方向必须与之相反。对于由几个物体组成的研究对象,物体间的相互作用力是内力,且成对出现,组成平衡力系,因此也不需画内力。若想分析物体间的相互作用力则必须将其分离出来,单独画受力图,此时内力就变成了外力。

**【例 1.1】** 重量为 $G$ 的小球,按图 1.24(a)所示放置,试画出小球的受力图。

**【解】** (1)根据题意取小球为研究对象。

(2)画出主动力:主动力为小球所受重力。

(3)画出约束反力:约束反力为绳子的约束反力以及光滑面的约束反力。

小球的受力图如图 1.24(b)所示。

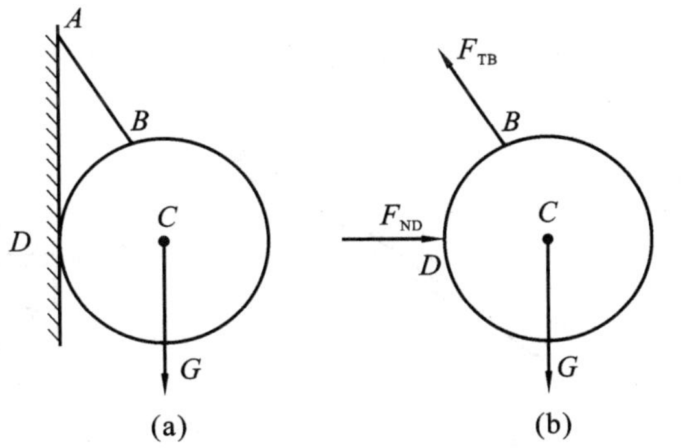


**图 1.24**

**【例 1.2】** 画出图 1.25(a)所示结构的受力图。

**【解】** (1)取杆件 $AB$ 为研究对象。

(2)画出主动力:主动力为 $F$。

(3)画出约束反力:其支座约束分别为固定铰支座和可动铰支座,画出它们的约束反力,如图 1.25(b)所示。

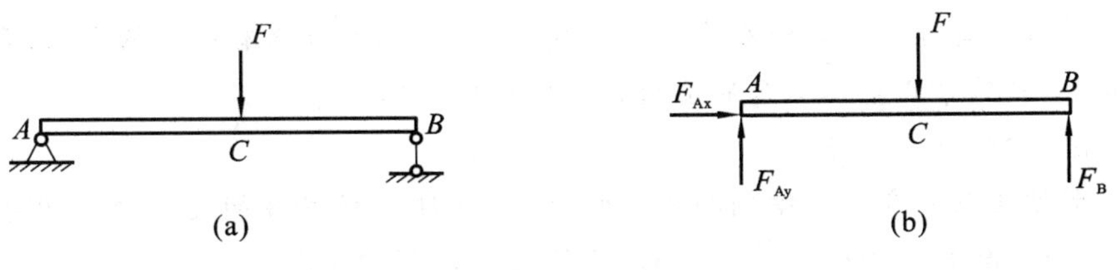


**图 1.25**

**【例 1.3】** 画出图 1.26(a)所示结构的 $AB$ 杆、$BC$ 杆和整体结构受力图。

**【解】** (1)取 $AB$ 杆为研究对象,受力如图 1.26(b)所示。

(2)取 $BC$ 杆为研究对象,受力如图 1.26(c)所示。

(3)取整体为研究对象,受力如图 1.26(d)所示。

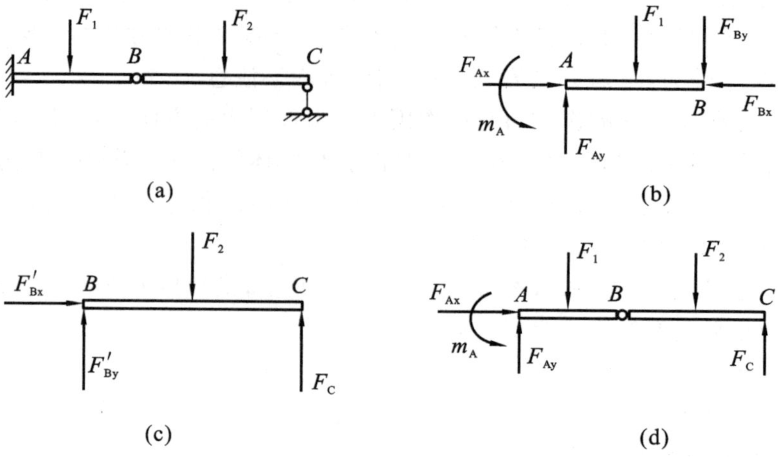

图 1.26

**【例 1.4】** 画出图 1.27(a)所示结构的 $BC$ 杆、$AE$ 杆受力图。

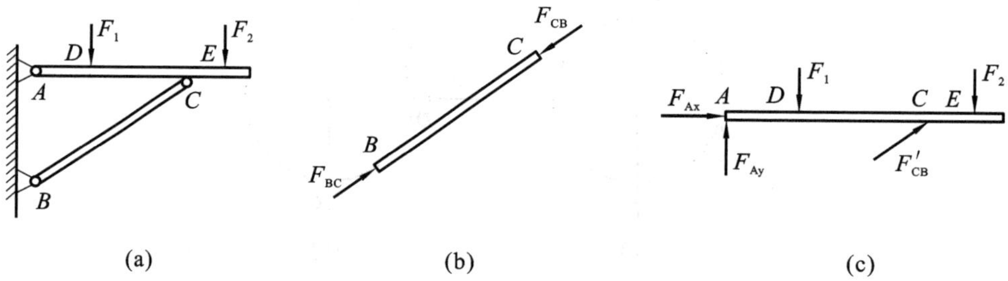

图 1.27

**【解】** (1)取 $BC$ 杆为研究对象,受力如图 1.27(b)所示,$BC$ 杆为二力杆。

(2)取 $AE$ 杆为研究对象,受力如图 1.27(c)所示。

## 小 结

建筑力学基础是建筑力学课程中非常重要的内容,基本概念有一定抽象性,需要读者深入领会和理解,熟练掌握基本概念的应用,以便于以后学习。

(1)建筑力学的研究任务

初步了解结构及其分类。结构和构件的强度、刚度和稳定性问题是建筑力学研究的主要内容,根据结构和构件的受力特征不同,其研究内容有所侧重。

(2)建筑力学基本概念与假设

刚体、变形固体及其基本假设、力、力系与力矩是建筑力学中非常重要的概念,力的三要素、力系和力矩特征需重点学习和掌握,在后续章节中的许多分析与推导都是建立在这些基本概念之上的。力系的简化、受力分析和平衡计算经常用到静力学的公理,须掌握并能熟练运用。

(3)结构简化与计算

结构计算简图是反映结构的主要工作特性且便于计算的简化图形,须将真实结构的结点和支座进行简化,简化成理想的约束形式。约束产生什么样的约束力取决于约束的功能。简化时还要考虑结构的实际约束功能与何种理想约束相符合。

荷载是外部主动用于结构上的力,荷载具有不同的分类标准,荷载的分布情况往往比较复杂,对结构的影响也不一样,设计计算时需考虑各种可能出现的荷载。

对非自由体的某些位移起限制作用的周围物体称为约束。约束对非自由体的作用力称为约束反力。常见的约束种类比较多,各种约束的特点、性质和表示方法是学习的重点,后续受力分析时须正确表示约束反力。

拉(压)、剪切、扭转和弯曲是构件的基本变形形式,工程中许多变形是复杂的,是由这几种基本变形叠加组合而成的,也称为组合变形。掌握了构件的基本变形,组合变形就不难学习了。

(4)物体受力分析

物体受力分析是力学计算和结构设计的依据,物体受力图是描述物体全部受力情况的计算简图。进行受力分析时,先取隔离体为研究对象,画出隔离体图,画出全部的主动力和约束反力,不能遗漏主动力和约束力。绘制受力图时,应注意正确运用内力、外力以及作用力与反作用力的概念。当研究对象发生改变时,应该注意外力和内力的区别,需特别注意的是内力不能画在受力图上。

## 思考题

1.1　何谓刚体?何谓变形体?

1.2　力的三要素是什么?什么是力矩?

1.3　哪几条静力学公理只适用于刚体?

1.4　为什么说二力平衡条件、加减平衡力系原理和力的可传递性等都只能适用于刚体?

1.5　二力平衡公理、作用与反作用公理的区别是什么?

1.6　杆系结构可分为哪几种类型?

1.7　何谓荷载?怎样分类?

1.8　常见的约束类型有哪些?各种约束反力的方向如何确定?

1.9　杆件有哪几种基本变形形式?

1.10　判断下列说法是否正确?为什么?

(1)刚体是指在外力作用下变形很小的物体。

(2)凡是两端用铰链连接的直杆都是二力杆。

(3)若作用于刚体上的三个力共面且汇交于一点,则刚体一定平衡。

(4)若作用于刚体上的三个力共面,但不汇交于一点,则刚体不能平衡。

1.11　如何区分研究对象上的外力与内力?画受力图时为什么不画内力?画受力图的步骤有哪些?

## 习　题

1.1　画出图1.28中用字母标注的物体的受力图,未画重力的各物体其自重不计,所有接触面均光滑。

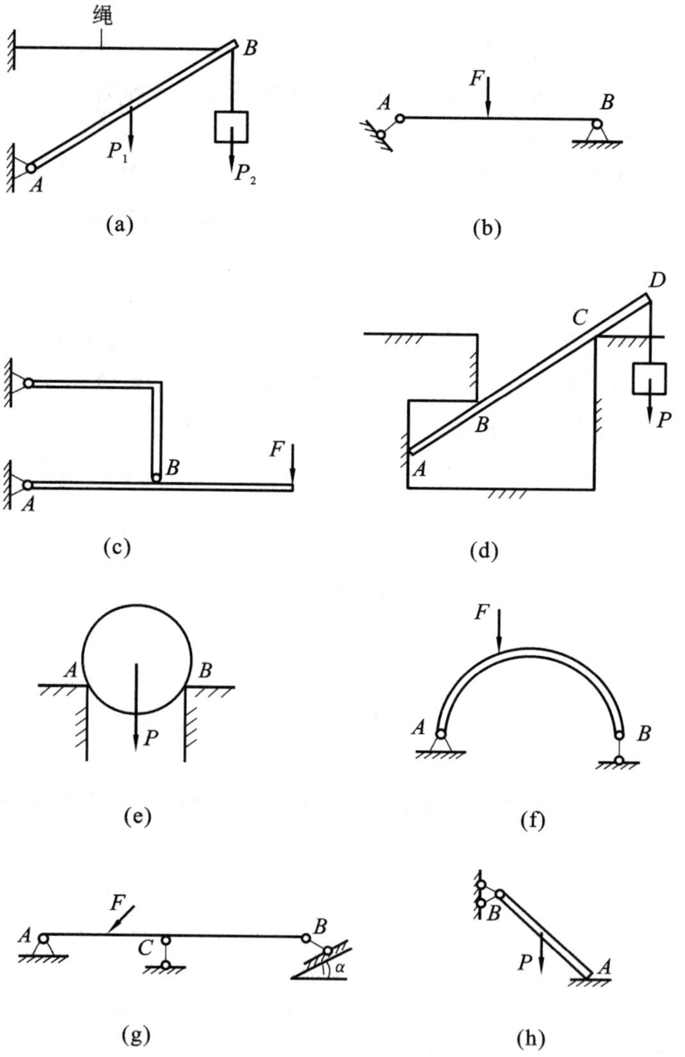


图1.28

1.2　画出图1.29中标注字母物体的受力图及系统整体的受力图,未画重力的各物体其自重不计,所有接触面均光滑接触。

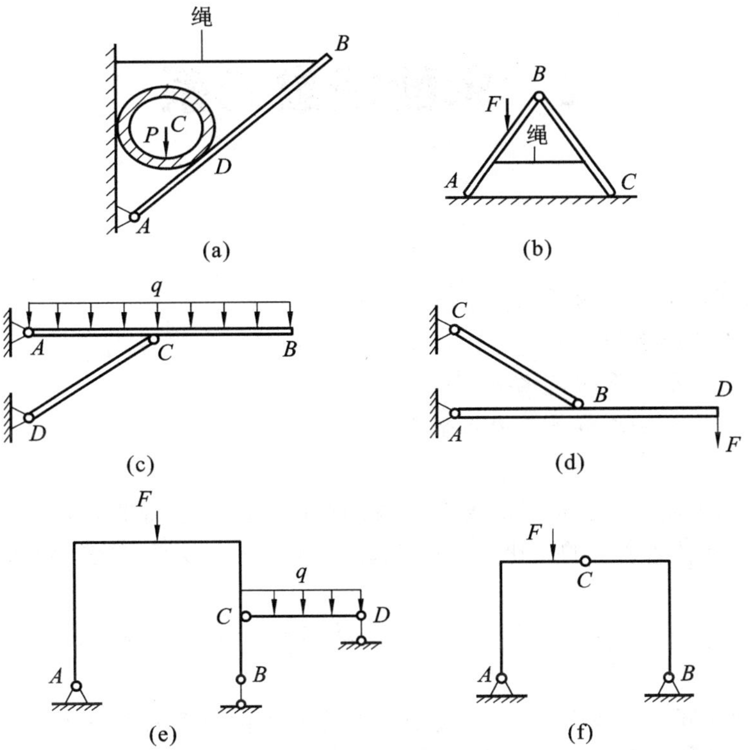


图 1.29

# 2 平面任意力系

**教学目标**

(1)掌握平面汇交力系的简化
(2)掌握平面力偶系的简化
(3)掌握平面一般力系的简化
(4)熟练运用解析法求解平面力系平衡方程

如前章所述,平面力系包括平面汇交力系、平面力偶系、平面平行力系以及平面一般力系。本章主要介绍平面力系的简化与平衡问题、平面状态下物系平衡问题的解法。

## 2.1 平面汇交力系的简化与平衡方程

各力作用线在同一平面内,并且汇交于一点的力系称为**平面汇交力系**。图 2.1 中的梁和吊环都受到平面汇交力系的作用。

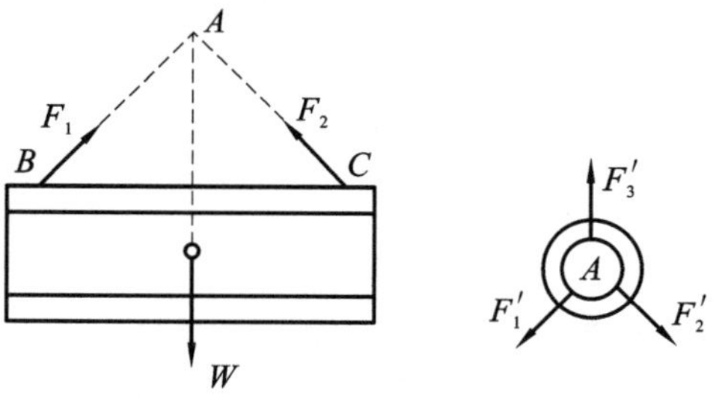


图 2.1

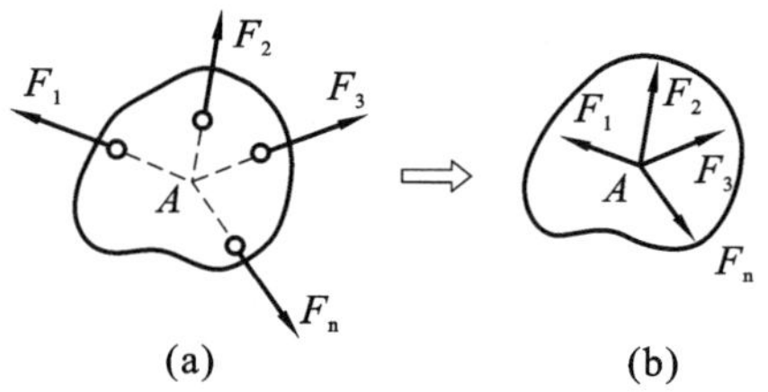


图 2.2

### 2.1.1 平面汇交力系合成的几何法和平衡条件

设刚体上作用有一个平面汇交力系 $\boldsymbol{F}_1$、$\boldsymbol{F}_2$、…、$\boldsymbol{F}_n$,各力汇交于 $A$ 点[图 2.2(a)]。根据力的可传性,可将这些力沿其作用线都移至汇交点,得到一个平面共点力系[图 2.2(b)]。

由平行四边形法则,将力 $\boldsymbol{F}_1$ 与 $\boldsymbol{F}_2$ 合成为一个合力 $\boldsymbol{F}_{R1}$;继续使用平行四边形法则可以将 $\boldsymbol{F}_{R1}$ 与 $\boldsymbol{F}_3$ 合成为力 $\boldsymbol{F}_{R2}$;依此类推,此平面汇交力系最后可以合成为一合力 $\boldsymbol{F}_R$:

$$\boldsymbol{F}_R = \boldsymbol{F}_1 + \boldsymbol{F}_2 + \cdots + \boldsymbol{F}_n = \sum \boldsymbol{F}_i \tag{2.1}$$

**故平面汇交力系的合成结果是一个合力**,合力的作用线经过汇交点,其大小和方向由力系中各力的矢量和确定。

因合力与力系等效,故**平面汇交力系的平衡条件是该力系的合力为零**。

### 2.1.2 力在坐标轴上的投影

力的投影——自力矢量 $\boldsymbol{F}$ 的始端和末端分别向某一确定轴上作垂线，得到两个交点，这两个交点之间的距离，称为力在该轴上的投影。其正负号规定为：指向与该轴正方向一致者为正，反之为负。如图 2.3 所示：线段 $ab$ 和 $a'b'$ 分别为 $\boldsymbol{F}$ 在 $x$ 轴和 $y$ 轴上投影的大小。

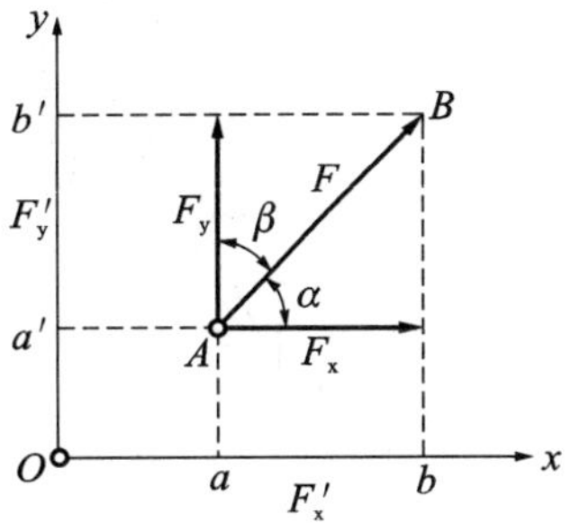

图 2.3

$\boldsymbol{F}$ 在 $x$ 轴和 $y$ 轴上的投影分别记作 $F_x$、$F_y$，若已知 $\boldsymbol{F}$ 的大小及其与 $x$、$y$ 轴所夹的锐角 $\alpha$、$\beta$，则有：

$$\left.\begin{aligned} F_x &= F\cos\alpha \\ F_y &= F\cos\beta \end{aligned}\right\} \tag{2.2}$$

如将 $\boldsymbol{F}$ 沿直角坐标系的坐标轴方向分解，所得分力 $\boldsymbol{F}_x$、$\boldsymbol{F}_y$ 的值与在同轴上的投影 $F_x$、$F_y$ 相等。但须注意，力在轴上的投影是代数量，而分力是矢量，不可混为一谈。

若已知 $F_x$、$F_y$ 值，可求出 $\boldsymbol{F}$ 的大小和方向，即：

$$\left.\begin{aligned} F &= \sqrt{F_x^2 + F_y^2} \\ \tan\alpha &= |F_y/F_x| \end{aligned}\right\} \tag{2.3}$$

### 2.1.3 平面汇交力系合成与平衡的解析法

设刚体上作用有一个平面汇交力系 $\boldsymbol{F}_1$、$\boldsymbol{F}_2$、…、$\boldsymbol{F}_n$，据式(2.1)有：

$$\boldsymbol{F}_R = \boldsymbol{F}_1 + \boldsymbol{F}_2 + \cdots + \boldsymbol{F}_n = \sum \boldsymbol{F}_i$$

将上式两边分别向 $x$ 轴和 $y$ 轴投影，即有：

$$\left.\begin{aligned} F_{Rx} &= F_{1x} + F_{2x} + \cdots + F_{nx} = \sum F_x \\ F_{Ry} &= F_{1y} + F_{2y} + \cdots + F_{ny} = \sum F_y \end{aligned}\right\} \tag{2.4}$$

式(2.4)即为**合力投影定理**：力系的合力在某轴上的投影，等于力系中各力在同一轴上投影的代数和。

将式(2.4)代入式(2.3)，即可求得合力的大小及方向，即：

$$\left.\begin{aligned} F_R &= \sqrt{\left(\sum F_x\right)^2 + \left(\sum F_y\right)^2} \\ \tan\alpha &= \left|\sum F_y / \sum F_x\right| \end{aligned}\right\} \tag{2.5}$$

平面汇交力系的平衡条件是该力系的合力为零，由式(2.5)的第一式可知，平面汇交力系的平衡条件的解析表达式为：

$$\left.\begin{aligned} \sum F_x &= 0 \\ \sum F_y &= 0 \end{aligned}\right\} \tag{2.6}$$

即力系中各力在两个坐标轴上投影的代数和分别等于零，上式称为平面汇交力系的平衡方程。这是两个独立的方程，可求解两个未知量。

**【例 2.1】** 如图 2.4 所示支架，由杆 $AB$ 与 $AC$ 组成，$A$、$B$、$C$ 处均为铰链，在圆柱销 $A$ 上

悬挂重量为 $G$ 的重物，试求杆 $AB$ 与 $AC$ 所受的力。

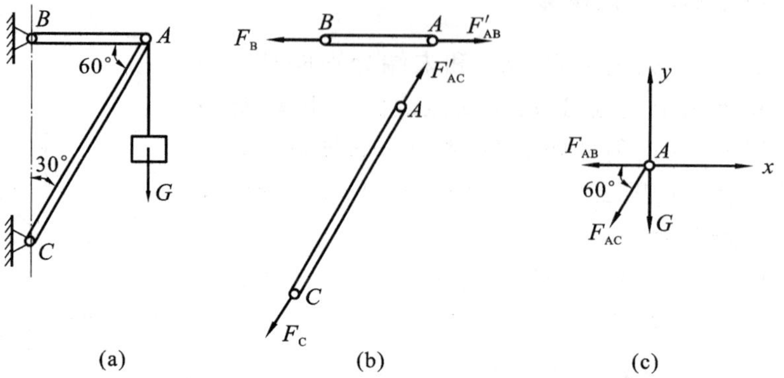


图 2.4

**【解】** (1) 取圆柱销 $A$ 为研究对象，作受力图[图 2.4(c)]。因杆 $AB$ 和 $AC$ 均为二力杆，作用力 $F_{AB}$ 和 $F_{AC}$ 均假定为拉力，显然这是一个平面汇交的平衡力系。

(2) 建立坐标系[图 2.4(c)]，列平衡方程：

$$\begin{cases} \sum F_x = 0, \quad -F_{AB} - F_{AC}\cos 60^\circ = 0 & \text{(a)} \\ \sum F_y = 0, \quad -F_{AC}\sin 60^\circ - G = 0 & \text{(b)} \end{cases}$$

由式(b)得 $F_{AC} = -\dfrac{G}{\sin 60^\circ} = -\dfrac{2\sqrt{3}}{3}G$，杆 $AC$ 受压；

将 $F_{AC}$ 值代入式(a)，得 $F_{AB} = -F_{AC}\cos 60^\circ = \dfrac{2\sqrt{3}}{3}G \times \dfrac{1}{2} = \dfrac{\sqrt{3}}{3}G$，杆 $AB$ 受拉。

**【例 2.2】** 已知：$F = 3\ \text{kN}$，$l = 1500\ \text{mm}$，$h = 200\ \text{mm}$，忽略自重。求：平衡时，压块 $C$ 对工件与地面的压力，$AB$ 杆受力。

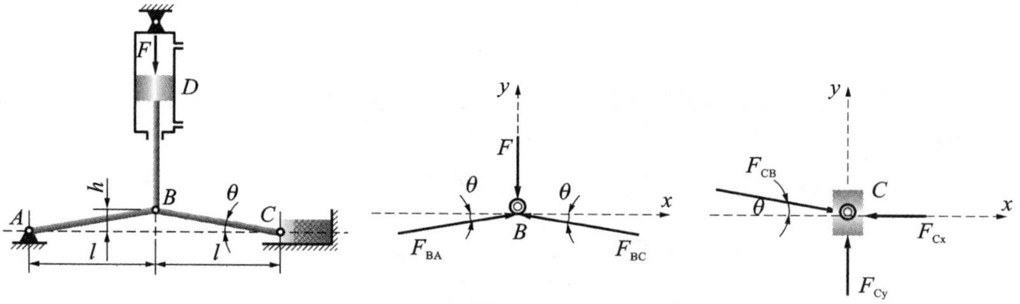


图 2.5

**【解】** $AB$、$BC$ 杆为二力杆，取销钉 $B$ 为研究对象，有：

$$\left.\begin{aligned} F &= \sqrt{F_x^2 + F_y^2} \\ \tan\alpha &= |F_y/F_x| \end{aligned}\right\}$$

$$\sum F_x = 0, \quad F_{BA}\cos\theta - F_{BC}\cos\theta = 0, \quad F_{BA} = F_{BC}$$

$$\sum F_y = 0, \quad F_{BA}\sin\theta + F_{BC}\sin\theta - F = 0,$$

$$F_{BA} = F_{BC} = \frac{F}{2} \cdot \frac{1}{\sin\theta} = \frac{F}{2} \cdot \frac{\sqrt{h^2 + l^2}}{h} = 11.35\ \text{kN}$$

选压块 $C$ 为研究对象，有：

$$\sum F_x = 0,\quad F_{CB}\cos\theta - F_{Cx} = 0,\quad F_{Cx} = \frac{F}{2}\cot\theta = \frac{Fl}{2h} = 11.25\ \text{kN}$$

$$\sum F_y = 0,\quad -F_{CB}\sin\theta + F_{Cy} = 0,\quad F_{Cy} = 1.5\ \text{kN}$$

## 2.2 平面力偶系

### 2.2.1 力偶的概念

在日常生活及生产实践中，常见到物体受一对大小相等、方向相反但不在同一作用线上的平行力作用。例如图 2.6 所示的汽车驾驶盘及钳工对丝锥的操作等。

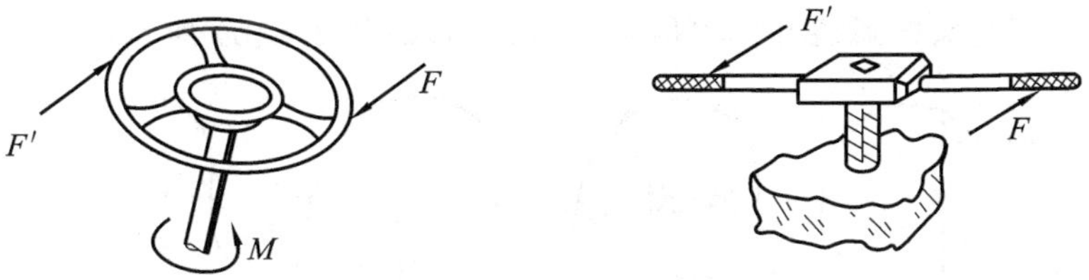


图 2.6

力学上，把一对等值、反向、不共线的力当作一个整体来考虑，称为**力偶**。此二力作用线之间的距离称为**力偶臂**，二力构成的平面称为**力偶作用面**。

### 2.2.2 力偶的三要素

力偶只会使物体转动状态发生改变，其产生的转动效果可以用力偶矩来表示。构成力偶的三要素为：

(1) **力偶矩的大小**。

(2) **力偶的转向**。

(3) **力偶作用面的方位**。

对于本章只讲述的平面问题，力偶作用面的方位不需考虑，则只剩下前面两个因素。

力偶矩的大小以 $F$ 与力偶臂 $d$ 的乘积表示，并记作 $M(\boldsymbol{F},\boldsymbol{F}')$ 或 $M$。即：

$$M(\boldsymbol{F},\boldsymbol{F}') = M = \pm Fd \tag{2.7}$$

也可以通过力与力偶臂组成的三角形面积的两倍来表示，如图 2.7 所示，即：

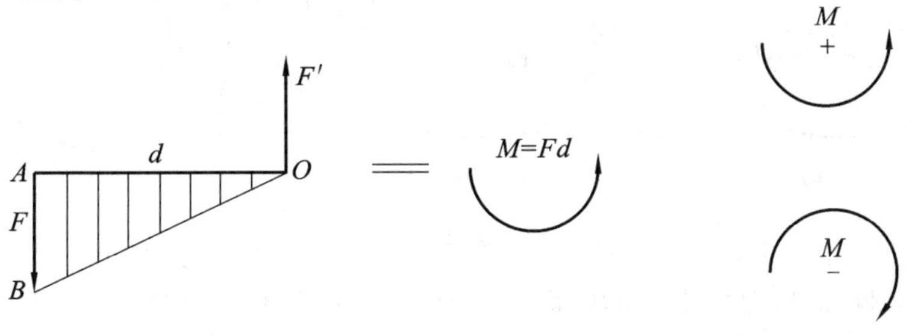


(a) (b)

图 2.7

$$M = \pm 2S_{\triangle OAB} \tag{2.8}$$

力偶矩的正负由其转动方向确定。一般规定，逆时针转动的力偶取正值，顺时针转动的力偶取负值。力偶矩的单位为 N·m 或 N·mm。

### 2.2.3 力偶的性质

**性质 1　力偶对其作用面内任意点的矩恒等于此力偶的力偶矩，而与矩心的位置无关。**

**性质 2　由于力偶只产生转动效应，而不产生移动效应，因此力偶不能与一个力等效（即力偶无合力），也不能与一个力平衡。**

**性质 3　只要保持力偶的转向和力偶矩的大小不变，可以同时改变力和力偶臂的大小，或在其作用面内任意转动，而不会改变力偶对物体作用的效应。**

图 2.8 中力偶的作用效应都相同。既然力偶的力偶臂、力的大小及其方向都可改变，就可简明地以一个带箭头的弧线并标出值来表示力偶，如图 2.8(d) 所示。

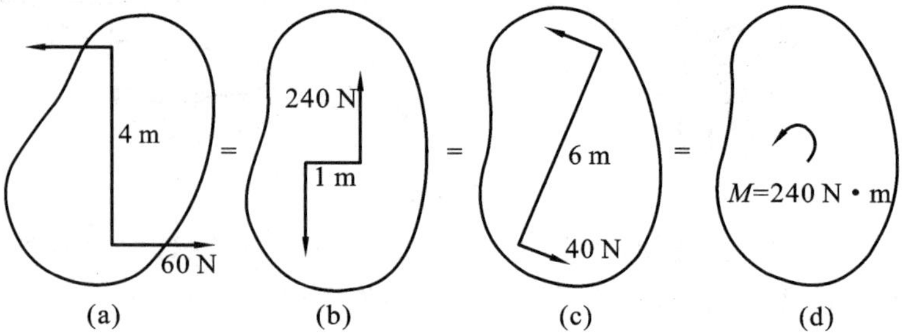


图 2.8

### 2.2.4 平面力偶系的合成与平衡

作用在物体上同一平面内的若干力偶，总称为**平面力偶系**。

设有在同一平面内的两个力偶($\boldsymbol{F}_1$,$\boldsymbol{F}_1'$)和($\boldsymbol{F}_2$,$\boldsymbol{F}_2'$)，如图 2.9(a) 所示，现求其合成的结果。力偶臂分别为 $d_1$、$d_2$，则各力偶矩分别为：

$$m_1 = F_1 \cdot d_1, \quad m_2 = -F_2 \cdot d_2$$

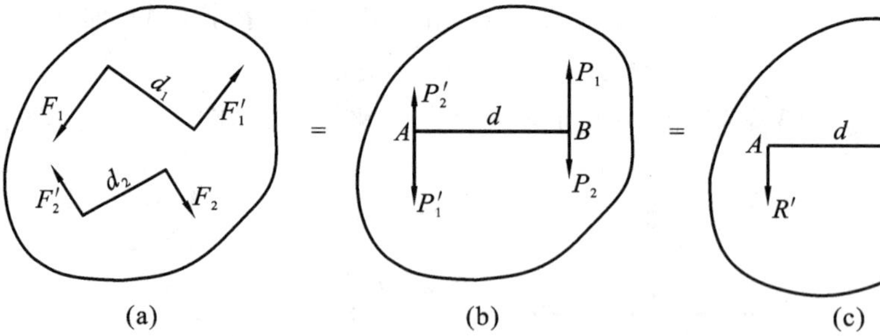


图 2.9

根据力偶的性质 3，保持力偶的转向和力偶矩的大小不变，按图调整力的方向，并把所有力偶臂都化为 $d$，于是各力偶的力的大小应改变为[图 2.9(b)]：

$$P_1 = \frac{F_1 d_1}{d}, \quad P_2 = \frac{F_2 d_2}{d}$$

则平面力偶系变换为分别作用在点 $A$ 及点 $B$ 的两个共线力系[图 2.9(c)],合成结果为:

$$R = P_1 - P_2, \quad R' = P_1' - P_2'$$

$R$ 与 $R'$ 构成一力偶($R,R'$),其力偶矩为:

$$M = R \cdot d = (P_1 - P_2) \cdot d = F_1 \cdot d_1 - F_2 \cdot d_2$$

所以

$$M = m_1 + m_2$$

结论:**平面力偶系的合成结果还是一个力偶,合力偶矩等于力偶系中各个力偶矩的代数和。**

$$M = m_1 + m_2 + \cdots + m_n = \sum m_i \tag{2.9}$$

若 $R = R' = 0$,则合力偶矩等于零,此时该力偶系平衡。

可知,平面力偶系平衡的必要与充分条件:力偶系中各力偶矩的代数和等于零,即:

$$M = m_1 + m_2 + \cdots + m_n = \sum m_i = 0 \tag{2.10}$$

**【例 2.3】** 图 2.10 所示结构 $ABC$ 处于平衡状态,$BC$ 为一弯杆,已知 $M$、$a$,求 $A$、$C$ 处的反力。

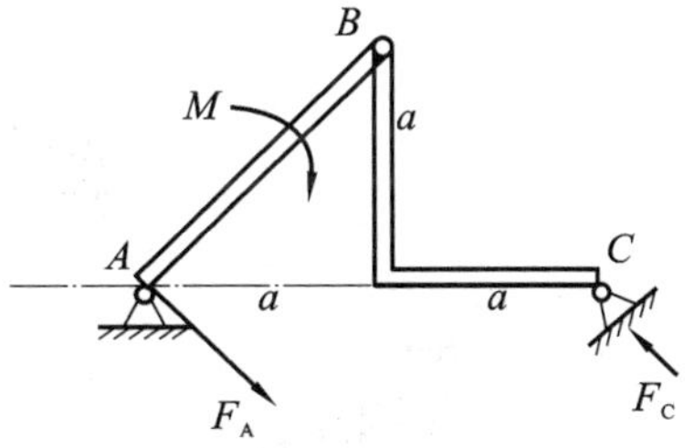


**图 2.10**

**【解】** (1) 取整体研究

(2) 画受力图(图 2.10)

(3) 列平衡方程:

$$\sum M = 0, \quad -M + F_C \cdot \sin 45° \cdot 2a = 0$$

$$F_A = F_C = \frac{M}{2a \cdot \sin 45°} = \frac{\sqrt{2}M}{2a}$$

**【例 2.4】** 四连杆机构在图 2.11 所示位置平衡,已知 $OA = 60$ cm,$O_1B = 40$ cm,作用在摇杆 $OA$ 上的力偶矩 $M_1 = 1$ N·m,不计杆自重,求力偶矩 $M_2$ 的大小。

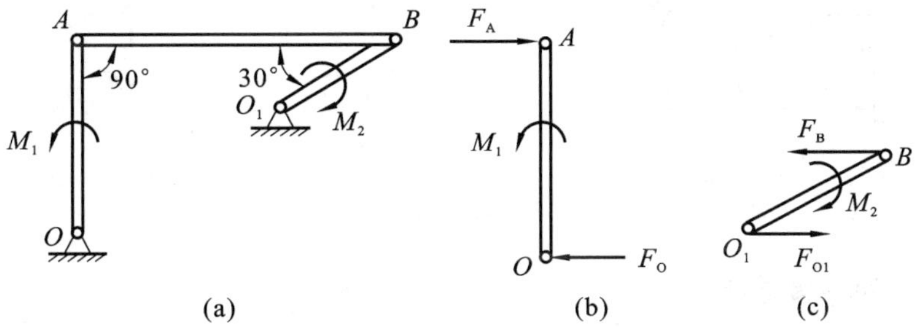


**图 2.11**

**【解】** (1) 受力分析

先取 $OA$ 杆分析[图 2.11(b)],在杆上作用有主动力偶矩 $M_1$,根据力偶的性质,力偶只与力偶平衡,所以在杆的两端点 $O$、$A$ 上必作用有大小相等、方向相反的一对力 $F_O$ 及 $F_A$,而连杆 $AB$ 为二力杆,所以 $F_A$ 的作用方向被确定。再取 $O_1B$ 杆分析[图 2.11(c)],此时杆上作用一个待求力偶 $M_2$,此力偶与作用在 $O_1$、$B$ 两端点上的约束反力构成的力偶平衡。

(2) 图 2.11(b) 的平衡方程为：

$$\sum M = 0,\quad M_1 - F_A \times OA = 0,\quad F_A = \frac{M_1}{OA} = \frac{1}{0.6} = 1.67\ \text{N}$$

(3) 图 2.11(c) 的平衡方程为：

$$\sum M = 0,\quad F_B \times O_1B\sin 30^\circ - M_2 = 0$$

因 $F_B = F_A = 1.67\ \text{N}$，故：

$$M_2 = F_A \times O_1B \times 0.5 = 1.67 \times 0.4 \times 0.5 = 0.33\ \text{N} \cdot \text{m}$$

# 2.3 平面一般力系的简化与平衡

所谓平面一般力系，是各力的作用线在同一平面内任意分布的力系，简称**平面力系**，也称**平面任意力系**。它是工程实际中一种常见的力系，图 2.12、图 2.13 所示的房屋桁架和悬臂吊车横梁的受力情况都属于平面一般力系。

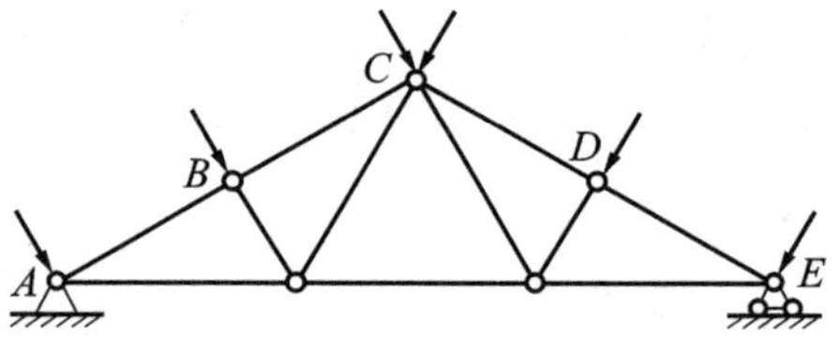


图 2.12

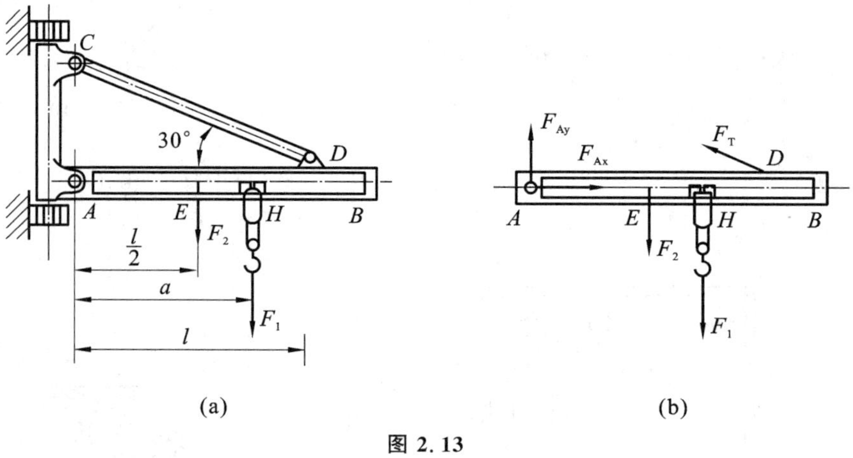


图 2.13

## 2.3.1 力的平移定理

力的平移定理：作用于刚体上的力均可以从原来的作用位置平行移至刚体内任一指定点，但必须在该力与指定点所确定的平面内附加一力偶，其力偶矩等于原力对指定点之矩。

证明如下：根据加减平衡力系公理，在任意点 $O$ 加上一对与 $\boldsymbol{F}$ 等值的平衡力 $\boldsymbol{F}'$、$\boldsymbol{F}''$[图 2.14(b)] 与原作用效果相同，则 $\boldsymbol{F}$ 与 $\boldsymbol{F}''$ 为一对等值、反向、不共线的平行力，组成了一个力偶，其力偶矩等于原力 $\boldsymbol{F}$ 对 $O$ 点的矩，即：

$$M = M_O(\boldsymbol{F}) = Fd$$

于是作用在 $A$ 点的力 $\boldsymbol{F}$ 就与作用于 $O$ 点的平移力 $\boldsymbol{F}'$ 和附加力偶 $\boldsymbol{M}$ 的联合作用等效，如图 2.14(c) 所示。

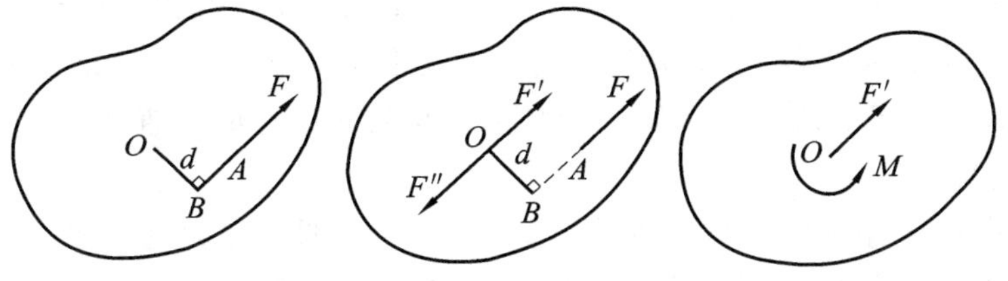


图 2.14

### 2.3.2 平面一般力系的简化

设刚体上作用有一平面一般力系 $\boldsymbol{F}_1$、$\boldsymbol{F}_2$、…、$\boldsymbol{F}_n$[图 2.15(a)]，在平面内任意取一点 $O$，称为简化中心。根据力的平移定理，将各力都向 $O$ 点平移，得到一个如图 2.15(b) 所示汇交于 $O$ 点的平面汇交力系 $\boldsymbol{F}_1'$、$\boldsymbol{F}_2'$、…、$\boldsymbol{F}_n'$ 和一个平面力偶系 $\boldsymbol{m}_1$、$\boldsymbol{m}_2$、…、$\boldsymbol{m}_n$。新得到的平面汇交力系和平面力偶系可以分别合成为如图 2.15(c) 所示的一个合力和一个合力偶。

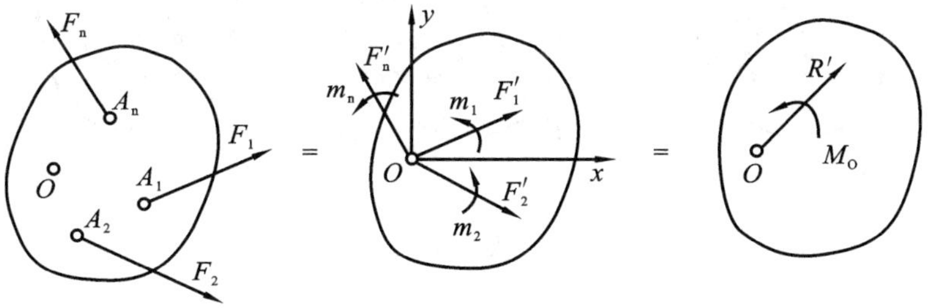


图 2.15

(1) 平面汇交力系 $\boldsymbol{F}_1'$、$\boldsymbol{F}_2'$、…、$\boldsymbol{F}_n'$，可以合成为一个作用于 $O$ 点的合矢量 $\boldsymbol{F}_R'$。

$$\boldsymbol{F}_R' = \sum \boldsymbol{F}_i' = \sum \boldsymbol{F} \tag{2.11}$$

(2) 附加平面力偶系 $\boldsymbol{m}_1$、$\boldsymbol{m}_2$、…、$\boldsymbol{m}_n$ 可以合成为一个合力偶矩 $\boldsymbol{M}_O$，即：

$$\boldsymbol{M}_O = \boldsymbol{m}_1 + \boldsymbol{m}_2 + \cdots + \boldsymbol{m}_n = \sum \boldsymbol{M}_O(\boldsymbol{F}) \tag{2.12}$$

$\boldsymbol{F}_R'$、$\boldsymbol{M}_O$ 为力系的主矢和主矩。显然，只有 $\boldsymbol{F}_R'$ 或者 $\boldsymbol{M}_O$ 同时作用时才与原力系等效，其中任一个单独作用时不能与原力系等效。

综上所述，平面一般力系向平面内任一点简化可以得到一个力和一个力偶，这个力等于力系中各力的矢量和，作用于简化中心，称为原力系的**主矢**；这个力偶的矩等于原力系中各力对简化中心之矩的代数和，称为原力系的**主矩**。

### 2.3.3 平面一般力系的简化结果

由前述可知，平面一般力系向一点 $O$ 简化后，一般可得到主矢 $\boldsymbol{F}_R'$ 和主矩 $\boldsymbol{M}_O$，进一步分析可能出现以下四种情况：

(1)$F'_R = 0, M_O \neq 0$

在这种情况下，原平面任意力系中各力向 $O$ 点简化后，所得到的汇交力系是一平衡力系，附加力偶系与原力系等效。原力系简化为一合力偶，该力偶的矩就是原力系相对于简化中心的主矩 $\boldsymbol{M}_O$，原力系等效于一力偶，因此，主矩与简化中心的位置无关。

(2)$F'_R \neq 0, M_O = 0$

在这种情况下，由于附加力偶系的合力偶矩等于零，原力系只与一个力等效，因此，原力系简化为一合力。此合力的矢量即为力系的主矢，合力作用线通过简化中心 $O$ 点。

(3)$F'_R \neq 0, M_O \neq 0$

这种情况还可以进一步简化，可以把 $\boldsymbol{F}'_R$ 和 $\boldsymbol{M}_O$ 合成一个合力 $\boldsymbol{F}_R$。合成过程如图 2.16 所示，合力 $\boldsymbol{F}_R$ 的作用线到简化中心 $O$ 的距离为：

$$d = \left|\frac{M_O}{F_R}\right| = \left|\frac{M_O}{F'_R}\right| \tag{2.13}$$

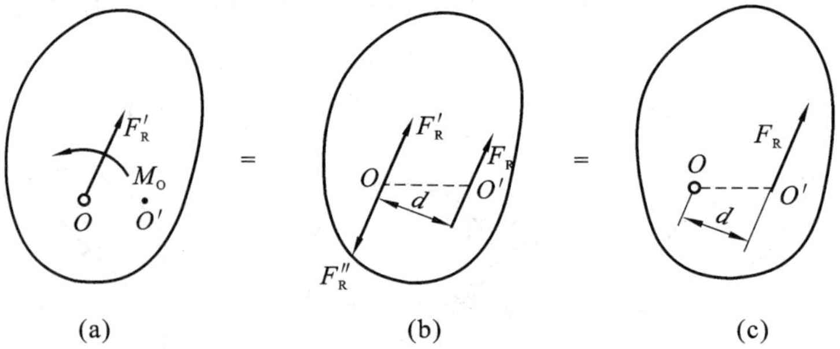


图 2.16

(4)$F'_R = 0, M_O = 0$

在这种情况下，该力系对刚体总的作用效果为零，即物体处于平衡状态。

总之，对平面任意力系进行简化，最终能得到三种结果：① 合力；② 合力偶；③ 平衡。

### 2.3.4 合力矩定理

图 2.16(c) 中 $\boldsymbol{F}_R$ 为原力系的合力，显然合力 $\boldsymbol{F}_R$ 对 $O$ 点的矩等于图 2.16(a) 中的 $\boldsymbol{M}_O$，即：

$$M_O(\boldsymbol{F}_R) = F_R d = M_O$$

由式(2.12) 可得：

$$M_O(\boldsymbol{F}_R) = M_O = \sum M_O(\boldsymbol{F})$$

即合力对 $O$ 点的矩等于原力系各分力对 $O$ 点的矩的代数和。由于简化中心 $O$ 点选择的任意性，可以得到合力矩定理：**平面任意力系的合力对作用面内任意一点的矩等于力系中各力对同一点之矩的代数和**。

**【例 2.5】** 已知长度为 $l$ 的简支梁 $AB$ 受按三角形分布的荷载作用，如图 2.17 所示，其分布荷载集度的最大值为 $q_0$。求：该分布力系合力的大小及作用线位置。

**【解】** (1) 建立图 2.17 所示坐标系 $xAy$，荷载集度为坐标位置 $x$ 的函数。距 $A$ 端为 $x$ 处

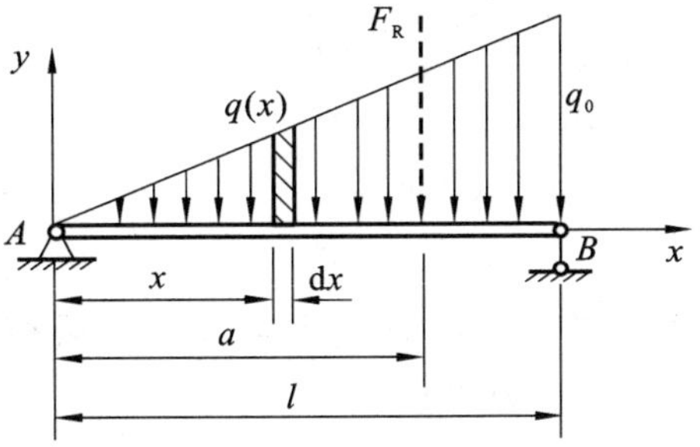

图 2.17

的荷载集度为：

$$q(x)=\frac{x}{l}q_0$$

整个梁上分布荷载合力的大小为：

$F_R=\int_0^l q(x)\mathrm{d}x=\int_0^l \frac{x}{l}q_0\mathrm{d}x=\frac{1}{2}q_0 l$，方向铅垂向下。

(2) 确定此合力作用线的位置

设合力的作用线距A端的距离为$a$，在距A端$x$处取长度为d$x$的微段，该微段上的力$q(x)\mathrm{d}x$对点$A$的力矩为$xq(x)\mathrm{d}x$，则由合力矩定理，得：

$$F_R a=\int_0^l xq(x)\mathrm{d}x$$

即：

$$\frac{1}{2}q_0 la=\int_0^l \frac{q_0}{l}x^2\mathrm{d}x$$

积分，得：

$$a=\frac{2}{3}l$$

**结论**：按三角形分布的荷载，其合力的大小等于三角形线分布荷载的面积，合力的作用线通过三角形的几何中心。

### 2.3.5 平面一般力系的平衡及其应用

#### 2.3.5.1 平面一般力系的平衡方程

(1) 基本形式

由上一节讨论可知，当力系简化后若其主矢、主矩同时为零，则力系是平衡力系。因此，平面一般力系平衡的充要条件是：

$$\left.\begin{aligned}F'_R=\sum F'_i=\sum F=0\\M_O=m_1+m_2+\cdots+m_n=\sum M_O(\boldsymbol{F})=0\end{aligned}\right\}\tag{2.14}$$

由前所述，平面一般力系的平衡方程的解析形式为：

$$\left.\begin{aligned}\sum F_x=0\\\sum F_y=0\\\sum M_O(\boldsymbol{F})=0\end{aligned}\right\}\tag{2.15}$$

式(2.15)满足平面一般力系平衡的充分和必要条件，所以平面一般力系有三个独立的平衡方程，最多可求解三个未知量。

用解析表达式表示平衡条件的方式不是唯一的。平衡方程的形式还有二矩式和三矩式两种形式。

（2）二矩式

$$\left.\begin{aligned}\sum F_x &= 0\\ \sum M_A(\boldsymbol{F}) &= 0\\ \sum M_B(\boldsymbol{F}) &= 0\end{aligned}\right\}\tag{2.16}$$

附加条件：$A$、$B$两点连线不得与$x$轴相垂直。

（3）三矩式

$$\left.\begin{aligned}\sum M_A(\boldsymbol{F}) &= 0\\ \sum M_B(\boldsymbol{F}) &= 0\\ \sum M_C(\boldsymbol{F}) &= 0\end{aligned}\right\}\tag{2.17}$$

附加条件：$A$、$B$、$C$三点不在同一直线上。

式（2.16）和式（2.17）是物体取得平衡的必要条件，但不是充分条件，读者可自行推证。

除平面汇交力系、平面力偶系外，还有一类特殊的平面力系。这一类力系中所有各力的作用线在平面内相互平行，称为**平面平行力系**。若取与力系中各力作用线与$x$轴夹角为$\theta$，则式（2.15）可改写成

$$\left.\begin{aligned}&\sum F_x = 0\\ &\sum F_y = \sum(F_x \cdot \tan\theta) = \tan\theta \cdot \sum F_x = 0\\ &\sum M_O(\boldsymbol{F}) = 0\end{aligned}\right\}$$

很显然，该方程组中第一式和第二式是相关的，说明平面平行力系平衡只能列出两个平衡方程式。

#### 2.3.5.2 物体系统的平衡

由若干个物体通过约束组成的系统称为**物体系统**，简称**物系**。物系平衡时，组成系统的每一个物体也都保持平衡。若物系由$n$个物体组成，对每个受平面一般力系作用的物体至多只能列出3个独立的平衡方程，对整个物系至多只能列出$3n$个独立的平衡方程。若问题中未知量的数目不超过独立的平衡方程的总数，即可用平衡方程解出全部未知量，这类问题称为**静定问题**。反之，若问题中未知量的数目超过了独立的平衡方程的总数，则单靠平衡方程不能解出全部未知量，这类问题称为**超静定问题**。在工程实际中为了提高刚度和稳固性，常对物体增加一些支承或约束，因而使问题由静定变为超静定。例如图2.18为静定结构，图2.19为超静定结构。

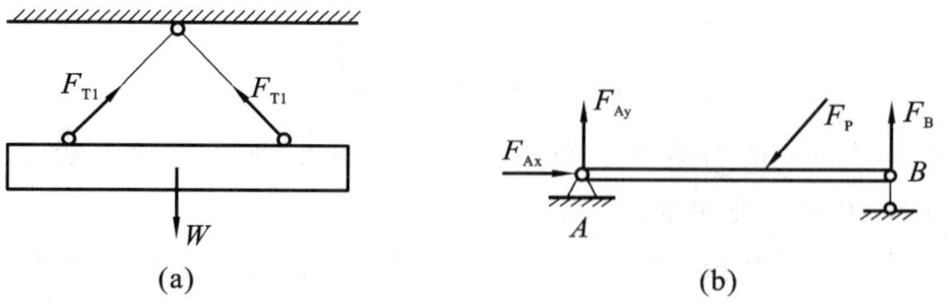


图 2.18

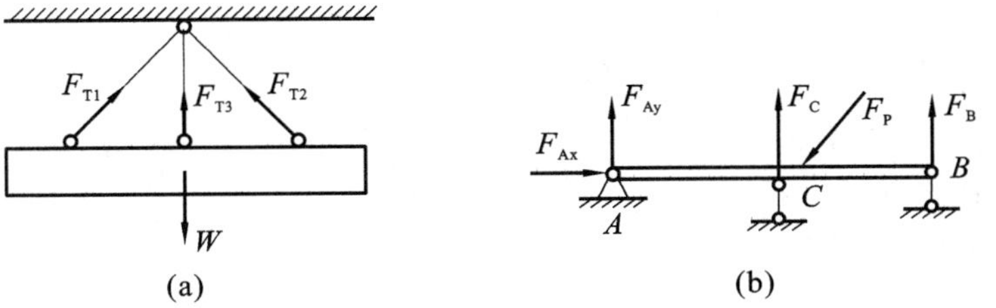


图 2.19

2.3.5.3 平面一般力系平衡方程的应用

【例 2.6】 已知 $F$、$l$、$\alpha$[图 2.20(a)],求 A 处的约束力。

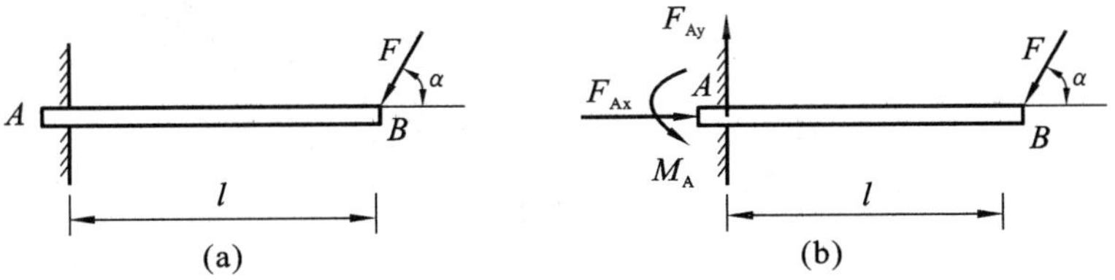


图 2.20

【解】 (1) 取 $AB$ 为研究对象

(2) 画受力图[图 2.20(b)],$A$ 为刚性固定端

(3) 列平衡方程:

$$\sum F_x = 0,\quad F_{Ax} - F\cos\alpha = 0,\quad F_{Ax} = F\cos\alpha$$

$$\sum F_y = 0,\quad F_{Ay} - F\sin\alpha = 0,\quad F_{Ay} = F\sin\alpha$$

$$\sum M_A = 0,\quad M_A - F\sin\alpha \cdot l = 0,\quad M_A = Fl\sin\alpha$$

【例 2.7】 已知 $M_e$、$F$、$q$、$a$[图 2.21(a)],求 A、B 处支座反力。

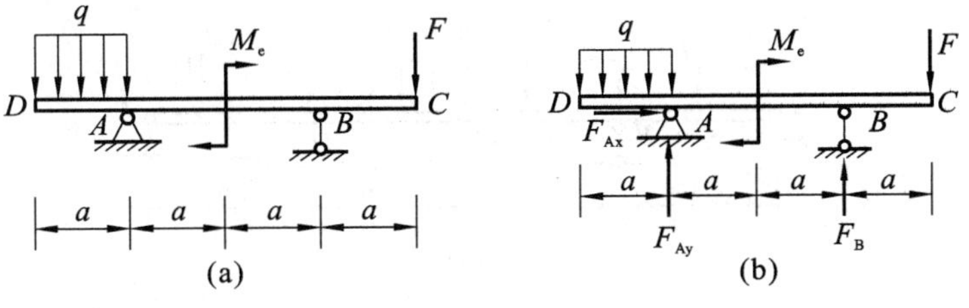


图 2.21

【解】 取 $AB$ 梁研究,画受力图[图 2.21(b)],列平衡方程:

$$\sum M_A = 0,\quad qa \cdot \frac{a}{2} - M_e + F_B \cdot 2a - F \cdot 3a = 0$$

$$F_B = \frac{M_e + F \cdot 3a - \frac{1}{2}qa^2}{2a}$$

$$\sum F_y = 0,\quad -qa + F_{Ay} + F_B - F = 0$$

则：

$$F_{Ay} = qa + F - F_B$$

$$\sum F_x = 0, \quad F_{Ax} = 0$$

**【例 2.8】** 绞车通过钢丝牵引小车沿斜面轨道匀速上升，如图 2.22(a) 所示。已知小车重 $P = 10$ kN，绳与斜面平行，$\alpha = 30°$，$a = 0.75$ m，$b = 0.3$ m，不计摩擦。求钢丝绳的拉力及轨道对车轮的约束反力。

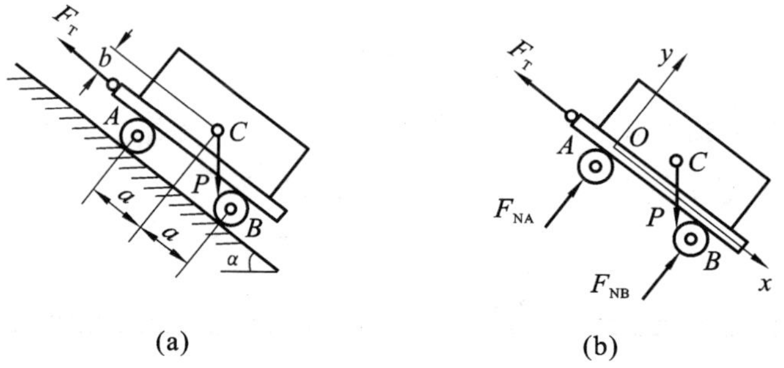


图 2.22

**【解】** (1) 取小车为研究对象，画受力图[图 2.22(b)]。小车上作用有重力 $P$，钢丝绳的拉力 $F_T$，轨道在 $A$、$B$ 处的约束反力 $F_{NA}$ 和 $F_{NB}$。

(2) 取图 2.22(b) 所示坐标系，列平衡方程：

$$\sum F_x = 0, \quad -F_T + P\sin\alpha = 0$$

$$\sum F_y = 0, \quad F_{NA} + F_{NB} - P\cos\alpha = 0$$

$$\sum M_O(\boldsymbol{F}) = 0, \quad F_{NB}(2a) - Pb\sin\alpha - Pa\cos\alpha = 0$$

解得

$$F_T = 5 \text{ kN}, F_{NB} = 5.33 \text{ kN}, F_{NA} = 3.33 \text{ kN}$$

**【例 2.9】** 组合梁由 $AC$ 和 $CE$ 用铰链连接而成，结构的尺寸和荷载如图 2.23 所示，已知 $F = 5$ kN，$q = 4$ kN/m，$M = 10$ kN·m，试求梁的支座反力。

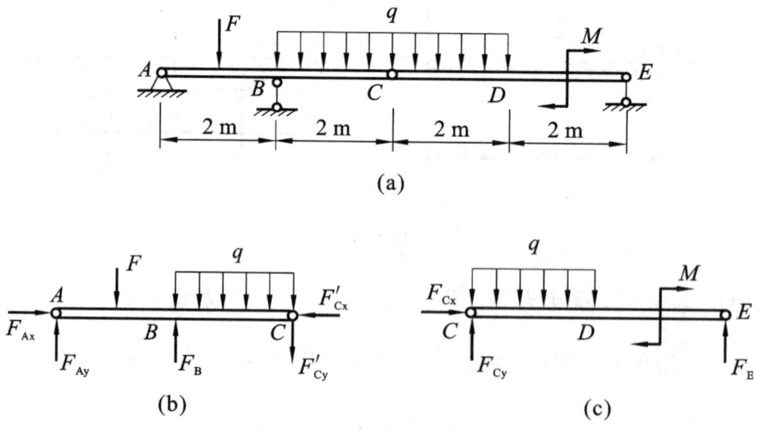


图 2.23

**【解】** 先取梁的 $CE$ 段为研究对象，受力图如图 2.23(c) 所示，列平衡方程，求出 $C$、$E$

处的反力。

$$\sum M_C = 0,\quad F_E \times 4 - M - q \times 2 \times 1 = 0,\quad 则\ F_E = \frac{M + q \times 2 \times 1}{4} = 4.5\ \text{kN}$$

$$\sum F_x = 0,\quad F_{Cx} = 0$$

$$\sum F_y = 0,\quad F_{Cy} + F_E - q \times 2 = 0,\quad 则\ F_{Cy} = 2q - F_E = 3.5\ \text{kN}$$

再取梁的 $AC$ 段为研究对象,受力图如图 2.23(b) 所示,列平衡方程:

$$\sum M_A = 0,\quad -F \times 1 + F_B \times 2 - q \times 2 \times 3 - F'_{Cy} \times 4 = 0$$

因 $$F'_{Cy} = F_{Cy},则\ F_B = \frac{F \times 1 + q \times 2 \times 3 + F_{Cy} \times 4}{2} = 21.5\ \text{kN}$$

$$\sum F_x = 0,\quad F_{Ax} = 0$$

$$\sum F_y = 0,\quad F_{Ay} + F_B - F - q \times 2 - F'_{Cy} = 0$$

$$F_{Ay} = -F_B + F + q \times 2 + F'_{Cy} = -5\ \text{kN}$$

**【例 2.10】** 平面构架如图 2.24 所示。物块重 $W$,$l_{DC} = l_{CE} = l_{AC} = l_{CB} = 2l$,$R = 2r = l$。试求支座 $A$、$E$ 处的约束反力及 $BD$ 杆所受的力。

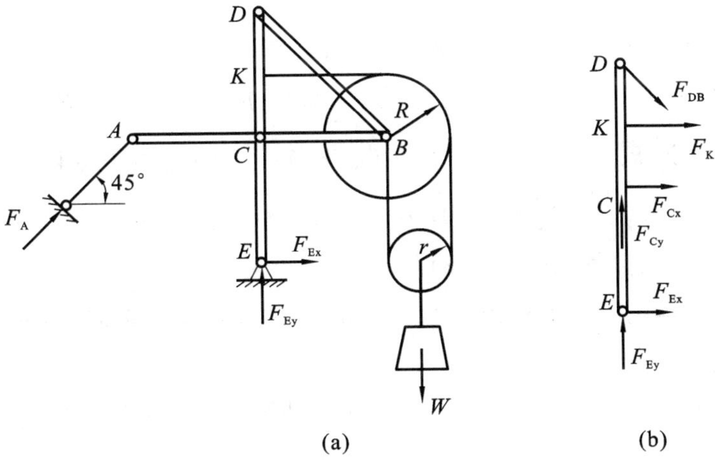


**图 2.24**

**【解】** 取整体为研究对象,受力图如图 2.24(a) 所示。列平衡方程,可求出 $A$、$E$ 处的约束反力。

$$\sum M_E = 0,\quad -F_A \times 2\sqrt{2}l - W \times \frac{5}{2}l = 0,\quad 则\ F_A = -\frac{5\sqrt{2}}{8}W$$

$$\sum F_x = 0,\quad F_A \cos 45^\circ + F_{Ex} = 0,\quad 则\ F_{Ex} = \frac{5}{8}W$$

$$\sum F_y = 0,\quad F_A \sin 45^\circ + F_{Ey} - W = 0,\quad 则\ F_{Ey} = \frac{13}{8}W$$

取杆 $DE$ 为研究对象[图 2.24(b)]

$$\sum M_C = 0,\quad -F_{DB}\cos 45^\circ \times 2l - F_K l + F_{Ex} \times 2l = 0$$

其中,$F_K = W/2$,$F_{Ex} = 5W/8$ 代入上式,解得:

$$F_{DB}=\frac{3\sqrt{2}}{8}W$$

**【例 2.11】** 三铰刚架 $ABC$ 的支承及荷载情况如图 2.25 所示，已知 $P=20$ kN，均布荷载 $q=4$ kN/m，求铰链支座 $A$ 和 $B$ 的约束反力。

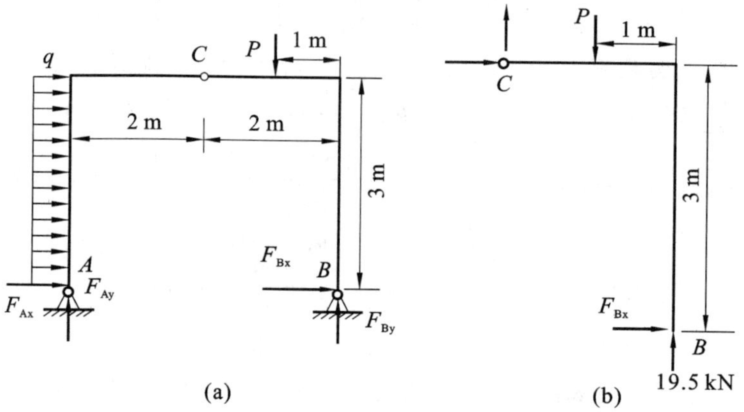


**图 2.25**

**【解】** 取整体为研究对象画受力图[图 2.25(a)]

$$\sum M_A(\boldsymbol{F})=0,\quad -4\times3\times1.5-20\times3+4F_{By}=0,\quad 则\ F_{By}=19.5\ \text{kN}$$

$$\sum F_y=0,\quad F_{Ay}-P+F_{By}=0,\quad 则\ F_{Ay}=0.5\ \text{kN}$$

$$\sum F_x=0,\ 4\times3+F_{Ax}+F_{Bx}=0$$

取 $BC$ 为研究对象画受力图[图 2.25(b)]

$$\sum M_C(\boldsymbol{F})=0,\quad -1\times20+2\times19.5+3F_{Bx}=0,\quad 则\ F_{Bx}=-6.33\ \text{kN}$$

则可得：

$$F_{Ax}=-5.67\ \text{kN}$$

## 小　　结

(1) 力偶及力偶矩

力偶为一对等值、反向且不共线的平行力，它对物体的作用是产生单纯的转动效应。力偶有三个要素，即力偶矩的大小、力偶的转向与力偶作用面的方位。力偶矩可以记作

$$M(\boldsymbol{F},\boldsymbol{F}')=M=\pm Fd$$

(2) 合力矩定理

合力矩定理：力系的合力对平面上任一点之矩，等于所有各分力对同一点力矩的代数和，记作

$$M_O(\boldsymbol{F}_R)=\sum M_O(\boldsymbol{F})$$

(3) 平面一般力系的简化与平衡方程

① 力的平移定理：作用于刚体上的力 $\boldsymbol{F}$ 可以平移到刚体内任一点 $O$，但必须附加一力偶，此附加力偶的力偶矩等于原力 $\boldsymbol{F}$ 对点 $O$ 之矩。

② 平面一般力系的简化结果

主矢 $$\boldsymbol{F}'_{R}=\sum \boldsymbol{F}'=\sum \boldsymbol{F}$$

主矩 $$M_{O}=\sum M_{O}(\boldsymbol{F})$$

③ 平面力系的平衡方程

| 力系名称 | 平衡方程 | 其他形式的平衡方程 | 独立方程数目 |
|---|---|---|---|
| 平面一般力系 | $\left.\begin{array}{l}\sum F_{x}=0\\ \sum F_{y}=0\\ \sum M_{O}(\boldsymbol{F})=0\end{array}\right\}$ | $\left.\begin{array}{l}\sum F_{x}=0\\ \sum M_{A}(\boldsymbol{F})=0\\ \sum M_{B}(\boldsymbol{F})=0\end{array}\right\}$ 或 $\left.\begin{array}{l}\sum M_{A}(\boldsymbol{F})=0\\ \sum M_{B}(\boldsymbol{F})=0\\ \sum M_{C}(\boldsymbol{F})=0\end{array}\right\}$ ($AB$ 连线不垂直于 $x$ 轴)($A$、$B$、$C$ 不共线) | 3 |
| 平面汇交力系 | $\left.\begin{array}{l}\sum F_{x}=0\\ \sum F_{y}=0\end{array}\right\}$ | | 2 |
| 平面平行力系 | $\left.\begin{array}{l}\sum F_{y}=0\\ \sum M_{O}(\boldsymbol{F})=0\end{array}\right\}$ | $\left.\begin{array}{l}\sum M_{A}(\boldsymbol{F})=0\\ \sum M_{B}(\boldsymbol{F})=0\end{array}\right\}$ ($AB$ 连线不平行于各力作用线) | 2 |
| 平面力偶系 | $\sum M=0$ | | 1 |

(4) 求解物体系统平衡问题的步骤

① 选取适当研究对象，画出各研究对象的受力图。

② 分析各受力图，确定求解顺序，并根据选定的顺序逐个选取研究对象求解。

## 思考题

2.1　若两个力在同一轴上的投影相等，则这两个力的大小是否一定相等？

2.2　汇交二力，其大小相等并与其合力一样大，此二力之间的夹角是多少度？

2.3　同一平面内两力偶的等效条件是什么？

2.4　某平面力系向一点简化的主矩为零，此力系简化的最终结果可能是一个力吗？可能是一个力偶吗？可能平衡吗？

2.5　平面任意力系的平衡方程可以表示成不同的形式，不同形式的独立方程数目一样吗？

2.6　锻锤工作时，若锻件给锻锤的反作用力有偏心，已知打击力 $F=1000\ \mathrm{kN}$，偏心距 $e=20\ \mathrm{mm}$，锤体高 $h=200\ \mathrm{mm}$（图 2.26），求锻锤给两侧导轨的压力。

2.7　梁 $AB$ 一端为固定端支座，另一端无约束，这样的梁称为悬臂梁。它承受均布荷载 $q$ 和一集中力 $P$ 的作用，如图 2.27 所示。已知 $P=10\ \mathrm{kN}$，$q=2\ \mathrm{kN/m}$，$l=4\ \mathrm{m}$，$\alpha=45°$，梁的自重不计，求支座 $A$ 的反力。

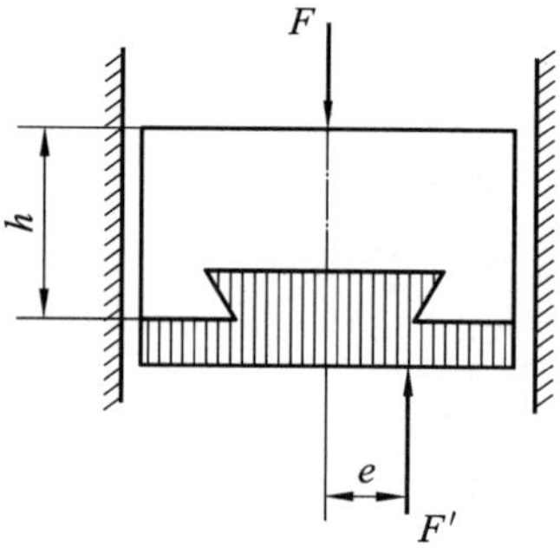


**图 2.26**

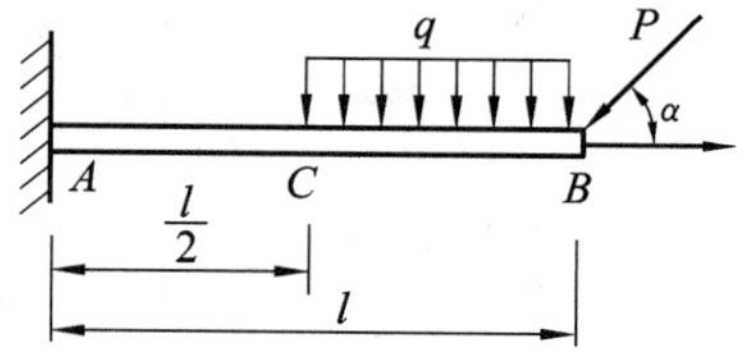


**图 2.27**

2.8　多跨静定梁的支撑、荷载及尺寸如图 2.28 所示。已知 $q=20\ \mathrm{kN/m}$，$l=2\ \mathrm{m}$，求支座 $A$、$D$、$E$ 处的约束反力。

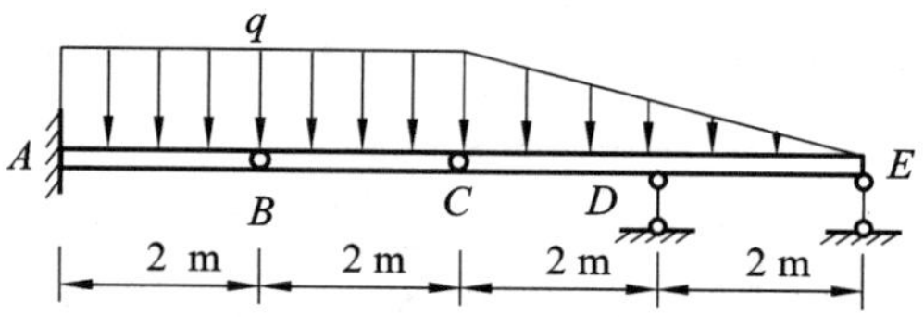


**图 2.28**

## 习　　题

2.1　试用解析法求图 2.29 所示平面汇交力系的合力。

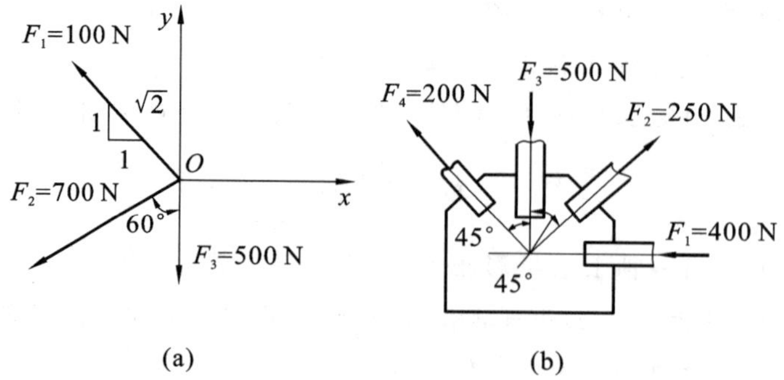


**图 2.29**

2.2 如图 2.30 所示力系，已知 $F_1 = 100$ N，$F_2 = 50$ N，$F_3 = 50$ N，求力系的合力。

2.3 简易起重机用钢丝绳吊起重 $W = 2000$ N 的重物，各杆自重不计，$A$、$B$、$C$ 三处简化为铰链连接(图 2.31)，求杆 $AB$ 和 $AC$ 受到的力(滑轮尺寸和摩擦不计)。

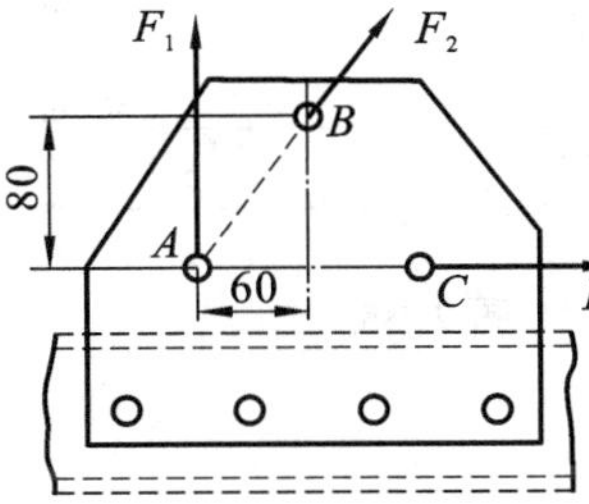


图 2.30

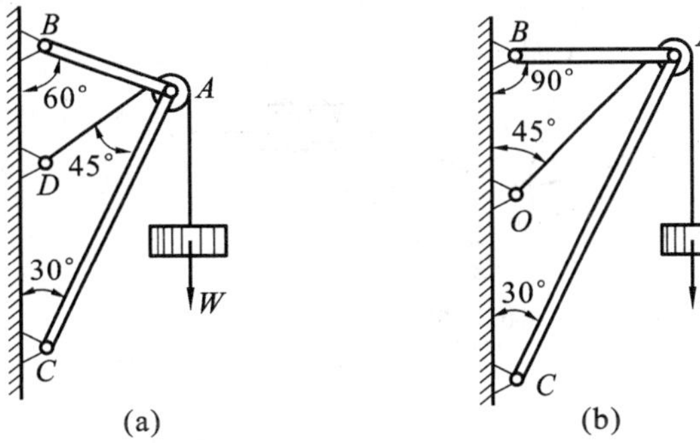


图 2.31

2.4 一电机(重 $P = 5$ kN) 放在水平梁 $AB$ 的中央，梁的 $A$ 端以铰链固定，$B$ 端以撑杆 $BC$ 支持(图 2.32)。求撑杆 $BC$ 所受的力。

2.5 已知梁 $AB$ 上作用一力偶 $M$，梁长为 $l$，梁重不计，求图 2.33(a)、图 2.33(b) 两种情况下，支座 $A$ 和 $B$ 处的约束反力。

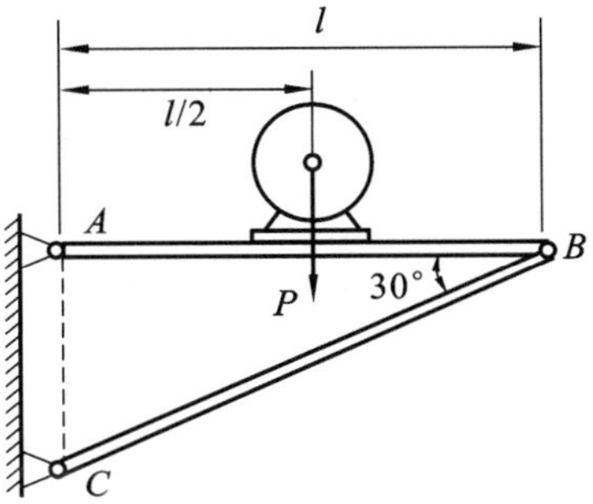


图 2.32

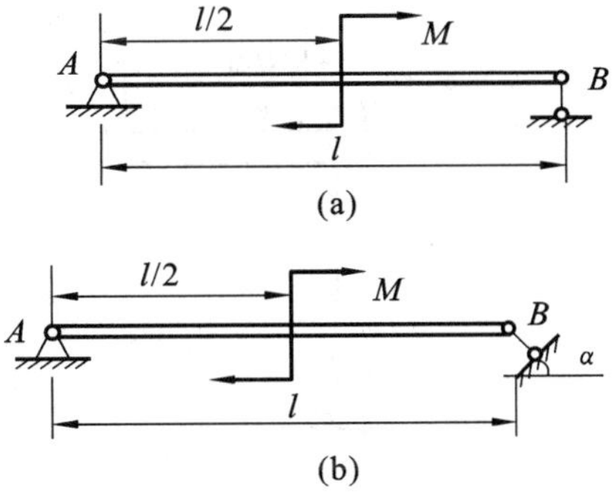


图 2.33

2.6 在图 2.34 所示机构中，曲柄上作用一力偶，其矩为 $M$，另在滑块 $D$ 上作用水平力 $F$，各构件自重忽略不计，求当机构平衡时，力 $F$ 与力偶矩 $M$ 的关系。

2.7 在图 2.35 所示结构中，各构件的自重略去不计，在构件 $BC$ 上作用一力偶矩为 $M$ 的力偶。求支座 $A$ 的约束反力。

2.8 求图 2.36 所示各梁和刚架的支座反力，长度单位为 m。

2.9 吊桥 $AB$ 长 $L$，重 $W_1$，重心在其中心。$A$ 端由铰链支于地面，$B$ 端由绳拉住，绳绕过小滑轮 $C$ 挂重物，重量 $W_2$ 已知。重力作用线沿铅垂线 $AC$，$AC = AB$(图 2.37)。问吊桥与铅垂线的交角 $\theta$ 为多大方能平衡，并求此时铰链 $A$ 对吊桥的约束反力 $F_A$。

2.10 静定刚架的荷载及尺寸如图 2.38 所示。求支座反力和中间铰处的压力。

2.11 静定多跨梁的荷载及尺寸如图 2.39 所示，长度单位为 m。求支座反力和中间铰处的压力。

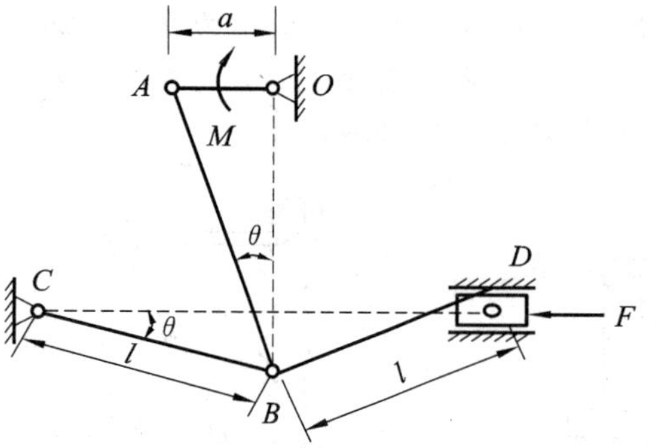


图 2.34

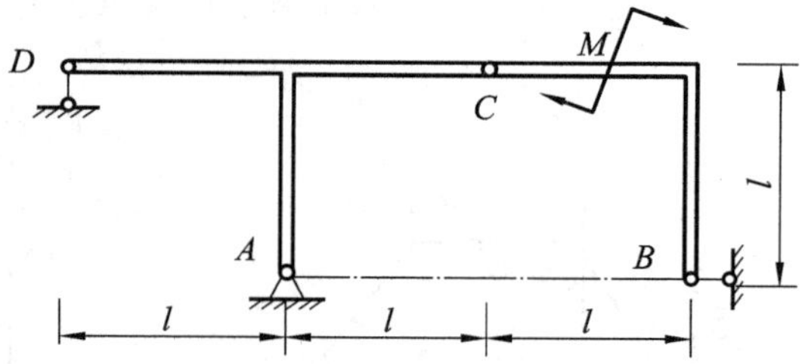


图 2.35

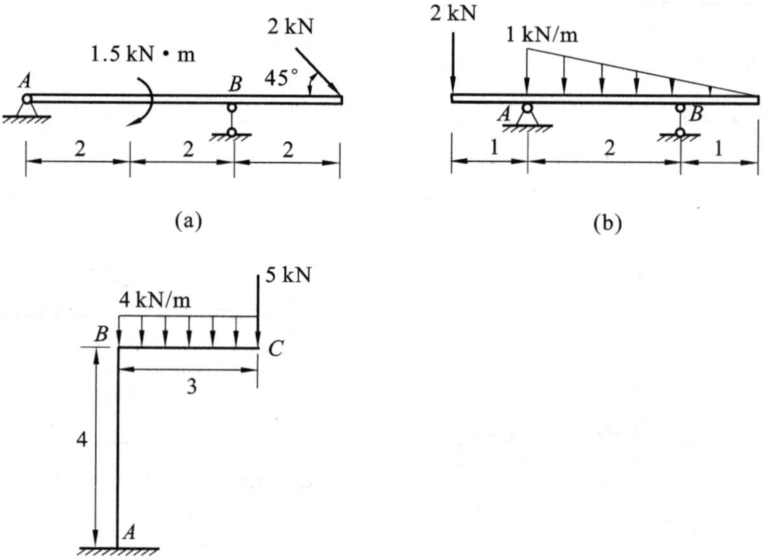


(a) (b) (c)

图 2.36

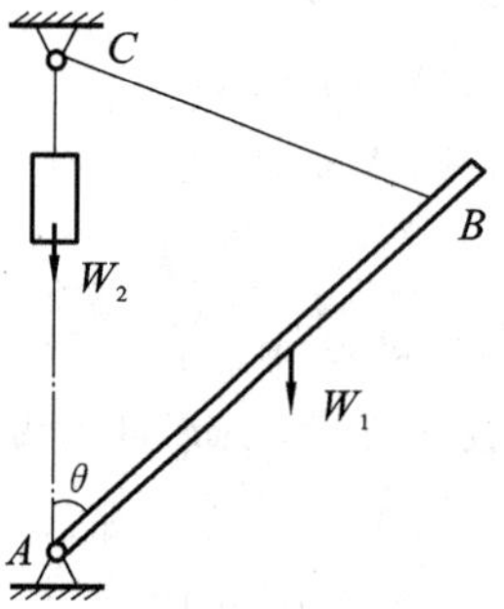


图 2.37

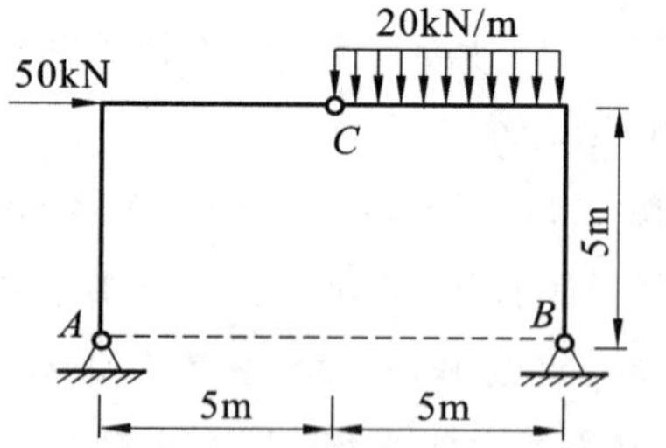


图 2.38

2.12　构架由杆 $AB$、$AC$ 和 $DF$ 铰接而成，如图 2.40 所示，在 $DEF$ 杆上作用一力偶矩为 $M$ 的力偶。不计各杆的重量，求 $AB$ 杆上铰链 $A$、$D$ 和 $B$ 所受的力。

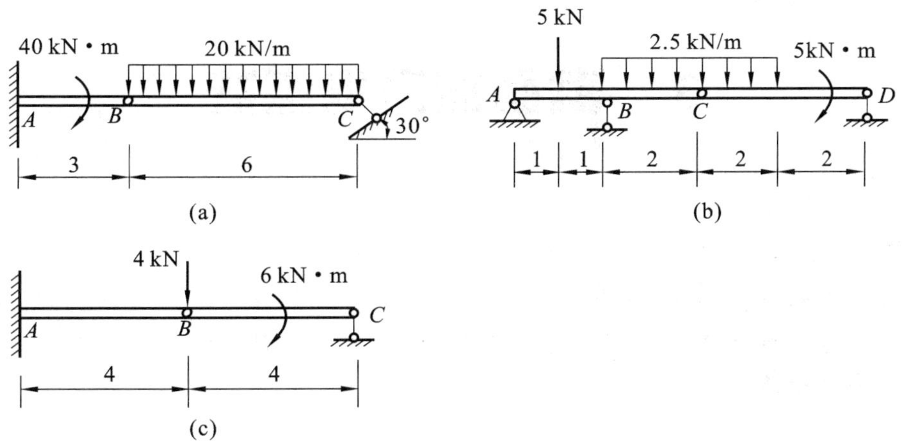


图 2.39

2.13 重物悬挂如图 2.41 所示，已知 $G=1.8$ kN，其他重量不计，求铰链 $A$ 的约束反力和杆 $BC$ 所受的力。

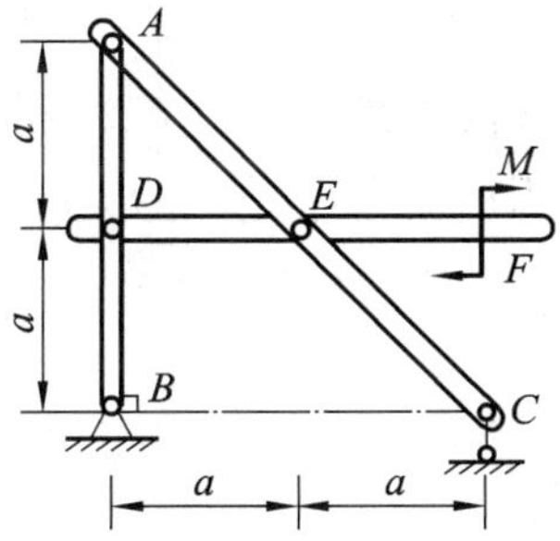


图 2.40

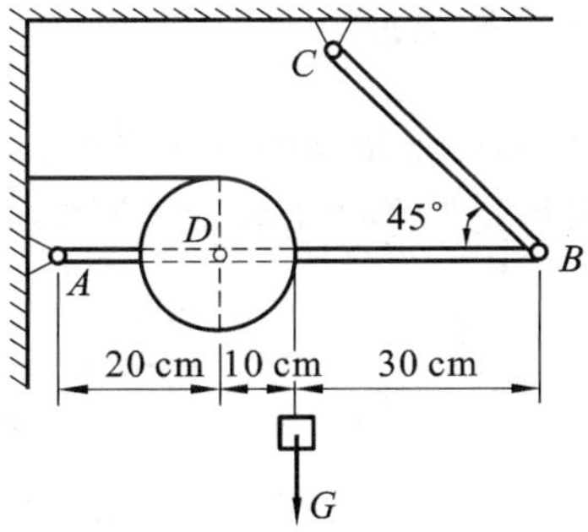


图 2.41

2.14 如图 2.42 所示，行动式起重机不计平衡锤的重为 $P=500$ kN，其重心在离右轨 1.5 m 处。起重机的起重力为 $P_1=250$ kN，突臂伸出右轨 10 m。跑车本身重力略去不计，欲使跑车满载时起重机均不致翻倒，求平衡锤的最小重力 $P_2$ 以及平衡锤到左轨的最大距离 $x$。

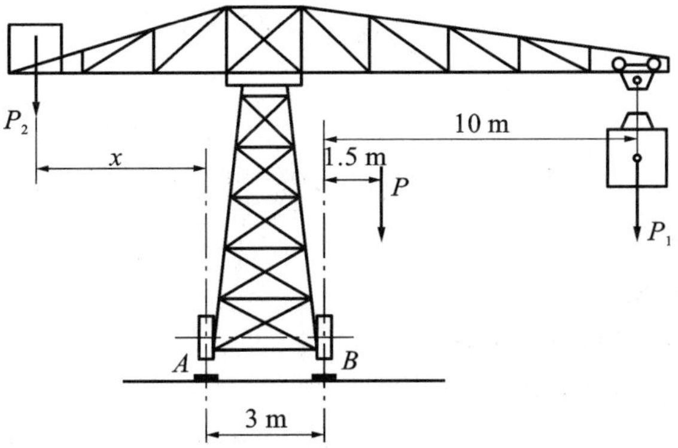


图 2.42

# 3　截面的几何参数

**教学目标**

(1) 掌握面积矩和形心的概念和计算方法

(2) 掌握惯性矩、极惯性矩、惯性半径和惯性积的概念和计算方法

(3) 熟悉平行移轴公式

## 3.1　截面形心与静矩

### 3.1.1　截面形心

截面的形心是指截面的几何中心。均质等厚薄板的形心位置就是重心位置。利用合力矩定理,可以得到如图 3.1 所示等厚均质薄板的形心坐标公式:

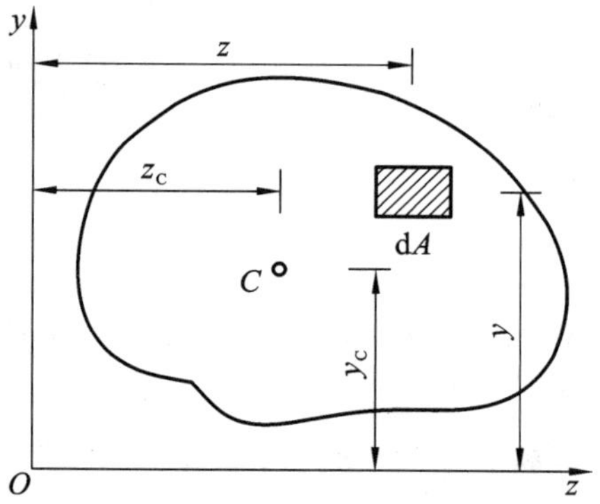


**图 3.1**

$$z_C = \frac{\int_A z\mathrm{d}A}{A} \qquad y_C = \frac{\int_A y\mathrm{d}A}{A} \tag{3.1}$$

式中　$A$—— 截面面积;

$\mathrm{d}A$—— 微元面积;

$z,y$—— 微元面积的形心坐标;

$z_C,y_C$—— 截面面积 $A$ 的形心坐标。

几何图形具有对称轴时,形心必位于对称轴上,若有两条对称轴,则形心位于对称轴交点上,如矩形的形心在两条对称轴的交点,圆形的形心位于圆心。

若截面可以分解为几个简单的图形(图 3.2),则式(3.1)可以写成:

$$z_C = \frac{\sum A_i z_i}{\sum A_i} \qquad y_C = \frac{\sum A_i y_i}{\sum A_i} \tag{3.2}$$

式中　$A_i$—— 各分图形的面积;

$y_i, z_i$—— 各分图形的形心坐标。

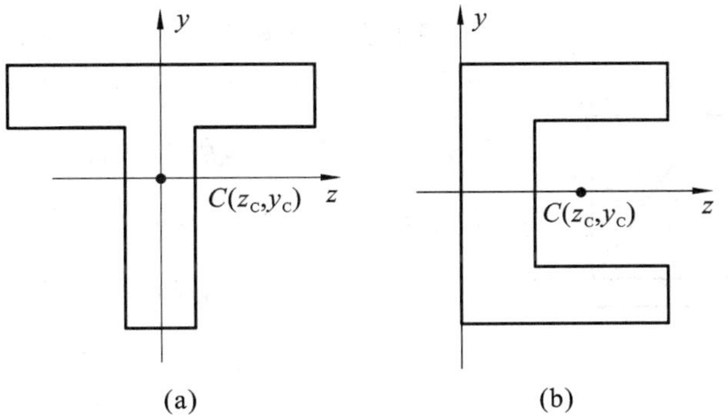


图 3.2

**【例 3.1】**　如图 3.3 所示,试确定 T 形截面的截面形心位置。

**【解】**　如图 3.3 所示,因 T 形截面左右对称,其形心位置只需要确定图示 $y$ 坐标就可以,将 T 形截面的翼缘板和腹板分解成两个矩形(1)和(2)的叠加,按式(3.2)确定其形心位置。

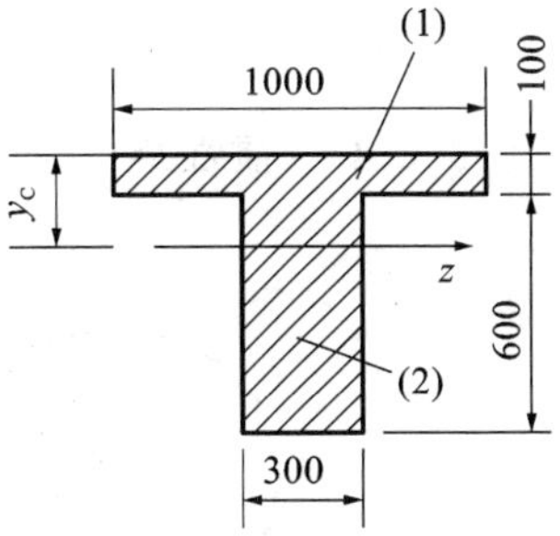


图 3.3

$$y_C = \frac{\sum A_i y_i}{\sum A_i} = \frac{1 \times 0.1 \times 0.05 + 0.6 \times 0.3 \times 0.4}{1 \times 0.1 + 0.6 \times 0.3}$$

$$= 0.275 \text{ m} = 275 \text{ mm}$$

### 3.1.2　静矩

从截面中坐标为$(y,x)$处取面积元 $dA$,$ydA$ 和 $zdA$ 分别称为面积元 $dA$ 对 $z$ 轴和 $y$ 轴的也称静矩或面积矩。平面图形对 $z$ 轴和 $y$ 轴的静矩分别为:

$$S_z = \int_A y dA \qquad S_y = \int_A z dA \tag{3.3}$$

或

$$S_z = y_C A \qquad S_y = z_C A \tag{3.4}$$

式中　$S_z, S_y$—— 截面对 $z$ 轴和 $y$ 轴的静矩。

组合截面的静矩为:

$$S_z = \sum A_i y_i \qquad S_y = \sum A_i z_i \tag{3.5}$$

故截面的形心坐标也可以表示为:

$$y_C = \frac{S_z}{A} \qquad z_C = \frac{S_y}{A} \tag{3.6}$$

由式(3.4)可知，当 $z_C=0$ 或 $y_C=0$ 时静矩为零，则该轴通过形心；若某一轴通过形心，则图形对该轴的静矩为零；平面图形的形心必在对称轴上，故平面图形对于对称轴的静矩总是等于零；静矩是截面对于一定的坐标轴而言的，同一截面对于不同的坐标轴，其静矩不同。静矩可正可负，也可为零。

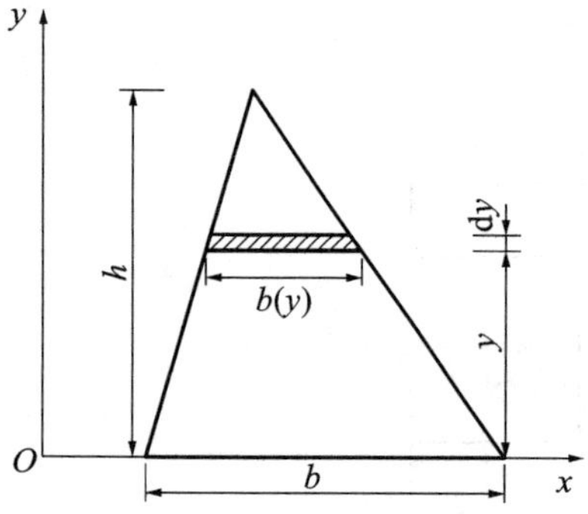


图 3.4

**【例 3.2】** 如图 3.4 所示，计算三角形截面对与其底边重合的 $x$ 轴的静矩。

**【解】** 如图 3.4 所示，取平行于 $x$ 轴的狭长条作为面积元素，即 $dA=b(y)\cdot dy$。由相似三角形关系，可知 $b(y)=\frac{b}{h}(h-y)$，所以有 $dA=\frac{b}{h}(h-y)\cdot dy$。将面积元素代入式(3.3)的第一式，得：

$$S_x=\int_A y\,dA=\int_0^h \frac{b}{h}(h-y)y\,dy$$

$$=b\int_0^h y\,dy-\frac{b}{h}\int_0^h y^2\,dy=\frac{bh^2}{6}$$

# 3.2 惯性矩、极惯性矩、惯性积

### 3.2.1 惯性矩

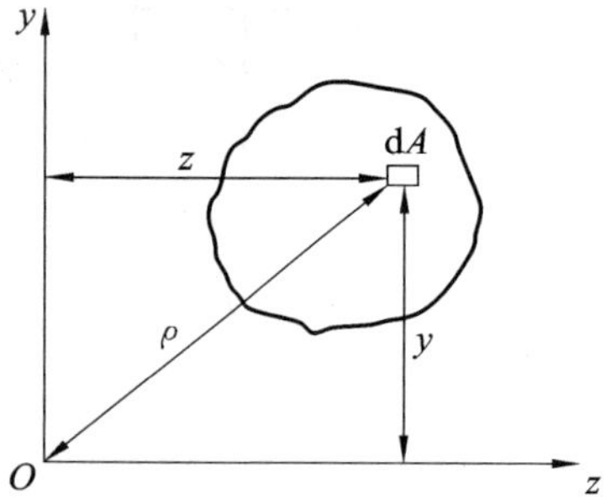


图 3.5

如图 3.5 所示，算式 $y^2dA$ 和 $z^2dA$ 分别称为微元面积 $dA$ 对 $z$ 轴和 $y$ 轴的**惯性矩**，而沿整个截面的积分则为截面面积 $A$ 对 $z$ 轴和 $y$ 轴的惯性矩。

$$I_z=\int_A y^2\,dA \qquad I_y=\int_A z^2\,dA \tag{3.7}$$

式(3.7)表明惯性矩恒为正值，量纲为长度的四次方，单位为 $m^4$、$cm^4$ 和 $mm^4$ 等。

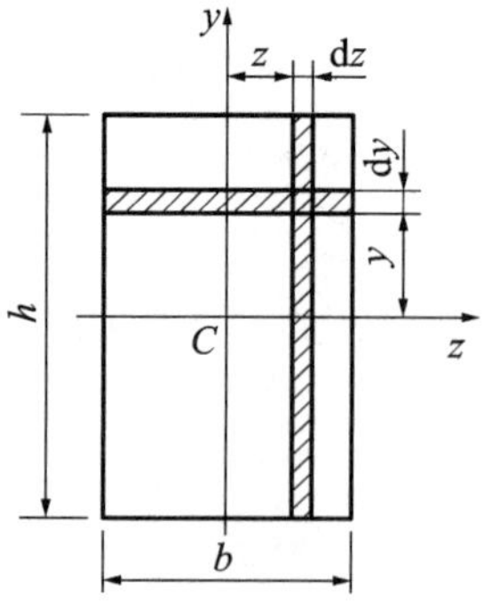


图 3.6

**【例 3.3】** 如图 3.6 所示，计算矩形截面对其对称轴(即形心轴)$z$ 和 $y$ 的惯性矩。

**【解】** 先取平行于 $z$ 轴的狭长条作为面积元素，即 $dA=b\cdot dy$，根据式(3.7)的第一式，得：

$$I_z=\int_A y^2\,dA=\int_{-\frac{h}{2}}^{\frac{h}{2}} by^2\,dy=\frac{bh^3}{12}$$

同理，在计算对 $y$ 轴的惯性矩时，可取 $dA=h\cdot dz$，根据式(3.7)的第二式，得：

$$I_y=\int_A z^2\,dA=\int_{-\frac{b}{2}}^{\frac{b}{2}} hz^2\,dz=\frac{hb^3}{12}$$

思考：如果平行四边形的底边平行于 $z$ 轴，宽度为 $b$，高度为 $h$，则其对形心轴 $z$ 轴的惯性矩与图 3.6 的矩形的惯性矩 $I_z$ 相同吗？为什么？

### 3.2.2 极惯性矩

如图 3.5 所示，$\rho$ 是微元面积 $dA$ 的形心到坐标原点的半径，算式 $\rho^2 dA$ 称为微元面积 $dA$ 对于坐标原点的**极惯性矩**，而沿整个截面的积分则为截面面积 $A$ 对于坐标原点的极惯性矩。

$$I_\rho = \int_A \rho^2 \mathrm{d}A \tag{3.8}$$

因 $\rho^2 = y^2 + z^2$，可得：

$$I_\rho = \int_A \rho^2 \mathrm{d}A = \int_A (y^2 + z^2)\mathrm{d}A = \int_A y^2 \mathrm{d}A + \int_A z^2 \mathrm{d}A = I_z + I_y \tag{3.9}$$

惯性矩也可以用**惯性半径**表示：

$$I_z = i_z^2 \cdot A \qquad I_y = i_y^2 \cdot A \tag{3.10}$$

$$i_z = \sqrt{\frac{I_z}{A}} \qquad i_y = \sqrt{\frac{I_y}{A}} \tag{3.11}$$

式中　$i_z, i_y$—— 截面对 $z$、$y$ 轴的惯性半径。

**【例 3.4】** 如图 3.7 所示，计算直径为 $d$ 的圆形截面的极惯性矩和惯性矩。

**【解】** 取厚度为 $\mathrm{d}\rho$ 的狭长条作为面积元素，即 $\mathrm{d}\rho = 2\pi\rho \cdot \mathrm{d}\rho$，根据式(3.8)，得：

$$I_\rho = \int_A \rho^2 \mathrm{d}A = \int_0^{\frac{d}{2}} 2\pi\rho^3 \mathrm{d}\rho = \frac{\pi d^4}{32}$$

由 $I_\rho = I_y + I_z$，又因为圆截面的 $I_y = I_z$，得：

$$I_y = I_z = \frac{I_\rho}{2} = \frac{\pi d^4}{64}$$

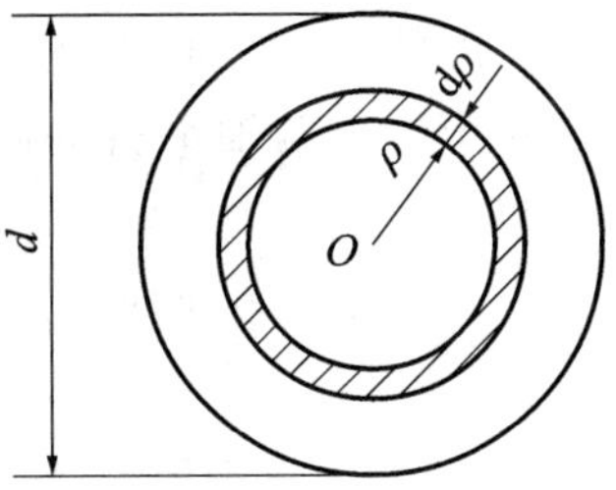

**图 3.7**

思考：外径为 D、内径为 $d$ 的圆环的极惯性矩和惯性矩怎么计算？

### 3.2.3 惯性积

如图 3.5 所示，算式 $zy\,\mathrm{d}A$ 称为微元面积 $\mathrm{d}A$ 对坐标轴 $z$、$y$ 的惯性积，而沿整个截面的积分 $\int yz\,\mathrm{d}A$ 称为截面面积 $A$ 对坐标轴 $z$、$y$ 的**惯性积**。

$$I_{yz} = \int yz\,\mathrm{d}A \tag{3.12}$$

显然，惯性积可正可负，也可为零。如果图形有一个对称轴，则 $I_{yz} = 0$。

### 3.2.4 组合截面的惯性矩

根据积分原理，组合截面的惯性矩可以用代数和求得。

$$I_z = \sum I_{zi} \qquad I_y = \sum I_{yi} \tag{3.13}$$

# 3.3 平行移轴公式

如图 3.8 所示，$C$ 点是任意平面图形的形心，$z_C$ 轴和 $y_C$ 轴是通过形心的坐标轴。$z$ 轴与 $z_C$ 轴平行，其间距为 $a$；$y$ 轴与 $y_C$ 轴平行，其间距为 $b$。通过坐标变换，可得出图形对这两对平行的坐标轴的惯性矩之间的关系为：

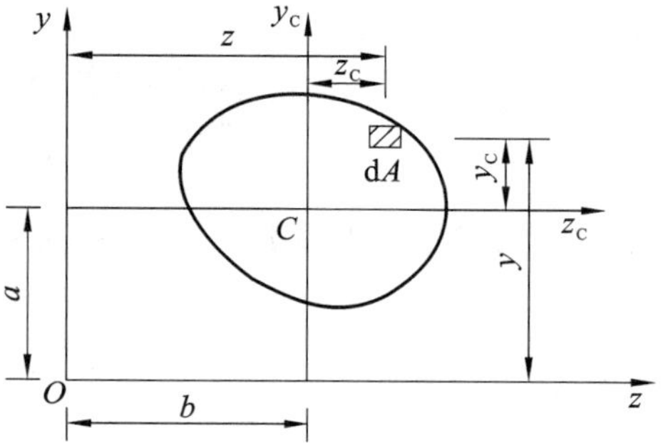


图 3.8

$$I_z = \int_A y^2 dA = \int_A (a + y_C)^2 dA$$
$$= a^2\int_A dA + 2a\int_A y_C dA + \int_A y_C{}^2 dA = I_{z_C} + a^2 A \quad (3.14)$$

同理可得：

$$I_y = I_{y_C} + b^2 A \quad (3.15)$$
$$I_{yz} = I_{y_C z_C} + abA \quad (3.16)$$

它表明，截面对任一轴的惯性矩，等于截面对与该轴平行的形心轴的惯性矩，再加上截面的面积与形心到该轴间距离平方的乘积；截面对任意两相互垂直轴的惯性积，等于它对于与该两轴平行的两形心轴的惯性积，再加上截面的面积与形心到该两轴间距离的乘积。

在平面图形对所有互相平行轴的惯性矩中，平面图形对形心轴的惯性矩最小。

# 3.4 形心主惯性轴、形心主惯性矩

### 3.4.1 形心主惯性轴

对于任何形状的截面，总可以找到一对特殊的直角坐标轴，使截面对于这一对坐标轴的惯性积等于零。惯性积等于零的一对坐标轴就称为该截面的主惯性轴。

当一对主惯性轴的交点与截面的形心重合时，它们就被称为该截面的**形心主惯性轴**，简称形心主轴。

由于任何平面图形对于包括其形心对称轴在内的一对正交坐标轴的惯性积恒等于零，故可根据截面有对称轴的情况，用观察法确定平面图形的形心主惯性轴的位置。

(1) 如果平面图形有一根对称轴，则此轴必定是形心主惯性轴，而另一根形心主惯性轴通过形心，并与此轴垂直。

(2) 如果平面图形有两根对称轴，则此两轴都为形心主惯性轴。

(3) 如果平面图形有三根或更多的对称轴，那么，过该图形形心的任何轴都是形心主惯性轴，而且该平面图形对于其任一形心主惯性轴的惯性矩都相等。

需要说明的是，对于没有对称轴的截面，其形心主惯性轴的位置可以通过计算来确定，因为截面对形心主惯性轴的惯性矩是最大或最小的。

### 3.4.2　形心主惯性矩

截面对于主惯性轴的惯性矩称为主惯性矩，而截面对于形心主惯性轴的惯性矩就称为形心主惯性矩。截面对所有形心轴的惯性矩中，形心主惯性矩分别是最大值 $I_{max}$ 和最小值 $I_{min}$。

在梁的计算中，经常要用到梁截面的形心主惯性矩。

### 3.4.3　形心主惯性平面

截面的形心主惯性轴和杆件轴线所确定的平面称为杆件的形心主惯性平面。工程中常将上述形心主惯性轴、形心主惯性矩、形心主惯性平面分别简称为主惯性轴、主惯性矩、主惯性平面。

## 小　　结

(1) 截面形心坐标

单个截面：

$$z_C = \frac{\int_A z\mathrm{d}A}{A} \qquad y_C = \frac{\int_A y\mathrm{d}A}{A}$$

组合截面：

$$z_C = \frac{\sum A_i z_i}{\sum A_i} \qquad y_C = \frac{\sum A_i y_i}{\sum A_i}$$

(2) 静矩或面积矩

单个截面：

$$S_z = \int_A y\mathrm{d}A \quad S_y = \int_A z\mathrm{d}A \quad \text{或} \quad S_z = y_C A \quad S_y = z_C A$$

组合截面：

$$S_z = \sum A_i y_i \qquad S_y = \sum A_i z_i$$

(3) 惯性矩

单个截面：

$$I_z = \int_A y^2 \mathrm{d}A \qquad I_y = \int_A z^2 \mathrm{d}A$$

组合截面：

$$I_z = \sum I_{zi} \qquad I_y = \sum I_{yi}$$

(4) 截面极惯性矩

$$I_\rho = \int_A \rho^2 \mathrm{d}A$$

或

$$I_\rho = \int_A \rho^2 \mathrm{d}A = \int_A (y^2 + z^2)\mathrm{d}A = \int_A y^2 \mathrm{d}A + \int_A z^2 \mathrm{d}A = I_z + I_y$$

(5) 截面惯性积

$$I_{yz} = \int yz \mathrm{d}A$$

(6) 平行移轴公式

$$I_z = I_{z_C} + a^2 A$$
$$I_y = I_{y_C} + b^2 A$$
$$I_{yz} = I_{y_C z_C} + abA$$

## 思 考 题

3.1　图 3.9 中各截面图形中 $C$ 是形心,试问哪些截面图形对坐标轴的惯性积等于零?

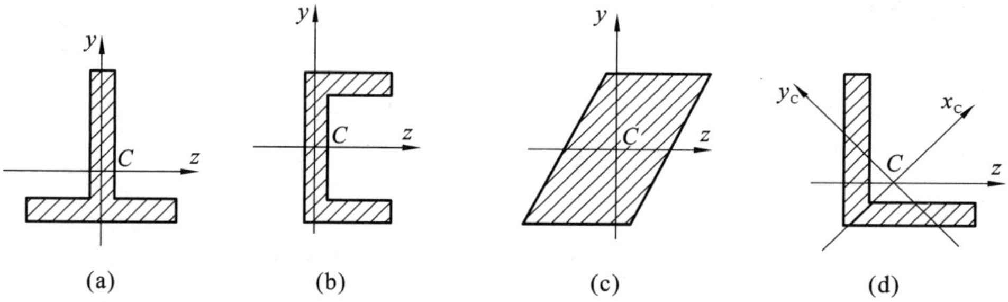


图 3.9

3.2　直角三角形截面斜边中点 $D$ 处的一对正交坐标轴如图 3.10 所示。试问:

(1)$z$、$y$ 是否为一对主惯性轴?

(2) 不用积分,计算其 $I_z$ 和 $I_{yz}$ 值。

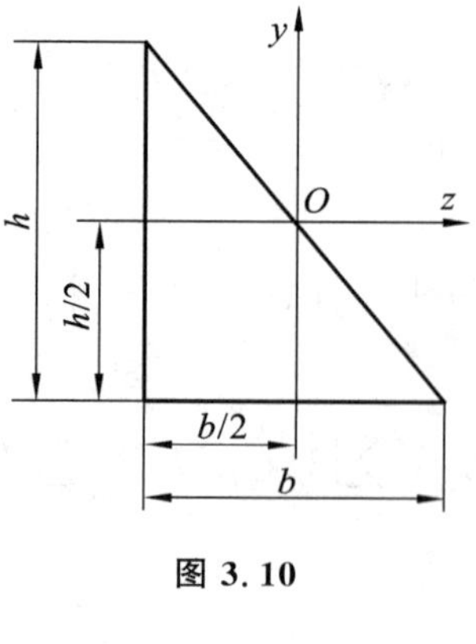


图 3.10

## 习　题

3.1　求图 3.11 所示各截面的阴影部分面积对 $z$ 轴的静矩。

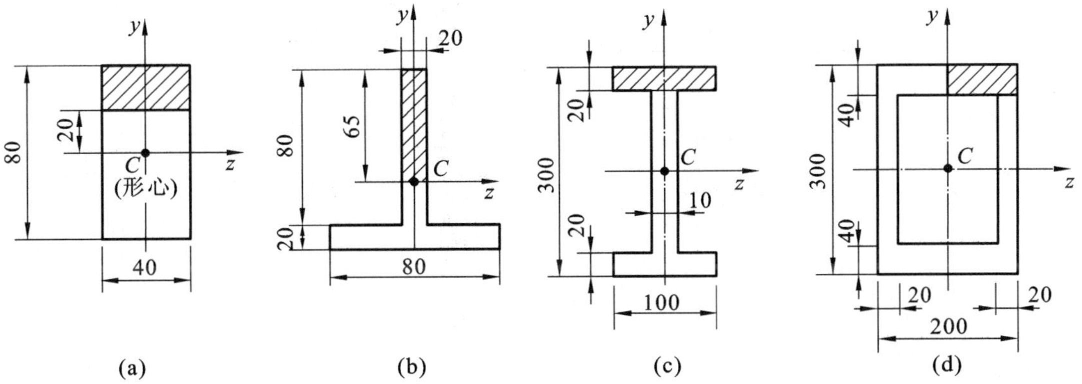


图 3.11

3.2　用积分法求图 3.12 所示半圆形截面对 $z$ 轴的静矩，并确定其形心的坐标。

3.3　求图 3.13 所示四分之一圆形截面对于 $z$ 轴和 $y$ 轴的惯性矩 $I_z$、$I_y$ 和惯性积 $I_{yz}$。

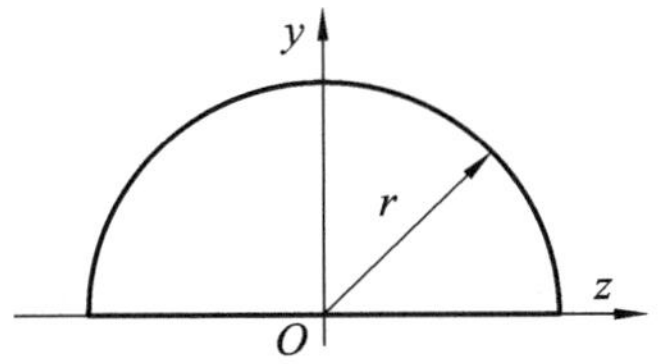


图 3.12

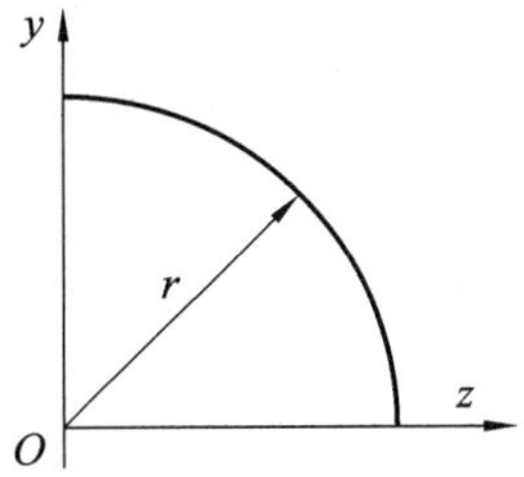


图 3.13

3.4　求图 3.14 所示正方形对其对角线 $z$ 轴的惯性矩。

3.5　分别求图 3.15 所示环形和箱形截面对其对称轴 $z$ 的惯性矩。

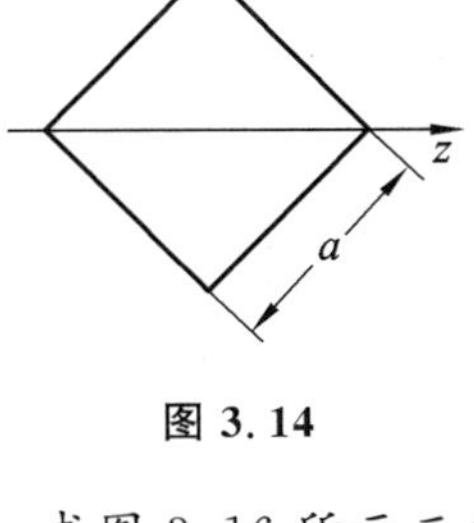


图 3.14

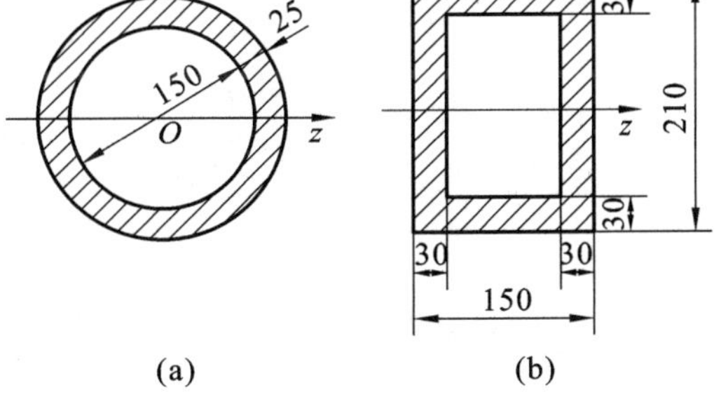


图 3.15

3.6　求图 3.16 所示三角形截面对通过顶点 $A$ 并平行于底边 $BC$ 的 $z$ 轴的惯性矩。

3.7　求图 3.17 所示 $r=1\ \mathrm{m}$ 的半圆形截面对于 $z$ 轴的惯性矩，其中 $z$ 轴与半圆形的底边平行，相距 1 m。

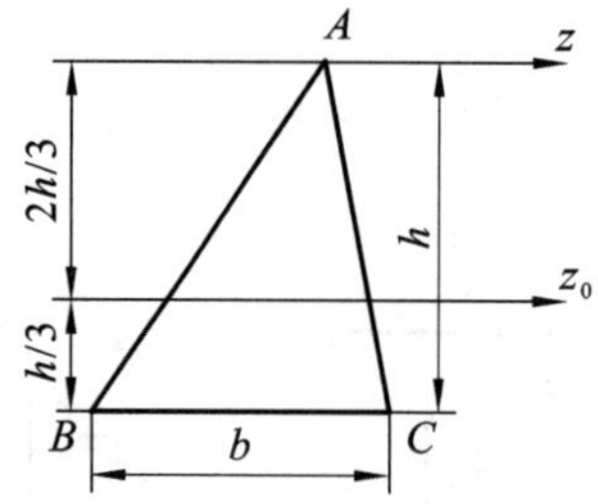


图 3.16

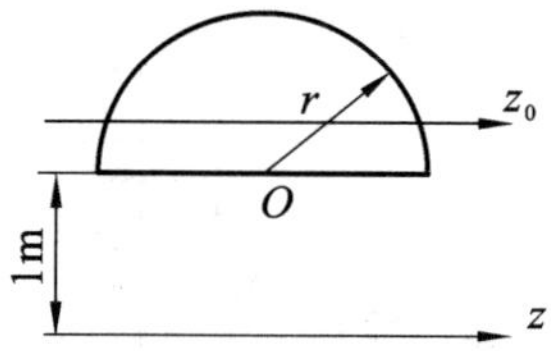


图 3.17

# 4 杆件的轴向拉伸与压缩

**教学目标**

(1) 理解内力的概念和内涵，内力外力之间的关联和差别

(2) 掌握截面法计算轴力及轴力图的绘制

(3) 理解应力和应变的定义，应力应变之间的关系

(4) 掌握轴向拉伸(压缩)时横截面上应力分布规律及计算

(5) 掌握轴向拉伸或压缩时的变形计算

(6) 理解不同性质材料轴向拉伸(压缩)时的力学性质，运用强度条件解决简单轴向拉压问题

(7) 深刻理解工程力学中所蕴含的科学精神，培养学生的创新意识和报国情怀

## 4.1 轴向拉伸和压缩的概念

被称为“万人礼堂”的人民大会堂(图 4.1)始建于 1958 年 10 月，仅用 10 个多月的时间即建造完工，堪称中国乃至世界建筑史的伟大创举。它经历了几十年光阴，在今天看来仍然是一项充满设计感与时代感的杰作。大会堂的东大门门前有 12 根巨大的大理石柱作为支撑，整体造型气势恢宏。

2018 年 10 月正式通车运营的港珠澳大桥(图 4.2)是中国工程建设史上的杰出代表，大桥全长 55 千米，跨越伶仃洋，是世界上最长的跨海大桥，这项工程的竣工成功地创造了多个世界之最。港珠澳大桥分别由三座通航桥、一条海底隧道、四座人工岛及连接桥隧、深浅水区非通航孔连续梁式桥和港珠澳三地陆路联络线组成。大桥中的三座通航桥均为大跨度钢结构斜拉桥。

图 4.1

图 4.2

人民大会堂正门前的大理石柱或斜拉桥段中的斜拉索，其共同特点是构件的轴线为直线且横截面均匀等大，作用于杆上的外力（或外力合力）的作用线与杆轴线重合，这类构件被称为轴向拉伸（压缩）杆简称为拉（压）杆。

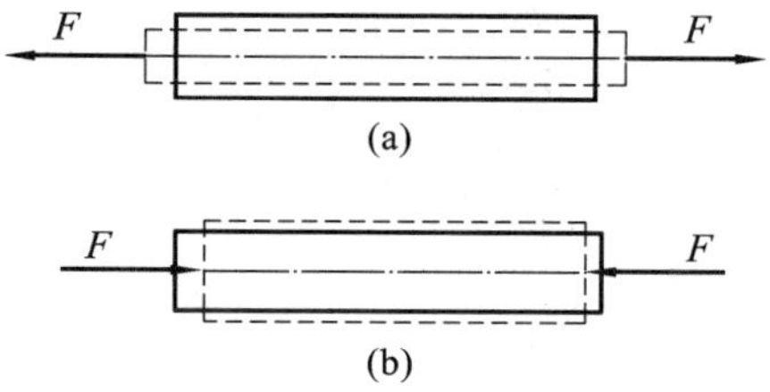


图 4.3

实际拉（压）杆的端部可以有各种连接方式。如果不考虑其端部的具体连接情况，其计算简图即如图 4.3 所示。计算简图的几何特征是等直杆，其受力特征是杆在两端各受一集中力 $F$，大小相等、方向相反，且作用线与杆轴线重合；其变形特征是杆将发生纵向伸长或缩短。图中用虚线表示杆件变形后的形状。

## 4.2　内力、轴力和应力

### 4.2.1　内力

物体在未受外力作用时，组成物体的分子之间本来就存在相互作用的力。受外力作用后物体内部相互作用力的情况要发生变化，同时物体要产生变形，这种由外力引起的物体内部相互作用力的变化量称为附加内力，简称**内力**，是一种阻止变形发展的抗力。根据作用与反作用定律，内力总是成对出现，等值、反向而且共线。物体的变形及破坏情况与内力有着密切的联系，因而在分析构件的强度与刚度问题时，要从分析内力入手。现在来讨论拉伸和压缩时横截面上内力的求法。

如图 4.4(a) 所示，一折杆在荷载 $F_1$、$F_2$ 和固端反力 $F_{Ax}$、$F_{Ay}$ 和 $M_A$ 作用下处于平衡状态，求 $D$ 截面上的内力。假设一个平面 $n$—$n$ 把折杆截为左右两部分，任意选择一部分（如选择左边的部分），把它作为一个独立于整体的分离体[图 4.4(b)]。对该分离体，除了已知外力 $F_1$ 和固定端的三个支座反力 $F_{Ax}$、$F_{Ay}$ 和 $M_A$ 外，根据物体整体平衡，局部分离体也必然平衡的特点可知，在截面"$n$—$n$"上与对应外力相一致的方向上必然也存在荷载，这些荷载可分别用 $F_N$、$F_S$ 和 $M$ 表示，这即为该截面上的内力。其中，$F_N$ 与截面相交，与轴线重合，称为轴力；$F_S$ 与截面相切，与轴线正交，称为剪力；$M$ 为内力偶。根据一般（任意）力系的平衡条件即可求得这组内力。

### 4.2.2　轴力与轴力图

设一等直杆在两端轴向拉力 $F$ 的作用下处于平衡，欲求图 4.5(a) 所示杆件横截面 $m$—$m$ 上的内力。为此，假设一平面沿横截面 $m$—$m$ 将杆件截分为两部分。按照连续性假设，分布力在截面上连续分布且在轴向荷载作用下，可进一步假定它是均匀分布的。其合力 $F_N$ 必通过截面的形心，与杆件中轴线重合，故 $F_N$ 称为轴力。

如图 4.5(b) 所示，由左段的平衡方程 $\sum F_x = 0$，得：

$$F_N - F = 0, \quad 则\ F_N = F \tag{4.1}$$

习惯上，把拉伸时的轴力视为正，压缩时的轴力视为负。

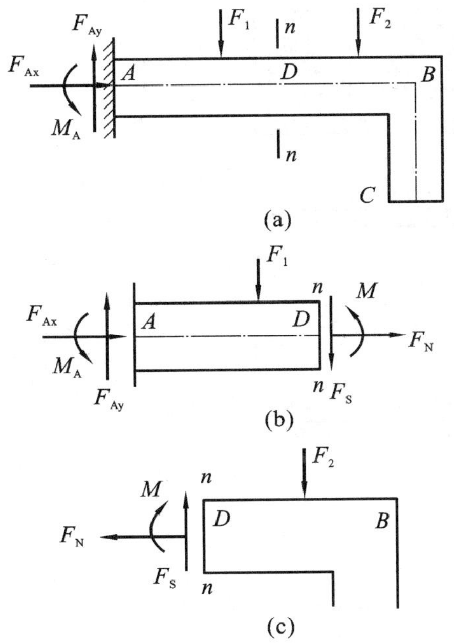


图 4.4

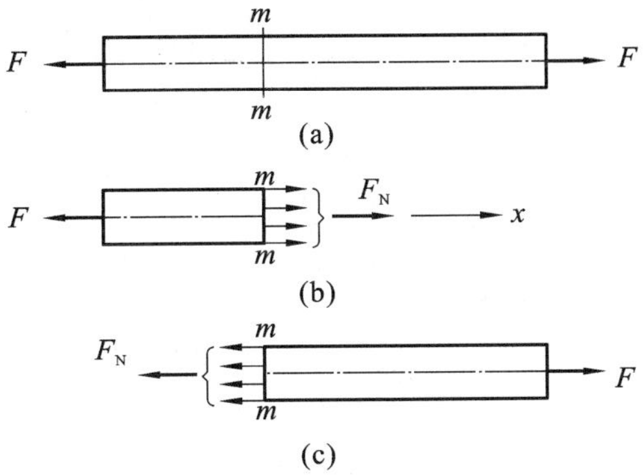


图 4.5

在力学研究中，通常规定发生拉伸时的轴力（即力的方向与截面的法线方向一致）为正，压缩时的轴力（即力的方向与截面法线方向相反）为负。

如果杆件轴线作用的外力多于2个，则在杆件各部分的横截面上，轴力是变化的。这时需要用轴力图来描述轴力沿杆件轴向的变化情况。

**【例 4.1】** 图 4.6(a) 是一双压手铆机的示意图。作用在活塞杆上的力分别简化为 $F_1 = 2.62\ \text{kN}$，$F_2 = 1.3\ \text{kN}$，$F_3 = 1.32\ \text{kN}$，计算简图如图 4.6(b) 所示。这里 $F_2$ 和 $F_3$ 分别是以压强 $p_2$ 和 $p_3$ 乘以面积得出的。现求活塞杆截面 1—1 和 2—2 上的轴力，并作出活塞杆的轴力图。

**【解】** 使用截面法，沿截面 1—1 将活塞杆分成两段，取出左段研究，并画出受力图[图 4.6(c)]。$F_{N1}$ 与 $F_1$ 大小相等、方向相反，而且共线，故截面 1—1 左边的一段受压，$F_{N1}$ 为负。由左段的平衡方程 $\sum F_x = 0$，得：

$$F_1 + F_{N1} = 0$$

由此确定了 $F_{N1}$ 的数值是：

$$F_{N1} = F_1 = -2.62\ \text{kN}$$

同理可求得横截面 2—2 上的轴力 $F_{N2}$。由截面 2—2 左边一段[图 4.6(d)]的平衡方程 $\sum F_x = 0$，得：

$$F_1 - F_2 + F_{N2} = 0$$

$$F_{N2} = F_2 - F_1 = -1.32\ \text{kN}$$

选取一个坐标系，其横坐标表示横截面的位置，纵坐标表示横截面的轴力，用图线表示沿活塞杆轴线轴力变化的情况，这种图线就是轴力图[图 4.6(e)]。

在轴力图中，将拉力画在 $x$ 轴的上侧，压力画在 $x$ 轴的下侧。这样，轴力图不但可以表示各段内轴力的大小，还可以判别各段内的变形是拉伸还是压缩。

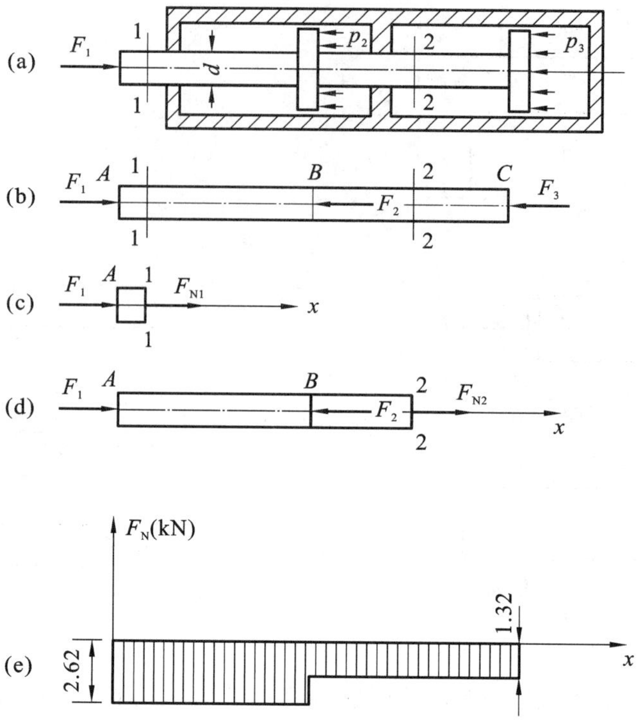


**图 4.6**

截面法是求内力最基本的方法,其方法和步骤为:

(1) 截 —— 沿欲求内力的截面上假想地用一截面把杆件分为两段;

(2) 取 —— 取一段作为研究对象,抛弃另一段;

(3) 代 —— 将抛弃段对保留段截面的作用力,用内力 $F_N$ 代替;

(4) 平 —— 列平衡方程式,求出该截面内力的大小。

### 4.2.3 应力

轴力是截面上平行于杆轴的、分布在全截面的所有分布力的合力。对于两根材料相同、粗细不同的杆,在相同的拉力下,两根杆件所受的轴力是相同的,但是细杆必然先拉断。这说明杆件抵抗外力的能力不仅与轴力的大小相关,而且与横截面的面积有关。因此,与横截面面积相关的应力更能衡量杆件的受力程度。

**截面上一点处每单位面积内的分布内力称为该点处的应力**;与截面垂直的应力分量称为**正应力**,用符号 $\sigma$ 表示;与截面相切的应力分量称为**剪应力**,以符号 $\tau$ 表示。

面积为 $A$ 的横截面上,如果有轴力 $F_N$,则截面上各点的正应力均为:

$$\sigma = \frac{F_N}{A} \tag{4.2}$$

从上式可以看出,应力的正负号由 $F_N$ 的正负号确定。应力的国际单位是帕斯卡(Pascal),简称帕(Pa)。

$$1\ \text{Pa} = 1\ \text{N/m}^2 = 10^{-6}\ \text{N/mm}^2$$

应力单位还有千帕(kPa)、兆帕(MPa)和吉帕(GPa),其相互关系为:

$$1\ kPa = 1 \times 10^3\ Pa; 1\ MPa = 1 \times 10^6\ Pa; 1\ GPa = 1 \times 10^9\ Pa$$

一点处的应力是该处无限小面积上的内力集度，则应力 $\sigma$ 与轴力 $F_N$ 有如下的关系：

$$F_N = \int_A \sigma dA \tag{4.3}$$

只有知道 $\sigma$ 在横截面上的分布规律后，才能完成上式中的积分。

## 4.3　拉压杆斜截面上的应力

前面讨论了轴向拉伸或者压缩时，直杆横截面上的正应力。但是材料的试验研究表明，拉压杆的破坏并非总是沿着横截面发生，有时也沿斜截面发生。因此，有必要讨论斜截面上的应力。

设有如图 4.7 所示的一直杆，承受的轴向拉力为 $F$，横截面面积为 $A$，由式(4.2)，可求得横截面上的正应力 $\sigma$ 为：

$$\sigma = \frac{F_N}{A} = \frac{F}{A}$$

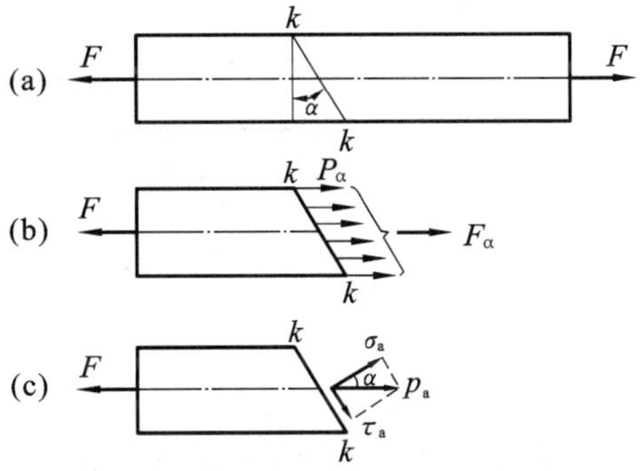

图 4.7

现取斜截面 $k$—$k$，其外法线 $n$ 与杆轴线 $x$ 的夹角为 $\alpha$，$\alpha$ 以逆时针为正，如图 4.7 所示，斜截面面积 $A_\alpha$ 与横截面面积 $A$ 的关系为：

$$A_\alpha = \frac{A}{\cos\alpha}$$

取左边部分为分离体，考虑分离体的平衡条件 $\sum F_x = 0$，得：

$$F_\alpha = F$$

那么，斜截面 $k$—$k$ 上的应力 $p_\alpha$ 为：

$$p_\alpha = \frac{F_\alpha}{A_\alpha} = \frac{F}{A}\cos\alpha = \sigma\cos\alpha$$

如图 4.7(c) 所示，把应力 $p_\alpha$ 分解成垂直于斜截面的正应力 $\sigma_\alpha$ 和相切于斜截面的切应力 $\tau_\alpha$。

$$\sigma_\alpha = p_\alpha\cos\alpha = \sigma\cos^2\alpha = \frac{F_N}{A}\cos^2\alpha \tag{4.4a}$$

$$\tau_\alpha = p_\alpha\sin\alpha = \sigma\cos\alpha\sin\alpha = \frac{\sigma}{2}\sin2\alpha = \frac{F_N}{2A}\sin2\alpha \tag{4.4b}$$

从上式可以看出，$\sigma_\alpha$ 和 $\tau_\alpha$ 都是 $\alpha$ 的函数，斜截面的方位不同，则截面上的应力也就不同。当 $\alpha = 0$ 时，斜截面 $k$—$k$ 成为垂直于轴线的横截面，$\sigma_\alpha$ 达到最大值，且

$$\sigma_{\alpha max} = \sigma \tag{4.5}$$

当 $\alpha = 45°$ 时，$\tau_\alpha$ 达到最大值：

$$\tau_{\alpha max} = \frac{\sigma}{2} \tag{4.6}$$

当 $\alpha = 90°$ 时，$\sigma_\alpha = \tau_\alpha = 0$。

由此可见，轴向拉伸（压缩）时，在杆件的横截面上，正应力为最大值；在与杆件轴线成 45° 的斜截面上，切应力为最大值，且最大切应力的大小为最大正应力的一半；在与横截面相

垂直的纵向切面($\alpha = 90°$)上既无正应力也无切应力。

## 4.4 轴向拉伸或压缩时的变形

直杆在轴向拉力作用下,将引起轴向尺寸的增大和横向尺寸的缩小。反之,在轴向压力作用下,将引起轴向的缩短和横向的增大。设直杆原长为 $l$,横截面面积为 $A$。在轴向拉力 $F$ 的作用下,长度由 $l$ 变为 $l_1$(图 4.8),则杆件沿轴向方向的伸长量为:

$$\Delta l = l_1 - l \tag{4.7}$$

该伸长量也称为杆的轴向变形,将伸长量 $\Delta l$ 除以原长得到杆的应变 $\varepsilon$:

$$\varepsilon = \frac{\Delta l}{l} \tag{4.8}$$

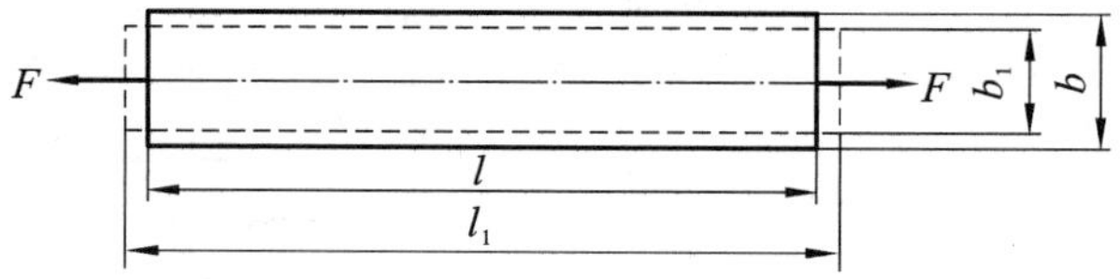


**图 4.8**

一点处**应变**的大小反映该点处变形的强弱程度。变形是由外力引起的,能随外力的卸除而完全消失的变形称为**弹性变形**,不随外力的卸除而消失的变形称为**塑性变形**。相应的应变也分为**弹性应变**和**塑性应变**。

应力和应变是材料力学中最基本的两个力学量。两者之间的关系是反映固体材料内在属性的最基本的物理关系,固体力学中称这种关系为材料的本构关系。对于弹性材料则可用胡克定律(Hook's Law)来定量地描述,胡克定律的公式表述为:

$$\sigma = E\varepsilon \tag{4.9}$$

式中 $E$—— 材料的弹性模量,其值随材料而异,由材料力学试验确定。

弹性模量反映材料在拉伸(压缩)时抵抗弹性变形的能力,单位和应力的单位相同。

将 $\sigma = F/A$ 和 $\varepsilon = \Delta l / l$ 代入式(4.9),得:

$$\Delta l = \frac{Fl}{EA} \tag{4.10}$$

这是胡克定律的另一种表达形式。从上式可以看出,对于长度相同、受力也相同的杆件,$EA$ 越大,则变形 $\Delta l$ 也就越小,所以 $EA$ 称为杆件的抗拉(抗压)刚度。

如果杆件变形前的横向尺寸为 $b$,变形后为 $b_1$(图 4.8),则横向应变为

$$\varepsilon' = \frac{\Delta b}{b} = \frac{b_1 - b}{b} \tag{4.11}$$

试验结果表明,当杆件发生纵向应变 $\varepsilon$ 时,同时也将发生横向应变 $\varepsilon'$;在一定的应力范围内,横向应变 $\varepsilon'$ 与纵向应变 $\varepsilon$ 之比的绝对值是个常数,二者的关系可表示为:

$$\nu = \left| \frac{\varepsilon'}{\varepsilon} \right| \tag{4.12}$$

$\nu$ 称为泊松比。与弹性模量 $E$ 一样,泊松比也是材料的弹性常量,其值仅与材料性质有关,由材料试验确定。对于常用的低碳钢等金属材料,其泊松比 $\nu$ 取 $0.24 \sim 0.30$ 的数值。

**【例 4.2】** 图 4.9 是一杆件的荷载情况，已知杆件的横截面面积为 $A=1000\ \text{mm}^2$，材料的弹性模量 $E=200\ \text{GPa}$，求杆各段的轴力、线应变、线变形及全杆的线变形。

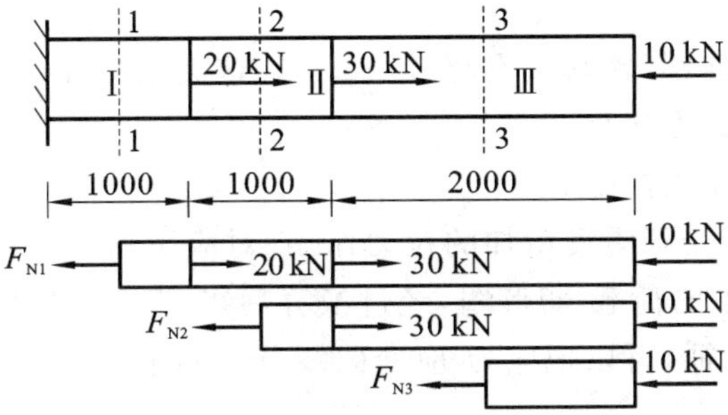


**图 4.9**

**【解】** 把杆件分为第 Ⅰ、Ⅱ 和 Ⅲ 段，则

轴力：$F_{N3}=-10\ \text{kN}$

$F_{N2}=-10+30=20\ \text{kN}$

$F_{N1}=-10+30+20=40\ \text{kN}$

线应变：$EA=200\times1000=200\times10^3\ \text{kN}$

$\varepsilon_1=F_{N1}/(EA)=40/(200\times10^3)=2\times10^{-4}$

$\varepsilon_2=F_{N2}/(EA)=20/(200\times10^3)=1\times10^{-4}$

$\varepsilon_3=F_{N3}/(EA)=-10/(200\times10^3)=-5\times10^{-5}$

线变形：$\Delta l_1=\varepsilon_1 l_{\text{I}}=(2\times10^{-4})\times(1\times10^3)=0.2\ \text{mm}$

$\Delta l_2=\varepsilon_2 l_{\text{II}}=(1\times10^{-4})\times(1\times10^3)=0.1\ \text{mm}$

$\Delta l_3=\varepsilon_3 l_{\text{III}}=(-5\times10^{-5})\times(2\times10^3)=-0.1\ \text{mm}$

$\Delta l=\Delta l_1+\Delta l_2+\Delta l_3=0.2+0.1-0.1=0.2\ \text{mm}$

## 4.5 材料拉伸时的力学性能

为了了解材料在各种外力作用下的变形和破坏等方面的性能，需要对材料试件进行试验研究。

做试验前需要确定试验的条件。在室温下，以缓慢平稳的加载方式进行的试验，称为常温静载试验，这是材料力学中测定材料力学性能的基本试验。为了便于比较不同材料的试验结果，对试样的形状、加工精度、加载速率和试验的环境等，国家标准有统一的规定。在如图 4.10 所示的试样上取长为 $l$ 的一段作为试验段，$l$ 称为标距。对于圆截面试样，标距 $l$ 与直径 $d$ 有两种比例，即：

$$l=5d \quad 和 \quad l=10d$$

工程上使用的材料很多，下面以低碳钢和铸铁为代表，

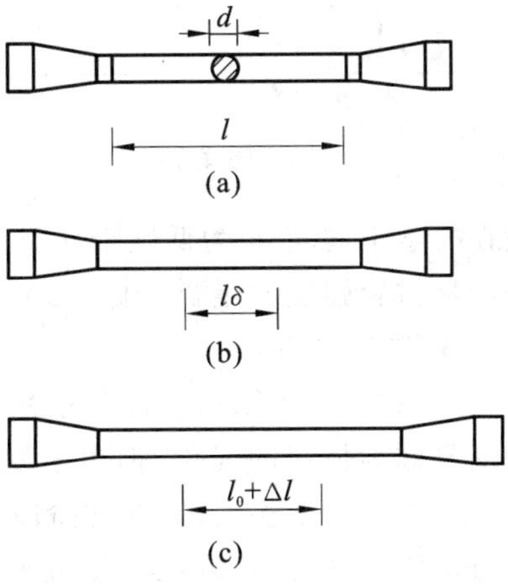


**图 4.10**

介绍材料在拉伸时的力学性能。

### 4.5.1 低碳钢拉伸时的力学性能

低碳钢为软钢的一种，其含碳量不超过0.25％。这类钢材在工程中使用较广，在拉伸试验中表现的力学性能也最为典型。

(1) 低碳钢拉伸时的力学特征

试样装在试验机上，受到缓慢增加的拉力作用。对应于每一个拉力 $F$，试样标距 $l$ 有一个伸长量 $\Delta l$。记录下试验中的荷载-变形图，经过换算后得到如图4.11所示的应力 $\sigma$ 和应变 $\varepsilon$ 的关系图。根据变形的特征，可以把应力-应变曲线分为四个阶段：

① 弹性阶段

在拉伸的初始阶段，应力 $\sigma$ 和应变 $\varepsilon$ 的关系为直线 $Oa$，表明在这一阶段内，应力 $\sigma$ 和应变 $\varepsilon$ 成正比，即：

$$\sigma = E\varepsilon \tag{4.13}$$

这就是胡克定律的由来。直线部分的最高点 $a$ 所对应的应力 $\sigma_p$ 称为**比例极限**。显然，只有应力低于这个比例极限时，应力才与应变成正比，材料才服从胡克定律。这时，称材料是**线弹性**的。从图4.11也可以容易知道，斜线段 $Oa$ 的斜率即为弹性模量 $E$。

超过比例极限后，从 $a$ 点到 $b$ 点，$\sigma$ 与 $\varepsilon$ 之间的关系不再是直线，但是卸除拉力后变形仍能完全消失，这种变形称为弹性变形。$b$ 点所对应的应力 $\sigma_e$ 是材料出现弹性变形的极限值，称为**弹性极限**。若 $\sigma > \sigma_e$，则卸载后将出现一部分不能消失的变形，即**塑性变形**。对于低碳钢，点 $a$ 和点 $b$ 基本上重合在一起，所以工程上对弹性极限和比例极限并不严格区分。

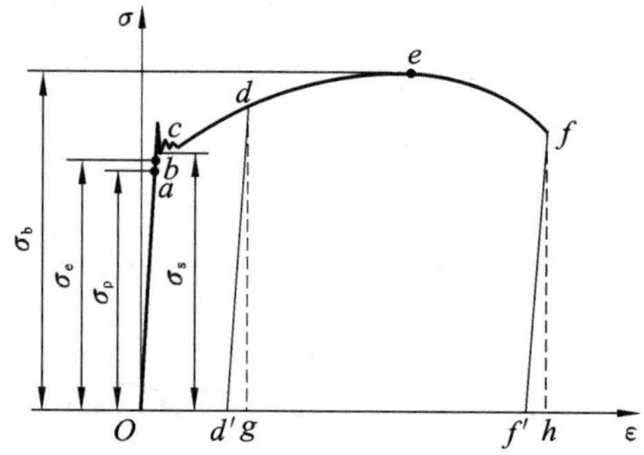


**图 4.11**

② 屈服阶段

超过 $b$ 点之后，$\sigma$ 与 $\varepsilon$ 曲线的发展偏离直线，曲线的坡度越来越小，达到 $c$ 点之后，图线成为大体水平但微呈锯齿形线段。在此阶段内应力基本上不增加，而变形却相对急剧地增加。这种应力基本上保持不变，而应变显著增加的现象，称为**屈服**或流动。通常把屈服阶段的最低点的应力即**下屈服极限称为屈服极限或屈服强度**，用 $\sigma_s$ 来表示。

由于进入屈服阶段产生明显的塑性变形，一般在力学上规定 $\sigma_s$ 为低碳钢这类有明显屈服现象的材料可以安全使用的应力上限，因此 $\sigma_s$ 是衡量材料强度的重要指标。

③ 强化阶段

过屈服阶段后，材料部分地恢复了抵抗变形的能力，要使它继续变形必须增加拉力，这种现象称为材料的强化。但由于发生屈服后材料产生了塑性变形，因此这一阶段的应力-应变呈曲线同步增长关系。在此阶段某点（如 $d$ 点）若卸去拉力，应力-应变曲线将沿 $dd'$（其斜率与初始弹性阶段 $Oa$ 线段接近平行）返回，也即发生弹性变形的应变量消失（$d'g$ 段），如果再次加载，应力-应变曲线将重新沿着 $dd'$ 呈线性上升，相比于初始加载曲线的弹性段 $Oa$，重新加载后的线弹性阶段($dd'$ 线段)明显增长,材料的比例极限得到了很大的提高,其使用性能也得到进一步强化,这也是该段被定义为强化段的原因。

④ 局部变形阶段

过 $e$ 点后,曲线逐渐下降。$e$ 点对应为名义应力的最大值,称为**强度极限**,以 $\sigma_b$ 表示。从试验达到 $e$ 点起,试件的某一较弱的截面处出现**颈缩**,随着试验的继续,颈部越来越细长,而其他部分基本停止变形,这时荷载读数急剧倒退,表明由于基本截面不断缩小,所能抗衡的荷载急剧减小,最后颈部的最小截面突然断裂,试验机停止工作。

(2) 材料的塑性变形指标

试件被拉断后,弹性变形部分会迅速消失,而残留塑性变形。测量拉断后的试件总长度和断裂截面的面积,可以得到下面两个描述材料发生塑性变形程度的指标。

① 延伸率

试件断裂后,原始标距伸长量和原始标距长度的百分比称之为延伸率,一般用 $\delta$ 表示,即:

$$\delta = \frac{l_1 - l}{l} \times 100\% \tag{4.14}$$

式中　$l$—— 原始标距长度;

$l_1$—— 断后试件标距长度(断后两段之和)。

对于大多数低碳钢,其 $\delta$ 一般为 $20\% \sim 30\%$。延伸率为衡量材料塑性的重要指标,在工程应用中常根据其大小来区分塑性材料与脆性材料。一般规定 $\delta > 5\%$ 的材料为塑性材料,如低碳钢、铝合金、铜等;$\delta < 5\%$ 的材料为脆性材料,如铸铁、石材、混凝土等。

② 断面收缩率

试件被拉断后,断裂处横截面面积的收缩量与初始横截面面积的百分比称为断面收缩率,一般用 $\psi$ 表示,即:

$$\psi = \frac{A - A_1}{A} \times 100\% \tag{4.15}$$

式中　$A$—— 试件初始截面面积;

$A_1$—— 试件断裂后断口截面面积,也即颈缩处最小截面面积。

对于低碳钢材料,其 $\psi$ 值为 $60\%$ 左右。

### 4.5.2　铸铁拉伸时的力学性能

灰口铸铁拉伸时的应力-应变关系是一段微弯的曲线(图 4.12),没有明显的直线阶段。灰口铸铁在较小的拉应力下即被拉断,没有如低碳钢那样的屈服和颈缩阶段,因此称灰口铸铁是**脆性材料**。铸铁拉断时的最大应力即为其强度极限。因为没有屈服现象,故强度极限 $\sigma_b$ 是衡量铸铁强度的唯一标准。铸铁等脆性材料的抗拉强度低,不宜作为抗拉构件的材料。

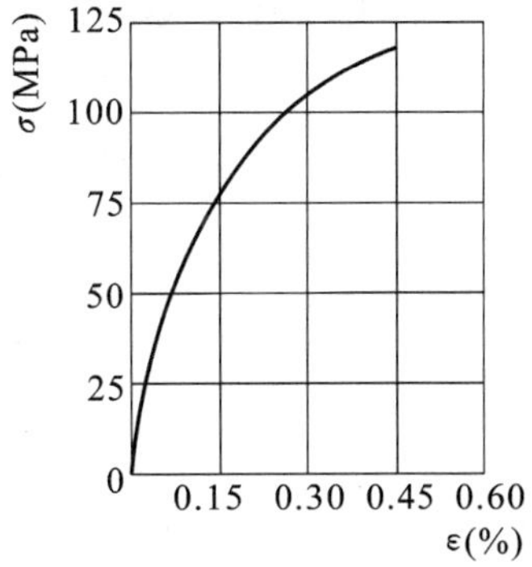


图 4.12

## 4.6 材料压缩时的力学性能

为了避免压杆失稳，对杆件压缩试验的试件长度有一定的限制。在压缩试验中试验试件通常为短圆柱体，见图 4.13(a)，通常其高度 $h$ 和截面半径 $d$（一般为 10 mm）的比值 $h/d=$ 1 或 1.5。在试验过程中，随着荷载的不断增大，其长（高）度不断缩短，横向尺寸不断增大。图 4.13(b) 是低碳钢压缩时的应力-应变曲线。试验结果表明，低碳钢在压缩时的弹性模量 $E$、比例极限 $\sigma_p$ 和屈服极限 $\sigma_s$ 的值都大致和拉伸时的相同。屈服以后试件腰部逐渐膨胀，最后整个试样被压成饼状且没有断裂性破坏现象产生，材料可以持续承压，因此在低碳钢的压缩实验中，通常规定达到一定数值的承压荷载的时候即视为试验结束。工程界一般只利用低碳钢的屈服极限，因此可认为低碳钢压缩的强度和拉伸的强度等值，只有正负之分。

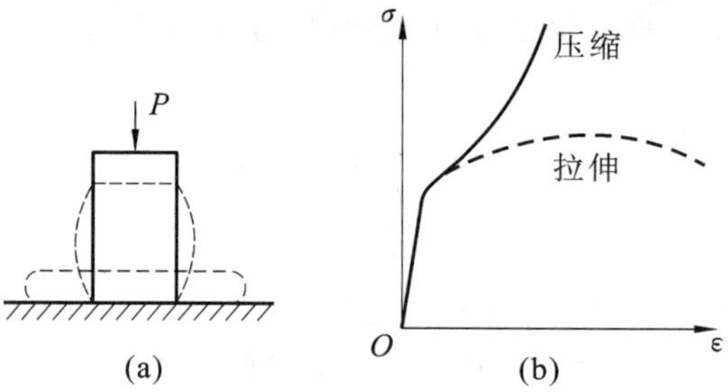


图 4.13

图 4.14 是铸铁压缩时的 $\sigma$-$\varepsilon$ 曲线。铸铁压缩时的弹性模量与拉伸时的相等，但其压缩时的强度极限 $\sigma_b$ 远远大于拉伸时的强度极限 $\sigma_b$。在达到一定荷载时试样会突然破坏，断口呈大致沿着与轴线成 40° ～ 50° 的斜截面，且塑性变形较小。由于实际应用的铸铁材料成分不均匀且存在铸造缺陷等原因，其破坏断面并不是严格呈现 45° 角，但根据斜截面的应力状态仍认定铸铁压缩时的破坏是由最大切应力造成的。试样在较小的变形下突然破坏，试件破坏时沿与轴线成 39° ～ 45° 的斜截面剪断。铸铁等脆性材料抗拉强度低，塑性性能差，但抗压能力强，且价格低廉，宜作为抗压构件的材料。铸铁坚硬耐磨，易于浇铸成形状复杂的零部件，广泛用于铸造机床床身、机座、轴承座等受压零部件。

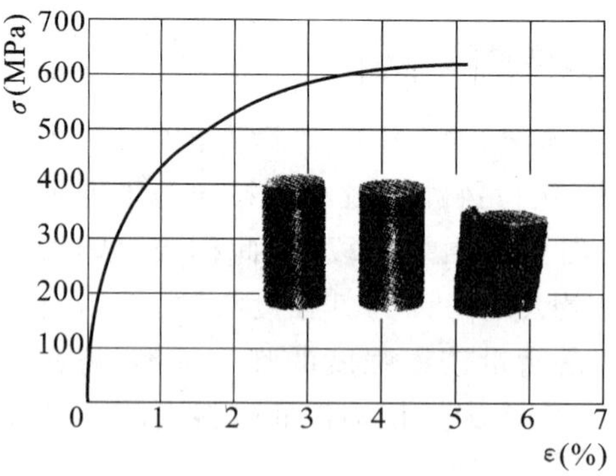


图 4.14

## 4.7 拉压杆的强度计算

由以上的试验可知，当正应力达到强度极限 $\sigma_b$ 时，会引起断裂；当正应力达到屈服极限 $\sigma_s$ 时，将出现显著的塑性变形。显然，构件工作时，一般不容许发生断裂或显著塑性变形，故强度极限 $\sigma_b$ 与屈服极限 $\sigma_s$ 统称为材料的极限应力，并用 $\sigma_u$ 表示。对于脆性材料，强度极限是唯一的强度指标，故以 $\sigma_b$ 作为极限应力；对于塑性材料，由于 $\sigma_s < \sigma_b$，故通常以 $\sigma_s$ 作为极限应力。根据分析计算所得构件的应力，称为工作应力或计算应力。在理想情况下，为了充分利用材料的强度，就要使得构件的工作应力接近材料的极限应力。但是实际上由于材料的不均匀性，以及考虑到外荷载的复杂性，构件工作应力的最大容许值必须低于材料的极限应力。对于由一定材料制成的具体构件，工作应力的最大容许值称为材料的**许用应力**，用 $[\sigma]$ 表示。许用应力与极限应力之间的关系为：

$$[\sigma] = \frac{\sigma_u}{n} \tag{4.16}$$

式中　$n$—— 安全因数，为大于 1 的系数。

安全因数是由多种因素决定的。各种材料在不同的用途中的安全因数可以在相关规范手册中查得。若从安全的角度考虑，应加大安全因数，但是这就要增加材料的用量和机器的重量，造成浪费。相反，若从经济的角度考虑，则应该减小安全因数，但这样少用材料，又有安全隐患。因此，在实际工程中，应该合理地权衡安全和经济这两方面的要求。

利用上述知识，可以解决以下几类强度问题：

(1) 校核强度：平面的最大正应力不大于许用应力。

$$\sigma_{max} = \frac{F_N}{A} \leqslant [\sigma] \tag{4.17}$$

(2) 选择截面尺寸：结构的横截面面积不小于最小容许的截面面积。

$$A \geqslant \frac{F_N}{[\sigma]} \tag{4.18}$$

(3) 确定承载能力：结构承受的荷载不超过容许的载荷能力。

$$F_N \leqslant [\sigma]A \quad (\text{由 } F_N \text{ 计算}[F]) \tag{4.19}$$

**【例 4.3】** 图 4.15(a) 所示的悬臂架中，钢杆 $AB$ 长度 $l_1 = 2$ m，截面面积 $A_1 = 600$ mm²，许用应力 $[\sigma]_1 = 160$ MPa。木杆 $BC$ 的截面面积 $A_2 = 10000$ mm²，$[\sigma]_2 = 7$ MPa。(1) 若 $B$ 点悬吊一重物 $F = 10$ kN，试校核各杆强度。(2) 根据给出的各杆条件确定最大许可荷载 $[F]$。

**【解】** (1) 取节点 $B$ 为分离体[图 4.15(b)]，考虑其平衡条件，有：

$$\sum F_y = 0, F_{N1}\sin 30° = F, \quad \text{则 } F_{N1} = 2F = 20 \text{ kN}$$

$$\sum F_x = 0, \quad F_{N2} = F_{N1}\cos 30°, \quad \text{则 } F_{N2} = \sqrt{3}F = 17.3 \text{ kN}$$

$$\sigma_1 = 20 \times 10^3/600 = 33.3(\text{MPa}) < 160 \text{ MPa}(\text{安全})$$

$$\sigma_2 = 17.3 \times 10^3/1 \times 10^4 = 1.73(\text{MPa}) < 7 \text{ MPa}(\text{安全})$$

(2) 根据强度条件公式可得：

$F_{N1} = 2F \leqslant A_1 \times [\sigma]_1 = 600 \times 160 = 96000 \text{ N} = 96 \text{ kN}$，得到

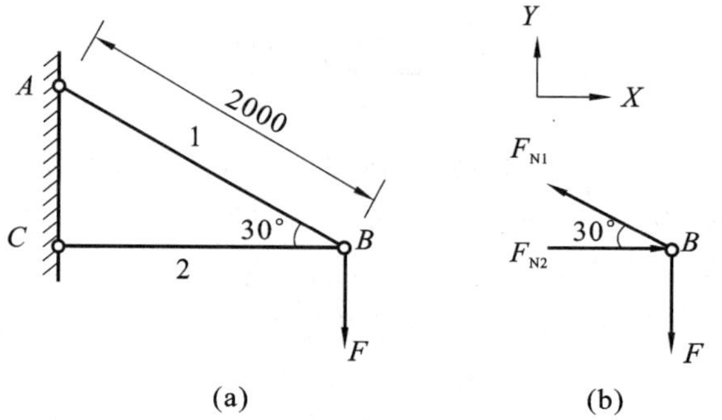


图 4.15

$F \leqslant 48\ \text{kN}$ (a)

$F_{N2} = \sqrt{3}F \leqslant A_2 \times [\sigma]_2 = 10000 \times 7 = 70000\ \text{N} = 70\ \text{kN}$，得到

$F \leqslant 40.42\ \text{kN}$ (b)

综合式(a)、式(b)可知，最大许可荷载$[F]$不超过40.42 kN。

## 4.8 应力集中

等截面直杆受轴向拉伸或压缩时，横截面上的应力是均匀分布的。由于实际工程需要，有些零件必须有切口，从而导致截面突然变化。试验结果和理论分析都表明，在零件尺寸突然变化的横截面上，应力并不是均匀分布的。图4.16(a)、图4.16(c)所示的拉杆上有一小孔，图4.17(a)的拉杆边缘有槽，图4.16(b)和图4.17(b)表示空口和沟槽附近的局部应力突然增大，在离空口和沟槽稍远的地方，应力分布趋于均匀。这种因杆件外形突然变化而引起应力在局部急剧增大的现象，称为应力集中。

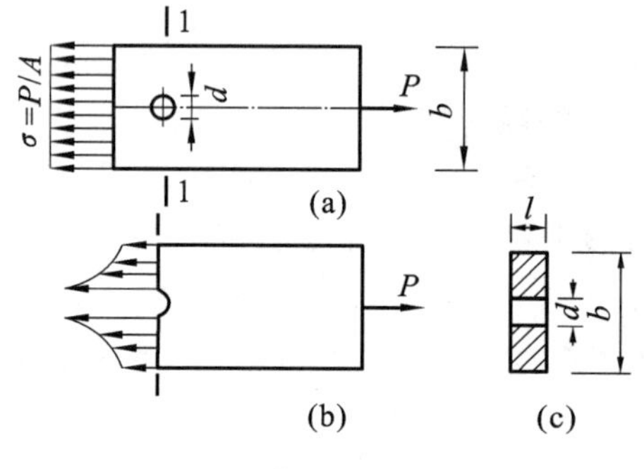


图 4.16

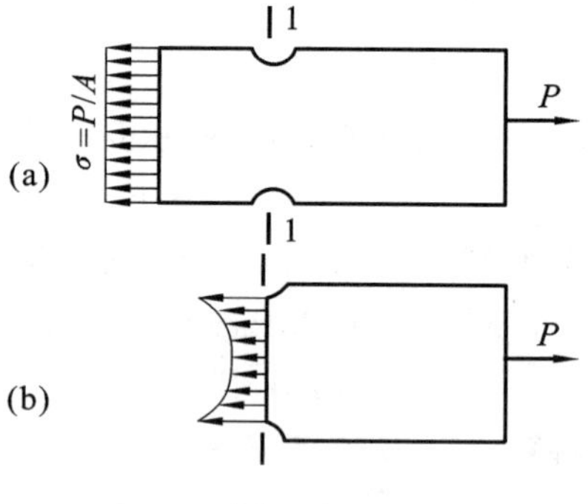


图 4.17

应力集中对构件寿命不利，应尽量避免。试验结果表明：截面尺寸改变越急剧、角越小、孔越小，应力集中的程度就越严重。故在零件的设计和加工过程中，应尽可能地避免带尖角的孔和槽，在阶梯轴的轴肩处要用圆弧过渡，而且应该尽量使圆弧半径大一些。

## 小　结

(1) 轴向拉伸(压缩)的概念

(2) 轴向拉伸(压缩)时,横截面上的内力——轴力

① 内力为由外力作用引起的构件内部相互之间的作用力。

② 截面法是求内力的一般方法。在需求内力的截面处,用一假想平面,沿该截面将杆件截开,取其一部分,将弃去部分对留下部分的作用代之以内力,然后考虑留下部分的平衡,由平衡条件求出该截面上的未知力。

③ 轴力为轴向拉、压时,杆件横截面上的内力沿杆件轴线方向。

④ 轴力以拉力为正,压力为负。

⑤ 轴力图:表示各横截面上的轴力沿杆件轴线方向变化规律的图线。

(3) 轴向拉伸(压缩)时横截面上的应力

① 应力为由外力作用所引起的内力集度。

② 轴向拉伸(压缩)时横截面上的应力分布规律:对于等截面直杆,正应力在整个截面上均匀分布。其计算公式:$\sigma = \frac{F_N}{A}$。

(4) 轴向拉伸(压缩)时,斜截面上的应力

正应力　　$\sigma = \frac{F_N}{A}\cos^2\alpha$

切应力　　$\tau = \frac{F_N}{2A}\sin 2\alpha$

(5) 轴向拉伸(压缩)时的强度

① 低碳钢静载拉伸试验中变形的四个阶段

弹性阶段、屈服阶段、强化阶段、局部变形阶段。

② 强度指标

比例极限 $\sigma_p$:应力和应变成正比时的最高应力值。

弹性极限 $\sigma_e$:只产生弹性变形的最高应力值。

屈服极限 $\sigma_s$:应力变化不大,应变显著增加时的最低应力值。

强度极限 $\sigma_b$:材料在断裂前所能承受的最大应力值。

③ 材料的变形指标

延伸率:$\delta = \frac{l_1 - l}{l} \times 100\%$

断面收缩率:$\psi = \frac{A - A_1}{A} \times 100\%$

④ 轴向拉伸(压缩)时的强度条件

构件的最大应力不得超过材料的许用应力,即:

$$\sigma_{max} = \frac{F_N}{A} \leqslant [\sigma]$$

许用应力是材料容许承受的最大工作应力，为：

$$[\sigma]=\frac{\sigma^0}{n}=\frac{\text{极限应力(或破坏应力)}}{\text{安全系数}}$$

⑤ 强度计算的三类问题

强度校核 $$\sigma_{\max}=\frac{F_N}{A}\leqslant[\sigma]$$

截面设计 $$A\geqslant\frac{F_N}{[\sigma]}$$

许用荷载计算 $F_N\leqslant[\sigma]A$（由 $F_N$ 计算 $[F]$）

(6) 轴向拉伸(压缩)时的变形与位移

① 变形的定义

受力物体形状改变时，两点之间线距离或两正交直线之间夹角的改变，前者称为线变形，后者称为角变形。

② 轴向拉(压)时的变形

纵向变形 $$\Delta l=l_1-l$$

纵向应变 $$\varepsilon=\frac{\Delta l}{l}$$

胡克定律 $$\Delta l=\frac{Fl}{EA}\quad\text{或}\quad\sigma=E\varepsilon$$

## 思考题

4.1 轴向拉伸与压缩时的外力与变形有何特点？试列举轴向拉伸与压缩的实例。

4.2 何谓内力？何谓截面法？

4.3 拉压杆斜截面上的应力公式是如何建立的？最大正应力与最大切应力各位于何截面，其值为多少？正应力与方位角的正负符号是如何规定的？

4.4 低碳钢在拉伸过程中表现为几个阶段？各有何特点？何谓比例极限、屈服极限与强度极限？何谓弹性应变？何谓塑性应变？塑性材料与脆性材料的力学表现的区别有哪些？

4.5 金属材料试件在轴向拉伸与压缩时有几种破坏形式，各与何种应力有关？

4.6 试列举应力集中导致结构破坏的实例，设计中应该怎样避免应力集中造成的不利影响？

## 习题

4.1 试求图 4.18 所示各杆 1—1、2—2、3—3 截面上的轴力，并作轴力图。

4.2 作出图 4.19 所示杆件的轴力图，其中分布荷载集度 $q=8$ kN/m。

4.3 如图 4.20 所示水平杆 1 和斜杆 2 铰结于 $C$ 点，其中 1 杆截面为边长 50 mm 的正方形，而 2 杆截面为直径 10 mm 的圆形，若 $F$ 大小为 10 kN，求这两杆横截面上的应力。

4.4 直径为 10 mm 的圆杆，在拉力 $F=10$ kN 的作用下：(1) 求出最大切应力，并求与

横截面的夹角分别 $\alpha = 30^\circ$、$60^\circ$ 时斜截面上的正应力和切应力；(2) 若某斜截面上的切应力为正应力的 2 倍，试求该斜截面的 $\alpha$ 角。

4.5　一钢杆和一铝合金杆均受轴向拉力作用，钢杆弹性模量 $E_s = 200$ GPa，铝合金杆弹性模量 $E_a = 80$ GPa：(1) 若两杆的应力相等，铝合金杆的应变是钢杆的多少倍？(2) 若两杆的应变相等，则钢杆的应力是铝合金杆的多少倍？(3) 当 $\varepsilon_s = \varepsilon_a = 4 \times 10^{-4}$ 时，两杆的应力分别为多少？

4.6　如图 4.21 所示变截面杆，其中 $AC$ 段面积 $A_1 = 800\ \text{mm}^2$，$CB$ 段面积 $A_2 = 400\ \text{mm}^2$，弹性模量 $E = 200$ GPa，作出轴力图并求杆内最大正应力及全杆总变形。

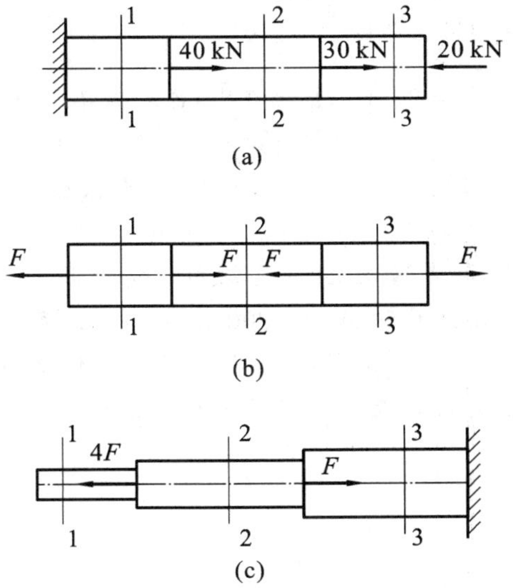


图 4.18

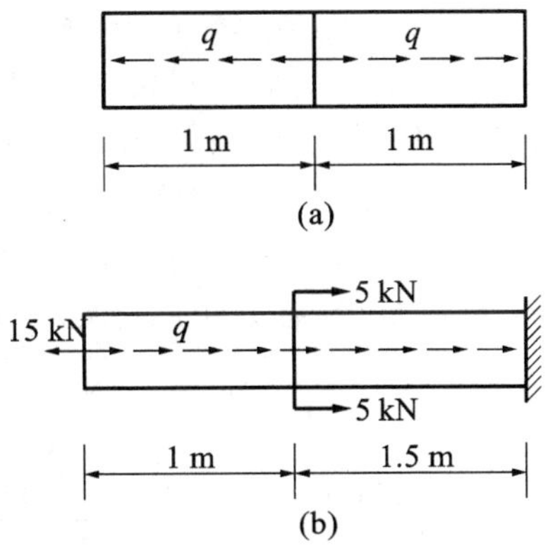


图 4.19

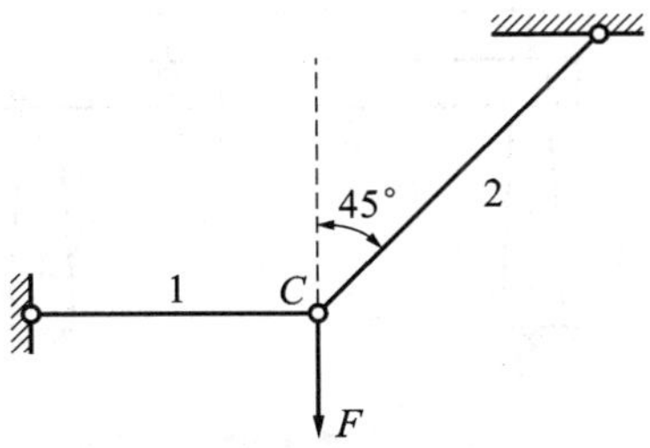


图 4.20

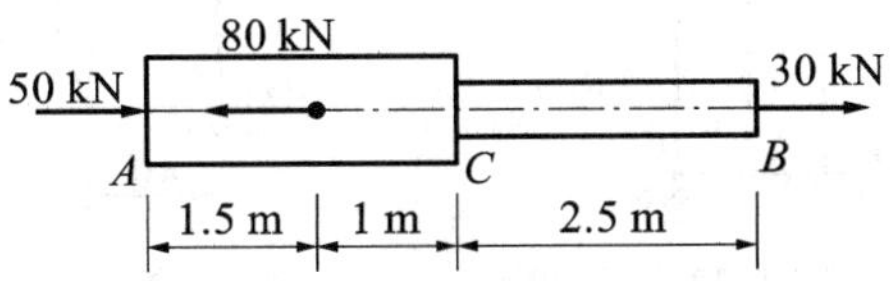


图 4.21

4.7　如图 4.22(a) 所示为某低碳钢材料拉伸试验所得的应力-应变曲线，其中 $\sigma_p = 196$ MPa，对应的应变 $\varepsilon_p = 9.5 \times 10^{-4}$，$\sigma_e = 202$ MPa；对应的应变 $\varepsilon_e = 1.01 \times 10^{-3}$，$\sigma_s = 225$ MPa，$\sigma_b = 305$ MPa。若该低碳钢的使用情况如图 4.22(b) 所示，构件截面尺寸为 $40\ \text{mm}^2$，设计要求安全因数为 $n = 1.6$，根据所给条件判断该低碳钢材料在图 4.22(b) 所示情况下是否符合强度要求，若符合，试求此时的总变形量。

4.8　如图 4.23 所示为钢筋混凝土受压柱，截面为边长 1 m 的正方形，表面承受一个 20 kN 的轴向压力，材料的密度为 $2.5 \times 10^3\ \text{kg/m}^3$（考虑为分布荷载），弹性模量 $E = 30$ GPa，求 A 点的位移。

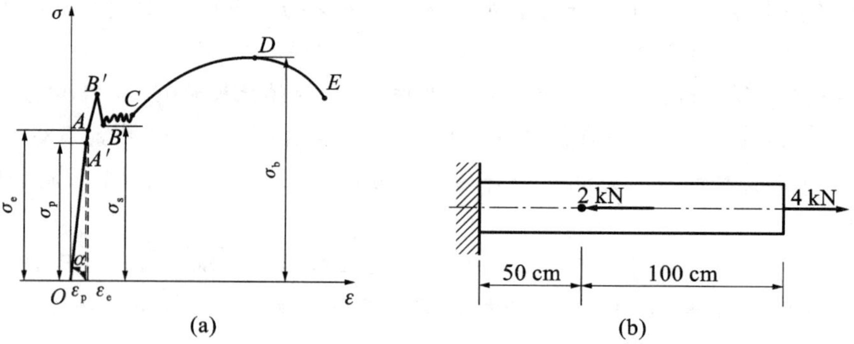


图 4.22

4.9　铸铁柱尺寸如图 4.24 所示，轴向压力 $F=30$ kN，$E=120$ GPa，若不计自重，试求柱的变形。

4.10　图 4.25 中 $AD$ 和 $BE$ 两根铁柱的尺寸与题 4.9 中的铸铁柱相同。若设横梁 $AB$ 为刚体，$F=50$ kN，试求 $F$ 作用点 $C$ 的位移。

4.11　如图 4.26 所示吊架结构简图及其受力情况，$AC$ 是钢杆，截面面积 $A_1=200\ \text{mm}^2$，弹性模量 $E=200$ GPa；$BD$ 是铜杆，截面面积 $A_2=800\ \text{mm}^2$，弹性模量 $E=100$ GPa。设水平梁 $AB$ 的刚度很大，其变形可忽略不计，试求：(1) 要使梁 $AB$ 仍保持水平时，荷载 $F$ 离 $AC$ 杆的距离 $x$；(2) 梁 $AB$ 保持水平的同时最大下沉量不超过 2 mm，求 $F$ 的最大值。

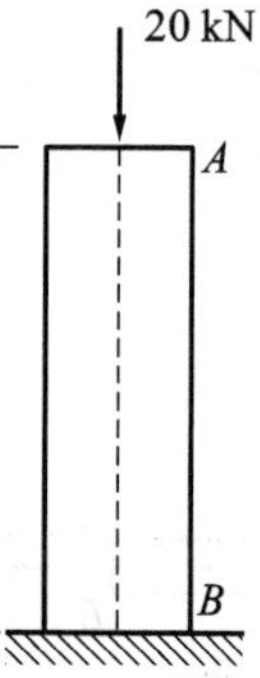


图 4.23

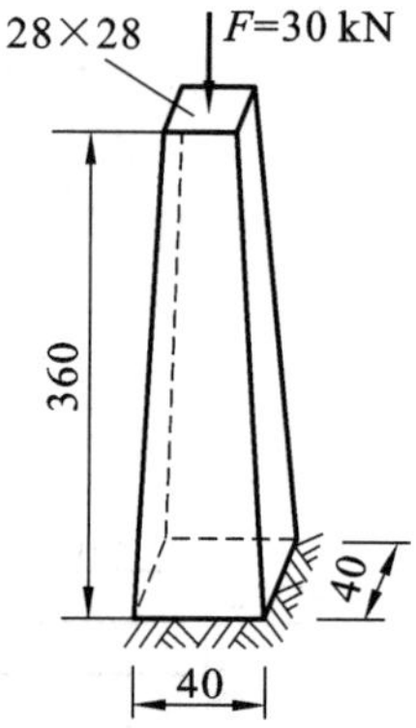


图 4.24

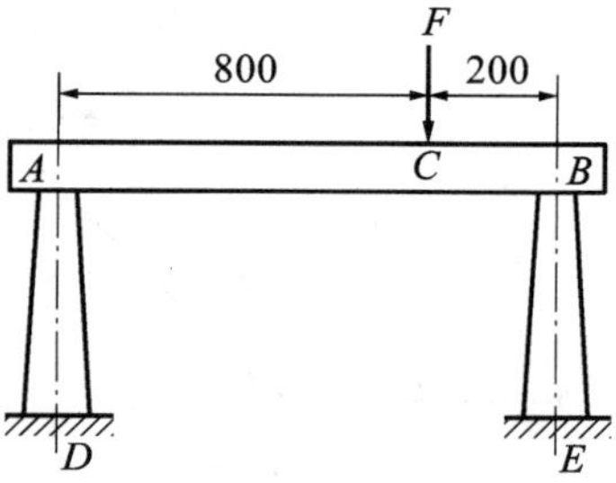


图 4.25

4.12　矩形截面钢杆，截面高度 $h=100$ mm，宽度 $b=60$ mm，经拉伸试验测得：在纵向 250 mm 长度内伸长了 0.125 mm，同时在横向 60 mm 长度内缩短了 0.0084 mm。材料弹性模量 $E=200$ GPa，试求其泊松比和杆件所受的轴向拉力 $F$。

4.13　外径 $D=100$ mm、内径 $d=60$ mm 的空心圆截面杆，长度 $l=260$ mm，受到 $F=500$ kN 的轴向压力的作用，已知材料的弹性模量 $E=200$ GPa，泊松比 $\nu=0.26$。试求该杆长度改变量 $\Delta l$ 及外径的改变量 $\Delta D$。

4.14　平面桁架如图 4.27 所示，已知 $F=30$ kN；各杆的横截面面积均为 $200\ \text{mm}^2$，许用应力 $[\sigma]=160$ MPa，试校核其中拉杆 $AD$ 和 $CD$ 的强度。

4.15　如图 4.28 所示横截面为正方形的木杆，弹性模量 $E=10$ GPa，截面边长 $a=$

20 cm，杆总长$3l=150$ cm，中段开有长为 $l$、高为 $a/2$ 的槽，杆的左端固定，许用应力$[\sigma]=$ 35 MPa。求：(1) 各段轴力图；(2) 校核该杆的强度。

4.16 如图 4.29 所示构架，$AB$ 为刚度很大的刚性杆，$CD$ 为弹性杆且 $E=200$ GPa，$A=2\ \text{cm}^2$，$l=1$ m，$[\sigma]=160$ MPa：(1) 若 $F=5$ kN，试校核构架强度；(2) 根据给出条件确定构架的最大许可荷载$[F]$。

4.17 如图 4.30 所示，在固定点 $A$、$B$ 之间用绳索 $ACB$ 对称地悬挂重为 $G$ 的物体，绳索的许用应力为$[\sigma]$，求绳索用料最经济时的角度 $\alpha$。

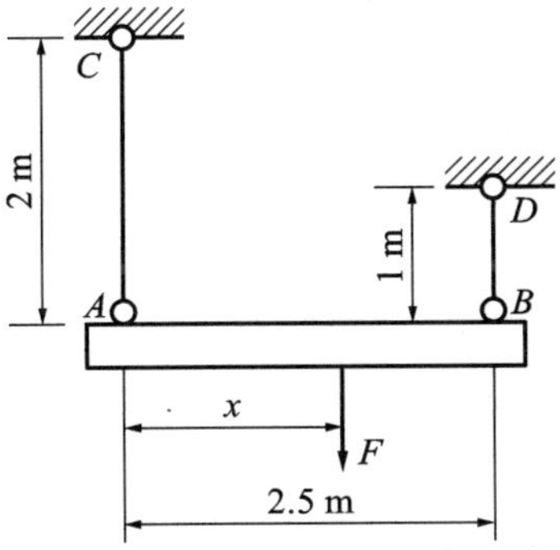


图 4.26

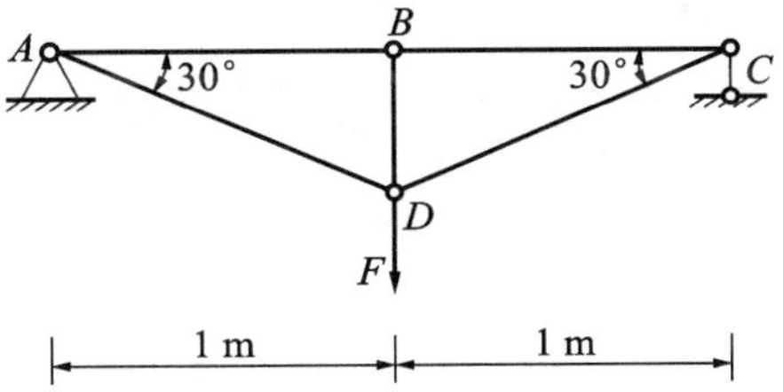


图 4.27

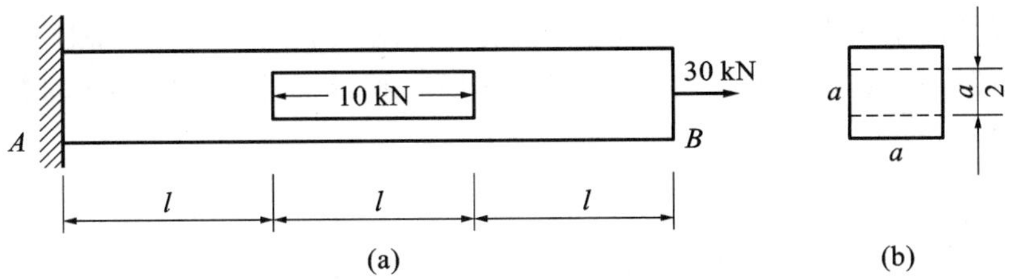


图 4.28

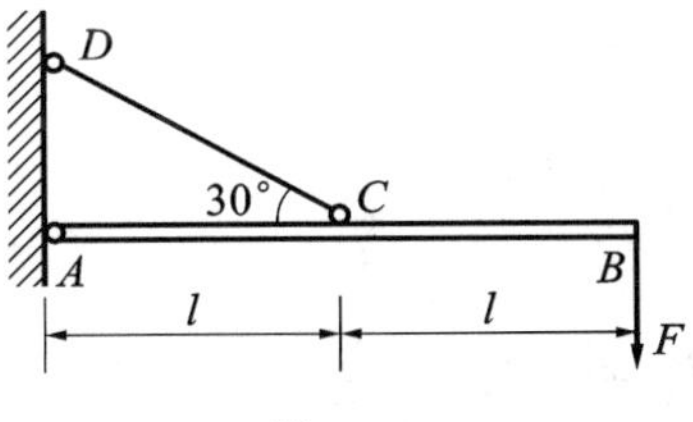


图 4.29

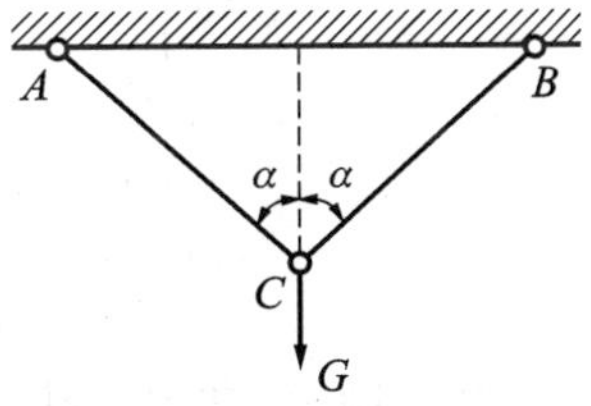


图 4.30

# 5　杆件的剪切、挤压与扭转

**教学目标**

(1) 了解剪切与挤压的实用计算方法
(2) 了解扭矩计算方法
(3) 掌握扭矩图绘制方法
(4) 掌握切应力的计算及分布规律
(5) 掌握扭转角计算

## 5.1　剪切与挤压的概念

剪切是杆件的基本变形形式之一，当杆件受到如图 5.1(a) 所示大小相等、方向相反、作用线相距很近的一对横向力作用时，杆件发生剪切变形，此时截面 $ab$ 与 $cd$ 间有如图 5.1(b) 所示的相对错动趋势。

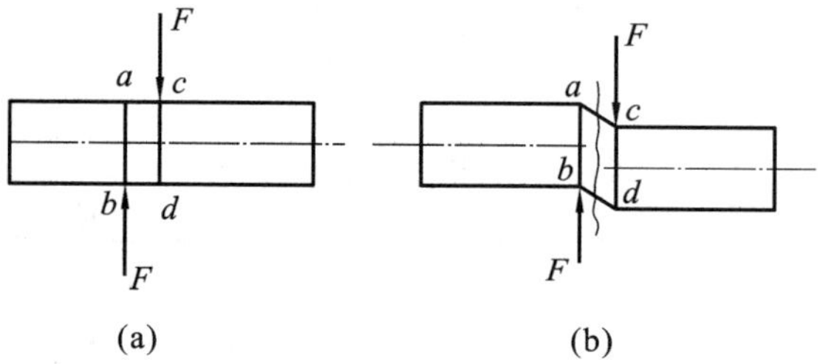


图 5.1

在工程中，常用铆钉、螺栓、键或销钉等将构件连接起来，这些起连接作用的部件统称为连接件。连接件本身尺寸较小，但其变形复杂，受力过程中主要产生剪切和挤压变形。图 5.2(a) 所示螺栓连接钢板后承受拉力 $F$，显然螺栓两侧面上分别受到图 5.2(b) 所示大小相等、方向相反、作用线相距很近的两组外力系作用。螺栓在这样的外力作用下，将沿两侧外力之间，并与外力作用线平行的截面 $m—m$ 发生相对错动，这种变形形式称为**剪切**。发生剪切变形的截面 $m—m$ 称为剪切面。应用截面法，可以得到图 5.2(c) 所示剪切面上的内力，即剪力 $F_S$。

在图 5.2(a) 所示的螺栓连接中，在螺栓与钢板相互接触的侧面上，将发生彼此间的局部承压，这种局部承压现象称为**挤压**。

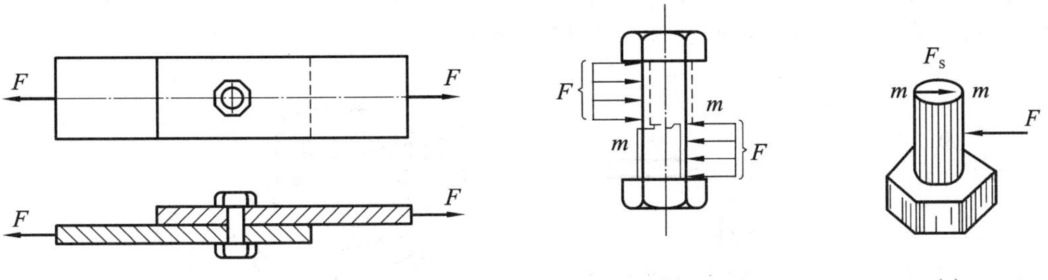


(a) (b) (c)

图 5.2

## 5.2 剪切与挤压的实用计算

对于连接件的破坏，很难做出精确的理论分析，工程设计中为简化计算，通常按照破坏的可能性，采用实用计算法。其要点：假定应力分布均匀，从而计算出各部分的“**名义应力**”；根据实物或模拟试验，采用同样的计算方法，由破坏荷载确定材料的极限应力。然后根据上述两方面的结果建立强度条件。

### 5.2.1 剪切的实用计算

在连接件中，铆钉和螺栓连接是较为典型的连接方式，其强度计算对其他连接形式具有普遍意义。下面以铆钉连接为例来说明连接件的强度计算。

对于图 5.3(a) 所示铆钉结构，实际分析表明，它的破坏可能有下面三种形式：

(1) 铆钉沿剪切面 $m$—$m$ 被剪断[图 5.3(b)]；

(2) 由于铆钉与连接板孔壁之间的局部挤压，使铆钉或板孔壁产生显著塑性变形，从而导致连接松动而失效[图 5.3(c)]；

(3) 连接板沿被铆钉孔削弱了的 $n$—$n$ 截面被拉断[图 5.3(d)]。

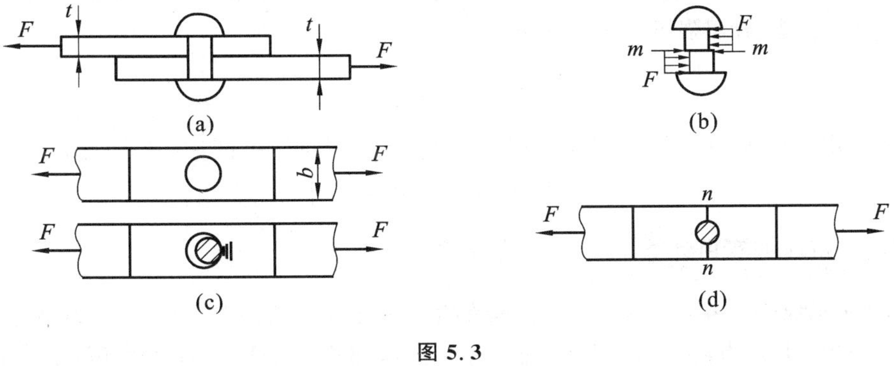


(a) (b) (c) (d)

图 5.3

上述三种破坏形式均发生在连接接头处，因此，需对连接件进行强度计算。

以图 5.3 中的铆钉为研究对象，其受力图如图 5.3(b) 所示，板对铆钉的作用力是分布力，该分布力的合力等于作用在板上的集中力 $F$。用截面法，沿剪切面 $m—m$ 将铆钉截开，得到图 5.4(a) 所示剪切面上的内力 $F_S$，$F_S$ 即为剪力。

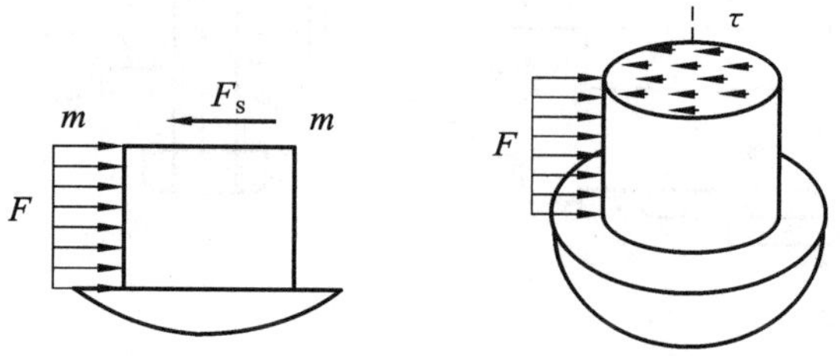


图 5.4

在剪切实用计算中，假定如图 5.4(b) 所示剪切面上各点的切应力分布均匀且相等，于是，可得剪切面上的**名义切应力**为：

$$\tau = \frac{F_S}{A_S} \tag{5.1}$$

式中　$F_S$—— 剪切面上的剪力；

$A_S$—— 剪切面的面积。

取分离体，由平衡方程得：

$$\sum F_x = 0, \quad F - F_S = 0, \quad 则\ F_S = F$$

**注意**：上式中的剪力指单个铆钉的内力，而在铆钉组连接计算时，应校核单个铆钉的抗剪强度。为简化计算，假设不论铆接的方式如何，均不考虑弯曲的影响。当外力作用线通过铆钉组受剪面的形心，且同一组内各铆钉的材料和直径均相同时，每个铆钉的受力也相同。

可计算单个铆钉受力 $F_1$ 为：

$$F_1 = \frac{F}{n}$$

通过直剪试验，得到剪切破坏时材料的极限切应力 $\tau_u$，再除以安全因数，即得材料的许用切应力$[\tau]$。于是，剪切强度条件可表示为：

$$\tau = \frac{F_S}{A_S} \leqslant [\tau] \tag{5.2}$$

试验表明，钢连接件的许用切应力$[\tau]$与许用正应力$[\sigma]$之间，有如下关系：

$$[\tau] = (0.6 \sim 0.8)[\sigma]$$

### 5.2.2　挤压的实用计算

图 5.3 所示铆钉连接中，铆钉与连接板的接触面将发生如图 5.3(c) 所示的局部挤压，挤压面上所受的压力称为**挤压力**，用 $F_{bS}$ 表示，因挤压而产生的应力称为挤压应力。在挤压实用计算中，名义挤压应力的计算式为：

$$\sigma_{bS} = \frac{F_{bS}}{A_{bS}} \tag{5.3}$$

式中　$F_{bS}$—— 接触面上的挤压力；

$A_{bS}$—— 计算挤压面面积。

挤压力可根据被连接件所受的外力，由静力平衡条件求得。当接触面为圆柱面（如铆钉或螺栓连接中连接件与钢板间的接触面）时，计算挤压面积取如图5.5所示实际接触面在直径平面上的投影面积。

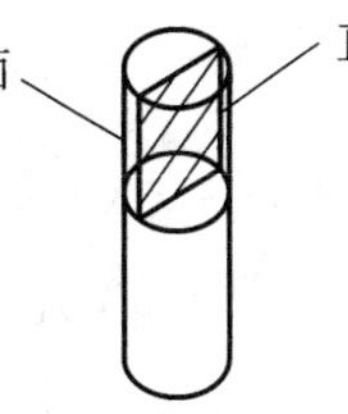


**图 5.5**

然后，通过直剪试验，得到材料的极限挤压应力，再除以安全因数，得到许用挤压应力$[\sigma_{bS}]$，于是，按照名义挤压应力计算公式，连接件的挤压强度条件可表达为：

$$\sigma_{bS} = \frac{F_{bS}}{A_{bS}} \leqslant [\sigma_{bS}] \tag{5.4}$$

**注意**：挤压应力是在连接件和被连接件之间相互作用的，当两者材料不同时，应校核其中许用挤压应力较低的材料的挤压强度。

**【例 5.1】**　两块钢板用三个直径相同的铆钉连接，如图 5.6(a) 所示。已知钢板宽度 $b = 100$ mm，厚度 $t = 10$ mm，铆钉直径 $d = 20$ mm，铆钉许用切应力$[\tau] = 100$ MPa，许用挤压应力$[\sigma_{bs}] = 300$ MPa，钢板许用拉应力$[\sigma] = 160$ MPa。试求许可荷载$[F]$。

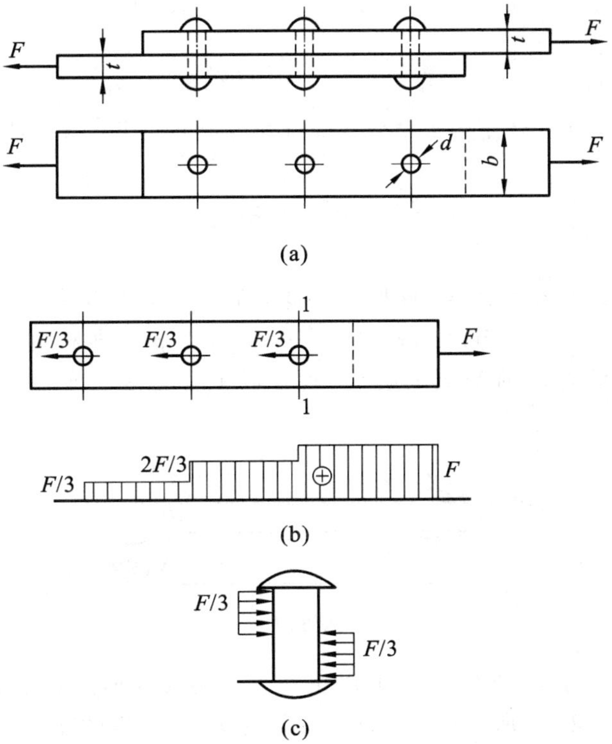


**图 5.6**

**【解】**　(1) 按剪切强度条件求 $F$

由于各铆钉的材料和直径均相同，且外力作用线通过铆钉组受剪面的形心，可以假定各铆钉所受剪力相同。因此，铆钉及连接板的受力情况如图 5.6(b) 所示。每个铆钉所受剪力为：

$$F_S = \frac{F}{3}$$

根据剪切强度条件式(5.2)，可得：

$$F = 3F_S \leqslant 3[\tau] \cdot A_S = 3[\tau]\frac{\pi d^2}{4} = 3 \times 100 \times \frac{3.14 \times 20^2}{4} = 94200\ \text{N} = 94.2\ \text{kN}$$

(2) 按挤压强度条件求 $F$

由上述分析可知每个铆钉承受的挤压力为：

$$F_{bS} = \frac{F}{3}$$

根据挤压强度条件式(5.4)，可得：

$$F = 3F_{bS} \leqslant 3[\sigma_{bS}]A_{bS} = 3[\sigma_{bS}]dt = 3 \times 300 \times 20 \times 10 = 180000\ \text{N} = 180\ \text{kN}$$

(3) 按连接板抗拉强度求 $F$

由于上下板厚度及受力相同，分析上板的轴力图如图 5.6(b) 所示，其中 1—1 截面内力最大而截面面积最小，为危险截面，则有：

$$\sigma = \frac{F_{N1}}{A_1} = \frac{F}{A_1} \leqslant [\sigma]$$

由此可得：

$$F \leqslant [\sigma](b-d)t = 160 \times (100-20) \times 10 = 128000\ \text{N} = 128\ \text{kN}$$

根据以上计算结果，应选取最小荷载值作为此连接结构的许用荷载，即 $[F] = 94.2\ \text{kN}$。

## 5.3 扭转的概念

有一类等直杆，其受力特点是：杆件受力偶系作用，这些力偶的作用面都垂直于杆轴线；变形特点：两端截面 $A$ 与 $B$ 之间相对转了一个角度 $\varphi$，此角称为扭转角(图 5.7)。与此同时，杆表面的纵向线将逐渐变成螺旋线。具有以上受力和变形特点的杆件将发生扭转变形。

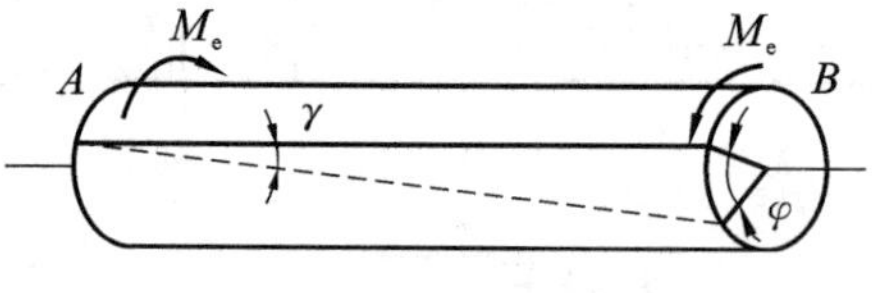


图 5.7

工程中单纯发生扭转的杆件不多，但以扭转为其主要变形的则不少，如图 5.8(a) 所示机器中的传动轴、图 5.8(b) 所示汽车转向盘操纵杆等。若构件的变形是以扭转变形为主，且其他变形可忽略不计的，则可按照扭转变形对其进行强度和刚度计算。

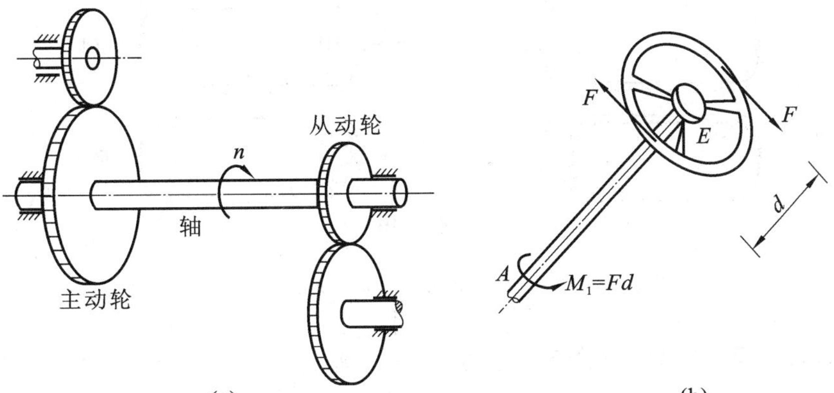


图 5.8

## 5.4 等直圆杆扭转轴的内力与应力

当发生扭转的杆件是等直圆杆时，由于杆的物理特性和截面几何形状的极对称性，就可用建筑力学方法来求解。对于非圆截面杆，由于截面不存在极对称性，其变形和横截面应力都比较复杂，本书不做介绍。

### 5.4.1 等直圆杆扭转的内力及内力图

(1) 内力 —— 扭矩

设有一等直圆杆，受外力偶 $M_e$ 作用。由截面法可知，等直圆杆任一横截面 1—1 上的内力系必将形成图 5.9 所示的力偶，该内力偶的力偶矩称为扭矩，即扭转杆件的内力，用 $T$ 表示。扭矩可利用截面法由平衡方程求解。

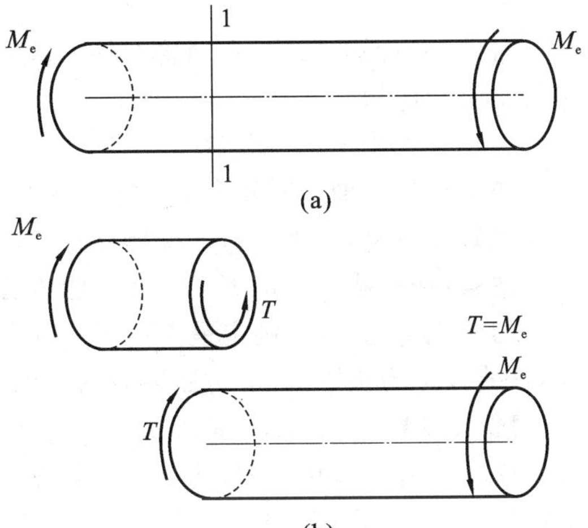


图 5.9

(2) 扭矩符号规定

扭矩符号可按照右手螺旋法则确定，四指代表转动方向，大拇指代表力偶矢方向，当力偶矢指向截面外法线方向时，扭矩为正，反之为负。即如图 5.10 所示，扭矩矢量离开截面为正，指向截面为负。

(3) 外力偶矩计算

传动轴为机械设备中的重要构件，其功能为通过轴的转动以传递动力。对于传动轴等转动构件，往往只知道它所传递的功率和转速，因此须根据所传递的功率和转速，求出使轴发生扭转的外力偶矩。

设如图 5.11 所示传动轴，其转速为 $n$，轴传递的功率由主动轮输入，然后通过从动轮分配出去。设通过某一轮所传递的功率为 $P$，当轴稳定转动时，外力偶在时间 $t$ 内所做的功等于其力偶矩 $M_e$ 与轮在时间 $t$ 内的转角 $\alpha$ 之乘积(图 5.12)。因此，外力偶每秒所做的功即功率 $P$ 为：

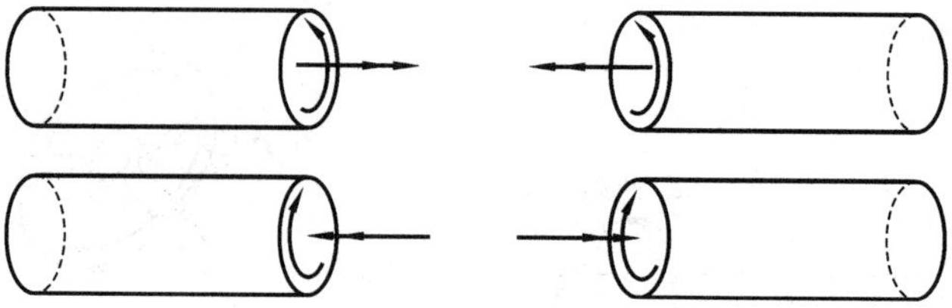


图 5.10

$$P = \frac{M_e \alpha}{t} = \frac{M_e 2\pi n}{60}$$

于是，得到作用在该轮上的外力偶矩 $M_e$(kN·m) 为：

$$M_e = \frac{P \times 60}{2\pi n} = 9.55\,\frac{P}{n} \tag{5.5}$$

式中　$P$—— 功率(kW)；

$n$—— 转速(r/min)；

$t$—— 时间(s)。

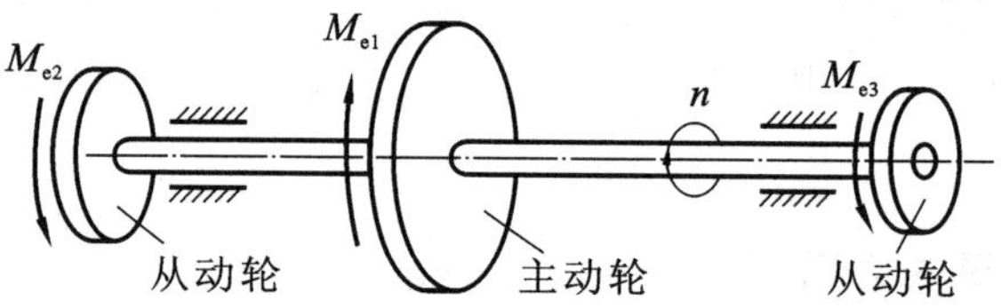


图 5.11

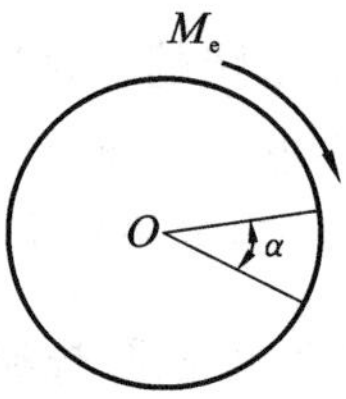


图 5.12

对于外力偶的转向，主动轮上外力偶的转向与轴的转向相同，而从动轮上外力偶的转向则与轴的转向相反，如图 5.11 所示。

(4) 内力图 —— 扭矩图

作用在传动轴上的外力偶往往有多个，因此，不同轴段上的扭矩也各不相同，可用截面法选取研究对象，再由平衡方程计算各段轴横截面上的扭矩。

**注意**：任一截面扭矩等于截面一侧所有力偶矩的代数和。为了表明沿杆轴线各横截面上扭矩的变化情况，从而确定最大扭矩及其所在截面位置，常须画出扭矩随截面位置变化的曲线，该曲线称为扭矩图，可仿照轴力图的作法绘制。

**【例 5.2】** 一传动轴如图 5.13(a) 所示，转速 $n = 300$ r/min，转向如图所示。主动轮 $A$ 输入的功率 $P_1 = 500$ kW，三个从动轮 $B$、$C$、$D$ 输出的功率分别为：$P_2 = 150$ kW，$P_3 = 150$ kW，$P_4 = 200$ kW。试作轴的扭矩图。

**【解】** (1) 外力偶矩计算

由式(5.5) 可得作用在各轮上的外力偶矩分别为：

$$M_1 = 9.55 \times \frac{500}{300} = 15.9 \text{ kN·m}$$

$$M_2 = M_3 = 9.55 \times \frac{150}{300} = 4.78 \text{ kN·m}$$

$$M_4 = 9.55 \times \frac{200}{300} = 6.37 \text{ kN·m}$$

由此可得传动轴的计算简图如图 5.13(b) 所示，主动轮上 $M_1$ 的转向和轴的转向相同，从动轮上 $M_2$、$M_3$、$M_4$ 的转向和轴的转向相反。

(2) 各段扭矩计算

$BC$ 段：由截面法得图 5.13(c)，利用平衡方程得：

$$T_1 = -M_2 = -4.78\ \text{kN}\cdot\text{m}$$

注：此处的 $T_1$ 的正负按右手螺旋法则确定，下同。

$CA$ 段：由截面法得图 5.13(d)，利用平衡方程得：

$$T_2 = -(M_2 + M_3) = -9.56\ \text{kN}\cdot\text{m}$$

$AD$ 段：由截面法得图 5.13(e)，利用平衡方程得：

$$T_3 = M_4 = 6.37\ \text{kN}\cdot\text{m}$$

(3) 作扭矩图

由以上的计算结果作轴的扭矩图如图 5.13(f) 所示。

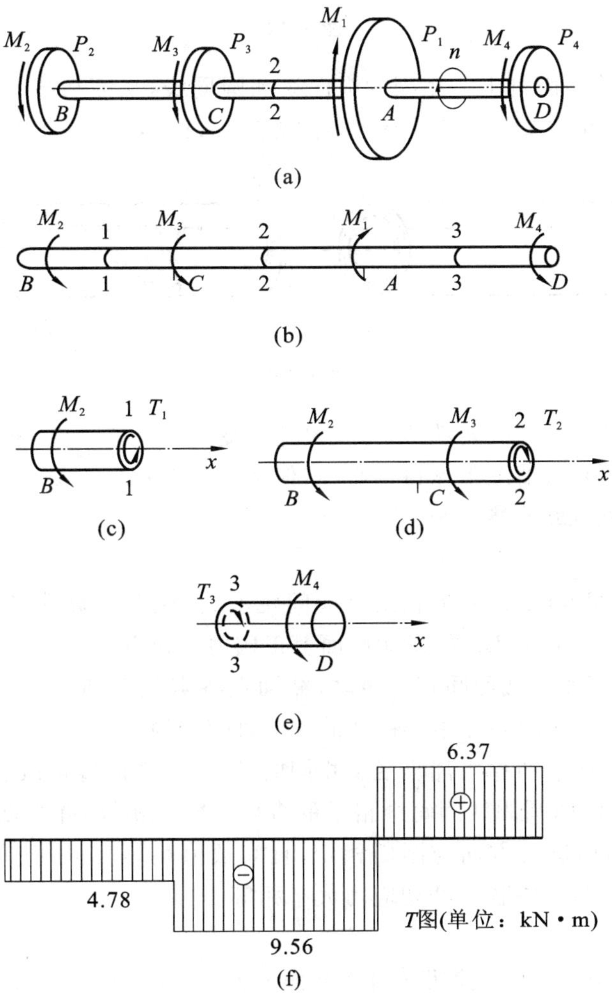


**图 5.13**

由扭矩图可见，传动轴的最大扭矩 $T_{max}$ 在 $CA$ 段内，其值为 9.56 kN·m。

### 5.4.2 薄壁圆筒扭转时的应力

前面阐明了等直圆杆扭转时，横截面上内力系合成的结果是一力偶，现在进一步分析内力系在横截面上的分布情况，以便建立横截面上的应力与扭矩的关系。

(1) 试验现象

设有一薄壁圆筒如图 5.14 所示，其壁厚 $\delta$ 远小于平均半径 $r_0\left(\delta \leqslant \frac{r_0}{10}\right)$，两端面受一对大小相等、转向相反的外力偶作用。

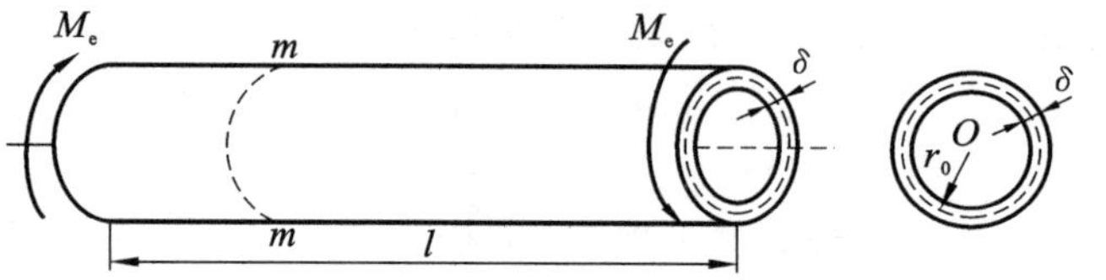


图 5.14

加力偶前，在圆筒表面刻上一系列的纵向线和圆周线，从而形成一系列矩形格子，如图 5.15(a) 所示，扭转后可以看到以下变形情况[图 5.15(b)]：

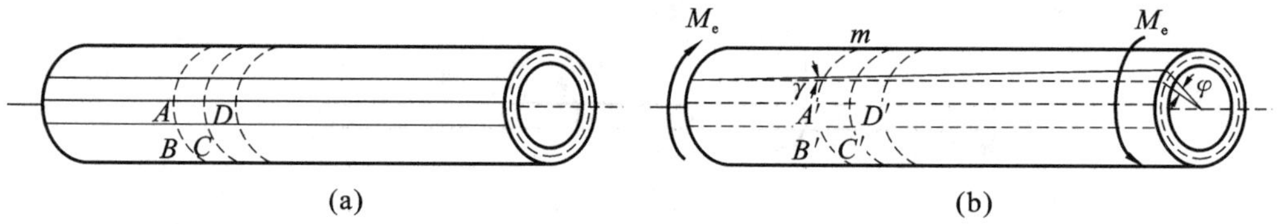


图 5.15

① 圆周线只是绕圆筒轴线转动，形状及尺寸不变；

② 纵向直线在小变形情况下保持为直线，但发生倾斜；

③ 圆周线之间的距离保持不变。

(2) 试验结论

① 扭转变形时，横截面大小、形状及轴向间距不变，说明圆筒纵向与横向均无变形，线应变 $\varepsilon$ 为零，由胡克定律 $\sigma = E\varepsilon$，可得横截面上正应力 $\sigma$ 为零。

② 扭转变形时，相邻横截面间相对转动，截面上各点相对错动，发生剪切变形，故横截面上只有切应力 $\tau$，其方向沿各点相对错动的方向，即与半径垂直。

③ 圆筒表面每个格子的直角都改变了相同的角度 $\gamma$，这种直角改变量 $\gamma$ 是由切应力引起的，称为**切应变**。相邻两圆周线间每个格子的直角改变量相等，并根据材料均匀性假设，可推知沿圆周各点处的切应力方向与圆周相切，且其数值相等。由于壁厚 $\delta$ 远小于平均半径 $r_0$，故可近似认为沿壁厚方向各点处切应力大小相等。

(3) 切应力计算

根据上述分析可知，薄壁圆筒扭转时横截面上各点处的切应力 $\tau$ 数值均相等，其方向与圆周相切(图 5.16)，由横截面上内力与应力的静力学关系可得：

$$\int_A \tau \mathrm{d}A \cdot r = T \tag{5.6}$$

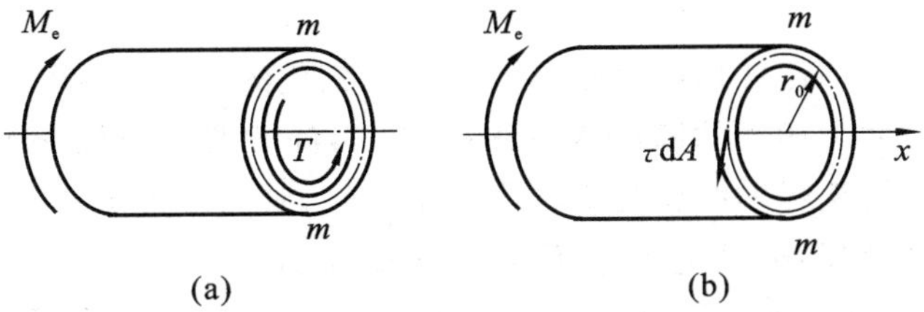


图 5.16

由于 $\tau$ 为常数，且薄壁圆筒的 $r$ 可用其平均半径 $r_0$ 代替，圆筒横截面面积可表示为：

$$A = \int_A \mathrm{d}A = 2\pi r_0 \delta \tag{5.7}$$

将式(5.7) 代入式(5.6)，可得薄壁圆筒横截面切应力计算式：

$$\tau = \frac{T}{2\pi r_0^2 \delta} = \frac{T}{2A_0 \delta} \tag{5.8}$$

式中，$A_0 = \pi r_0^2$。一般当内、外半径之比大于 0.95 时，用式(5.8) 计算切应力。

由图 5.15 所示的几何关系，可得薄壁圆筒表面上的切应变 $\gamma$ 和相距为 $l$ 的两端面间的相对扭转角 $\varphi$ 之间的关系式：

$$\gamma = \varphi r / l \tag{5.9}$$

式中　$r$—— 薄壁圆筒的外半径。

(4) 剪切胡克定律

薄壁圆筒扭转试验表明：当构件横截面上切应力 $\tau$ 不超过材料的剪切比例极限 $\tau_p$ 时，外力偶矩 $M_e$(数值上等于扭矩 $T$) 与相对扭转角 $\varphi$ 呈线性正比例关系，如图 5.17(a) 所示，利用式(5.8) 和式(5.9) 可得 $\tau$ 与 $\gamma$ 为线性关系，如图 5.17(b) 所示。

$$\tau = G\gamma \tag{5.10}$$

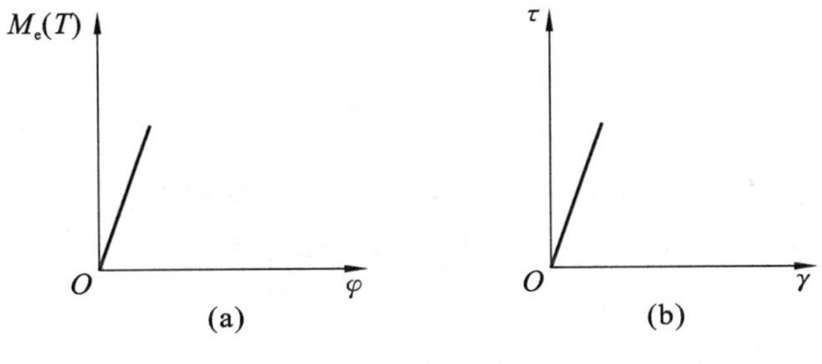


图 5.17

式(5.10) 称为材料的剪切胡克定律，式中的比例系数 $G$ 称为材料的切变模量，其量纲与弹性模量 $E$ 相同。钢材的切变模量约为 80 GPa。

### 5.4.3 等直圆杆扭转时横截面上的切应力

与薄壁圆筒相仿，在小变形条件下，等直圆杆扭转时横截面上也只有切应力。为求得等直圆杆扭转时横截面上切应力计算公式，先观察其变形，从几何方面和物理方面求得切应力在横截面上的变化规律，再结合静力学知识求解。

(1) 几何方面

为研究横截面上任一点处切应变随点的位置而变化的规律，如图 5.18(a) 所示，在等直圆杆表面上作出任意两个相邻的圆周线和纵向线。当杆的两端施加一对矩为 $M_e$ 的外力偶后，可以发现：两圆周线绕杆轴线相对旋转了一个角度，圆周线的大小和形状均未改变；在小变形情况下，圆周线的间距未发生变化，纵向线如图 5.18(b) 所示，倾斜了一个角度 $\gamma$。根据所观察到的现象，假设横截面如同刚性平面般绕杆的轴线转动，即**平面假设**。试验指出，在杆扭转变形后，只有等直圆杆的圆周线仍在垂直于杆轴线的平面内，所以上述假设只适用于等直圆杆。

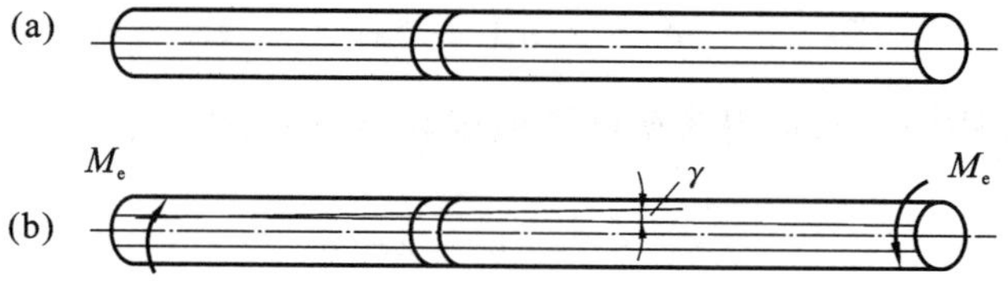


**图 5.18**

为确定横截面上任一点处切应变随点的位置而变化的规律，假想截取长为 $dx$ 的微段进行分析。由平面假设可知，杆段变形后的情况如图 5.19(a) 所示。根据变形现象，右截面相对于左截面转了一个微扭转角 $d\varphi$，因此其上任意半径 $O_2D$ 也转了同一角度 $d\varphi$。由于截面转动，杆表面的纵向线 $AD$ 倾斜了一个角度 $\gamma$。由切应变定义可知，$\gamma$ 就是横截面周边上任一点 $A$ 处的切应变。同时，经过半径 $O_2D$ 上任意点 $G$ 的纵向线 $EG$ 在杆变形后也倾斜了一个角度 $\gamma_\rho$，$\gamma_\rho$ 即为横截面半径上任一点 $E$ 处的切应变。应注意，上述切应变均在垂直于半径的平面内。设 $G$ 点至横截面圆心的距离为 $\rho$，由图 5.19(a) 所示的几何关系得：

$$\gamma_\rho \approx \tan\gamma_\rho = \frac{\overline{GG'}}{\overline{EG}} = \frac{\rho d\varphi}{dx}$$

即：

$$\gamma_\rho = \rho \frac{d\varphi}{dx} \tag{5.11}$$

上式中 $d\varphi/dx$ 为扭转角沿杆长的变化率，对于给定的横截面是个常量，因此，式(5.11)表明切应变 $\gamma_\rho$ 与 $\rho$ 成正比，即切应变沿半径按直线规律变化。

(2) 物理方面

由剪切胡克定律可知，在线弹性范围内，切应力与切应变成正比，即 $\tau = G\gamma$，令相应点处切应力为 $\tau_\rho$，即得横截面上切应力变化规律表达式：

$$\tau_\rho = G\gamma_\rho = G\rho \frac{d\varphi}{dx} \tag{5.12}$$

由上式可知，同一半径为 $\rho$ 的圆周上各点的切应力值 $\tau_\rho$ 均相等，且与 $\rho$ 成正比。因 $\gamma_\rho$ 为垂直于半径平面内的切应变，所以 $\tau_\rho$ 的方向垂直于半径，切应力沿半径的变化规律如图 5.19(b) 所示。

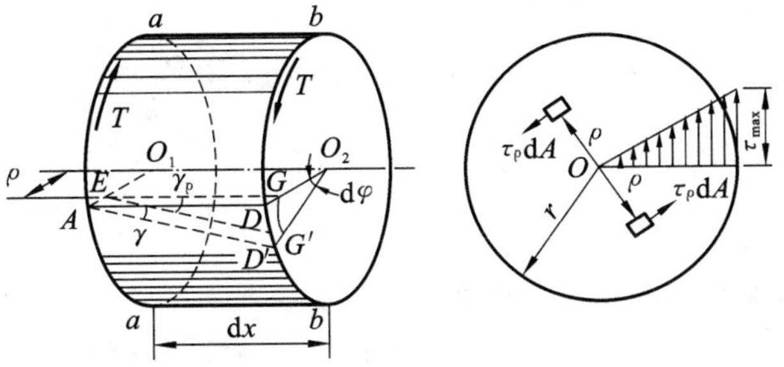


(a) (b)

图 5.19

(3) 静力学方面

横截面上切应力表达式[式(5.12)]中 $d\varphi/dx$ 在截面一定时是个常数，通过静力学分析可以确定该常数。由于在横截面任一直径上距圆心等距的两点处的内力元素 $\tau_\rho dA$ 等值而反向[图 5.19(b)]，因此整个截面上的内力元素的合力必等于零，并组成一个力偶，即为横截面上的扭矩 $T$。因为 $\tau_\rho$ 的方向垂直于半径，故内力元素对圆心的力矩为 $\rho\tau_\rho dA$ 由静力学中合力矩原理得：

$$\int_A \rho\tau_\rho dA = T \tag{5.13}$$

将式(5.12)代入式(5.13)，整理得：

$$G\frac{d\varphi}{dx}\int_A \rho^2 dA = T \tag{5.14}$$

式中，积分 $\int_A \rho^2 dA$ 仅与横截面的几何量有关，称为横截面极惯性矩 $I_\rho$，单位为 $m^4$，即：

$$I_\rho = \int_A \rho^2 dA \tag{5.15}$$

将式(5.15)代入式(5.14)，即得：

$$\frac{d\varphi}{dx} = \frac{T}{GI_\rho} \tag{5.16}$$

将上式代入式(5.12)，即得：

$$\tau_\rho = \frac{T\rho}{I_\rho} \tag{5.17}$$

式(5.17)即为等直圆杆扭转时横截面上任一点处切应力的计算公式。

由式(5.17)及图 5.19(b)可知，当 $\rho$ 等于横截面半径 $r$ 时，即横截面周边各点处，切应力将达到其最大值 $\tau_{max}$，其值为：

$$\tau_{max} = \frac{Tr}{I_\rho}$$

上式中，若以 $W_\rho$ 代表 $I_\rho/r$，则有：

$$\tau_{max} = \frac{T}{W_\rho} \tag{5.18}$$

式中　$W_\rho$—— 扭转截面系数($m^3$)。

圆截面的极惯性矩和扭转截面系数分别为：

$$I_\rho = \int_A \rho^2 \mathrm{d}A = \int_0^{\frac{d}{2}} 2\pi\rho^3 \mathrm{d}\rho = \frac{\pi d^4}{32}$$

$$W_\rho = \frac{I_\rho}{d/2} = \frac{\pi d^3}{16}$$

式中　$d$—— 圆杆直径。

空心圆截面的极惯性矩和扭转截面系数分别为：

$$I_\rho = \int_A \rho^2 \mathrm{d}A = \int_{\frac{d}{2}}^{\frac{D}{2}} 2\pi\rho^3 \mathrm{d}\rho = \frac{\pi(D^4 - d^4)}{32} = \frac{\pi D^4}{32}(1-\alpha^4)$$

$$W_\rho = \frac{I_\rho}{D/2} = \frac{\pi(D^4 - d^4)}{16D} = \frac{\pi D^3}{16}(1-\alpha^4)$$

式中　$D$—— 空心圆杆外径；

$d$—— 空心圆杆内径；

$\alpha$——$\alpha = d/D$。

推导切应力计算公式的主要依据为平面假设，且材料符合胡克定律。因此，公式仅适用于在线弹性范围内的等直圆杆。

### 5.4.4　切应力互等定理

以横截面、径向截面以及与表面平行的面（切向截面）从受扭的薄壁圆筒或等直圆杆内任一点处截取一微小的正六面体（即单元体），如图 5.20(a) 所示。因在单元体前后两侧面上无任何应力，故可将其改为用图 5.20(b) 所示平面图表示。

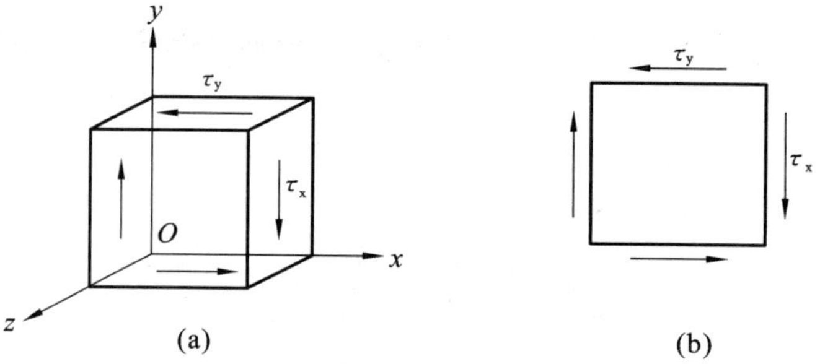


图 5.20

单元体处于平衡状态，由平衡条件 $\sum F_y = 0$ 可知，单元体左右两侧面上的内力元素 $\tau_x \mathrm{d}y\mathrm{d}z$ 为大小相等、指向相反的一对力，并组成一个力偶，其矩为 $(\tau_x \mathrm{d}y\mathrm{d}z)\mathrm{d}x$。为了满足另两个平衡条件 $\sum F_x = 0$ 和 $\sum M_z = 0$，在单元体的上、下两个平面（即杆的径向截面上）必有大小相等、指向相反的一对力 $\tau_y \mathrm{d}x\mathrm{d}z$，并组成力偶矩 $(\tau_y \mathrm{d}x\mathrm{d}z)\mathrm{d}y$，即

$$(\tau_x \mathrm{d}y\mathrm{d}z)\mathrm{d}x = (\tau_y \mathrm{d}x\mathrm{d}z)\mathrm{d}y$$

得：

$$\tau_x = -\tau_y \tag{5.19}$$

式(5.19) 表明，两相互垂直平面上的切应力 $\tau_x$ 和 $\tau_y$ 数值相等，且均指向（或背离）这两

平面的交线，此即**切应力互等定理**。该定理具有普遍意义，在有正应力的情况下也成立。

**【例5.3】**　图5.21(a)为直径为$d_1$的实心圆轴Ⅰ，图5.21(b)为内、外直径分别为$d_2$和$D_2$，$\alpha = d_2/D_2 = 0.8$的空心圆轴Ⅱ，两轴的长度、材料、扭矩均相同。试求两种圆轴在横截面上最大切应力相等的情况下，$D_2$和$d_1$之比以及两轴的重量比。

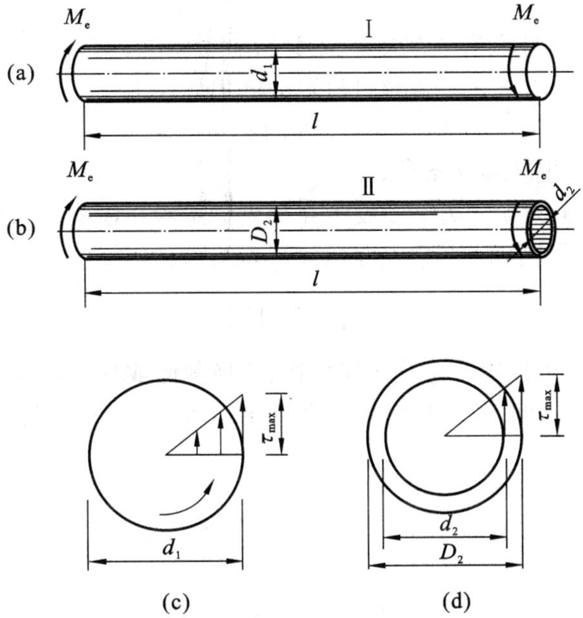


**图5.21**

**【解】**　(1) 两轴直径之比

Ⅰ、Ⅱ两轴横截面的扭转截面系数分别为：

$$W_{\rho 1} = \frac{\pi d_1^3}{16},\quad W_{\rho 2} = \frac{\pi D_2^3}{16}(1-\alpha^4)$$

分别代入式(5.18)，即得两轴的最大切应力：

$$\tau_{1,\max} = \frac{T_1}{W_{\rho 1}} = \frac{M_e}{W_{\rho 1}} = \frac{16M_e}{\pi d_1^3},\tau_{2,\max} = \frac{T_2}{W_{\rho 2}} = \frac{M_e}{W_{\rho 2}} = \frac{16M_e}{\pi D_2^3(1-\alpha^4)}$$

由$\tau_{1,\max} = \tau_{2,\max}$，并将$\alpha = 0.8$代入上式得：

$$\frac{D_2}{d_1} = \sqrt[3]{\frac{1}{1-0.8^4}} = 1.194$$

(2) 两轴重量之比

由于两轴的材料和长度均相同，故两轴重量之比等于其横截面面积之比，于是有：

$$\frac{A_2}{A_1} = \frac{\frac{\pi}{4}(D_2^2 - d_2^2)}{\frac{\pi}{4}d_1^2} = \frac{D_2^2(1-\alpha^2)}{d_1^2} = 1.194^2 \times (1-0.8^2) = 0.513$$

切应力的分布规律如图5.21(c)、图5.21(d)所示，当$\tau_{\max} = [\tau]$时，实心轴圆心附近的切应力还很小，这部分材料没有充分发挥作用，而空心轴则可以提高材料的利用率。

但应注意过薄的圆筒受扭时容易发生皱折，实际工程中还应注意成本和构造上的要求等因素。

## 5.5 等直圆杆扭转轴的强度计算

等直圆杆在扭转时，杆内各点均处于纯剪切应力状态，为确保等直圆杆扭转时不被破坏，其横截面上最大切应力 $\tau_{max}$ 不得超过材料的许用切应力$[\tau]$，即：

$$\tau_{max} \leqslant [\tau] \tag{5.20}$$

上式即为等直圆杆扭转强度条件。

对于等直圆杆，其最大切应力 $\tau_{max}$ 发生在最大扭矩所在横截面，即危险截面周边上任一点处，这些点即为危险点。于是，上述强度条件可表示为：

$$\frac{T_{max}}{W_\rho} \leqslant [\tau] \tag{5.21}$$

利用强度条件可对扭转构件进行强度校核、选择截面或计算许可荷载。

理论与实验研究均表明，材料纯剪切时的许用切应力$[\tau]$与许用正应力$[\sigma]$之间存在以下关系：

对于塑性材料

$$[\tau] = (0.5 \sim 0.577)[\sigma]$$

对于脆性材料

$$[\tau] = (0.8 \sim 1.0)[\sigma_t]$$

式中 $[\sigma_t]$—— 许用拉应力。

**【例 5.4】** 图 5.22(a) 所示阶梯状圆轴，其 $AB$ 段直径 $d_1 = 120$ mm，$BC$ 段直径 $d_2 = 100$ mm，扭转力偶矩 $M_A = 22$ kN·m，$M_B = 36$ kN·m，$M_C = 14$ kN·m，材料的许用切应力$[\tau] = 80$ MPa。试校核该轴的强度。

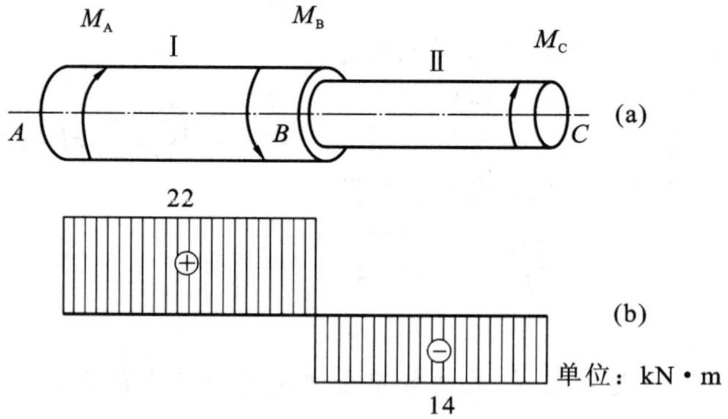


图 5.22

**【解】** (1) 作扭矩图

用截面法求 $AB$、$BC$ 段扭矩，扭矩图如图 5.22(b) 所示。

(2) 分别求每段轴横截面上的最大切应力

*AB* 段：

$$\tau_{1,\max}=\frac{T_1}{W_{\rho 1}}=\frac{22\times 10^3}{\frac{\pi}{16}(120\times 10^{-3})^3}=64.8\times 10^6\ \text{Pa}=64.8\ \text{MPa}$$

*BC* 段：

$$\tau_{2,\max}=\frac{T_2}{W_{\rho 2}}=\frac{14\times 10^3}{\frac{\pi}{16}(100\times 10^{-3})^3}=71.3\times 10^6\ \text{Pa}=71.3\ \text{MPa}$$

(3) 校核强度

$\tau_{2,\max}>\tau_{1,\max}$，且有 $\tau_{2,\max}<[\tau]=80\ \text{MPa}$，故该轴满足强度条件。

阶梯状圆杆在两段连接处有应力集中现象，在以上计算中对此并未考虑。

## 5.6　等直圆杆扭转时的变形与刚度计算

### 5.6.1　扭转变形计算

如前所述，轴的扭转变形，是用两横截面绕轴线的相对扭转角 $\varphi$ 来度量。由式(5.16)可知，$\mathrm{d}\varphi$ 表示微段 $\mathrm{d}x$ 的两端截面的相对扭转角，则长为 $l$ 的一段杆两端截面相对扭转角 $\varphi$ 为：

$$\varphi=\int_l \mathrm{d}\varphi=\int_0^l \frac{T}{GI_\rho}\mathrm{d}x$$

当等直圆杆仅在两端受一对外力偶作用时，则所有横截面上的扭矩 $T$ 均相同，且等于杆端的外力偶矩 $M_e$。对于同一材料制成的等直圆杆，$G$ 和 $I_\rho$ 为常量，于是，由上式可得：

$$\varphi=\frac{M_e l}{GI_\rho}$$

或

$$\varphi=\frac{Tl}{GI_\rho}\tag{5.22}$$

式中　$GI_\rho$——等直圆杆的扭转刚度。

可见，相对扭转角 $\varphi$ 与 $GI_\rho$ 成反比。$\varphi$ 的单位为 rad，其正负号随扭矩 $T$ 而定。

由于杆在扭转时各横截面上的扭矩可能并不相同，且杆的长度也各不相同，因此，在工程中，扭转杆的刚度通常用相对扭转角沿杆长度的变化率 $\mathrm{d}\varphi/\mathrm{d}x$ 来度量，称为单位长度扭转角，并用 $\varphi'$ 表示。由式(5.16)得：

$$\varphi'=\frac{\mathrm{d}\varphi}{\mathrm{d}x}=\frac{T}{GI_\rho}\tag{5.23}$$

**注意**：以上计算公式都只适用于材料在线弹性范围内的等直圆杆。

**【例 5.5】**　图 5.23 所示钢制实心圆截面轴，已知 $M_1=1592\ \text{N}\cdot\text{m}$，$M_2=955\ \text{N}\cdot\text{m}$，$M_3=637\ \text{N}\cdot\text{m}$，$l_{AB}=300\ \text{mm}$，$l_{AC}=500\ \text{mm}$，$d=70\ \text{mm}$，钢材的切变模量 $G=80\ \text{GPa}$。试求横截面 $C$ 相对于 $B$ 的扭转角 $\varphi_{BC}$。

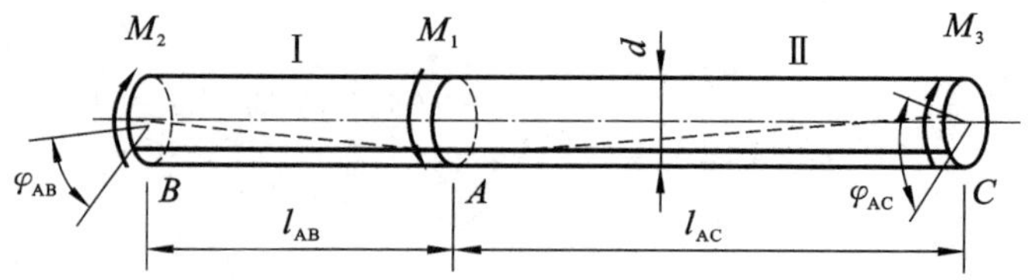


图 5.23

**【解】** (1) 轴的扭矩

用截面法求出 Ⅰ、Ⅱ 两段轴内的扭矩分别为 $T_1 = 955\ \mathrm{N \cdot m}, T_2 = -637\ \mathrm{N \cdot m}$。

(2) 相对扭转角

分别计算 $B$、$C$ 截面相对于 $A$ 截面的扭转角 $\varphi_{AB}$、$\varphi_{AC}$，设 $A$ 截面固定不动，由相对扭转角计算公式(5.22) 及 $I_\rho = \pi d^4/32$，可得：

$$\varphi_{AB} = \frac{T_1 l_{AB}}{GI_\rho} = \frac{955 \times 300 \times 10^{-3}}{80 \times 10^9 \times \frac{\pi}{32} \times (70 \times 10^{-3})^4} = 1.52 \times 10^{-3}\ \mathrm{rad}$$

$$\varphi_{AC} = \frac{T_2 l_{AC}}{GI_\rho} = \frac{-637 \times 500 \times 10^{-3}}{80 \times 10^9 \times \frac{\pi}{32} \times (70 \times 10^{-3})^4} = -1.69 \times 10^{-3}\ \mathrm{rad}$$

截面 $C$ 相对于截面 $B$ 的扭转角，应等于截面 $A$ 相对于截面 $B$ 的扭转角与截面 $C$ 相对于截面 $A$ 的扭转角之和，即：

$$\varphi_{BC} = \varphi_{AB} + \varphi_{AC} = 1.52 \times 10^{-3} - 1.69 \times 10^{-3} = -0.17 \times 10^{-3}\ \mathrm{rad}$$

$\varphi_{BC}$ 为负值，表示其转向与扭转力偶 $M_3$ 相同。

### 5.6.2 刚度计算

等直圆杆扭转时，除需满足强度要求外，有时还需满足刚度要求。如机器的转动轴如果扭转角过大，将会使机器在运行时产生较大的振动，或影响机床的加工精度等。在工程实际中，常以限制单位长度扭转角，使其不超过某一规定的许用值$[\theta]$。由式(5.23) 可知，圆杆扭转刚度条件为：

$$\theta_{max} = \left(\frac{T}{GI_\rho}\right)_{max} \leqslant [\theta] \tag{5.24}$$

对于等截面圆杆，则要求：

$$\theta_{max} = \frac{T_{max}}{GI_\rho} \leqslant [\theta] \tag{5.25}$$

式中，许可单位长度扭转角$[\theta]$ 的常用单位是 °/m，而单位长度扭转角的单位是 rad/m，经单位换算得：

$$\frac{T_{max}}{GI_\rho} \times \frac{180}{\pi} \leqslant [\theta] \tag{5.26}$$

对于精密机器$[\theta] \approx (0.15 \sim 0.30)$°/m；对于一般的传动轴$[\theta] \approx 2$ °/m，具体数值可查机械设计手册。

**【例 5.6】** 图 5.24(a) 所示钢制空心圆截面轴，其内、外直径之比 $\alpha = 0.5$。已知许用切应力$[\tau]=40$ MPa，切变模量$G=80$ GPa。轴的许可单位长度扭转角$[\theta]=0.3$ °/m，最大扭矩 $T_{max}=9.56$ kN·m。按强度条件和刚度条件选择轴的直径。

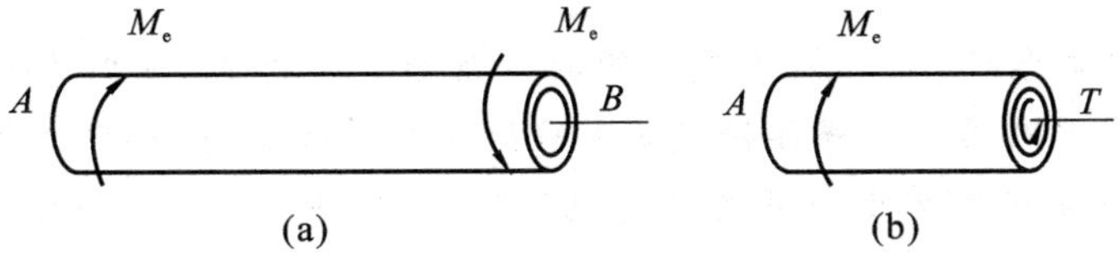


图 5.24

**【解】** (1) 求扭矩

应用截面法，取图 5.24(b) 所示左段为分离体，由平衡条件得：

$$T=M_e=9.56\ \text{kN}\cdot\text{m}$$

(2) 根据强度条件确定外径 $D$

由

$$W_\rho=\frac{\pi D^3}{16}(1-\alpha^4)=\frac{\pi D^3}{16}\times\frac{15}{16},\quad \tau_{max}=\frac{T_{max}}{W_\rho}\leqslant[\tau]$$

得：

$$D\geqslant\sqrt[3]{\frac{16T_{max}}{\pi\left(\frac{15}{16}\right)[\tau]}}=\sqrt[3]{\frac{16\times 9.56\times 10^3}{\pi\left(\frac{15}{16}\right)\times 40\times 10^6}}=109\times 10^{-3}\ \text{m}=109\ \text{mm}$$

(3) 根据刚度条件确定外径 $D$

由

$$I_\rho=\frac{\pi D^4}{32}(1-\alpha^4)=\frac{\pi D^4}{32}\times\frac{15}{16},\quad \frac{T_{max}}{GI_\rho}\times\frac{180}{\pi}\leqslant[\theta]$$

得：

$$D\geqslant\sqrt[4]{\frac{32T_{max}}{G\pi\left(\frac{15}{16}\right)}\times\frac{180}{\pi}\times\frac{1}{[\theta]}}=\sqrt[4]{\frac{32\times 9.56\times 10^3}{80\times 10^9\times\pi\left(\frac{15}{16}\right)}\times\frac{180}{\pi}\times\frac{1}{0.3}}$$

$$=125.5\times 10^{-3}\ \text{m}=125.5\ \text{mm}$$

根据以上计算，空心圆截面轴所需外直径由刚度条件控制，内直径则根据$\alpha=d/D=0.5$计算，即：

$$D\geqslant 125.5\ \text{mm},\quad d\geqslant 62.8\ \text{mm}$$

## 小　　结

(1) 连接件的强度计算

剪切实用计算：

$$\tau=\frac{F_S}{A_S}\leqslant[\tau]$$

挤压实用计算：

$$\sigma_{bS} = \frac{F_{bS}}{A_{bS}} \leqslant [\sigma_{bS}]$$

(2) 扭矩及扭矩图

等直圆杆扭转变形时，任一横截面上的内力系形成一力偶，该内力偶的力偶矩称为扭矩，用 $T$ 表示。为了表明沿杆轴线各横截面上的扭矩变化情况，从而确定最大扭矩及其所在截面位置，常需画出扭矩随截面位置的变化规律曲线，这种曲线称为扭矩图，或称 $T$ 图。

(3) 外力偶矩计算

$$M_e = \frac{P \times 60}{2\pi n} = 9.55\,\frac{P}{n}$$

(4) 等直圆杆扭转应力与强度条件

薄壁圆筒的扭转应力：

$$\tau = \frac{T}{2\pi r_0^2 \delta} = \frac{T}{2A_0 \delta}$$

圆截面轴横截面上的应力：

$$\tau_\rho = G\gamma_\rho = G\rho\,\frac{d\varphi}{dx}$$

强度条件：

$$\tau_{max} = \frac{T_{max}}{W_\rho} \leqslant [\tau]$$

(5) 等直圆杆扭转时的变形与刚度条件

扭转变形计算：

$$\varphi = \frac{Tl}{GI_\rho}$$

刚度条件：

$$\frac{T_{max}}{GI_\rho} \times \frac{180}{\pi} \leqslant [\theta]$$

## 思 考 题

5.1 压缩与挤压有何区别？为何挤压许用应力大于压缩许用应力？

5.2 切应力 $\tau$ 与正应力 $\sigma$ 的区别是什么？

5.3 等直圆杆扭转时切应力在横截面上是如何分布的？

5.4 空心圆轴的外径为 $D$，内径为 $d$，则其扭转截面系数公式是否为 $W_\rho = \frac{\pi D^3}{16} - \frac{\pi d^3}{16}$？为什么？

5.5 在车削工件时，工人师傅在粗加工时通常采用较低的转速，而在精加工时则用较高的转速，试问这是为什么？

5.6 长为 $l$、直径为 $d$ 的两根由不同材料制成的等截面圆杆，在两端作用相同的扭转力偶矩 $M_e$，试问两杆的最大切应力 $\tau_{max}$ 和相对扭转角 $\varphi$ 是否相同？为什么？

## 习　题

5.1　已知图5.25所示拉杆头部的尺寸 $D=32$ mm，$d=20$ mm，$h=12$ mm，杆的许用切应力 $[\tau]=100$ MPa，许用挤压应力 $[\sigma_{bs}]=240$ MPa。试校核其剪切强度和挤压强度。

5.2　拉力 $F=80$ kN 的螺栓连接如图5.26所示。已知 $b=80$ mm，$\delta=10$ mm，$d=22$ mm，螺栓的许用切应力 $[\tau]=130$ MPa，钢板的许用挤压应力 $[\sigma_{bs}]=300$ MPa，许用拉应力 $[\sigma]=170$ MPa。试校核接头强度。

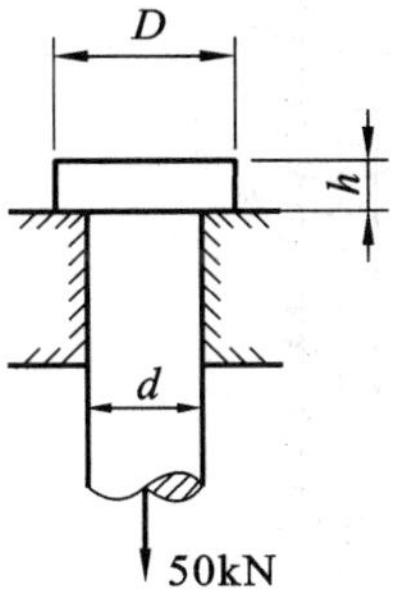


图 5.25

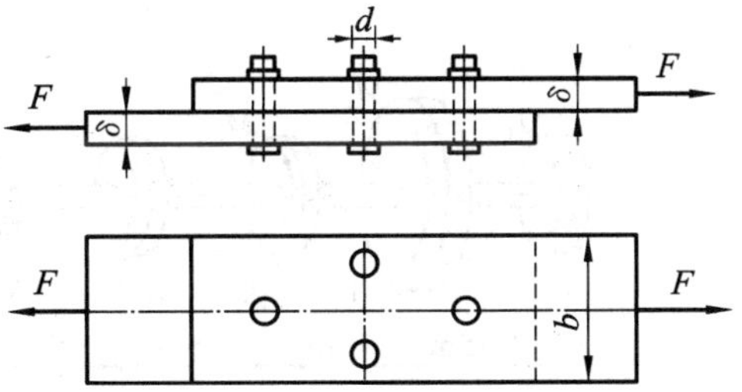


图 5.26

5.3　图5.27所示螺栓接头，已知 $F=40$ kN，螺栓的许用切应力 $[\tau]=130$ MPa，许用挤压应力 $[\sigma_{bs}]=300$ MPa。试计算螺栓所需直径。

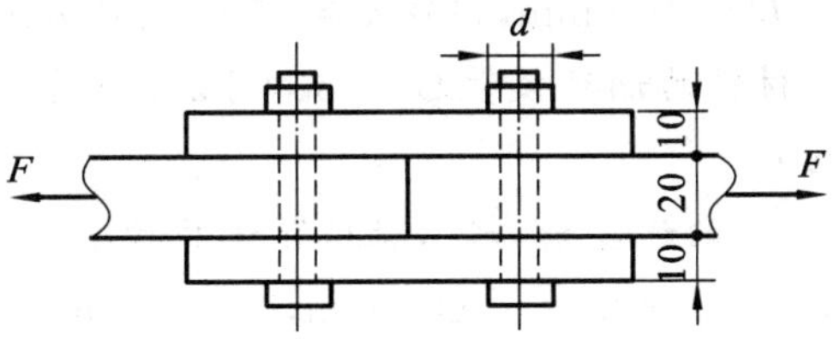


图 5.27

5.4　试画出图5.28所示各杆的扭矩图。

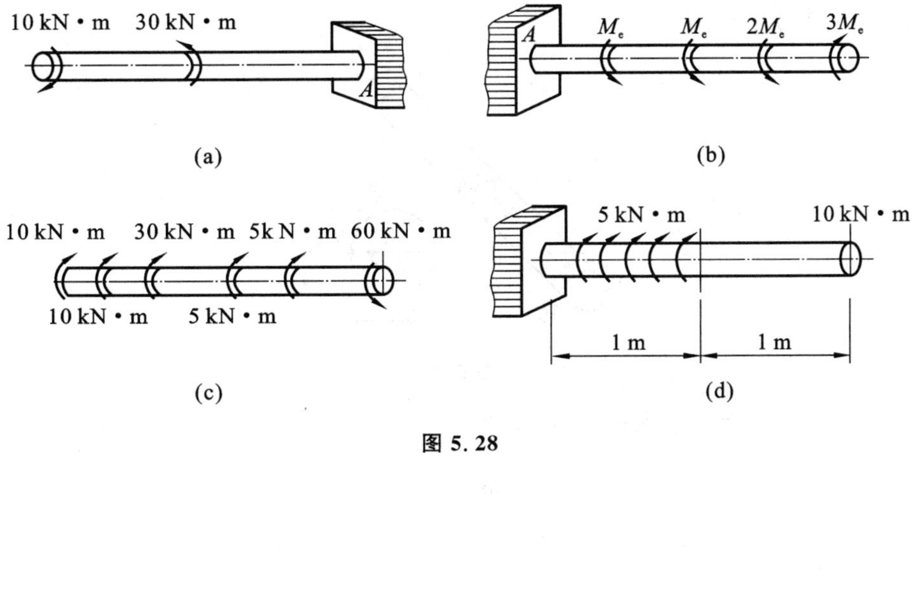


图 5.28

5.5　一传动轴做匀速转动，转速 $n=200$ r/min，轴上装有五个轮子(图 5.29)，主动轮 Ⅱ 输入的功率为 60 kW，从动轮 Ⅰ、Ⅲ、Ⅳ、Ⅴ 的输出功率依次为 18 kW、12 kW、22 kW 和 8 kW，试作轴的扭矩图。

5.6　一钻探机(图 5.30)的功率为 10 kW，转速 $n=180$ r/min。钻杆钻入土层的深度 $l=40$ m。如土壤对钻杆的阻力可看作是均匀分布的力偶，试求分布力偶的集度 $m$，并作钻杆的扭矩图。

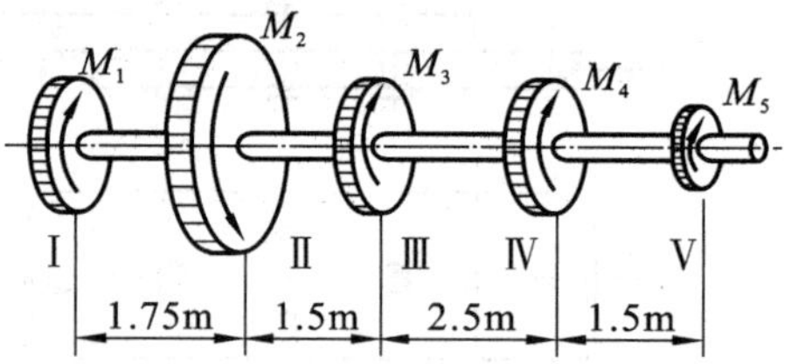


图 5.29

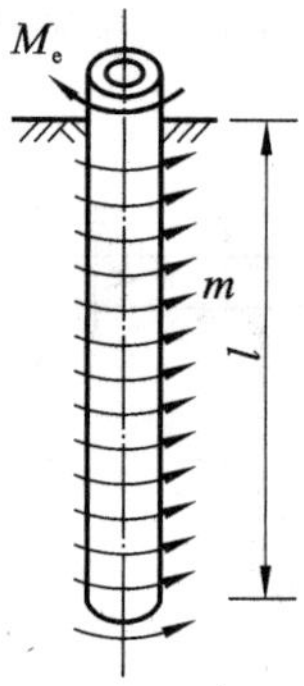


图 5.30

5.7　圆轴的直径 $d=50$ mm，转速为 120 r/min。若该轴横截面上的最大切应力等于 60 MPa，试问所传递的功率为多大？

5.8　空心钢轴的外径 $D=100$ mm，内径 $d=50$ mm。已知间距为 $l=2.7$ m 的两横截面的相对扭转角 $\varphi=1.8°$，材料的切变模量 $G=80$ GPa。试求：

(1) 轴内的最大切应力；

(2) 当轴以 $n=80$ r/min 的速度旋转时，轴所传递的功率。

5.9　实心圆轴(图 5.31)的直径 $d=100$ mm，长 $l=1$ m，其两端所受外力偶矩 $M_e=14$ kN·m，材料的切变模量 $G=80$ GPa。试求：

(1) 最大切应力及两端面间的相对转角；

(2) 图示截面上 $A$、$B$、$C$ 三点处切应力的数值及方向；

(3) $C$ 点处的切应变。

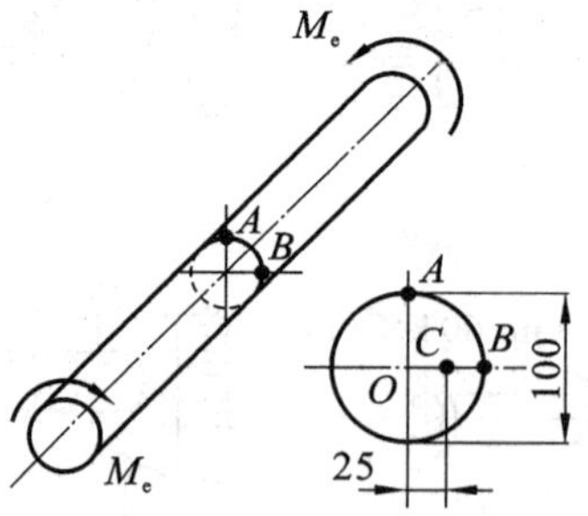


图 5.31

5.10　图 5.32 所示一等直圆杆，已知 $d=40$ mm，$a=400$ mm，$G=80$ GPa，$\varphi_{DB}=1°$。试求：

(1) 最大切应力;

(2) 截面 $A$ 相对于截面 $C$ 的扭转角。

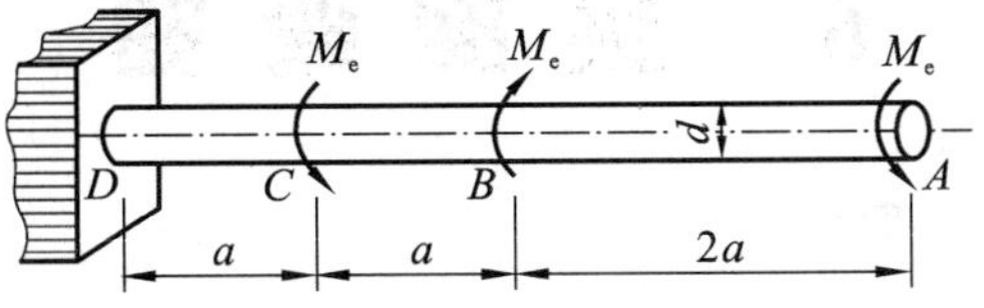


图 5.32

5.11 某小型水电站的水轮机功率为 50 kW,转速为 300 r/min,钢轴直径为 75 mm,若在正常运转下且只考虑扭矩作用,其许用切应力$[\tau] = 20$ MPa。试校核该轴的强度。

5.12 图 5.29 中所示的轴,材料为钢,其许用切应力$[\tau] = 20$ MPa,切变模量 $G = 80$ GPa,许可单位长度扭转角$[\theta] = 2.5$ °/m。试按强度条件及刚度条件选择圆轴的直径。

5.13 图 5.33 所示阶梯形圆杆,$AE$ 段为空心,外径 $D = 140$ mm,内径 $d = 100$ mm;$BC$ 段为实心,直径 $d = 100$ mm。外力偶矩 $M_A = 18$ kN·m,$M_B = 32$ kN·m,$M_C = 14$ kN·m,许用切应力$[\tau] = 80$ MPa,许可单位长度扭转角$[\theta] = 1.2$ °/m,切变模量 $G = 80$ GPa。试校核该轴的强度和刚度。

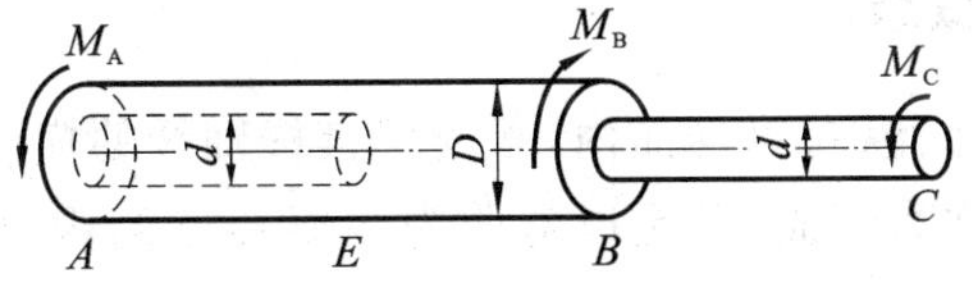


图 5.33

# 6 梁的弯曲

**教学目标**

(1) 了解平面弯曲的基本概念
(2) 了解梁的合理设计方法
(3) 掌握梁的内力计算和内力图的绘制方法
(4) 掌握梁的弯曲应力及强度计算
(5) 掌握梁的弯曲变形及刚度计算

## 6.1 平面弯曲基本概念

### 6.1.1 平面弯曲的概念

等直杆在包含其轴线的纵向对称面内，承受垂直杆轴线的横向外力偶的作用时，杆的轴线将变成曲线，这种变形称为弯曲。凡是以弯曲为主要变形的构件通常称为梁。梁是一类常用的构件，在大多数工程中都占有非常重要的地位。

工程中常见的房屋梁、桥梁、起重机大梁和火车轮轴，在荷载作用下，都会产生弯曲变形，如图 6.1(a) 所示吊车梁和图 6.1(b) 所示火车轮轴，均是受弯构件。一般受弯构件具有如下特点：

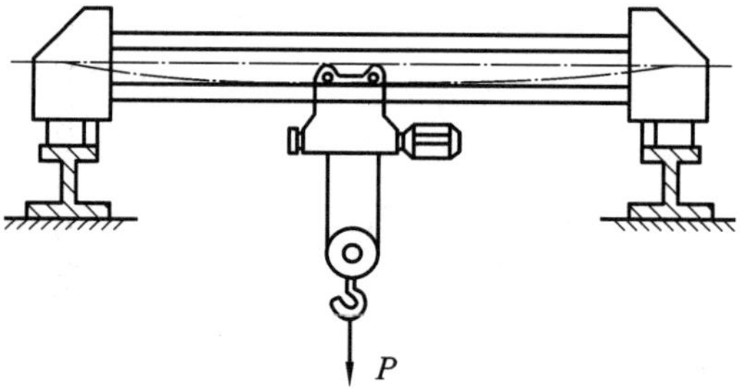


(a)

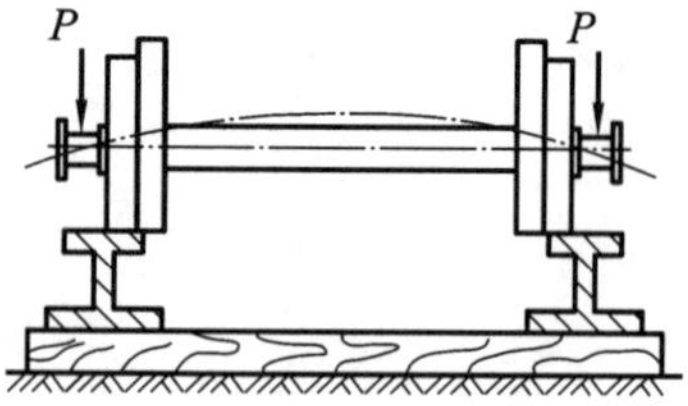


(b)

图 6.1

(1) 受力特征 —— 在等直杆轴线的纵向平面内，承受了横向力或外力偶。

(2) 变形特征 —— 杆件轴线变形后成为一条在外力作用平面内光滑的平面曲线。

最常见的以弯曲为主要变形的构件是梁。通常情况下，梁的横截面比较规则，每一个横截面至少有一根对称轴，这些对称轴构成对称面。所有外力都作用在其对称面内时，梁弯曲变形后的轴线将是位于这个对称面内的一条曲线，这种弯曲形式称为**平面弯曲**。平面弯曲是弯曲问题中最常见的情况。

### 6.1.2　梁的计算简图

处于对称弯曲下的等截面直梁，外力作用在梁的纵向对称面内时，梁的计算简图可以用梁的轴线表示。梁的支座则按其对梁的约束情况，一般可以简化为固定端、固定铰支座和可动铰支座（链杆支座）。

如果梁具有一个固定端，或者具有一个固定铰支座和一个可动铰支座，则梁的三个支座反力均可由独立的三个平衡方程求解，这种梁称之为静定梁。静定梁的基本形式有三种：

(1) 简支梁：一端为固定铰支座，而另一端为可动铰支座的梁，如图 6.2(a) 所示。

(2) 悬臂梁：一端为固定端，另一端为自由端的梁，如图 6.2(b) 所示。

(3) 外伸梁：简支梁的一端或两端伸出支座之外的梁，如图 6.2(c) 所示。

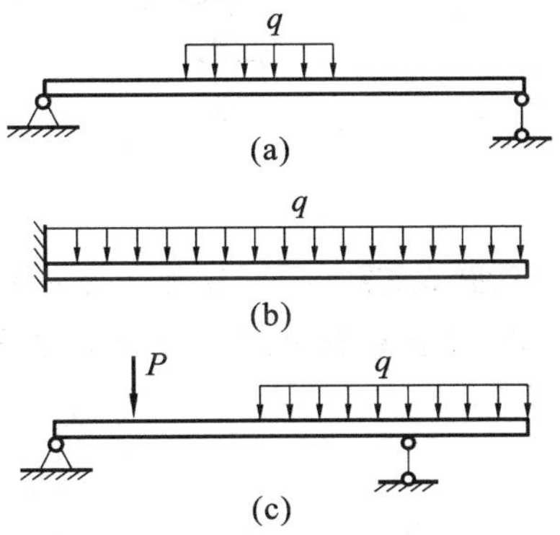


图 6.2

梁在两支座间的部分称之为跨，其长度称之为跨度或跨长。常见的静定梁大多是单跨度的，单跨的梁称为单跨梁，多跨的梁称为多跨梁。

## 6.2　梁的内力与内力图

### 6.2.1　剪力和弯矩

为计算梁的应力，应先确定梁在外力作用下任一横截面上的内力。当作用在梁上的全部外力（包括荷载和支座反力）均为已知时，用截面法可求得梁的内力。图 6.3 所示简支梁受集中力 $F$、支座反力 $F_A$ 和 $F_B$ 作用。为求得距离 $A$ 端为 $x$ 的横截面 $m—m$ 上的内力，用截面法沿该横截面假想地将梁截成两段，得脱离体 $AC$ 段和 $CB$ 段。以 $AC$ 段为例，为保持脱离体的平衡，$m—m$ 截面上必有一与 $F_A$ 相反的内力。由平衡方程：

$$\sum F_y = 0, \quad F_A - F_S = 0$$

得：

$$F_S = F_A$$

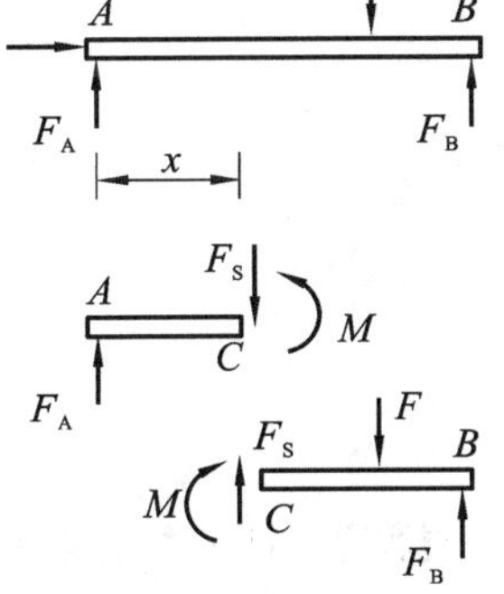


图 6.3

$F_S$ 称为剪力(shear force)。外力 $F_A$ 与剪力 $F_S$ 组成了一对力偶,为了平衡,横截面上必有一与之平衡的内力偶,设内力偶矩为 $M$,由平衡方程可得:

$$\sum M_C = 0, \quad M - F_A x = 0, \quad 则 M = F_A x$$

其中,矩心 $C$ 为横截面 $m—m$ 的形心,内力偶矩 $M$ 称为弯矩(bending moment)。

梁的内力正负号规定如下:当截面上的剪力有使脱离体(或 d$x$ 的微段)顺时针方向转动的趋势时为正[图 6.4(a)];反之为负[图 6.4(b)]。当截面上的弯矩使脱离体弯曲向上凹(即下边受拉,上边受压)时为正[图 6.4(c)];反之为负[图 6.4(d)]。

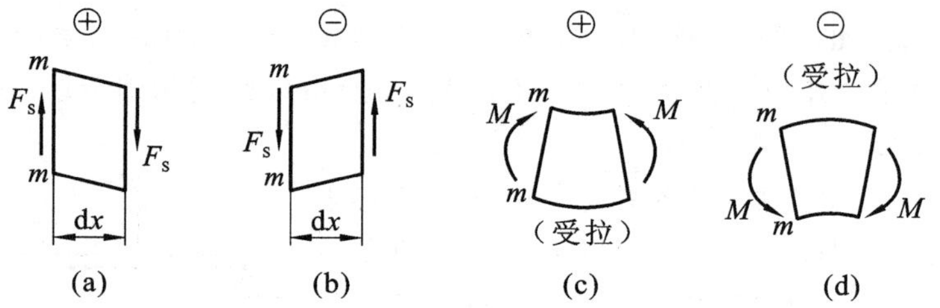


图 6.4

**【例 6.1】** 图 6.5 所示为一简支梁的计算简图。已知 $F_1$、$F_2$,且 $F_1 = F_2$,以及尺寸 $a$、$b$、$l$、$c$、$d$。试求梁在 $E$、$F$ 点处的剪力和弯矩。

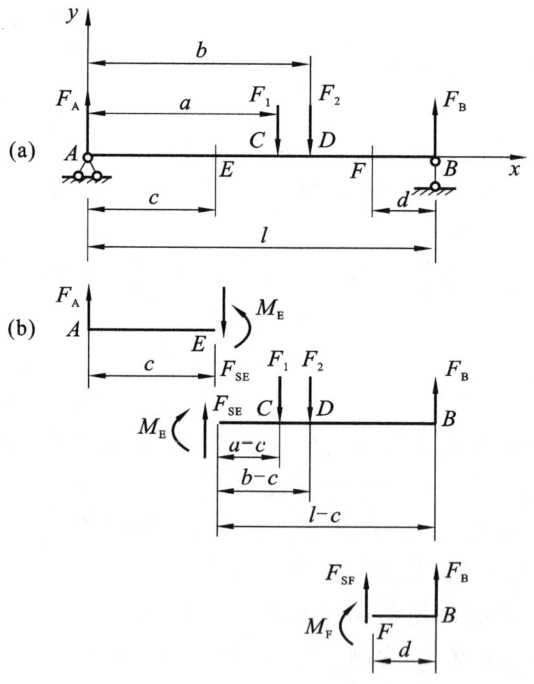


图 6.5

**【解】** (1) 求支座反力

$$\sum M_A = 0, \quad F_B l - F_1 a - F_2 b = 0$$

$$\sum M_B = 0, \quad -F_A l + F_1(l-a) + F_2(l-b) = 0$$

解得：

$$F_A = \frac{F_1(l-a) + F_2(l-b)}{l}$$

$$F_B = \frac{F_1 a + F_2 b}{l}$$

(2) 利用截面法计算截面内力

$E$ 截面内力：

$$\sum F_y = 0, \quad F_A - F_{SE} = 0, \quad 则 F_{SE} = F_A$$

$$\sum M_E = 0, \quad M_E - F_A c = 0, \quad 则 M_E = F_A c$$

$F$ 截面内力：

$$\sum F_y = 0, \quad F_B + F_{SF} = 0, \quad 则 F_{SF} = -F_B$$

$$\sum M_F = 0, \quad -M_F + F_B d = 0, \quad 则 M_F = F_B d$$

### 6.2.2　由内力方程作剪力图与弯矩图

梁横截面上的剪力和弯矩一般是随横截面的位置而变化的。如果横截面沿梁轴线的位置以坐标 $x$ 表示，则梁在不同截面上的剪力和弯矩可以表示为坐标 $x$ 的函数：

$$F_S = F_S(x) \tag{6.1}$$

$$M = M(x) \tag{6.2}$$

上述两式分别称为剪力方程和弯矩方程。

以横截面上的剪力或弯矩为纵坐标，以截面沿梁轴线的位置为横坐标，根据剪力方程或弯矩方程绘出的图线，分别称为剪力图或弯矩图，也称 $F_S$ 图或 $M$ 图。该图能清楚地表示出剪力或弯矩随坐标 $x$ 的变化情况，也可以确定出梁的剪力和弯矩的最大值及其位置。剪力图中正剪力画在 $x$ 轴上侧，负值在下侧；弯矩图中正弯矩画在 $x$ 轴下侧(受拉一侧)，负弯矩在上侧。

**【例 6.2】**　如图 6.6(a) 所示的悬臂梁，在全梁上受集度为 $q$ 的均布荷载作用。试列剪力方程和弯矩方程并作梁的剪力图和弯矩图。

**【解】**　(1) 列梁的剪力方程和弯矩方程

$$F_S(x) = qx \quad (0 \leqslant x \leqslant l)$$

$$M(x) = -qx \cdot \frac{x}{2} = -\frac{qx^2}{2} \quad (0 \leqslant x \leqslant l)$$

(2) 由内力方程分别作出剪力图和弯矩图，如图 6.6(b)、(c) 所示。

**【例 6.3】**　如图 6.7(a) 所示的简支梁，在全梁上受集度为 $q$ 的均布荷载作用。试列剪力方程和弯矩方程并作梁的剪力图和弯矩图。

**【解】**　(1) 列梁的剪力方程和弯矩方程：

$$F_S(x) = \frac{q}{2}l - qx \quad (0 \leqslant x \leqslant l)$$

$$M(x) = \frac{qlx}{2} - \frac{qx^2}{2} \quad (0 \leqslant x \leqslant l)$$

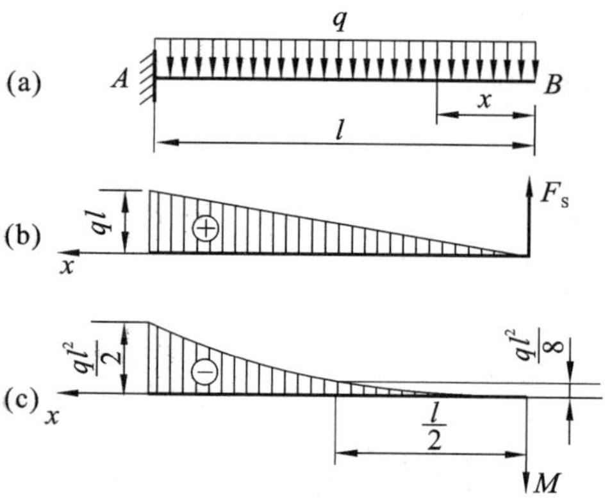


图 6.6

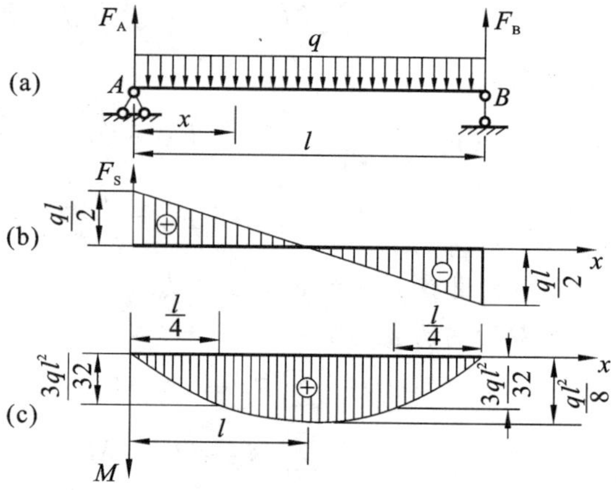


图 6.7

(2) 由内力方程分别作出剪力图，如图 6.7(b)、(c) 所示。

**【例 6.4】** 如图 6.8(a) 所示的简支梁在 $C$ 点处受集中荷载 $F$ 作用。试列剪力方程和弯矩方程并作梁的剪力图和弯矩图。

**【解】** (1) 列出梁的剪力方程和弯矩方程：

$AC$ 段梁：

$$F_S(x)=\frac{Fb}{l}\quad(0\leqslant x\leqslant a)$$

$$M(x)=\frac{Fbx}{l}\quad(0\leqslant x\leqslant a)$$

$CB$ 段梁

$$F_S(x)=-\frac{Fa}{l}\quad(a\leqslant x\leqslant l)$$

$$M(x)=\frac{Fa}{l}(l-x)\quad(a\leqslant x\leqslant l)$$

(2) 由内力方程分别作出剪力图和弯矩图，如图 6.8(b)、(c) 所示。

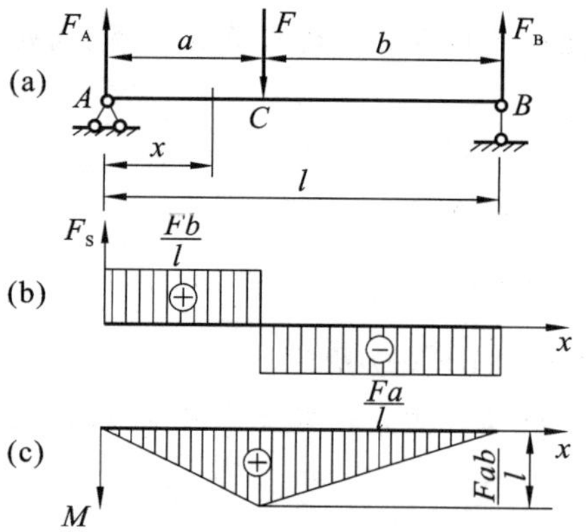


图 6.8

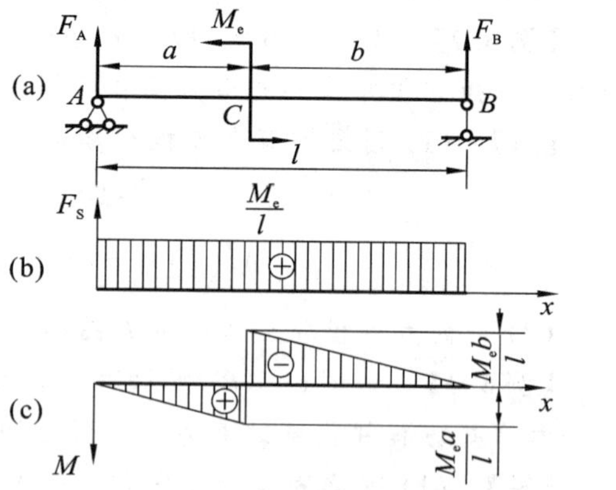


图 6.9

**【例 6.5】** 如图 6.9(a) 所示的简支梁在 $C$ 点处受弯矩为 $M_e$ 的集中力偶作用。试列剪力方程和弯矩方程并作梁的剪力图和弯矩图。

**【解】** (1) 列梁的剪力方程和弯矩方程:

$$F_S(x)=\frac{M_e}{l}\quad (0\leqslant x\leqslant l)$$

AC 段梁:
$$M(x)=\frac{M_e}{l}x\quad (0\leqslant x\leqslant a)$$

CB 段梁:
$$M(x)=\frac{M_e}{l}x-M_e=-\frac{M_e}{l}(l-x)\quad (a\leqslant x\leqslant l)$$

(2) 由内力方程分别作出剪力图和弯矩图,如图 6.9(b)、(c) 所示。

剪力图和弯矩图的作图规律:

(1) 在梁上集中力作用处,剪力图有突变,突变值等于集中力值,此处弯矩图则形成一个尖角,尖角方向与荷载方向一致。

(2) 在梁上受集中力偶作用处,弯矩图有突变,突变值等于集中力偶值。

(3) 在梁上受均布荷载处,剪力图为斜直线,弯矩图为抛物线,凸出方向与均布荷载方向一致。

### 6.2.3 由微分关系作剪力图与弯矩图

如图 6.10(a) 所示承受任意荷载的梁。从梁上受分布荷载的段内截取 d$x$ 微段,其受力如图 6.10(b) 所示。作用在微段上的分布荷载可以认为是均布的,并设向上为正。

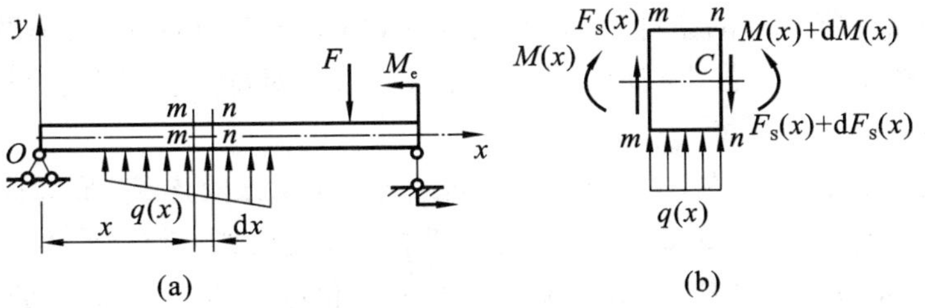


**图 6.10**

微段两侧截面上的内力均设为正方向。若 $x$ 截面上的内力分别为$q(x)$、$M(x)$,则 $x+\mathrm{d}x$ 截面上的内力分别为 $F_S(x)+\mathrm{d}F_S(x)$、$M(x)+\mathrm{d}M(x)$。因为梁整体是平衡的,d$x$ 微段也应处于平衡状态。根据平衡条件 $\sum F_y=0$ 和 $\sum M_C(\boldsymbol{F})=0$,得到:

$$F_S(x)+q(x)\mathrm{d}x-[F_S(x)+\mathrm{d}F_S(x)]=0$$

$$M(x)+\mathrm{d}M(x)-M(x)-F_S(x)\mathrm{d}x-q(x)\frac{\mathrm{d}x^2}{2}=0$$

略去其中的高阶微量后得到:

$$\frac{\mathrm{d}F_S(x)}{\mathrm{d}x}=q(x)\tag{6.3}$$

$$\frac{\mathrm{d}M(x)}{\mathrm{d}x}=F_S(x)\tag{6.4}$$

利用上式可进一步得出:

$$\frac{\mathrm{d}^2M(x)}{\mathrm{d}x^2}=q(x)\tag{6.5}$$

剪力、弯矩和分布荷载集度 $q$ 之间的平衡微分关系式[式(6.3)至式(6.5)]表明：

(1) 剪力图上某处的斜率等于梁在该处的分布荷载集度 $q$。

(2) 弯矩图上某处的斜率等于梁在该处的剪力。

(3) 弯矩图上某处的斜率变化率等于梁在该处的分布荷载集度 $q$。

根据上述微分关系和前节中介绍的内力图特征，由梁上荷载的变化即可推知剪力图和弯矩图的形状有如下特征：

(1) 若某段梁上无分布载荷，即 $q(x)=0$，则该段梁的剪力 $F_S(x)$ 为常量，剪力图为平行于 $x$ 轴的直线；而弯矩 $M(x)$ 为 $x$ 的一次函数，弯矩图为斜直线。

(2) 若某段梁上的分布载荷 $q(x)=q$(常量)，则该段梁的剪力 $F_S(x)$ 为 $x$ 的一次函数，剪力图为斜直线；而 $M(x)$ 为 $x$ 的二次函数，弯矩图为抛物线。当 $q>0$($q$ 向下)时，弯矩图为向下凹的曲线；当 $q<0$($q$ 向上)时，弯矩图为向上凸的曲线。

(3) 若某截面的剪力 $F_S(x)=0$，根据 $\frac{\mathrm{d}M(x)}{\mathrm{d}x}=0$，该截面的弯矩为极值。

(4) 在梁上集中力作用处，剪力发生突变，突变值等于集中力值，剪力图突变方向与集中力的指向一致，此处弯矩图则形成一个尖角，也与集中力指向一致。

(5) 在梁上受集中力偶作用处，弯矩发生突变，突变值等于力偶矩的数值，此处弯矩图的外形与集中力偶方向相反，即顺时针转向的集中力偶使弯矩图向下突变，逆时针转向的集中力偶使弯矩图向上突变。

(6) 在结构和支座对称的条件下，若荷载对称，则支座反力对称、弯矩图对称，剪力图反对称(对称面上剪力为零)；若荷载反对称，则支座反力反对称、弯矩图反对称(对称面上弯矩为零)，剪力图对称。

剪力图和弯矩图自左至右，从零开始，中间或连续，或分段连续，最后应回到零。利用以上规律可以简洁地绘出剪力图和弯矩图，也可以检查(或校核)所绘剪力图、弯矩图的正确性。还可以利用荷载集度、剪力、弯矩的关系作剪力图和弯矩图，可不必列剪力方程和弯矩方程，而只要确定几个控制面(分段后的段点)的 $F_S$、$M$ 值，再按上述规律连线，从而使作图过程简化，这种作图方法称为简易法。

简易法绘制内力图步骤如下：

(1) 求支座反力；

(2) 将梁分段，按分段确定剪力图和弯矩图的形状；

(3) 求断点截面内力，根据规律连线绘剪力图和弯矩图；

(4) 确定 $|F_S|_{max}$ 和 $|M|_{max}$。

**【例 6.6】** 图 6.11 所示一外伸梁，已知 $l=4$ m，试用简易法绘制该梁的内力图。

**【解】** (1) 求支座反力

$$\sum M_B(\boldsymbol{F})=0,\quad q\times\frac{l}{2}\times\frac{l}{4}-F\times\frac{l}{2}+F_{RD}\times l=0$$

即

$$4\times2\times1-20\times2+4F_{RD}=0,\quad 则\ F_{RD}=8\ \mathrm{kN}$$

$$\sum F_y=0,\quad F_{RB}-q\times\frac{l}{2}-F+F_{RD}=0$$

$$F_{RB}-4\times2-20+8=0,\quad 则\ F_{RB}=20\ \mathrm{kN}$$

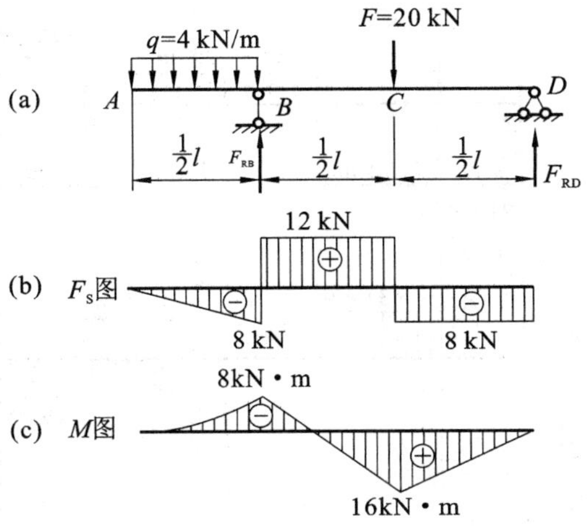


图 6.11

(2) 按梁上外力将梁分成 $AB$、$BC$、$CD$ 三段,作内力图

$$F_{SA}=0,\quad F_{SB左}=-\frac{1}{2}ql=-8\ \text{kN},\quad F_{SB右}=F_{SB左}+F_{RB}=12\ \text{kN},$$

$$F_{SD}=-F_{RD}=-8\ \text{kN}$$

$$M_A=0,\quad M_B=-\frac{1}{2}ql\cdot\frac{l}{4}=-8\ \text{kN}\cdot\text{m},\quad M_C=F_{RD}\cdot\frac{l}{2}=16\ \text{kN}\cdot\text{m},\quad M_D=0$$

由以上各段点的内力值并结合内力图特征,作出剪力图和弯矩图如图 6.11(b)、图 6.11(c) 所示。

**【例 6.7】** 试用简易法作图 6.12 所示多跨静定梁的剪力图和弯矩图。

**【解】** (1) 求支座反力

先以 $CB$ 梁为研究对象,$\sum M_C(\boldsymbol{F})=0,\quad -q\times3\times2.5+m+5F_B=0$

$$-20\times3\times2.5+5+5F_B=0,\quad 则\ F_B=29\ \text{kN}$$

$$\sum F_y=0,\quad F_A-P-q\times3+F_B=0$$

$$F_A-50-20\times3+29=0,\quad 则\ F_A=81\ \text{kN}$$

再以整体为研究对象,$\sum M_A(\boldsymbol{F})=0,\quad M_A-P\times1-q\times3\times4+m+6.5F_B=0$

$$M_A-50\times1-20\times3\times4+5+6.5\times29=0,\quad M_A=96.5\ \text{kN}\cdot\text{m}$$

解得:　　$F_A=81\ \text{kN};\quad F_B=29\ \text{kN};\quad M_A=96.5\ \text{kN}\cdot\text{m}$

(2) 按梁上外力将梁分成 $AE$、$ED$、$DK$、$KB$ 四段,作内力图

在支座 $A$、$B$ 及截面 $E$ 处 $F_S$ 图有突变,要分别计算集中力左、右两侧的剪力值。点 $A$、$E$、$D$、$B$ 处的剪力分别为:

$$F_{SA右}=F_{SE左}=F_A=81\ \text{kN}$$

$$F_{SE右}=F_{SC}=F_{SD}=F_A-F=81-50=31\ \text{kN}$$

$$F_{SK}=F_{SB左}=-F_B=-29\ \text{kN}$$

$$M_K=34\ \text{kN}\cdot\text{m},\quad M_B=5\ \text{kN}\cdot\text{m}$$

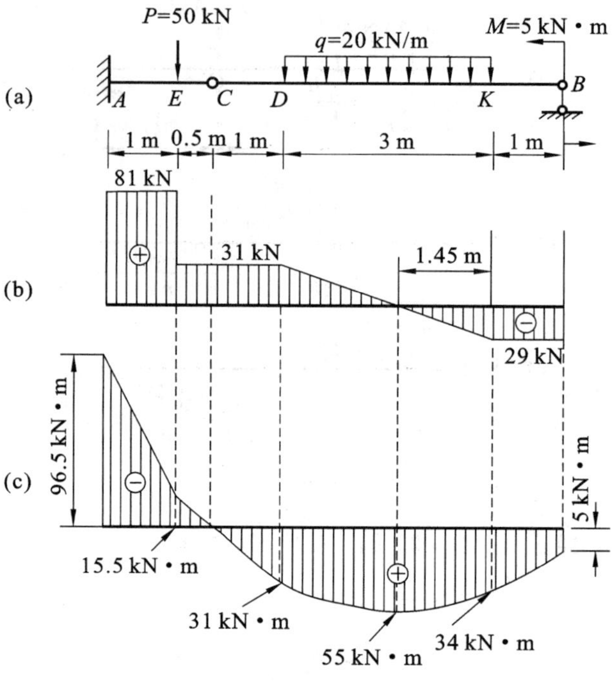


图 6.12

在 $x = 1.45$ m 处，$F_{Sx} = 0$，$M$ 有极值：

$$M_x = F_B \times 2.45 + m - \frac{q \times 1.45^2}{2} = 55 \text{ kN} \cdot \text{m}$$

由以上各段点的内力值并结合内力图特征，作出剪力图和弯矩图如图 6.12(b)、图 6.12(c) 所示。

### 6.2.4 由叠加法绘制弯矩图

当梁在荷载作用下为微小变形时，其跨长的改变可略去不计，因而在求梁的支座反力、剪力和弯矩时，均可按其原始尺寸进行计算，所得到的结果均与梁上荷载呈线性关系。在这种情况下，当梁上受几项荷载共同作用时，某一横截面上的弯矩就等于梁在各项荷载单独作用下同一横截面上弯矩的叠加。例如图 6.13 所示悬臂梁受到集中荷载 $F$ 和均布荷载 $q$ 共同作用时，在距离右端为 $x$ 的任意横截面上的弯矩为 $M(x) = -Fx - qx^2/2$，等于集中荷载 $F$ 和均布荷载 $q$ 单独作用时，该截面上的弯矩 $-Fx$ 和 $-qx^2/2$ 的叠加。由于弯矩在同一个平面内，叠加即为代数和。

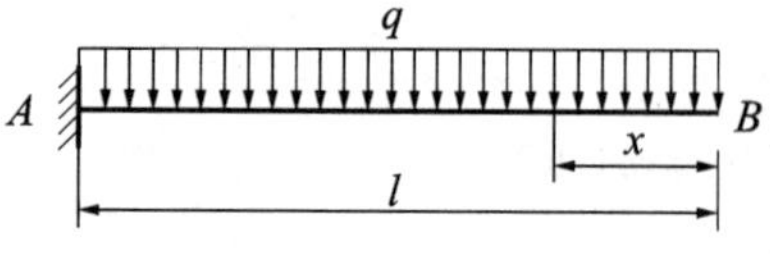


图 6.13

这是一个普遍性的原理，即**叠加原理**：当所求参数（支座反力、内力、应力或位移）与梁上荷载为线性关系时，由几项荷载共同作用所引起的某一参数，就等于每项荷载单独作用所引起的该参数值的叠加。当该参数位于同一平面内同一方向时，叠加即为代数和。若处于不同平面或不同方向，则为几何和。

叠加原理是力学分析中的一个基本理论，用叠加原理的前提是变形是线性的，因此，应用叠加原理须满足两个条件：① 材料性能是线弹性的；② 当荷载作用时结构的几何形状不会发生变化。本节将利用叠加原理绘制弯矩图，即分别绘出各项荷载的弯矩，然后叠加。

图 6.14 为简支梁弯矩图的叠加，图 6.15 为一段梁弯矩图的叠加。

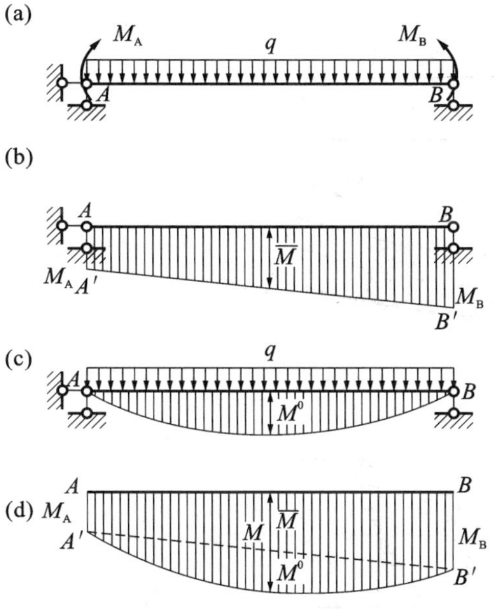


图 6.14

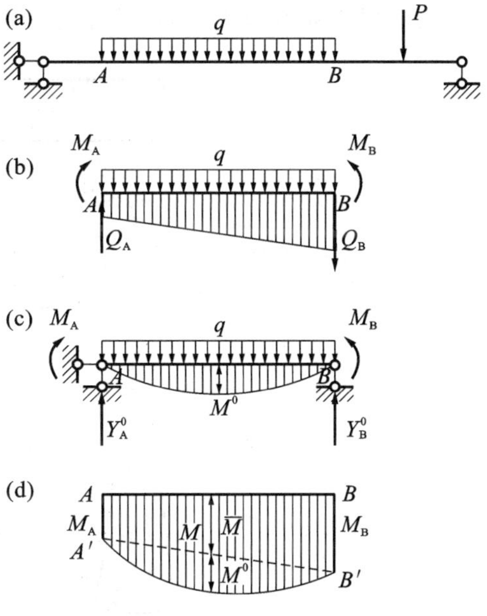


图 6.15

# 6.3 梁的弯曲应力与强度计算

## 6.3.1 梁横截面的正应力

梁的横截面上同时存在剪力和弯矩时，这种弯曲称为横力弯曲。剪力 $F_S$ 是横截面切向分布内力的合力；弯矩 $M$ 是横截面法向分布内力的合力偶矩。所以横弯梁横截面上将同时存在剪应力 $\tau$ 和正应力 $\sigma$。实践和理论都证明，弯矩是影响梁的强度和变形的主要因素。因此，先讨论 $F_S=0$、$M$ 为常数的弯曲，这种弯曲称为纯弯曲(图 6.16)。

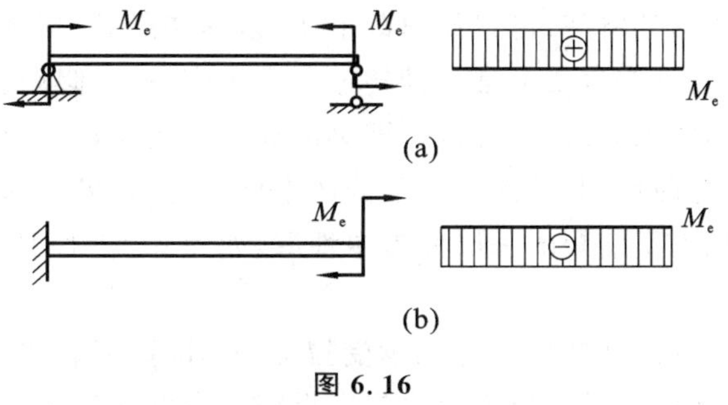


图 6.16

与扭转相似，分析纯弯梁横截面上的正应力，需要综合考虑变形、物理和静力三方面的关系。

(1) 变形关系 —— 平面假设

考察等截面直梁。加载前在梁表面上画出与轴线垂直的横线以及与轴线平行的纵线[图 6.17(a)]，然后在梁的两端纵向对称面内施加一对力偶，使梁发生弯曲变形[图 6.17(b)]。可以发现梁表面变形具有如下特征：

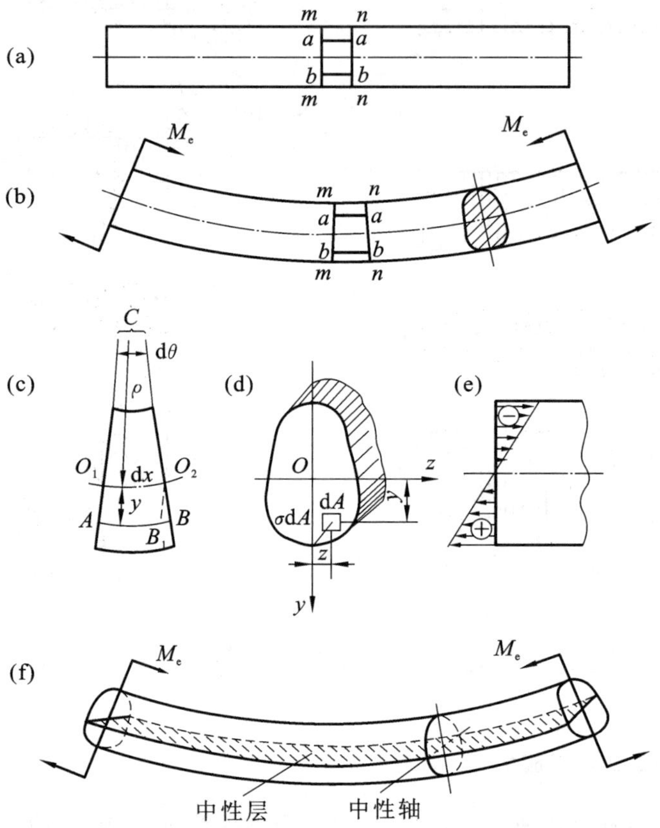


图 6.17

① 横线($m—m$ 和 $n—n$) 仍是直线，只是发生相对转动，但仍与纵线(如 $a—a$，$b—b$) 正交。

② 纵线($a—a$ 和 $b—b$) 弯曲成曲线，且梁的下方一侧伸长，另一侧缩短。

根据上述梁表面变形的特征，可以作出以下假设：梁变形后，其横截面仍保持平面，并垂直于变形后梁的轴线，只是绕着梁上某一轴转过一个角度。这一假设也称**平面假设**。

此外，还假设：梁的各纵向层互不挤压，即梁的纵截面上无正应力作用。

根据上述假设，梁弯曲后，其纵向层一部分产生伸长变形，另一部分则产生缩短变形，二者交界处存在既不伸长也不缩短的一层称为**中性层**，如图 6.17(f) 所示。中性层与横截面的交线为截面的中性轴。

横截面上位于中性轴两侧的各点分别承受拉应力、压应力[图 6.17(e)]，中性轴上各点的应力为零。下面根据平面假设找出纵向线应变沿截面高度的变化规律。

考察梁上相距为 $dx$ 的微段[图 6.17(c)]。其中 $x$ 轴沿梁的轴线，$y$ 轴与横截面的对称轴重合，$z$ 轴为中性轴[图 6.17(d)]，则距中性轴为 $y$ 处的纵向层 $a—a$ 弯曲后的长度为 $(\rho+y)d\theta$，其纵向正应变为：

$$\varepsilon = \frac{(\rho + y)d\theta - \rho d\theta}{\rho d\theta} = \frac{y}{\rho} \tag{6.6}$$

上式表明：纯弯曲时梁横截面上各点的纵向线应变沿截面高度呈线性分布。

(2) 物理关系

根据以上分析，梁横截面上各点只受正应力作用，再考虑到纵向层之间互不挤压的假设，所以纯弯梁各点处于单向应力状态。对于线弹性材料，根据胡克定律，可知其应力 $\sigma$ 与应变 $\varepsilon$ 的关系为：

$$\sigma = E\varepsilon$$

于是有：

$$\sigma = \frac{E}{\rho} \cdot y \tag{6.7}$$

式中　$E$—— 材料的弹性模量；

　　　$\rho$—— 材料中性层的曲率半径。

上式表明：纯弯梁横截面上任一点处的正应力与该点到中性轴的垂直距离 $y$ 成正比，即正应力沿着截面高度呈线性分布。该式还不能直接用以计算应力，因为中性层的曲率半径 $\rho$ 以及中性轴的位置尚未确定，这要利用静力关系来解决。

(3) 静力关系

弯矩 $M$ 作用在 $xOy$ 平面内，截面上坐标为 $y$、$z$ 的微面积 $dA$ 上有作用力 $\sigma dA$，横截面上所有微面积上的这些力将组成轴力 $F_N$ 以及对 $y$、$z$ 轴的力矩 $M_y$ 和 $M_z$：

$$F_N = \int_A \sigma dA, \quad M_y = \int_A z\sigma dA, \quad M_z = \int_A y\sigma dA \tag{6.8}$$

在纯弯情况下，梁横截面上只有弯矩 $M_z = M$，而轴力 $F_N$ 和 $M_y$ 皆为零。

因为 $F_N = 0$，故有

$$F_N = \int_A \frac{E}{\rho} y dA = \frac{E}{\rho}\int_A y dA = \frac{E}{\rho} S_z = 0 \tag{6.9}$$

其中

$$S_z = \int_A y dA \tag{6.10}$$

式中　$S_z$—— 截面对 $z$ 轴的静矩。

因为 $\frac{E}{\rho} \neq 0$，故有 $S_z = 0$。这表明中性轴 $z$ 通过截面形心。

$$M_y = \int_A \frac{E}{\rho} yz dA = \frac{E}{\rho}\int_A yz dA = \frac{E}{\rho} I_{yz} = 0 \tag{6.11}$$

其中

$$I_{yz} = \int_A yz dA \tag{6.12}$$

式中　$I_{yz}$—— 截面对 $y$、$z$ 轴的惯性积。

使 $I_{yz}=0$ 的一对互相垂直的轴称为主轴。由于 $y$ 轴为横截面的对称轴，对称轴必为主轴，而 $z$ 轴又通过横截面形心，所以 $y$、$z$ 轴为**形心主轴**。

$$M_z=\int_A \frac{E}{\rho}y^2\mathrm{d}A=\frac{E}{\rho}\int_A y^2\mathrm{d}A=\frac{E}{\rho}I_z=M \tag{6.13}$$

得到

$$\frac{1}{\rho}=\frac{M}{EI_z} \tag{6.14}$$

其中

$$I_z=\int_A y^2\mathrm{d}A \tag{6.15}$$

式中 $I_z$—— 截面对 $z$ 轴的**惯性矩**；

$EI_z$—— 截面的**抗弯刚度**。

梁弯曲的曲率与弯矩成正比，而与抗弯刚度成反比。

综合以上推导得到纯弯情况下的正应力计算公式：

$$\sigma=\frac{My}{I_z} \tag{6.16}$$

上式中正应力 $\sigma$ 的正负号与弯矩 $M$ 及点的坐标 $y$ 的正负号有关。实际计算中，可根据截面上弯矩 $M$ 的方向，直接判断中性轴的哪一侧产生拉应力，哪一侧产生压应力，而不必计及 $M$ 和 $y$ 的正负。

显然，在横截面上离中性轴最远的各点处，正应力最大，为：

$$\sigma_{\max}=\frac{My_{\max}}{I_z} \tag{6.17}$$

若令

$$W_z=\frac{I_z}{y_{\max}} \tag{6.18}$$

则有：

$$\sigma_{\max}=\frac{M}{W_z} \tag{6.19}$$

式中 $W_z$—— 弯曲截面系数($\mathrm{m}^3$)。

当梁弯曲时，在其横截面上既有拉应力，也有压应力。如果中性轴为对称轴的横截面，如矩形、圆形、工字形等截面，则最大拉应力与最大压应力相等。如果中性轴不是对称轴的横截面，如 T 字形截面，则其上的拉应力、压应力的最大值不等。

梁在横弯曲作用下，其横截面上不仅有正应力，还有剪应力。由于存在剪应力，横截面不再保持平面，而发生"翘曲" 现象。对于细长梁(例如矩形截面梁，$l/h\geqslant 5$，$l$ 为梁长，$h$ 为截面高度)，剪应力对正应力和弯曲变形的影响很小，可以忽略不计，材料应在线弹性范围，并且要求外力满足平面弯曲的加力条件：对于横截面具有对称轴的梁，只要外力作用在对称平面内，梁便产生平面弯曲；对于横截面无对称轴的梁，只要外力作用在形心主轴平面内，梁便产生平面弯曲。上述公式是根据等截面直梁导出的，适用范围：

① 小变形；

② 材料处于比例极限范围内；

③ 纯弯曲梁或横力弯曲的细长梁($l>5h$)；

④ 直梁或小曲率梁($\rho>5h$)。

### 6.3.2 正应力强度条件

前面讨论了梁在平面弯曲时横截面上的正应力和切应力的计算，为了确保梁的工作安全，梁中的最大工作应力不能超出一定的范围，即梁必须满足强度条件。

对于全梁而言，最大正应力数值和位置不仅与截面形状有关，还与截面上的弯矩有关。对于等直梁而言，显然最大正应力发生在弯矩最大的截面处。所以在进行梁的正应力强度分析时，首先应确定梁的最大弯矩 $M_{\max}$ 的值，然后计算该截面上最大弯曲正应力，其即为全梁的最大正应力，即：

$$\sigma_{\max} = \frac{M_{\max}}{W_z} \tag{6.20}$$

正应力强度条件：梁的最大正应力 $\sigma_{\max}$ 不得超过材料的许用应力$[\sigma]$，即：

$$\sigma_{\max} \leqslant [\sigma] \tag{6.21}$$

对于等直梁，上式还可写成：

$$\sigma_{\max} = \frac{M_{\max}}{W_z} \leqslant [\sigma] \tag{6.22}$$

利用上述强度条件计算式，可以对梁进行正应力强度校核、梁的截面选择与设计、确定许用荷载三方面的工作。

**【例 6.8】** 一 T 形截面外伸梁如图 6.18 所示，已知 $l = 600\ \text{mm}$，$a = 40\ \text{mm}$，$b = 30\ \text{mm}$，$c = 80\ \text{mm}$，$F_1 = 24\ \text{kN}$，$F_2 = 9\ \text{kN}$，材料的许用拉应力 $[\sigma_t] = 30\ \text{MPa}$，许用压应力 $[\sigma_c] = 90\ \text{MPa}$，$q = 10\ \text{kN/m}$，$[\sigma] = 12\ \text{MPa}$，$h/b = 1.5$，试校核该梁的强度。

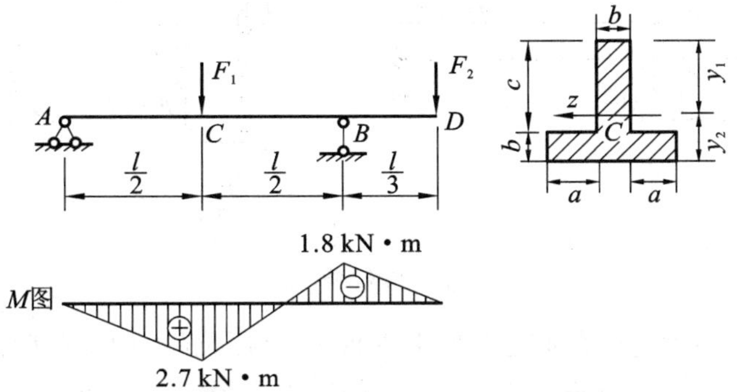


图 6.18

**【解】** (1) 先画弯矩图，再计算截面系数(具体方法参见第 3 章有关截面系数的计算方法)

$$y_1 = 0.072\ \text{m}, \quad y_2 = 0.038\ \text{m}, \quad I_z = 0.573 \times 10^{-5}\ \text{m}^4$$

因材料的抗拉和抗压性能不同，截面中性轴又不对称，所以应分别对最大拉应力与最大压应力进行校核。

(2) 最大拉应力校核

在最大正弯矩 $C$ 截面上，最大拉应力发生在截面的下边缘，其值为：

$$\sigma_{t,\max} = \frac{M_C}{I_z} y_2 = \frac{2.7 \times 10^3 \times 0.038}{0.573 \times 10^{-5}} = 17.8\ \text{MPa} < [\sigma_t] = 30\ \text{MPa(安全)}$$

在最大负弯矩 $B$ 截面上，最大拉应力发生在截面的上边缘，其值为：

$$\sigma_{t,\max}=\frac{M_B}{I_z}y_1=\frac{1.8\times10^3\times0.072}{0.573\times10^{-5}}=22.5\ \text{MPa}<[\sigma_t]=30\ \text{MPa}(安全)$$

(3) 最大压应力校核

首先确定最大压应力发生在哪个截面，$C$ 截面上最大压应力发生在截面的上边缘，$B$ 截面上最大压应力发生在截面的下边缘。因 $M_C>M_B$，$y_1>y_2$，最大压应力一定发生在 $C$ 截面上。

$$\sigma_{c,\max}=\frac{M_C}{I_z}y_1=\frac{2.7\times10^3\times0.072}{0.573\times10^{-5}}=33.9\ \text{MPa}<[\sigma_c]=90\ \text{MPa}$$

所以梁满足强度要求。

### 6.3.3 梁的切应力

梁受横弯曲时，虽然横截面上既有正应力 $\sigma$，又有切应力 $\tau$。但一般情况下，剪应力对梁的强度和变形的影响属于次要因素，因此对由剪力引起的切应力，不再用变形、物理和静力关系进行推导，而是在承认正应力公式仍然适用的基础上，假定剪应力在横截面上的分布规律，然后根据平衡条件导出剪应力的计算公式。

(1) 矩形截面梁

如图 6.19(a) 所示，用 $m—m$、$n—n$ 两截面假想地从梁中取出长为 $\mathrm{d}x$ 的微段。该段两端横截面上的内力如图 6.19(b) 所示；两端截面上正应力的大小和方向可由正应力公式求出；其切应力的方向如图 6.19(c) 所示，大小未知。

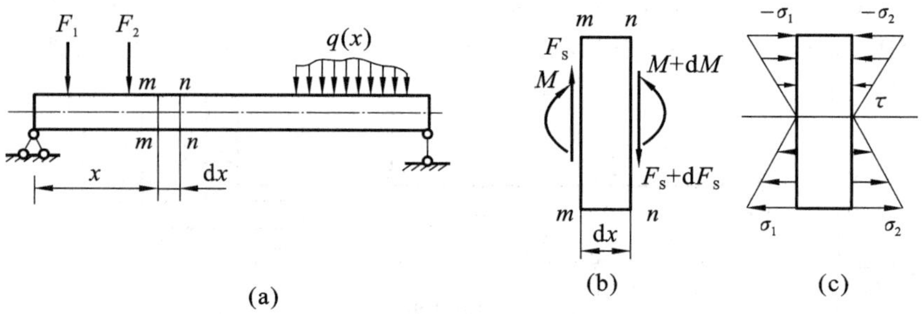


图 6.19

为求得切应力 $\tau$ 的大小，在上述微段上平行于中性层且离中性层距离为 $y$ 的位置，截取体积元素 $BB_1A_1A—nn'm'm$[图 6.20(a)]。由切应力互等定律可知，除在两端面上有正应力和切应力外，在 $A_1AB_1B$ 面上也存在切应力，且切应力大小与 $y$ 位置处的切应力相等。将体积元素 $BB_1A_1A—nn'm'm$ 作为脱离体进行受力分析[图 6.20(b)]，在左端截面上有法向合内力 $F_{N1}^*$，在右端截面上有法向合内力 $F_{N2}^*$。

$$F_{N1}^*=\int_{A^*}\sigma_1\mathrm{d}A=\int_{A^*}\frac{My_1}{I_z}\mathrm{d}A=\frac{M}{I_z}S_z^*$$

$$F_{N2}^*=\int_{A^*}\sigma_2\mathrm{d}A=\int_{A^*}\frac{(M+\mathrm{d}M)y_1}{I_z}\mathrm{d}A=\frac{M+\mathrm{d}M}{I_z}S_z^*$$

$$\mathrm{d}F'_S=\tau'b\,\mathrm{d}x=\tau b\,\mathrm{d}x$$

因 $\sum F_x=0$，$F_{N2}^*-F_{N1}^*-\mathrm{d}F'_S=0$，故

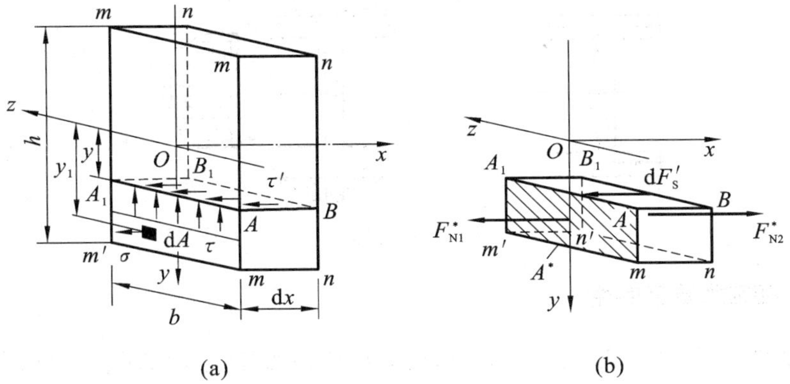

图 6.20

$$\tau=\frac{\mathrm{d}M}{\mathrm{d}x}\cdot\frac{S_z^*}{I_z b}=\frac{F_S S_z^*}{I_z b} \tag{6.23}$$

式中　$S_z^*$—— 横截面上距中性轴为 $y$ 的横线以外部分的面积对中性轴的静矩。

矩形的静矩和切应力为：

$$S_z^*=\int_y^{\frac{h}{2}} y_1\mathrm{d}y_1=\frac{b}{2}\left(\frac{h^2}{4}-y^2\right) \tag{6.24}$$

$$\tau=\frac{F_S}{2I_z}\left(\frac{h^2}{4}-y^2\right) \tag{6.25}$$

式中　$F_S$—— 横截面上的剪力；

$I_z$—— 对中性轴的惯性矩；

$b,h$—— 矩形截面梁的宽度和高度；

$y$—— 所求应力点距中性轴的距离。

由上式可见，切应力沿高度是按二次抛物线规律变化的，在横截面中性轴上各点切应力达到最大值，横截面上离中性轴最远处的切应力等于零。

(2) 工字形截面梁的切应力

工字形横截面上的切应力与矩形截面的相同：

$$\tau=\frac{F_S S_z^*}{I_z d} \tag{6.26}$$

最大切应力也发生在中性轴上：

$$\tau_{max}=\frac{F_S S_{z,max}^*}{I_z d} \tag{6.27}$$

式中　$S_{z,max}^*$—— 工字形半个截面对中性轴的静矩，其值可从型钢规格表中查出；

$d$—— 工字形梁腹板的宽度。

在翼板上存在水平方向的切应力，但其数值很小。由此可知：工字形截面中，腹板主要承担剪力，而翼缘主要承担弯矩。

工字形截面翼缘上切应力的方向是按“切应力流”的规律。因此只要确定了腹板上切应力方向，就可知道翼缘上切应力方向。工字形截面上切应力的分布大小及方向如图 6.21 所示。

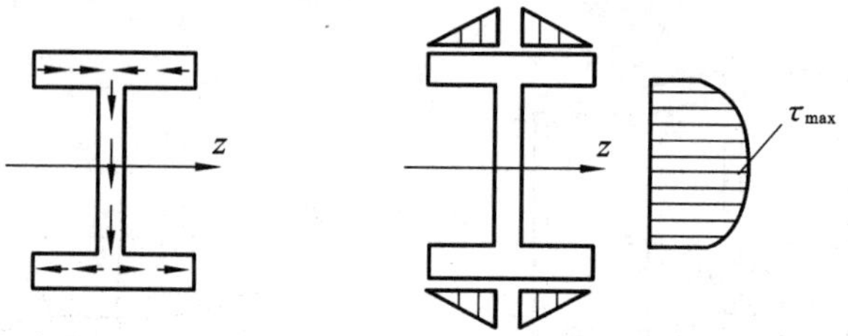


图 6.21

### 6.3.4 切应力强度条件

在横力弯曲中，既会出现最大正应力，也会出现最大切应力。如图 6.22 所示，$E$、$F$ 处的切应力最大，为纯剪切应力状态。其强度条件为：

$$\tau_{max} = \frac{F_{S,max} S_{z,max}^{*}}{I_z b} \leqslant [\tau] \tag{6.28}$$

式中 $[\tau]$—— 横力弯曲时的许用切应力。

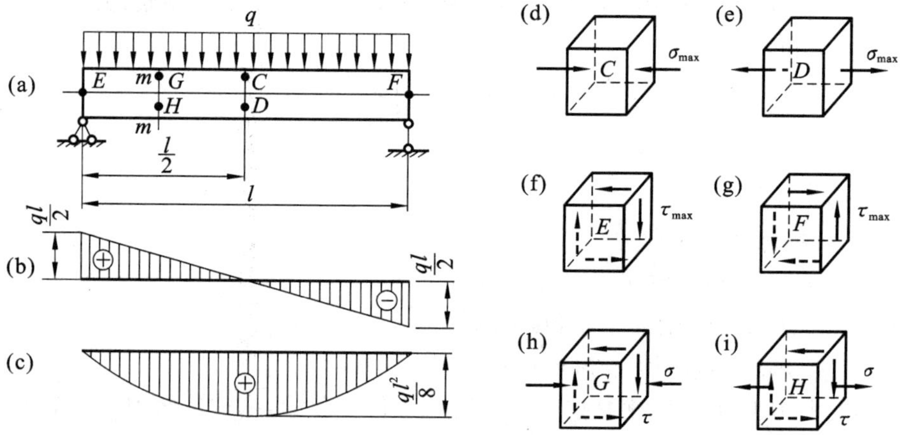


图 6.22

通常是按正应力强度条件选出梁的截面，再按切应力强度条件校核。图 6.22 中 $G$、$H$ 点上既有正应力，又有切应力，为平面应力状态，其强度条件后述。

**【例 6.9】** 图 6.23 所示矩形截面木梁，受均布荷载作用，已知 $q = 10$ kN/m，$[\sigma] = 12$ MPa，$[\tau] = 1.5$ MPa，$h/b = 1.5$，试确定该梁的截面尺寸，并进行切应力强度校核。

**【解】** (1) 作梁的内力图，确定最大内力值

$$M_{max} = 11.25 \text{ kN} \cdot \text{m}, \quad F_{S,max} = 15 \text{ kN}$$

(2) 按正应力强度条件选择截面

$$W_z \geqslant \frac{M_{max}}{[\sigma]} = \frac{11.25 \times 10^3}{12 \times 10^6} = 0.00094 \text{ m}^3$$

又 $h/b = 1.5$，

$$W_z = \frac{bh^2}{6} = \frac{3b^3}{8}$$

$$b = \sqrt[3]{\frac{8W_z}{3}} = \sqrt[3]{\frac{8 \times 0.00094}{3}} = 0.135 \text{ m} = 135 \text{ mm}$$

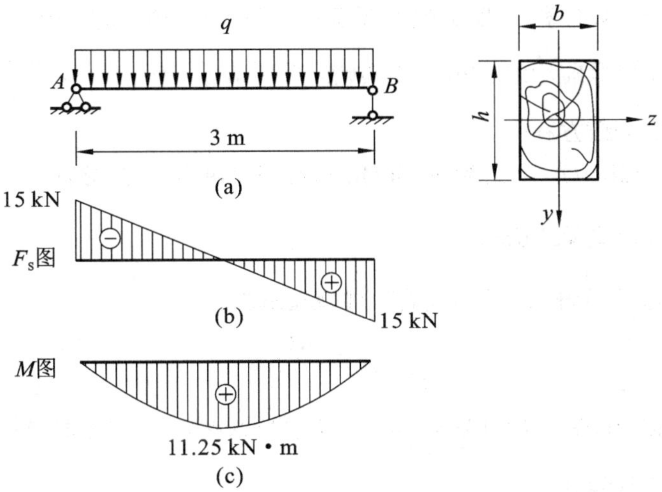


图 6.23

(3) 校核梁的切应力强度条件

$$\tau_{\max}=\frac{3}{2}\frac{F_{S,\max}}{A}=\frac{3\times15\times10^{3}}{2\times0.135\times0.2}=0.56\ \text{MPa}<[\tau]=1.5\ \text{MPa}$$

所以满足切应力强度条件。

## 6.4 梁的变形与刚度

### 6.4.1 梁的变形问题

梁受力前后形状的变化称为**变形**。为了保证构件能正常工作，工程中通常对其弹性变形的大小有一定限制。例如对于齿轮传动轴，如果轴的变形过大，则会造成齿轮间啮合不良，加大轴与轴承间的磨损。对于吊车梁，若变形过大，则将使行车小轮在梁上行走困难，出现爬坡现象，还会引起较严重的振动。楼板梁弯曲过度会导致下层屋顶上的粉饰开裂、脱落。化工厂的管道，弯曲变形如果超过容许数值，就会造成物料的淤积，影响输送。电机转子的轴变形过大，可能导致转子与定子相碰。车床的主轴若变形过大，不仅会引起轴颈与轴承的严重磨损，还会严重影响加工精度。

研究变形的目的主要有：① 建立刚度条件，解决刚度问题；② 建立变形协调条件，解决超静定问题；③ 为振动计算奠定基础。

### 6.4.2 梁的挠曲线微分方程与变形计算

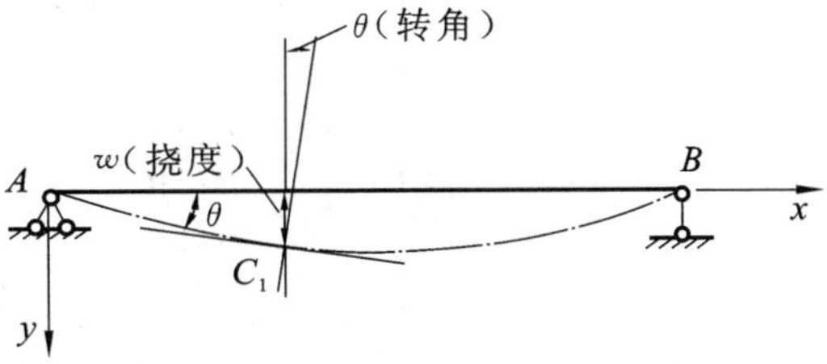


图 6.24

变形和位移是两个不同的概念。变形是指梁受力前后形状的变化，一般用各段梁曲率的变化表示；而工程中需要具体计算的是梁的位移，位移是梁受力前后位置的变化，位移包括线位移和角位移，如图 6.24 所示。在小变形和忽略剪力影响的条件下，线位移是截面形心沿垂直于梁轴线方向的位移，称为**挠度**，用 $w$ 表示；角位移是横截面变形前后的夹角，称为**转角**，用 $\theta$ 表示。而 $\theta(x)=\dfrac{\mathrm{d}w(x)}{\mathrm{d}x}$，可见确定梁的位移，关键是确定**挠曲线方程** $w(x)$。

挠度在横坐标下侧为正，反之为负；转角以顺时针转为正，反之为负。

### 6.4.3 积分法计算梁的变形

忽略剪力对变形的影响，梁平面弯曲的曲率公式为：

$$\frac{1}{\rho(x)}=\frac{M(x)}{EI} \tag{6.29}$$

式(6.29)表明梁轴线上任一点的曲率 $\dfrac{1}{\rho(x)}$ 与该点处横截面上的弯矩 $M(x)$ 成正比，而与该截面的抗弯刚度 $EI$ 成反比。

而梁轴线上任一点的曲率与挠曲线方程 $w(x)$ 之间存在下列关系：

$$\frac{1}{\rho(x)}=\pm\frac{\dfrac{\mathrm{d}^2w}{\mathrm{d}x^2}}{\left[1+\left(\dfrac{\mathrm{d}w}{\mathrm{d}x}\right)^2\right]^{\frac{3}{2}}} \tag{6.30}$$

其中，$\dfrac{\mathrm{d}^2w}{\mathrm{d}x^2}$ 为挠曲线的二阶导数，将上式代入式(6.29)，得：

$$\pm\frac{\dfrac{\mathrm{d}^2w}{\mathrm{d}x^2}}{\left[1+\left(\dfrac{\mathrm{d}w}{\mathrm{d}x}\right)^2\right]^{\frac{3}{2}}}=\frac{M(x)}{EI}$$

小挠度条件下，$\dfrac{\mathrm{d}w}{\mathrm{d}x}=\theta\ll 1$，上式可简化为：

$$\pm\frac{\mathrm{d}^2w}{\mathrm{d}x^2}=\frac{M(x)}{EI} \tag{6.31}$$

如图 6.25 所示，考虑到 $M$ 与 $w''$ 符号相反，简化后得：

$$\frac{\mathrm{d}^2w}{\mathrm{d}x^2}=-\frac{M(x)}{EI}\quad\text{或}\quad EIw''=-M(x) \tag{6.32}$$

上式称为挠曲线近似微分方程式。式中略去了 $w'$ 项，也没考虑剪力对变形的影响。

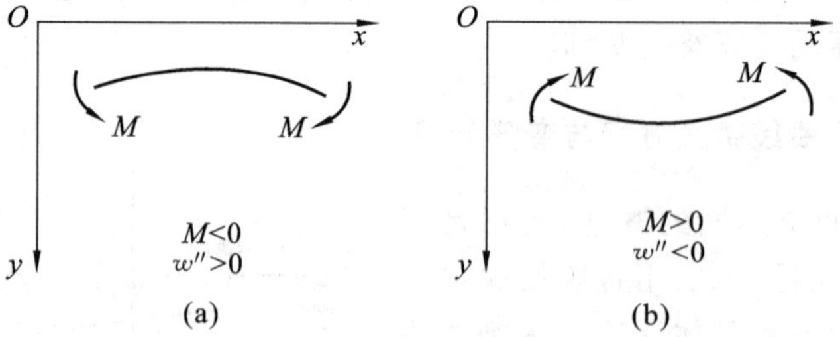


(a) (b)

图 6.25

将式(6.32)对 $x$ 积分，便得到梁的转角方程：

$$EIw' = -\int M(x)\mathrm{d}x + C_1 \tag{6.33}$$

再将式(6.33)对 $x$ 积分，便得到梁的挠曲线方程：

$$EIw = -\int\left[\int M(x)\mathrm{d}x\right]\mathrm{d}x + C_1x + C_2 \tag{6.34}$$

由挠曲线方程和转角方程可求出任一横截面上的挠度和转角。其中 $C_1$、$C_2$ 为积分常数，由边界条件(即支座对梁的挠度和转角提供的限制)和连续条件(后述)确定。

**【例 6.10】** 如图 6.26 所示为一抗弯刚度为 $EI_z$ 的悬臂梁，在自由端受一集中力 $F$ 作用。试求梁的挠曲线方程和转角方程，并确定其最大挠度和最大转角。

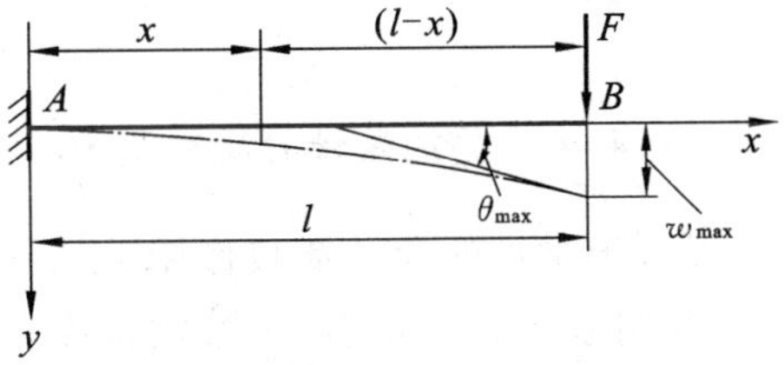


图 6.26

**【解】** 利用右段杆件的力矩平衡方程，可得：

弯矩方程：

$$M(x) = -F(l-x)$$

挠曲线微分方程：

$$EI_zy'' = -M(x) = F(l-x) \qquad (a)$$

对式(a)积分得：

$$EI_zy' = EI_z\theta = Flx - \frac{1}{2}Fx^2 + C \qquad (b)$$

再对式(b)积分，得：

$$EI_zy = \frac{1}{2}Flx^2 - \frac{1}{6}Fx^3 + Cx + D$$

代入梁的边界条件：　　$x=0$，$\theta_A=0$；$x=0$，$y_A=0$

可得：　　$C=0$，$D=0$

梁的转角方程和挠曲线方程分别为：

$$\theta = \frac{1}{EI_z}\left(Flx - \frac{1}{2}Fx^2\right),\quad y = \frac{1}{EI_z}\left(\frac{1}{2}Flx^2 - \frac{1}{6}Fx^3\right)$$

将 $x=l$ 代入上式得自由端截面的转角和挠度分别为：

$$\theta_B = \frac{Fl^2}{2EI_z},\quad y_B = \frac{Fl^3}{3EI_z}$$

**【例 6.11】** 如图 6.27 所示为一抗弯刚度为 $EI_z$ 的简支梁，梁上受集度为 $q$ 的均布荷载作用。试求梁的挠曲线方程和转角方程，并确定其最大挠度和最大转角。

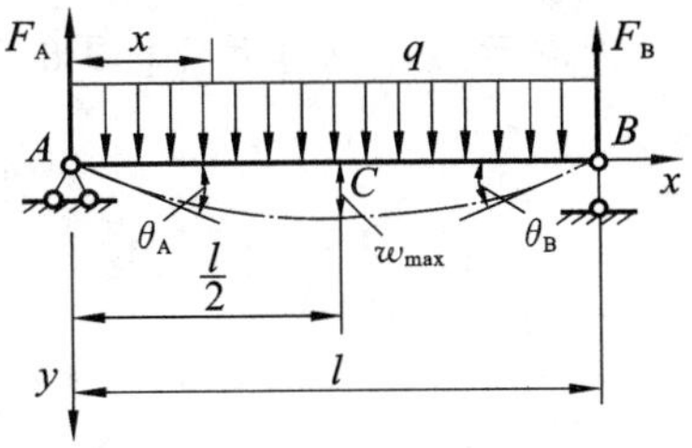


图 6.27

**【解】** 利用左段杆件的力矩平衡方程，可得：

弯矩方程：

$$M(x) = \frac{1}{2}qlx - \frac{1}{2}qx^2$$

挠曲线微分方程：

$$EI_zy'' = -M(x) = \frac{1}{2}qx^2 - \frac{1}{2}qlx$$

对该式积分一次和两次分别得：

$$EI_zy' = EI_z\theta = \frac{1}{6}qx^3 - \frac{1}{4}qlx^2 + C$$

$$EI_z y = \frac{1}{24}qx^4 - \frac{1}{12}qlx^3 + Cx + D$$

代入梁的边界条件： $x = 0, y_A = 0; x = l, y_B = 0$

可得： $C = \frac{1}{24}ql^3,\quad D = 0$

则梁的转角方程和挠曲线方程分别为：

$$\theta = \frac{q}{24\,EI_z}(4x^3 - 6lx^2 + l^3),\quad y = \frac{q}{24\,EI_z}(x^4 - 2lx^3 + l^3x)$$

最大挠度发生在跨中，支座处的转角最大：

$$\theta_{max} = \frac{ql^3}{24\,EI_z},\quad y_{max} = \frac{5ql^4}{384\,EI_z}$$

### 6.4.4 叠加法计算梁的变形

对于常见的简单荷载作用下的梁，其挠曲线方程、挠度及转角都已求出，并列于附录1中。从附录1中可以看出，梁的挠度和转角与荷载呈线性关系，与内力相似，当有多个荷载作用在梁上时，亦可采用叠加原理：梁在几项荷载同时作用下某一横截面上的挠度和转角，分别等于每项荷载单独作用下该截面的挠度和转角的叠加。

**【例6.12】** 抗弯刚度为$EI$的简支梁的荷载图如图6.28(a)所示。试按叠加原理求跨中点$C$处的挠度和两支座$A$、$B$处横截面的转角。

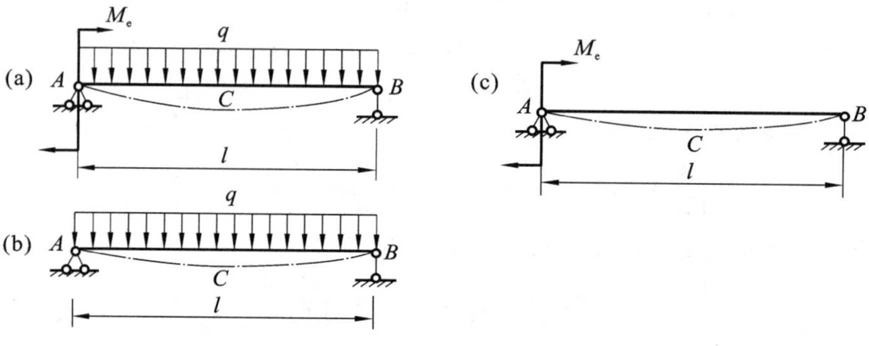


**图6.28**

**【解】** 依据叠加原理，简支梁在集中力和均布荷载共同作用下的挠度和转角等于其在该两种荷载单独作用下[图6.28(b)、图6.28(c)]的叠加：

$$w_C = w_{Cq} + w_{CM} = \frac{5ql^4}{384EI} + \frac{M_e l^2}{16EI}$$

$$\theta_A = \theta_{Aq} + \theta_{AM} = \frac{ql^3}{24EI} + \frac{M_e l}{3EI}$$

$$\theta_B = \theta_{Bq} + \theta_{BM} = -\frac{ql^3}{24EI} - \frac{M_e l}{6EI}$$

注：简单荷载作用下的挠度和转角值可查附录1。

**【例6.13】** 抗弯刚度为$EI$的外伸梁的荷载图如图6.29(a)所示，试按叠加原理求截面$B$的转角、$A$端挠度、$BC$段中点$D$的挠度。

**【解】**　根据图 6.29(b) 查附录 1 可得，悬臂梁 $AB$ 上均布荷载使 $A$ 端产生的挠度为：

$$w_1 = \frac{2qa^4}{8EI} = \frac{qa^4}{4EI}$$

根据图 6.29(d)、图 6.29(e) 查附录 1 可得，均布荷载 $q$ 与力偶 $M_e$ 在简支梁 $BC$ 上产生的转角和挠度分别为：

$$\theta_{Bq} = \frac{q(2a)^3}{24EI} = \frac{qa^3}{3EI}$$

$$\theta_{BM} = -\frac{M_B l}{3EI} = -\frac{qa^2(2a)}{3EI} = -\frac{2qa^3}{3EI}$$

$$w_{Dq} = \frac{5ql^4}{384EI} = \frac{5q(2a)^4}{384EI} = \frac{5qa^4}{24EI}$$

$$w_{DM} = -\frac{M_B l^2}{16EI} = -\frac{qa^2(2a)^2}{16EI} = -\frac{qa^4}{4EI}$$

叠加后 $B$ 截面的转角和中点 $D$ 的挠度为：

$$\theta_B = \theta_{Bq} + \theta_{BM} = \frac{qa^3}{3EI} - \frac{2qa^3}{3EI} = -\frac{qa^3}{3EI}$$

$$w_D = w_{Dq} + w_{DM} = \frac{5qa^4}{24EI} - \frac{qa^4}{4EI} = -\frac{qa^4}{24EI}$$

由图 6.29(a) 所示，外伸部分 $A$ 端的挠度是由悬臂 $AB$ 部分上均布荷载引起的挠度 $w_1$，与简支梁 $BC$ 上 $B$ 端转角 $\theta_B$ 引起的 $AB$ 段刚性转动所产生的挠度 $w_2$ 叠加而成，即：

$$w_A = w_2 + w_1 = -\theta_B a + w_1 = -\left(-\frac{qa^3}{3EI}\right)a + \frac{qa^4}{4EI} = \frac{7qa^4}{12EI}$$

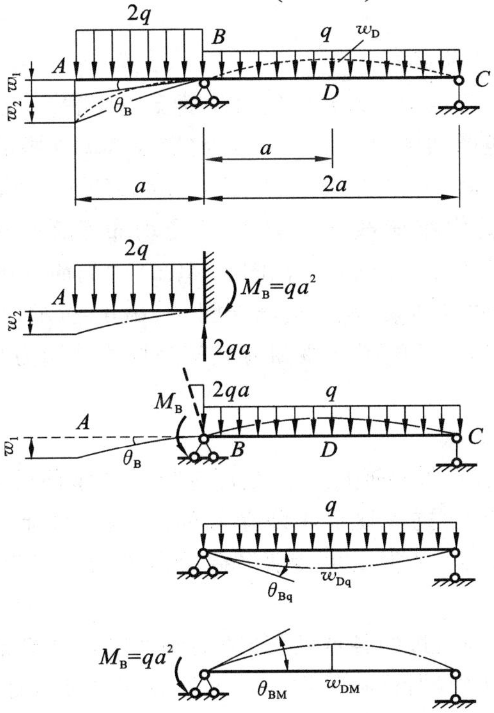


**图 6.29**

### 6.4.5 梁的刚度校核

梁的刚度校核是检查梁在荷载作用下产生的位移是否超过许可值。梁的位移超过了许可值就会影响其正常工作。梁的位移有转角和挠度。在机械工程中，一般应校核转角和挠度；在建筑工程中，一般仅校核挠度。

对于梁的挠度，其许可值通常用许可的挠度与跨度之比$[w/l]$作为标准。

土建工程：$\left[\dfrac{w}{l}\right]=\dfrac{1}{1000}\sim\dfrac{1}{250}$；机械工程：$\left[\dfrac{w}{l}\right]=\dfrac{1}{10000}\sim\dfrac{1}{5000}$

刚度条件：$\dfrac{w_{\max}}{l}\leqslant\left[\dfrac{w}{l}\right]$

特别需要说明的是，一般土建工程中的梁，如果能满足强度条件，刚度条件一般都能满足。因此，在设计梁时，刚度要求处于从属地位。但当对构件的位移限制很严时，刚度条件则可能起控制作用。

## 6.5 梁的合理设计

按强度要求设计梁时，主要依据是梁的正应力强度条件：

$$\sigma_{\max}=\frac{M_{\max}}{W_z}$$

由上式可知，要提高梁的承载能力，即减小梁截面的最大正应力，则可以通过尽可能地减小梁截面的弯矩和增大抗弯截面系数以达到提高梁的承载能力的目的。下面介绍几种工程中常用的措施：

(1) 合理配置支座和荷载

为了减小梁的最大弯矩，可以通过合理改变支座位置实现。简支梁中点受集中力作用[图 6.30(a)]，则其弯矩图如图 6.30(e) 所示。将图 6.30(a) 中的集中力改为均布荷载[不改变总的荷载大小，图 6.30(b)]，则弯矩图如图 6.30(f) 所示，可知最大弯矩减小了 1/2；又将图 6.30(b) 中简支梁受均布荷载改为外伸梁受均布荷载[图 6.30(c)]，则弯矩图如图 6.30(g) 所示，可知最大弯矩又减小了；在图 6.30(a) 中的简支梁集中力作用的基础上，在梁的中部设置一长为 $l/2$ 的辅助梁，则弯矩图如图 6.30(h) 所示，与图 6.30(e) 比较，可知其最大弯矩减小了 1/2。总之，合理配置支座和荷载就是将梁的受力尽量分散、均匀化，以减小截面最大弯矩。

(2) 合理设计截面形状

当梁所受外力不变时，横截面上的最大正应力与抗弯截面系数成反比。或者说，在截面面积 $A$ 保持不变的条件下，抗弯截面系数愈大的梁，其承载能力愈强。由于在一般截面中，$W_z$ 与其高度的平方成正比，所以尽可能使横截面面积分布在距中性轴较远的地方，以满足上述要求。

在梁横截面距中性轴最远的各点处，分别有最大拉应力和最大压应力。为充分发挥材料的潜力，应使两者同时达到材料的许用应力。对于由拉伸和压缩许用应力值相等的建筑钢材等塑性材料制成的梁，其横截面应以中性轴为其对称轴，如工字形、矩形、圆形和环形截面

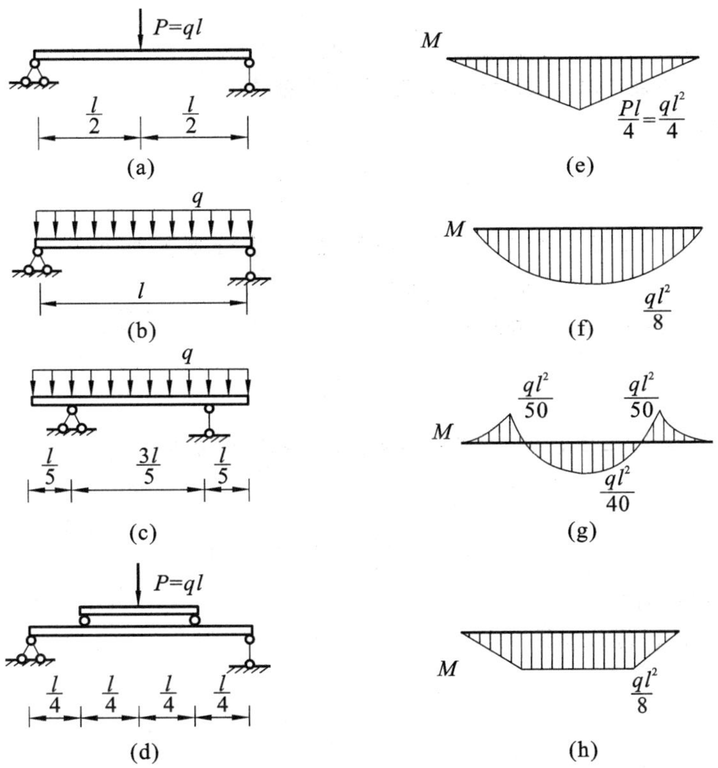


**图 6.30**

等。而这些截面的合理程度并不相同，如环形比圆形合理，矩形截面立放比平放合理，而工字形又比立放的矩形更为合理。对于压缩强度远高于拉伸强度的铸铁等脆性材料制成的梁，宜采用T形等对中性轴不对称的截面，并将其翼缘部分置于受拉侧。在提高 $W_z$ 的过程中，不可将矩形截面的宽度取得太小，也不可将圆形、工字形、箱形截面的壁厚取得太小，否则可能出现失稳的问题。总之，在选择梁的合理形状时，应综合考虑横截面上的应力情况、材料性能、梁的使用条件及制造工艺等。

## 小　结

(1) 弯曲内力及内力图

① 内力计算

截面法：假想截面；取脱离体进行受力分析；列平衡方程求内力。

简便方法：截面剪力(弯矩) = 截面一侧所有外力(力矩)的代数和。

② 画内力图的方法

内力方程：分别分段建立内力方程画内力图。

简易方法：利用作图规律分段连线作内力图。

(2) 弯曲应力及强度计算

① 梁截面上任一点正应力为：

$$\sigma = \frac{M \cdot y}{I_z}$$

即正应力与截面弯矩成正比，且沿截面高度呈线性分布。

强度条件为：

$$\sigma_{\max} = \frac{M_{\max}}{W_z} \leqslant [\sigma]$$

其中，$W_z = I_z / y_{\max}$。对于拉应力、压应力不同的材料，其强度条件为：

$$\sigma_{t,\max} \leqslant [\sigma_t], \quad \sigma_{c,\max} \leqslant [\sigma_c]$$

② 梁横截面上任一点的切应力为：

$$\tau = \frac{F_S S_z^*}{I_z b}$$

即切应力与截面剪力成正比，且沿截面高度按抛物线规律分布。

强度条件为：

$$\tau_{\max} = \frac{F_{S,\max} S_{z,\max}^*}{I_z b} \leqslant [\tau]$$

(3) 梁的变形和刚度

计算方法：积分法和叠加法。

刚度条件：
$$\frac{w_{\max}}{l} \leqslant \left[\frac{w}{l}\right]$$

(4) 梁的合理设计

主要从两方面考虑：合理配置支座和荷载、合理设计截面形状。

## 思 考 题

6.1 什么是截面法？截面内力的正负是如何规定的？

6.2 何谓纯弯曲？为什么推导弯曲正应力公式时，首先研究纯弯曲梁？

6.3 推导弯曲正应力公式时，做了哪些假设？依据是什么？为什么要做这些假设？

6.4 何谓中性层和中性轴？

6.5 截面形状及所有尺寸完全相同的一根钢梁和木梁，如果支承情况及所受荷载也相同，则梁的内力图是否相同？它们在横截面上的正应力变化规律是否相同？对应点处的正应力与纵向线应变是否相同？

6.6 弯矩最大的截面，是否一定就是梁的最危险截面？

6.7 何谓挠曲线？何谓挠度？何谓转角？它们之间有何关系？

## 习 题

6.1 求图 6.31 所示各梁中指定截面上的剪力和弯矩。

6.2 利用列内力方程的方法作出图 6.32 所示各梁的内力图。

6.3 利用简易法作出图 6.33 所示各梁的内力图。

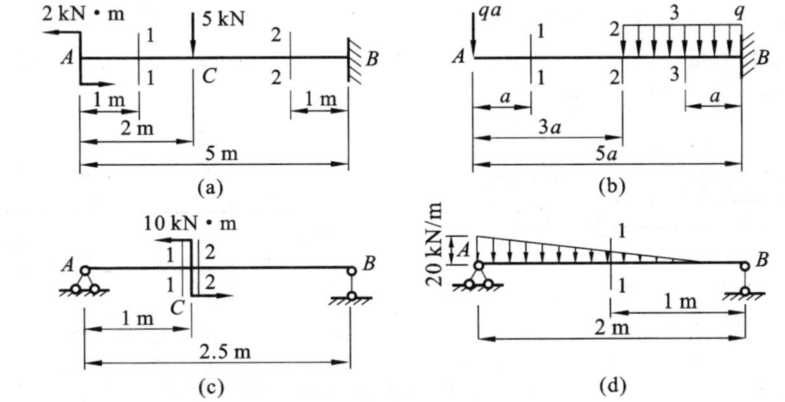


图 6.31

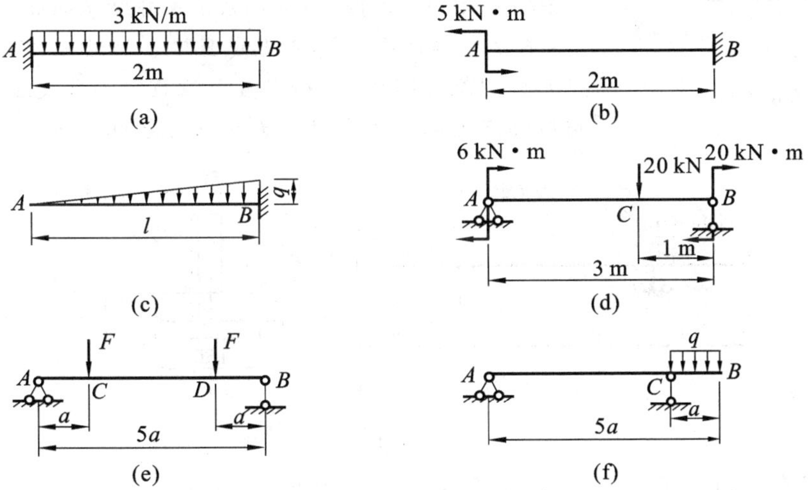


图 6.32

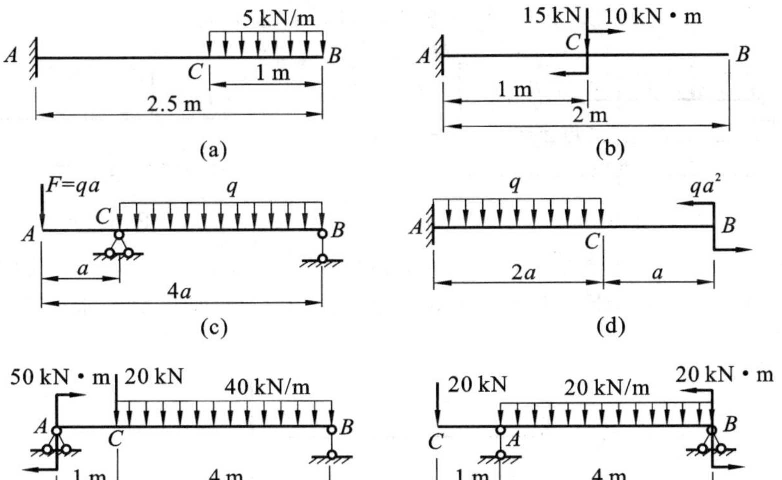


图 6.33

6.4　简支梁的荷载情况及尺寸如图 6.34 所示，试求梁下边缘的总伸长。

6.5　一简支木梁如图 6.35 所示，$F=20$ kN，$a=3$ m，$[\sigma]=10$ MPa，$h/b=3$，试按正应力强度条件确定梁的截面尺寸。

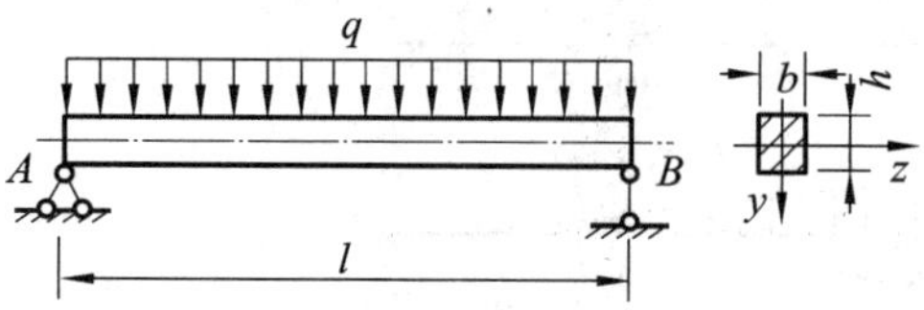


图 6.34

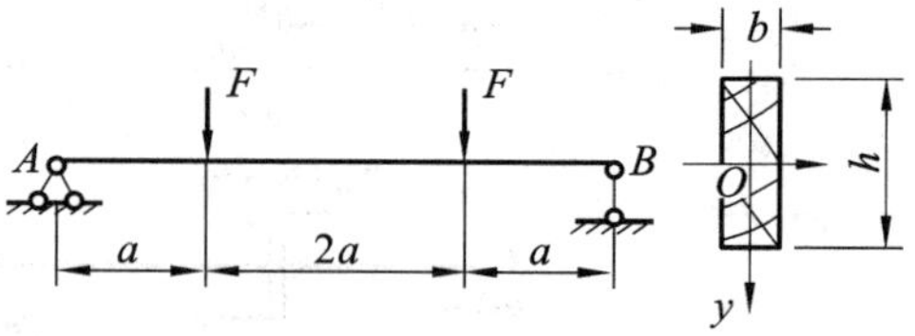


图 6.35

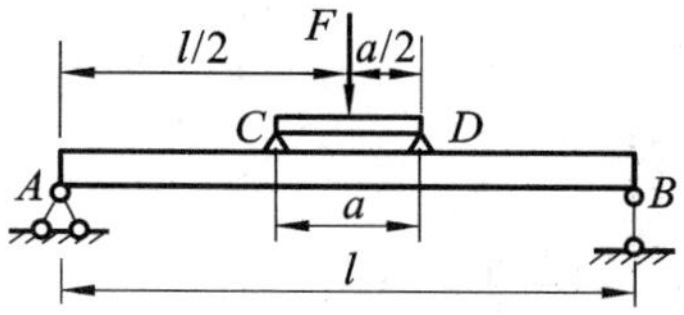


图 6.36

6.6　当荷载 $F$ 直接作用在跨长 $l=6$ m 的简支梁 $AB$ 中点时，梁内最大正应力超过许可值 30%，为了消除过载现象，配置了如图 6.36 所示的辅助梁 $CD$，试求辅助梁的最小跨长 $a$。

6.7　梁的受力情况及截面尺寸如图 6.37 所示，若惯性矩 $I_z=102\times10^{-6}$ m$^4$，试求最大拉应力和最大压应力的数值，并指出产生最大拉应力和最大压应力的位置。

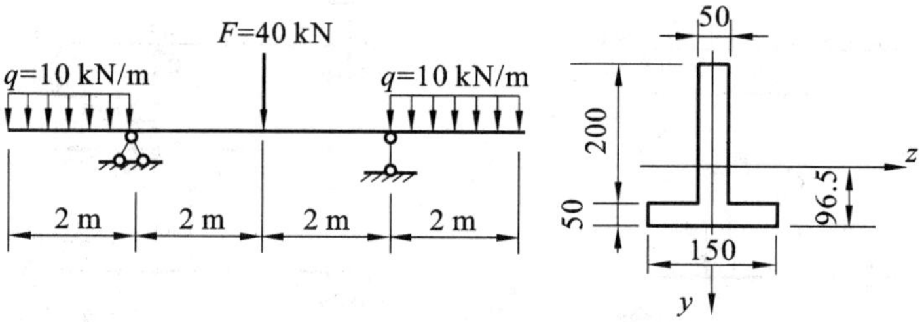


图 6.37

6.8　外伸梁所受荷载如图 6.38 所示，$M_e=40$ kN·m，$q=20$ kN/m，材料的$[\tau]=100$ MPa，$[\sigma]=170$ MPa，试选择工字钢的型号。

6.9　试用积分法求图 6.39 所示悬臂梁的 $B$ 端挠度 $w_B$。

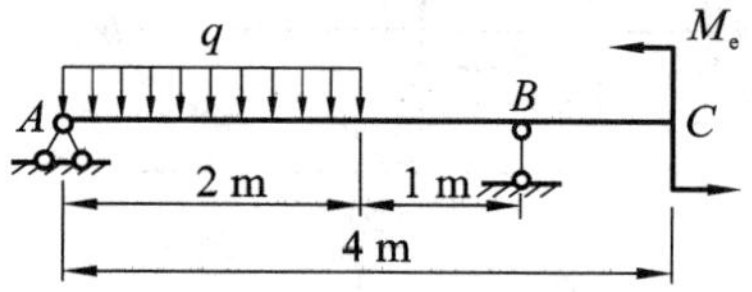


图 6.38

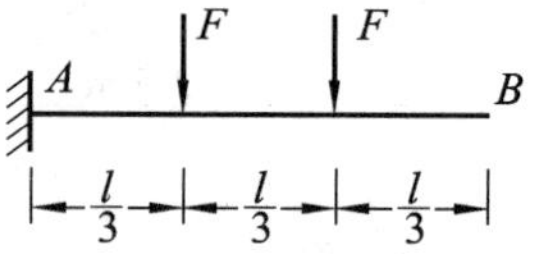


图 6.39

6.10　如图 6.40 所示悬臂梁为工字钢梁，已知 $l=4$m，$F=10$ kN，$[\sigma]=170$ MPa，$E=210$ GPa，$[\tau]=100$ MPa，梁的许用挠度 $[w]=l/400$，试按强度条件和刚度条件选择工字钢的型号。

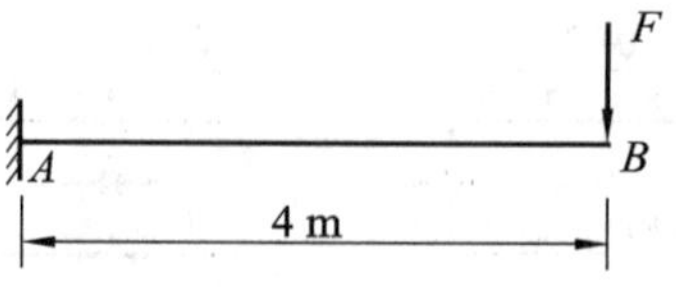


图 6.40

# 7 应力状态与强度理论

**教学目标**

(1) 了解点的应力状态的概念、强度理论的概念

(2) 掌握平面应力状态分析的解析法,平面应力状态分析的图解法

(3) 掌握利用应力圆求主应力、确定主平面位置

(4) 掌握强度理论及其相当应力

## 7.1 平面一点的应力状态

前面各章的知识表明,受力杆件中任一点的应力是随截面位置及点的位置的不同而不同的,如图 7.1(a) 中 $A$、$B$ 两点分别在两个截面上,其应力是不同的。同一截面上的各点,如图 7.1(a) 中 $B$、$C$ 两点的应力一般情况下也是不同的。即使是同一点,不同方向的应力也是不同的。过一点各个方向上的应力情况称为该点的**应力状态**。

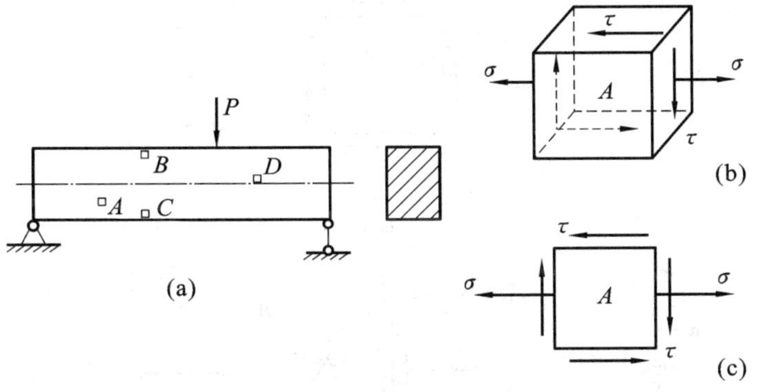


图 7.1

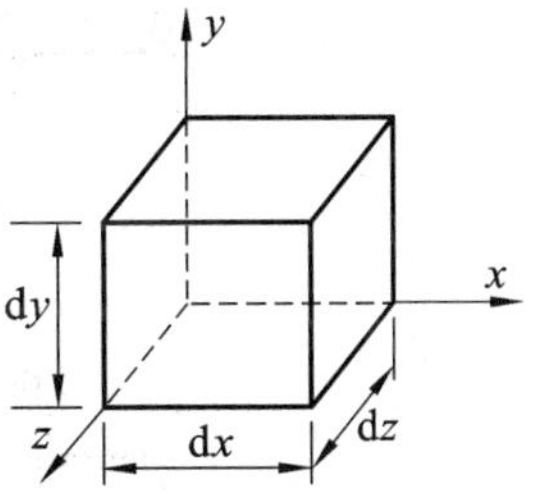


图 7.2

研究一点的应力状态的方法,是通过杆件中的任一点取出一个微小的正六面体 —— 单元体,如图 7.2 所示。单元体各侧面上的应力可视为均匀分布的,每一对平行侧面上的应力均相等,代表了过该点相应截面上的应力。例如,为研究图 7.1 所示矩形截面梁内 $A$ 点的应力状态,可从梁内围绕 $A$ 点取出单元体,其左、右侧面为梁在 $A$ 点处的横截面,横截面上该点的正应力 $\sigma$ 和切应力 $\tau$ 可根据梁的应力计算公式求得,由此可确定出 $A$ 点的应力单元,如图 7.1(b) 所示。单元体的上、下侧面上应力由切应力互等定理确定,前、后侧面上应力为零,故可将图 7.1(b) 所示单元体简化成图 7.1(c) 所示平面图形。仅在单元体的四个侧面上作用有应力,且其作用线均平行于单元体的不受力表面,则称为**平面应力状态**。研究 $A$ 点处的应力状态,就转化为研究 $A$ 点处单元体各个斜截面上的应力情况。

一般情况下，受力构件内截面上的一点处既有正应力，又有切应力，如图 7.1 中 $A$ 点。若对这类点的应力进行强度计算，则不能分别按正应力和切应力来建立强度条件，而需要综合考虑正应力和切应力的影响。应力状态分析就是要研究杆件中某一点各个方向上的应力之间的关系，确定该点处的最大正应力和最大切应力，从而为在各种应力状态下的强度计算提供必要的基础。

## 7.2 平面应力状态分析

### 7.2.1 应力单元体

设平面应力状态单元体及其坐标如图 7.3(a)、图 7.3(b) 所示，这是平面应力状态的一般情况。通常以面的法线命名该面，单元体左、右面以 $x$ 轴为法线，则命名为 $x$ 面；同理，上、下面为 $y$ 面；前、后面为 $z$ 面；斜截面相对于 $x$ 面定义，斜截面的外法线 $n$ 与 $x$ 轴夹角为 $\alpha$，则称为 $\alpha$ 面。若以角标字母表示应力的作用面，则 $\sigma_x$、$\tau_x$ 和 $\sigma_y$、$\tau_y$ 分别表示 $x$ 面和 $y$ 面上的正应力和切应力，$\sigma_\alpha$、$\tau_\alpha$ 表示 $\alpha$ 面上的正应力和切应力。**应力正负号规定：**正应力 $\sigma$ 沿截面外法线方向为正，切应力 $\tau$ 以绕单元体顺时针转为正。$\alpha$ 角以由 $x$ 轴逆时针转向斜截面外法线 $n$ 为正。

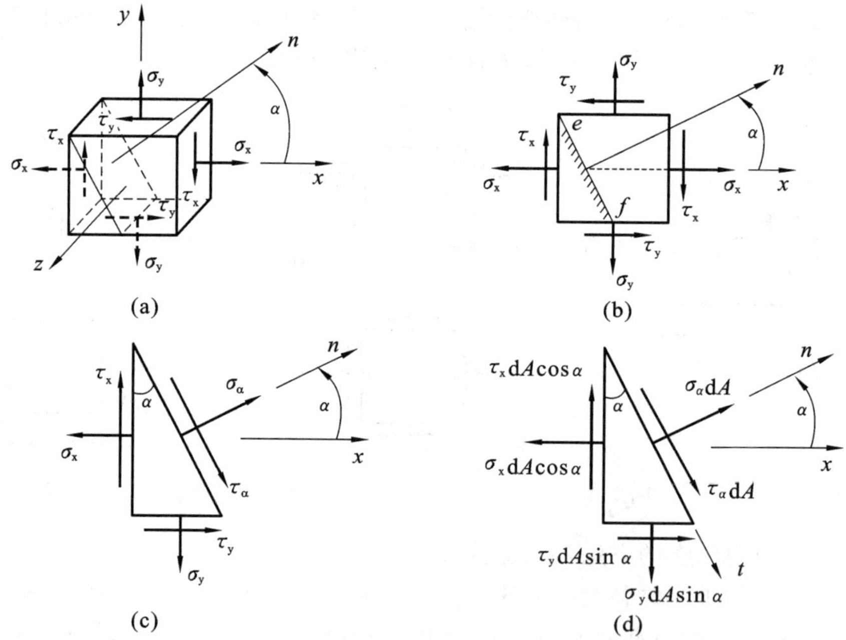


图 7.3

### 7.2.2 单元体斜截面的应力

平面应力如图 7.3(b) 所示，已知 $\sigma_x$、$\tau_x$、$\sigma_y$、$\tau_y$，可应用截面法求该单元体任一 $\alpha$ 斜截面上的应力。用 $\alpha$ 面将单元体切开，取图 7.3(c) 所示分离体，设斜截面的面积为 $dA$，根据单元体的平衡，沿斜截面的法线 $n$ 和切线 $t$ 方向的平衡条件 $\sum F_n = 0$ 和 $\sum F_t = 0$[图 7.3(d)]，可得：

$$\sigma_\alpha dA - (\sigma_x dA\cos\alpha)\cos\alpha + (\tau_x dA\cos\alpha)\sin\alpha - (\sigma_y dA\sin\alpha)\sin\alpha + (\tau_y dA\sin\alpha)\cos\alpha = 0$$

$$\tau_\alpha dA - (\tau_x dA\cos\alpha)\cos\alpha - (\sigma_x dA\cos\alpha)\sin\alpha + (\sigma_y dA\sin\alpha)\cos\alpha + (\tau_y dA\sin\alpha)\sin\alpha = 0$$

根据切应力互等定理，$\tau_x = \tau_y$，并利用三角函数公式将上两式简化为：

$$\sigma_\alpha = \frac{\sigma_x + \sigma_y}{2} + \frac{\sigma_x - \sigma_y}{2}\cos 2\alpha - \tau_x \sin 2\alpha \tag{7.1}$$

$$\tau_\alpha = \frac{\sigma_x - \sigma_y}{2}\sin 2\alpha + \tau_x \cos 2\alpha \tag{7.2}$$

式(7.1)、式(7.2)是平面应力状态下斜截面应力的一般公式。它们反映了在平面应力状态下，一点处不同方位斜截面上的应力 $\sigma_\alpha$ 和 $\tau_\alpha$ 随 $\alpha$ 角的变化规律，也即一点处的应力状态。

### 7.2.3 主应力与主平面

由式(7.1)、式(7.2)可以看出，因 $\sigma_x$、$\sigma_y$、$\tau_x$ 都是已知常量，故 $\sigma_\alpha$ 和 $\tau_\alpha$ 均为 $\alpha$ 的函数。$\sigma_\alpha$ 的极值称为**主应力**，主应力的作用面称为**主平面**。

利用求极值的方法，求 $\sigma_\alpha$ 的极值以及它们所在截面位置。设 $\alpha_0$ 为主平面，则有 $\left.\frac{d\sigma_\alpha}{d\alpha}\right|_{\alpha=\alpha_0} = 0$，可得：

$$\left.\frac{d\sigma_\alpha}{d\alpha}\right|_{\alpha=\alpha_0} = -(\sigma_x - \sigma_y)\sin 2\alpha_0 - 2\tau_x \cos 2\alpha_0$$

$$= -2\left(\frac{\sigma_x - \sigma_y}{2}\sin 2\alpha_0 + \tau_x \cos 2\alpha_0\right) = -2\tau_{\alpha_0} = 0$$

由上式可知，在切应力 $\tau_\alpha = 0$ 的平面上，正应力 $\sigma_\alpha$ 为极值。故主平面和主应力也可定义为：在单元体内，切应力等于零的面即为主平面，主平面上的正应力为主应力。令式(7.2)等于零，可得：

$$\tan 2\alpha_0 = -\frac{2\tau_x}{\sigma_x - \sigma_y} \tag{7.3}$$

由式(7.3)可确定主平面的位置。因 $\tan 2(\alpha_0 + 90^\circ) = \tan 2\alpha_0$，说明 $\alpha_0$ 和 $\alpha_0 + 90^\circ$ 都满足式(7.3)，分别对应正应力的两个极值 $\sigma_{max}$ 和 $\sigma_{min}$，即一般平面应力状态的单元体上有两个主平面，且是互相垂直的。可以证明，$\sigma_{max}$ 所在主平面的法线方向必在 $\tau_x$ 指向的一侧。

利用三角关系，将式(7.3)代入式(7.1)，可得正应力极值：

$$\begin{matrix}\sigma_{max}\\ \sigma_{min}\end{matrix} = \frac{\sigma_x + \sigma_y}{2} \pm \sqrt{\left(\frac{\sigma_x - \sigma_y}{2}\right)^2 + \tau_x^2} \tag{7.4}$$

图 7.3(a) 所示平面应力状态的单元体，由于 $z$ 面上的切应力为零，因此 $z$ 面也是主平面，只不过该面的主应力等于零而已。于是，平面应力状态主应力的完整表达式为：

$$\sigma_{PS} = \begin{cases} \dfrac{\sigma_x + \sigma_y}{2} \pm \sqrt{\left(\dfrac{\sigma_x - \sigma_y}{2}\right)^2 + {\tau_x}^2} \\ 0 \end{cases} \quad \left[\begin{matrix}\sigma_{PS} = \sigma_1、\sigma_2、\sigma_3 \\ \text{且 } \sigma_1 \geqslant \sigma_2 \geqslant \sigma_3\end{matrix}\right] \tag{7.5}$$

即平面应力状态的三个主应力 $\sigma_1$、$\sigma_2$、$\sigma_3$ 按代数值排列，其中一个为零。

根据一点处存在几个不为零的主应力，可以将应力状态分为三类：

(1) 单向应力状态:三个主应力中只有一个主应力不为零;

(2) 双向应力状态:三个主应力中有两个主应力不为零;

(3) 三向(或空间)应力状态:三个主应力均不为零。

将式(7.4)中包含的两式相加,可得到如下的关系:

$$\sigma_{max} + \sigma_{min} = \sigma_x + \sigma_y = \text{常数} \tag{7.6}$$

式(7.6)说明:在单元体任意互相垂直的两个截面上的正应力之和为常数。利用这一关系可检查主应力的计算结果是否正确。

### 7.2.4 切应力极值及其作用平面

利用求极值的方法,求 $\tau_{max}$、$\tau_{min}$ 的值。设 $\alpha_s$ 为切应力极值所在平面,则将式(7.2)对 $\alpha$ 求导数,并令其为零,有:

$$\left.\frac{d\tau_\alpha}{d\alpha}\right|_{\alpha=\alpha_s} = (\sigma_x - \sigma_y)\cos 2\alpha_s - 2\tau_x \sin 2\alpha_s = 0$$

即:

$$\tan 2\alpha_s = \frac{\sigma_x - \sigma_y}{2\tau_x} \tag{7.7}$$

式(7.7)可以解出两个角度,即 $\alpha_s$ 和 $\alpha_s + 90°$,从而确定两个互相垂直的平面分别作用着最大和最小切应力。

将式(7.7)与式(7.3)比较,可知:

$$\tan(2\alpha_0 + 90°) = -\cot 2\alpha_0 = \frac{\sigma_x - \sigma_y}{2\tau_x} = \tan 2\alpha_s$$

即:

$$\tan 2(\alpha_0 + 45°) = \tan 2\alpha_s$$

或

$$\alpha_s = \alpha_0 + 45° \tag{7.8}$$

这说明最大切应力所在平面与主平面相交成45°角。$\tau_{max}$ 的方向应使单元体有沿 $\sigma_1$ 方向产生伸长变形的趋势,可根据这一结论来确定切应力极值所在平面方位。

将式(7.7)代入式(7.2),利用三角关系进行化简后,可得最大和最小切应力的值为:

$$\left.\begin{matrix}\tau_{max}\\ \tau_{min}\end{matrix}\right. = \pm\sqrt{\left(\frac{\sigma_x - \sigma_y}{2}\right)^2 + {\tau_x}^2} \tag{7.9}$$

将式(7.9)与式(7.4)比较,可见最大、最小切应力与正应力极值在数值上的关系是:

$$\left.\begin{matrix}\tau_{max}\\ \tau_{min}\end{matrix}\right. = \pm\frac{\sigma_{max} - \sigma_{min}}{2} \tag{7.10}$$

当单元体的三个主应力按代数值排列是 $\sigma_1 \geqslant \sigma_2 \geqslant \sigma_3$ 时,可以证明,单元体上最大、最小切应力的数值等于最大主应力与最小主应力之差的一半。最大、最小切应力的计算公式应为:

$$\left.\begin{matrix}\tau_{max}\\ \tau_{min}\end{matrix}\right. = \pm\frac{\sigma_1 - \sigma_3}{2} \tag{7.11}$$

**【例 7.1】** 图 7.4(a)所示单元体,试用解析法求 $\alpha = -60°$ 时斜截面上的应力,主应力大小及主平面方向,最大、最小切应力及作用平面方向。

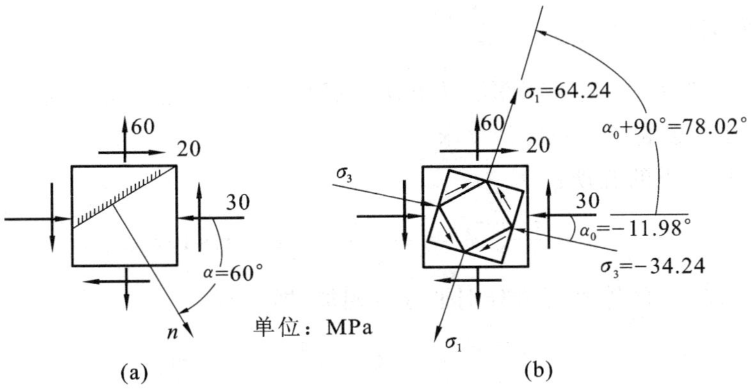


图 7.4

【解】 (1) 利用式(7.1)、式(7.2)求斜截面上的应力

$$\sigma_{-60^\circ}=\frac{\sigma_x+\sigma_y}{2}+\frac{\sigma_x-\sigma_y}{2}\cos 2\alpha-\tau_x\sin 2\alpha$$

$$=\frac{-30+60}{2}+\frac{-30-60}{2}\cos(-2\times 60^\circ)-(-20)\sin(-2\times 60^\circ)=20.18\ \text{MPa}$$

$$\tau_{-60^\circ}=\frac{\sigma_x-\sigma_y}{2}\sin 2\alpha+\tau_x\cos 2\alpha=\frac{-30-60}{2}\sin(-120^\circ)+(-20)\cos(-120^\circ)$$

$$=48.97\ \text{MPa}$$

(2) 利用式(7.3)、式(7.4)求主平面方向及主应力大小

$$\tan 2\alpha_0=\frac{-2\tau_x}{\sigma_x-\sigma_y}=\frac{-2\times(-20)}{-30-60}=-0.444$$

$$2\alpha_0=-23.96^\circ,\quad \alpha_0=-11.98^\circ,\quad \alpha_0+90^\circ=78.02^\circ$$

最大主应力 $\sigma_1$ 的方向沿 $\tau_x$ 指向的一侧，即沿Ⅰ、Ⅲ象限方向，第一主平面夹角为78.02°，其单元体如图7.4(b)所示。

$$\left.\begin{matrix}\sigma_{\max}\\ \sigma_{\min}\end{matrix}\right\}=\frac{\sigma_x+\sigma_y}{2}\pm\sqrt{\left(\frac{\sigma_x-\sigma_y}{2}\right)^2+\tau_x^2}$$

$$=\frac{-30+60}{2}\pm\sqrt{\left(\frac{-30-60}{2}\right)^2+(-20)^2}=\begin{matrix}64.24\ \text{MPa}\\ -34.24\ \text{MPa}\end{matrix}$$

由于还有一个主应力为零(双向应力状态)，且主应力应按代数值排列，则三个主应力正确的排列应为：

$$\sigma_1=64.24\ \text{MPa},\quad \sigma_2=0,\quad \sigma_3=-34.24\ \text{MPa}$$

(3) 按式(7.11)求最大、最小切应力的值及其作用平面

$$\left.\begin{matrix}\tau_{\max}\\ \tau_{\min}\end{matrix}\right\}=\pm\frac{\sigma_1-\sigma_3}{2}=\pm\frac{64.24-(-34.24)}{2}=\pm 49.24\ \text{MPa}$$

切应力极值的作用面与主平面成45°角，$\tau_{\max}$ 的方向应使单元体有沿 $\sigma_1$ 方向产生伸长变形的趋势，如图7.4(b)所示。在 $\tau_{\max}$ 作用面上，通常有正应力 $\sigma$ 存在，该正应力无须计算，图7.4(b)中也未画出。

### 7.2.5 应力圆

平面应力状态分析，也可采用图解的方法。图解法的优点是简明直观，当采用适当的作图比例时，其精度可以满足工程设计要求。

对式(7.1) 作如下的变动：

$$\sigma_\alpha - \frac{\sigma_x + \sigma_y}{2} = \frac{\sigma_x - \sigma_y}{2}\cos 2\alpha - \tau_x \sin 2\alpha$$

将上式与式(7.2) 的等号两边分别平方后相加，即可得到：

$$\left(\sigma_\alpha - \frac{\sigma_x + \sigma_y}{2}\right)^2 + \tau_\alpha^2 = \left(\frac{\sigma_x - \sigma_y}{2}\right)^2 + \tau_x^2 \tag{7.12}$$

图 7.3(a) 所示的单元体，$\sigma_x$、$\sigma_y$、$\tau_x$ 都是已知量，故式(7.12) 等号的右端为一常量。该式是以 $\sigma_\alpha$ 与 $\tau_\alpha$ 为变量的圆的方程，此圆称为**应力圆或莫尔圆**。若取直角坐标系并以 $\sigma$ 为横轴，$\tau$ 为纵轴，则应力圆的圆心坐标为$\left(\frac{\sigma_x + \sigma_y}{2}, 0\right)$；半径为$\sqrt{\left(\frac{\sigma_x - \sigma_y}{2}\right)^2 + \tau_x^2}$。

下面介绍怎样根据已知单元体上的 $\sigma_x$、$\sigma_y$、$\tau_x$、$\tau_y$ 作出应力圆，以及怎样应用应力圆求单元体任意斜截面上的应力 $\sigma_\alpha$、$\tau_\alpha$，最大、最小正应力及作用平面方向，最大、最小切应力及作用平面方向。

(1) 应力圆的作法

取直角坐标系 $\sigma O \tau$，并以横坐标代表 $\sigma$(向右为正)，以纵坐标代表 $\tau$(向上为正)。在坐标轴上按比例量取$\overline{OA_1} = \sigma_x$，$\overline{A_1 D_1} = \tau_x$，得到点 $D_1$；量取$\overline{OB_1} = \sigma_y$，$\overline{B_1 D_2} = \tau_y$，得到点 $D_2$；作 $D_1$、$D_2$ 的连线，与 $\sigma$ 轴交于点 $C$，以点 $C$ 为圆心，$\overline{D_1 D_2}$ 为直径作一圆，即可得到图 7.5(a) 所示单元体的双向应力状态的应力圆，如图 7.5(b) 所示。

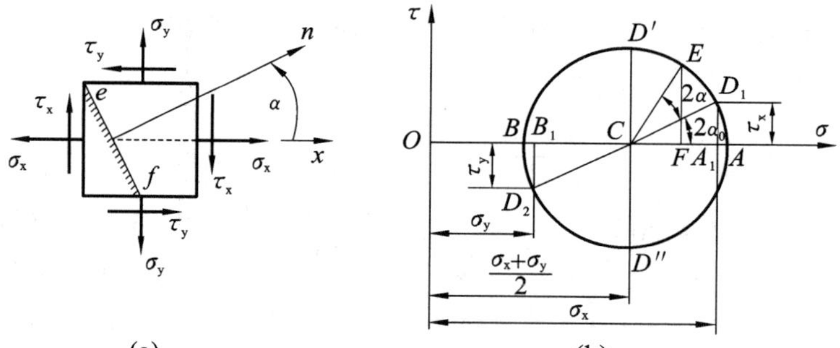


(a)　　　　(b)

**图 7.5**

(2) 应力圆的应用

① 利用应力圆可求得单元体任意斜截面上的应力

例如要求图 7.5(a) 所示单元体在任意斜截面上(它的外向法线和 $\sigma_x$ 作用面的外法线间的夹角为 $\alpha$) 的应力 $\sigma_\alpha$ 和 $\tau_\alpha$。由式(7.1) 和式(7.2) 可知，$\sigma_\alpha$ 和 $\tau_\alpha$ 都随 $2\alpha$ 的正弦和余弦而变化。故当单元体与斜截面的角度为 $\alpha$ 时，在应力圆中应从点 $D_1(\sigma_x, \tau_x)$ 开始，按单元体上 $\alpha$ 的转动方向量取一弧长，并使其所对应的圆心角为 $2\alpha$，在圆弧上得到点 $E$，点 $E$ 的横坐标和纵坐标就分别代表斜截面上的 $\sigma_\alpha$ 和 $\tau_\alpha$，如图 7.5(b) 所示。证明如下：

$$\begin{aligned}
\overline{OF} &= \overline{OC} + \overline{CF} = \overline{OC} + \overline{CE}\cos(2\alpha_0 + 2\alpha) \\
&= \overline{OC} + \overline{CE}\cos2\alpha_0\cos2\alpha - \overline{CE}\sin2\alpha_0\sin2\alpha \\
&= \overline{OC} + (\overline{CD_1}\cos2\alpha_0)\cos2\alpha - (\overline{CD_1}\sin2\alpha_0)\sin2\alpha \\
&= \overline{OC} + \overline{CA_1}\cos2\alpha - \overline{A_1D_1}\sin2\alpha \\
&= \frac{\sigma_x + \sigma_y}{2} + \frac{\sigma_x - \sigma_y}{2}\cos2\alpha - \tau_x\sin2\alpha
\end{aligned}$$

上式结果与式(7.1) 完全相同，即$\overline{OF} = \sigma_\alpha$。同理，可以证明$\overline{EF} = \tau_\alpha$。故应力圆圆周上点 $E$ 的坐标即代表斜截面上的应力情况。

以上分析表明：表示应力状态的单元体面上的应力和应力圆圆周上的点有着相互的对应关系，单元体上两截面的外向法线夹角为 $\alpha$ 时，在应力圆上与此两截面相对应的两点之间的圆弧所对应的圆心角为 $2\alpha$，且它们的转向相同。

② 利用应力圆求单元体的主应力及主平面

图 7.5(b) 中应力圆圆周上各点的纵、横坐标代表着单元体相应面上的应力。圆周上横坐标最大的点为 $A$ 点，$\overline{OA} = \sigma_{max}$，最小的点为 $B$ 点，$\overline{OB} = \sigma_{min}$，且 $A$、$B$ 点的纵坐标为零（即 $\tau = 0$)，容易证明，$\overline{OA} = \sigma_1$，$\overline{OB} = \sigma_3$。证明如下：

$$\begin{aligned}
\overline{OA} &= \overline{OC} + \overline{CA} = \overline{OC} + \overline{CD_1} \\
&= \frac{\sigma_x + \sigma_y}{2} + \sqrt{\left(\frac{\sigma_x - \sigma_y}{2}\right)^2 + \tau_x^2} = \sigma_{max} \\
\overline{OB} &= \overline{OC} - \overline{CB} = \overline{OC} - \overline{CD_1} \\
&= \frac{\sigma_x + \sigma_y}{2} - \sqrt{\left(\frac{\sigma_x - \sigma_y}{2}\right)^2 + \tau_x^2} = \sigma_{min}
\end{aligned}$$

它和解析法得到的式(7.4) 相同。

另外，也可由图 7.5(b) 求得主应力的方向。因 $\angle D_1CA$ 为 $\sigma_x$ 与 $\sigma_1$ 所夹的角 $\alpha_0$ 的 2 倍（即 $2\alpha_0$），而由 $D_1$ 转至 $A$ 是顺时针转角，故 $\alpha_0$ 应为负值。故在单元体上，自 $\sigma_x$ 的方向按顺时针转向量取一角度 $\alpha_0$ 就可得到主应力 $\sigma_1$ 的方向，另一主应力的方向则与 $\sigma_1$ 的方向垂直。证明如下：

由图 7.5(b) 可以看出：

$$\tan(-2\alpha_0) = \frac{\overline{A_1D_1}}{\overline{CA_1}} = \frac{\tau_x}{\frac{\sigma_x - \sigma_y}{2}} = \frac{2\tau_x}{\sigma_x - \sigma_y}$$

与式(7.3) 完全相同。

**【例 7.2】** 图 7.6(a) 所示单元体，试用应力圆求 $\alpha = -60°$ 时斜截面上的应力、最大正应力及作用面方向、最大切应力及作用面方向。

**【解】** 作应力圆，按比例尺确定点 $D_1$、$D_2$ 的位置

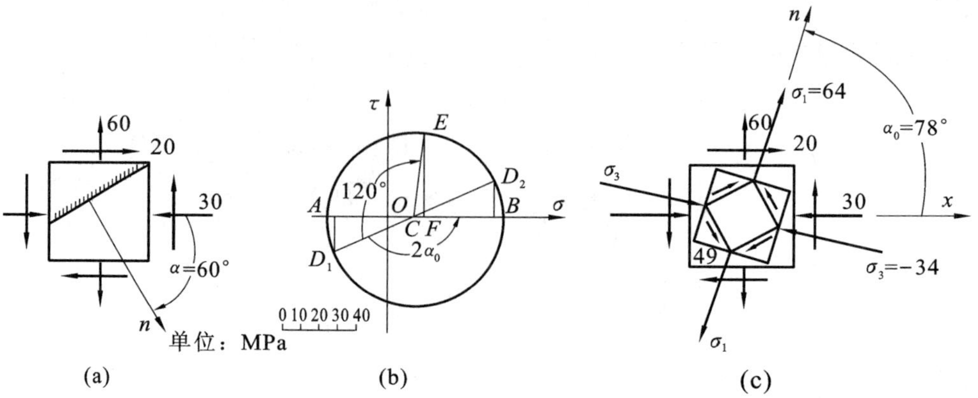


图 7.6

$$\left.\begin{aligned}\overline{OA} &= \sigma_x = -30 \\ \overline{AD_1} &= \tau_x = -20\end{aligned}\right\} \quad D_1 \text{ 点}, \quad \left.\begin{aligned}\overline{OB} &= \sigma_y = 60 \\ \overline{BD_2} &= \tau_y = 20\end{aligned}\right\} \quad D_2 \text{ 点}$$

连接 $D_1$、$D_2$ 交 $\sigma$ 轴于点 $C$，以 $C$ 为圆心、$D_1D_2$ 为直径作出图 7.6(b) 所示应力圆。从点 $D_1$ 按单元体上 $\alpha=-60°$ 的转向作出 $2\alpha=-120°$，按比例量出圆周上 $E$ 点的横坐标 $\overline{OF}=\sigma_\alpha=20$ MPa，纵坐标 $\overline{EF}=\tau_\alpha=48$ MPa。

圆周上横坐标最大的点是 $B$ 点，最小的点是 $A$ 点，按所用比例尺量出：

$$\overline{OB}=\sigma_1=64\ \text{MPa}, \quad \overline{OA}=\sigma_3=-34\ \text{MPa}$$

从应力圆上由 $D_1$ 到 $B$ 点为逆时针方向，且 $\angle D_1CB=2\alpha_0=156°$，所以，在单元体中从 $x$ 面以逆时针方向量取 $\alpha_0=78°$，可确定出 $\sigma_1$ 所在主平面的法线，如图 7.6(c) 所示。

最大、最小切应力即为应力圆的半径，即

$$\begin{matrix}\tau_{max} \\ \tau_{min}\end{matrix} = \pm\frac{\sigma_1-\sigma_3}{2}=\pm 49\ \text{MPa}$$

作用平面与主平面成 45° 的夹角[图 7.6(c)]。

**【例 7.3】** 讨论图 7.7(a) 所示圆轴受扭转时的应力状态，并分析铸铁试件受扭时的破坏现象。

**【解】** 圆轴受扭转时，在横截面的边缘处切应力最大，其数值为：

$$\tau=\frac{T}{W_\rho}$$

在圆轴的表层，按图 7.7(a) 所示方式取出单元体 $ABCD$，单元体各面上的应力如图 7.7(b) 所示，则：

$$\sigma_x=\sigma_y=0, \quad \tau_x=\tau$$

由式(7.4) 或作应力圆如图 7.7(d) 所示，可得：

$$\begin{matrix}\sigma_{max} \\ \sigma_{min}\end{matrix} = \frac{\sigma_x+\sigma_y}{2}\pm\sqrt{\left(\frac{\sigma_x-\sigma_y}{2}\right)^2+\tau_x{}^2}=\frac{0+0}{2}\pm\sqrt{\left(\frac{0-0}{2}\right)^2+\tau^2}=\pm\tau$$

按主应力排序： $\sigma_1=\tau, \sigma_2=0, \sigma_3=-\tau$

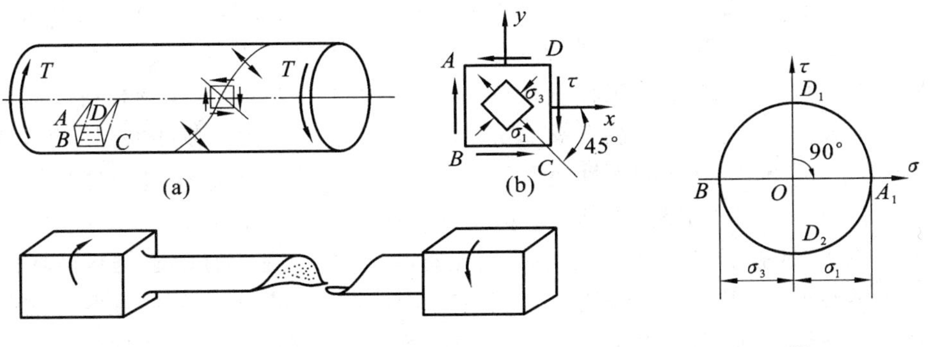


图 7.7

由式(7.3)可知：

$$\tan 2\alpha_0 = \frac{-2\tau_x}{\sigma_x - \sigma_y} \to -\infty$$

故

$$2\alpha_0 = -90^\circ \quad 或 \quad 2\alpha_0 = -270^\circ$$

$$\alpha_0 = -45^\circ \quad 或 \quad \alpha_0 = -135^\circ$$

在应力圆上，从 $D_1$ 顺时针转 90° 转到 $A_1$；相应地在单元体上，从 $x$ 轴顺时针方向转 45° 所确定的主平面是 $\sigma_1$ 所在平面[图 7.7(b)]。

圆截面铸铁试件扭转时，表面各点 $\sigma_{max}$ 所在的主平面连成倾角为 45° 的螺旋面。由于铸铁抗拉强度较低，试件将沿这一螺旋面因拉应力达到极限而发生断裂破坏[图 7.7(c)]。

## 7.3 强度理论及其应用

### 7.3.1 强度理论概述

为了建立复杂应力状态下材料的强度条件，需寻求导致材料破坏的规律。关于材料破坏或失效的假设，称为**强度理论**。杆件在拉压、扭转和弯曲三种基本变形问题中，为建立强度条件和确定材料的极限应力，通常只考虑了两种简单的应力状态 —— 单向应力状态和纯剪切应力状态。对于单向应力状态和纯剪切应力状态，失效状态或强度条件都是以试验为基础，其强度条件为：

① 正应力强度条件：$\sigma_{max} \leqslant [\sigma]$；

② 切应力强度条件：$\tau_{max} \leqslant [\tau]$。

在工程中，实际结构及其构件的危险点并不一定处于单向或纯剪切应力状态，而是处于任意双向应力状态或三向应力状态，即复杂应力状态。在复杂应力状态下，通过直接试验测出极限应力是不可行的，因为在复杂应力状态下，三个主应力 $\sigma_1$、$\sigma_2$ 和 $\sigma_3$ 之间的比例可能有无限多种，要在每一种比例下都通过对材料的直接试验来确定其极限应力值，那不仅是十分烦冗的，而且也是难以做到的。因此，必须找到某种方法，以便能够利用单向应力状态和纯剪切应力状态下试验获得的极限应力数据，来建立复杂应力状态下的强度条件。

回顾材料在拉伸、压缩以及扭转等试验中发生的破坏现象，不难发现材料破坏或失效的基本形式有两种类型：一类是在没有发生明显的塑性变形的情况下发生突然断裂，称为**脆性断裂**；另一类是材料产生显著的塑性变形而使构件丧失正常的工作能力，称为**塑性屈服**。这些破坏到底是由哪些因素引起的？其中起决定作用的主要因素是什么？自从17世纪以来，一些科学家在观察、试验、理论分析和总结前人经验的基础上，先后对引起材料破坏的主要因素提出了种种假说，并根据这些假说建立了供工程设计计算的强度条件，通常把这些假说称为强度理论。经过多年的实践检验，已经发现有的强度理论带有很大的片面性，从而被淘汰；另外一些强度理论则逐渐显示出了它们的相对真理性，而在一定范围内逐渐完善并得到应用。

本章中仅对应用比较广泛的几个主要的强度理论作简要的介绍。

### 7.3.2 四种常用强度理论

前面已经提到，强度失效的主要形式有两种，即屈服与断裂。相应地，强度理论也分为两类：一类是解释断裂失效的，包括最大拉应力理论和最大拉应变理论等；另一类是解释屈服失效的，包括最大切应力理论和畸变能理论等。

(1) 关于脆性断裂的强度理论

① 最大拉应力理论(第一强度理论)

这一理论认为最大拉应力是引起材料脆性断裂的主要因素，不论何种应力状态，只要其最大拉应力 $\sigma_{t,max}$ 达到材料单向拉伸的极限应力值 $\sigma_u$ 时，材料就发生断裂。按照这一强度理论的观点，脆性断裂破坏的条件是：

$$\sigma_{t,max} = \sigma_u$$

当危险点的应力单元满足 $\sigma_1 > 0$，则最大主应力就是最大拉应力，即 $\sigma_{t,max} = \sigma_1$，而极限应力 $\sigma_u$ 就是材料轴向拉伸试验的强度极限，即 $\sigma_u = \sigma_b$。因此，脆性断裂破坏的条件可进一步表示为：

$$\sigma_1 = \sigma_b$$

将上式右边的极限应力除以安全因数就得到材料的许用拉应力$[\sigma]$，因此得到按第一强度理论所建立的强度条件为：

$$\sigma_{r1} = \sigma_1 \leqslant [\sigma] \tag{7.13}$$

式中 $\sigma_{r1}$—— 第一强度理论的相当应力，即与单向应力状态危险程度相当。

试验表明：脆性材料在双向或三向受拉断裂时，最大拉应力理论与试验结果相当接近，而在存在压应力的情况下，则只要最大压应力值不超过最大拉应力值或超过不多，最大拉应力理论也是正确的。

② 最大拉应变理论(第二强度理论)

这一理论认为最大拉应变是引起材料脆性断裂的主要因素，不论何种应力状态，只要其最大拉应变 $\varepsilon_{t,max}$ 达到材料单向拉伸的极限应变 $\varepsilon_u$ 时，材料就发生断裂。按照这一强度理论观点，脆性断裂破坏的条件是：

$$\varepsilon_{t,max} = \varepsilon_u$$

如果材料直到发生脆性断裂时都在线弹性范围内工作，则可运用单向拉(压)力状态下的胡克定律和复杂应力状态下的广义胡克定律的有关公式，求得处于复杂应力状态下该点的最大拉应变为：

$$\varepsilon_{t,max} = \varepsilon_u = \frac{1}{E}[\sigma_1 - \nu(\sigma_2 + \sigma_3)]$$

式中　$\nu$——泊松比。

同样，材料在单向拉伸时的极限应变 $\varepsilon_u$ 为：

$$\varepsilon_u = \frac{\sigma_u}{E} = \frac{\sigma_b}{E}$$

于是由以上结论可得到：

$$\frac{1}{E}[\sigma_1 - \nu(\sigma_2 + \sigma_3)] = \frac{\sigma_b}{E}$$

或

$$\sigma_1 - \nu(\sigma_2 + \sigma_3) = \sigma_b$$

将上式右边的 $\sigma_b$ 除以安全因数可得到材料的许用拉应力[$\sigma$]，因此得到按第二强度理论所建立的强度条件为：

$$\sigma_{r2} = \sigma_1 - \nu(\sigma_2 + \sigma_3) \leqslant [\sigma] \tag{7.14}$$

式中　$\sigma_{r2}$——第二强度理论的相当应力。

必须指出，在式(7.14)中的[$\sigma$]是材料在单向拉伸时的许用拉应力，这只对于在单向拉伸时沿横截面发生脆性断裂的材料才适用。

第二强度理论在实际应用中并不比第一强度理论优越，现在已很少采用。

**【例 7.4】**　一灰口铸铁构件危险点处的应力如图 7.8 所示，若许用拉应力[$\sigma$] = 30 MPa，试校核其强度。

**【解】**　由图 7.8 可知，$\sigma_x = -10$ MPa，$\tau_x = -15$ MPa，$\sigma_y = 20$ MPa

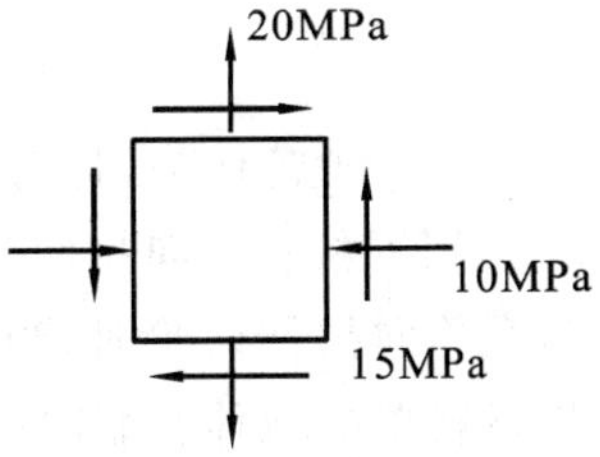

图 7.8

代入式(7.4)，得：

$$\left.\begin{matrix}\sigma_{max}\\ \sigma_{min}\end{matrix}\right\} = \frac{\sigma_x + \sigma_y}{2} \pm \sqrt{\left(\frac{\sigma_x - \sigma_y}{2}\right)^2 + \tau_x^2}$$

$$= \frac{-10 + 20}{2} \pm \sqrt{\left(\frac{-10 - 20}{2}\right)^2 + (-15)^2}$$

$$= \begin{matrix}26.2\ \text{MPa}\\ -16.2\ \text{MPa}\end{matrix}$$

即主应力为：

$$\sigma_1 = 26.2\ \text{MPa},\quad \sigma_2 = 0,\quad \sigma_3 = -16.2\ \text{MPa}$$

上式表明，主应力 $\sigma_3$ 虽为压应力，但其绝对值小于主应力 $\sigma_1$，所以，宜采用第一强度理论校核强度，显然

$$\sigma_1 = 26.2\ \text{MPa} < [\sigma]$$

说明构件满足强度条件。

(2) 关于塑性屈服的强度理论

① 最大切应力理论(第三强度理论)

这一理论认为,最大切应力是引起屈服的主要因素,不论何种应力状态,只要最大切应力 $\tau_{max}$ 达到材料在单向拉伸屈服时的极限切应力 $\tau_u$ 时,材料即发生屈服。按照这一强度理论的观点,塑性屈服的条件是:

$$\tau_{max}=\tau_u$$

由式(7.11)可知,最大切应力 $\tau_{max}=\dfrac{\sigma_1-\sigma_3}{2}$,对于低碳钢类塑性材料,因为在单向拉伸试验时,当横截面上的正应力达到材料的 $\sigma_s$ 时就出现明显的屈服现象,即单向拉伸屈服时的极限切应力 $\tau_u=\dfrac{\sigma_s}{2}$,由此,塑性屈服的条件可进一步表示为:

$$\frac{\sigma_1-\sigma_3}{2}=\frac{\sigma_s}{2}$$

将上式右边的屈服极限应力除以安全因数就得到材料的许用拉应力[$\sigma$],因此得到按第三强度理论所建立的强度条件为:

$$\sigma_{r3}=\sigma_1-\sigma_3\leqslant[\sigma] \tag{7.15}$$

式中 $\sigma_{r3}$——第三强度理论的相当应力。

应该指出,式(7.15)右边采用了材料在单向拉伸达到屈服时的许用拉应力[$\sigma$],这只对于那些在单向拉伸时发生明显屈服的材料才适用。第三强度理论的计算结果偏于安全。

② 畸变能理论(第四强度理论)

弹性体在外力作用下发生变形,荷载在相应位移上做功,弹性体因变形而贮存的能量即所谓的应变能。

外力作用下的微体,其形状与体积一般均会发生改变,与之对应,应变能又可分为畸变能与体积改变能。单位体积内的畸变能即所谓的畸变能密度,其一般表达式为:

$$u_f=\frac{1+\nu}{6E}[(\sigma_1-\sigma_2)^2+(\sigma_2-\sigma_3)^2+(\sigma_3-\sigma_1)^2]$$

这一理论认为,材料发生屈服的主要因素是畸变能,不论何种应力状态,只要其畸变能 $u_f$ 达到了材料单向拉伸屈服时的畸变能 $u_d$,材料就会发生屈服。对于低碳钢类塑性材料,因为在单向拉伸试验时,当横截面上的正应力达到材料的 $\sigma_s$ 时就出现明显的屈服现象,所以将材料单向拉伸屈服时的主应力 $\sigma_1=\sigma_s$、$\sigma_2=0$、$\sigma_3=0$ 代入上式,从而求得材料的极限值 $u_d$ 为:

$$u_d=\frac{1+\nu}{6E}\times 2\sigma_s^2$$

因此,按照这一强度理论的观点,则屈服条件应为 $u_f=u_d$,那么可得到:

$$\frac{1+\nu}{6E}[(\sigma_1-\sigma_2)^2+(\sigma_2-\sigma_3)^2+(\sigma_3-\sigma_1)^2]=\frac{1+\nu}{6E}\times 2\sigma_s^2$$

或

$$\sqrt{\frac{1}{2}[(\sigma_1-\sigma_2)^2+(\sigma_2-\sigma_3)^2+(\sigma_3-\sigma_1)^2]}=\sigma_s$$

再将上式右边的 $\sigma_s$ 除以安全因数得到材料的许用拉应力$[\sigma]$，于是，按第四强度理论所建立的强度条件为：

$$\sigma_{r4}=\sqrt{\frac{1}{2}[(\sigma_1-\sigma_2)^2+(\sigma_2-\sigma_3)^2+(\sigma_3-\sigma_1)^2]}\leqslant[\sigma] \tag{7.16}$$

式中　$\sigma_{r4}$——第四强度理论的相当应力。

这个理论同许多塑性材料的试验结果相符合，且比第三强度理论更精确。

综合式(7.13)至式(7.16)的形式，对于材料在复杂应力状态下的四个强度理论所建立的强度条件可以统一写为：

$$\sigma_r\leqslant[\sigma] \tag{7.17}$$

式中的 $\sigma_r$ 是根据不同强度理论所得到的危险点处三个主应力的某种组合，这种组合的主应力 $\sigma_r$ 与单向拉伸时的拉应力在安全程度上是相当的，因此，也称 $\sigma_r$ 为相当应力。其中 $\sigma_{r1}$、$\sigma_{r2}$、$\sigma_{r3}$ 和 $\sigma_{r4}$ 分别为第一、第二、第三和第四强度理论的相当应力。

## 小　结

(1) 平面应力状态的应力分析

受力杆件中任一点的各个不同截面上的应力情况，称为该点的应力状态。平面应力状态包括单向和双向应力状态。应力分析的目的主要是解决三个问题：① 求任意斜截面上的应力；② 最大、最小正应力(即主应力)及作用平面方向；③ 最大、最小切应力及作用平面方向。解决问题的方法有解析法和图解法。

① 解析法

任一斜截面上的应力：

$$\sigma_\alpha=\frac{\sigma_x+\sigma_y}{2}+\frac{\sigma_x-\sigma_y}{2}\cos2\alpha-\tau_x\sin2\alpha$$

$$\tau_\alpha=\frac{\sigma_x-\sigma_y}{2}\sin2\alpha+\tau_x\cos2\alpha$$

主应力大小及主平面方向：

$$\begin{cases}\sigma_{PS}=\begin{cases}\dfrac{\sigma_x+\sigma_y}{2}\pm\sqrt{\left(\dfrac{\sigma_x-\sigma_y}{2}\right)^2+\tau_x^2} \\ 0\end{cases} & \begin{bmatrix}\sigma_{PS}=\sigma_1、\sigma_2、\sigma_3\\ \text{且 }\sigma_1\geqslant\sigma_2\geqslant\sigma_3\end{bmatrix} \\ \tan2\alpha_0=-\dfrac{2\tau_x}{\sigma_x-\sigma_y} & \end{cases}$$

最大、最小切应力：

$$\begin{cases}\left.\begin{matrix}\tau_{max}\\ \tau_{min}\end{matrix}\right\}=\pm\sqrt{\left(\dfrac{\sigma_x-\sigma_y}{2}\right)^2+\tau_x{}^2}=\pm\dfrac{\sigma_1-\sigma_3}{2} \\ \alpha_s=\alpha_0\pm45^\circ\end{cases}$$

② 图解法

a. 已知双向应力状态单元体上的应力 $\sigma_x$、$\sigma_y$、$\tau_x=\tau_y$，作应力圆，其步骤是：

选横坐标轴为 $\sigma$ 轴，纵坐标轴为 $\tau$ 轴；

按选定的比例尺在 $\sigma$ 轴上量取 $\overline{OA_1}=\sigma_x$，$A_1$ 点的竖直方向量取 $\overline{A_1D_1}=\tau_x$，得 $D_1$ 点，该点的坐标为 $(\sigma_x,\tau_x)$；

在 $\sigma$ 轴上量取 $\overline{OB_1}=\sigma_y$，$B_1$ 点的竖直方向量取 $\overline{B_1D_2}=\tau_y$，得 $D_2$ 点；

作直线连接 $D_1$、$D_2$ 并交 $\sigma$ 轴于 $C$ 点；

以点 $C$ 为圆心、$\overline{D_1D_2}$ 为直径作一圆，该圆即为双向应力状态的应力圆。

b. 利用应力圆求任意斜截面上的应力，应力单元两面夹角 $\alpha$ 对应应力圆两半径线夹角 $2\alpha$，转向一致。

c. 利用应力圆求主应力大小及方向；利用应力圆求 $\tau_{max}$、$\tau_{min}$ 及作用平面方向。

(2) 四种常用强度理论

第一强度理论： $\sigma_1\leqslant[\sigma]$

第二强度理论： $\sigma_1-\nu(\sigma_2+\sigma_3)\leqslant[\sigma]$

第三强度理论： $\sigma_1-\sigma_3\leqslant[\sigma]$

第四强度理论：$\sqrt{\frac{1}{2}[(\sigma_1-\sigma_2)^2+(\sigma_2-\sigma_3)^2+(\sigma_3-\sigma_1)^2]}\leqslant[\sigma]$

一般情况下，双向应力状态，塑性材料发生塑性屈服破坏采用第三、第四强度理论；脆性材料发生脆性断裂破坏，采用第一、第二强度理论。

三向受拉，无论塑性或脆性材料均为脆性断裂破坏，采用第一强度理论；三向受压，无论塑性或脆性材料均为屈服破坏，采用第三、第四强度理论。

运用强度理论解题步骤如下：

① 根据杆件内力分析确定危险截面、危险点；

② 分析可能危险点的应力状态并求其主应力；

③ 根据材料及危险点应力状态选择适当强度理论进行强度校核。

## 思考题

7.1　什么是一点的应力状态？研究杆中一点的应力状态的目的是什么？试述应力状态的分类。

7.2　什么是主平面？什么是主应力？如何确定主应力的大小和方位？

7.3　试问在何种情况下，平面应力状态下的应力圆符合以下特征：(1) 一个点圆；(2) 圆心在原点；(3) 与 $\tau$ 轴相切。

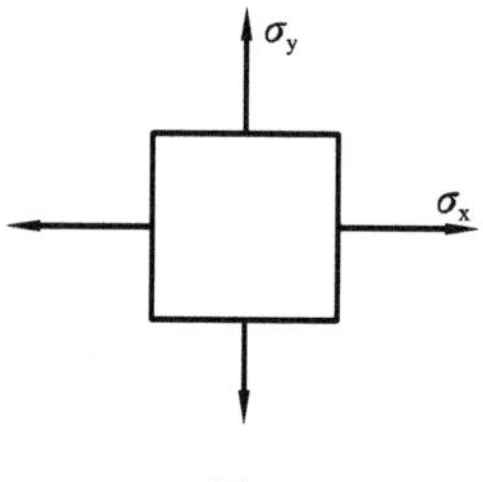


图 7.9

7.4　何为单向、双向和三向应力状态？何谓复杂应力状态？双向应力状态与平面应力状态的含义是否相同？

7.5　图 7.9 所示处于平面应力状态下的单元体，若已知 $\alpha=60^\circ$ 的斜截面上的应力为 $\sigma_{60^\circ}=10$ MPa，$\tau_{60^\circ}=8.66$ MPa，试用应力圆求该单元体的主应力和最大切应力的值。

7.6　受横力弯曲的梁，试问梁的上、下边缘各点是什么应力状态？中性层上各点是什么应力状态？

7.7　什么是强度理论？为什么提出强度理论？

7.8　在静荷载与常温条件下，金属材料破坏或失效主要有几种形式？相应有几类强度理论？

7.9　强度理论是否只适用于复杂应力状态，不适用于单向应力状态？

7.10　如何确定塑性与脆性材料在纯剪切时的许用应力？

7.11　当圆截面轴处于弯扭组合变形时，横截面上存在哪些内力？应力如何分布？危险点处于什么样的应力状态？如何根据强度理论建立相应的强度条件？

7.12　材料为Q235钢，屈服极限 $\sigma_s = 235$ MPa的构件内有如图7.10所示5种应力状态（应力单位为MPa），试用第三或第四强度理论比较各单元体的安全性。

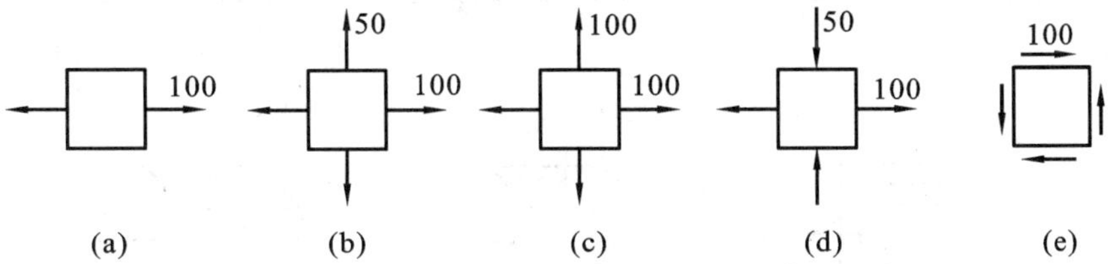


图 7.10

## 习　题

7.1　试用单元体表示图7.11所示各构件中指定点 $A$、$B$ 的应力状态。

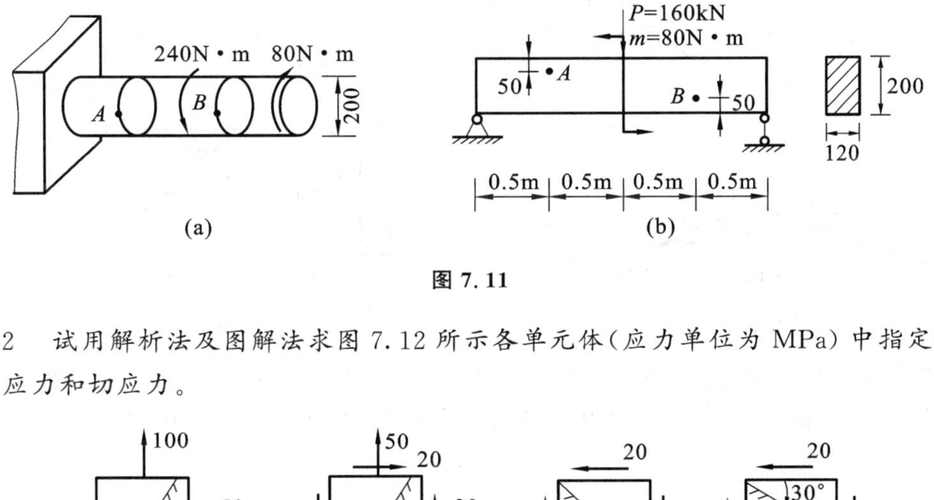


图 7.11

7.2　试用解析法及图解法求图7.12所示各单元体（应力单位为MPa）中指定斜截面上的正应力和切应力。

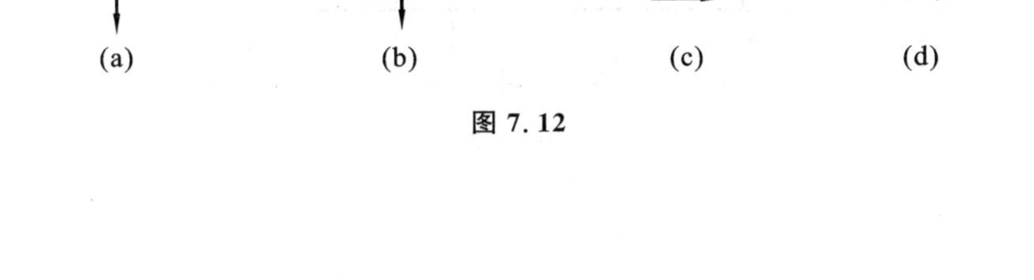


图 7.12

7.3 试用解析法及图解法求图7.13所示各单元体(应力单位为MPa)的主应力的数值、方向和最大切应力的数值,并在单元体上表示出主平面、主应力和切应力极值及其作用面。

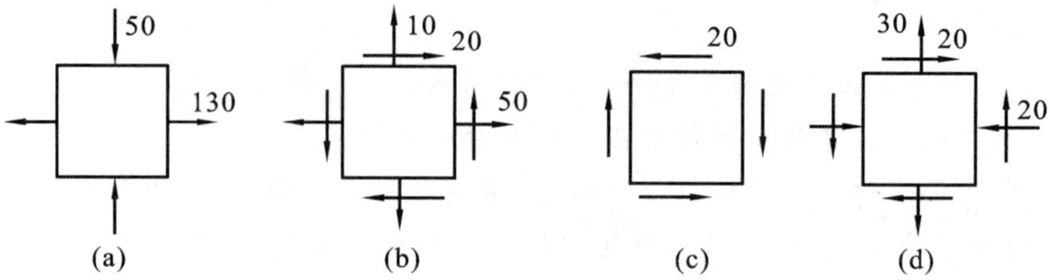


图 7.13

7.4 单元体各面上的应力如图7.14所示(应力单位为MPa)。试用应力圆求主应力及最大切应力。

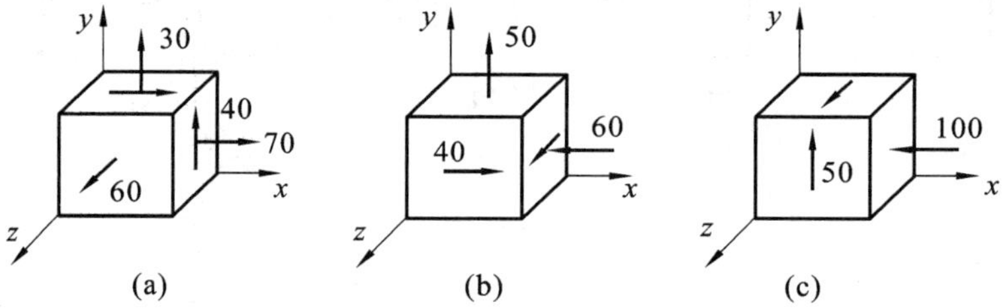


图 7.14

7.5 已知平面应力状态下一点处的两个斜截面上的应力如图7.15所示。试利用解析法和图解法求 $\alpha$ 角,并求解主应力与主平面方位。

7.6 已知圆截面杆件受力如图7.16所示,直径 $d=100$ mm,试求杆件 $A$ 点处的主应力。

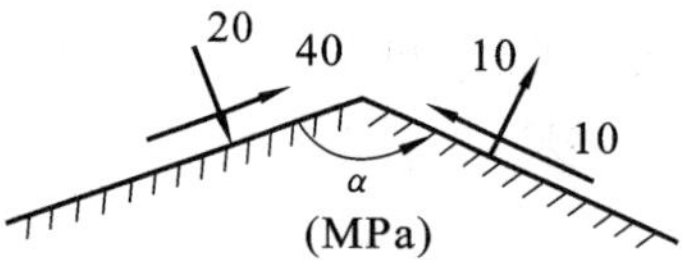


图 7.15

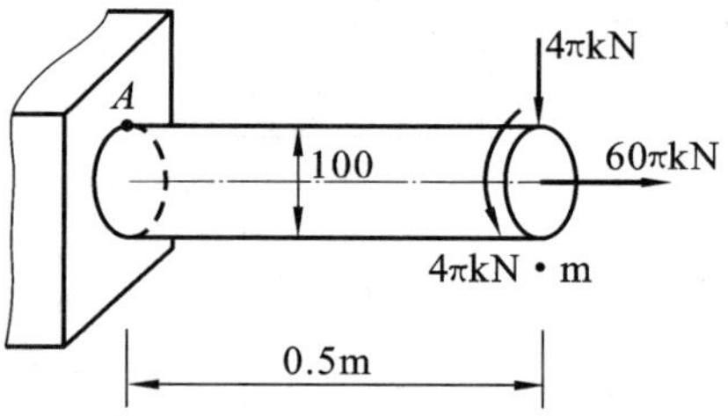


图 7.16

7.7 图7.17所示简支梁为36a工字梁,$P=140$ kN,$l=4$ m。$A$ 点所在截面在 $P$ 的左侧,且无限接近于 $P$。试求:(1)$A$ 点在指定斜截面上的应力;(2)$A$ 点的主应力及主平面位置。

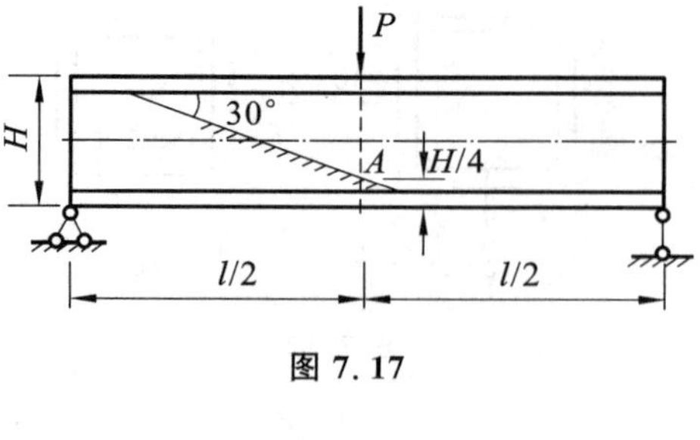


图 7.17

# 8 组合变形

**教学目标**

(1) 理解组合变形的概念

(2) 了解截面核心的含义及确定方法

(3) 掌握斜弯曲、拉伸(压缩)与弯曲、偏心压缩、弯扭组合变形的受力特点和变形特点

## 8.1 组合变形的概念

在前面各章中分别讨论了杆件在拉伸(或压缩)、剪切、扭转和弯曲(主要是平面弯曲)四种基本变形时的内力、应力及变形计算,并建立了相应的强度条件和刚度条件。另外,也讨论了复杂应力状态下的应力分析及强度理论,但在实际工程中杆件的受力有时是很复杂的。

在复杂外荷载作用下,构件的变形会包含几种简单变形,当几种变形所对应的应力属同一量级时不能忽略,这类构件的变形称为**组合变形**。图 8.1 所示的一端固定另一端自由的悬臂杆,若在其自由端截面上作用有一空间任意的力系,我们总可以把空间的任意力系沿截面形心主惯性轴 $xOyz$ 简化,得到向 $x$、$y$、$z$ 三坐标轴上投影 $P_x$、$P_y$、$P_z$ 和对 $x$、$y$、$z$ 三坐标轴的力矩 $M_x$、$M_y$、$M_z$。当这六种力(或力矩)中只有某一个作用时,杆件产生基本变形,这在前面已经讨论过了。

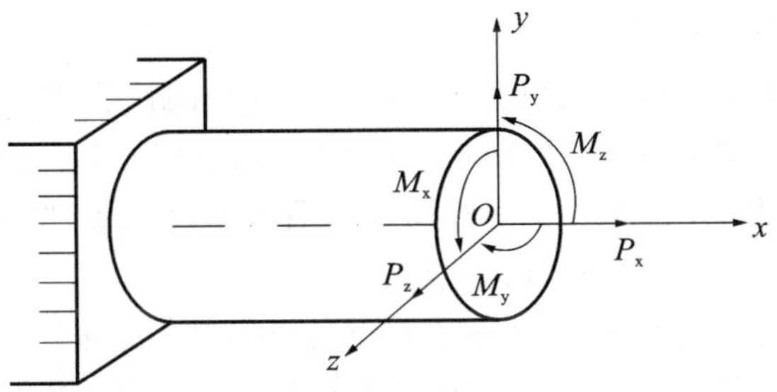


**图 8.1 杆件的复杂受力**

杆件同时有两种或两种以上的基本变形的组合时,称为**组合变形**。例如:若六种力只有 $P_x$ 和 $M_z$(或 $M_y$) 两个作用时,杆件既产生拉(或压) 变形又产生纯弯曲,简称为拉(压) 纯弯曲的组合,又可称它为偏心受拉(压),如图 8.2(a) 所示。

若六种力中只有 $M_z$ 和 $M_y$ 两个作用时,杆件产生两个互相垂直方向的平面弯曲(纯弯曲) 的组合,如图 8.2(b) 所示。

若六种力中只有 $P_z$ 和 $P_y$ 两个作用时，杆件也产生两个互相垂直方向的平面弯曲(横力弯曲)的组合，如图 8.2(c) 所示。

若六种力中只有 $P_y$ 和 $M_x$ 两个作用时，杆件产生弯曲和扭转的组合，如图 8.2(d) 所示。

若六种力中有 $P_x$、$P_y$ 和 $M_x$ 三个作用时，杆件产生拉(压)与弯曲和扭转的组合，如图 8.2(e) 所示。

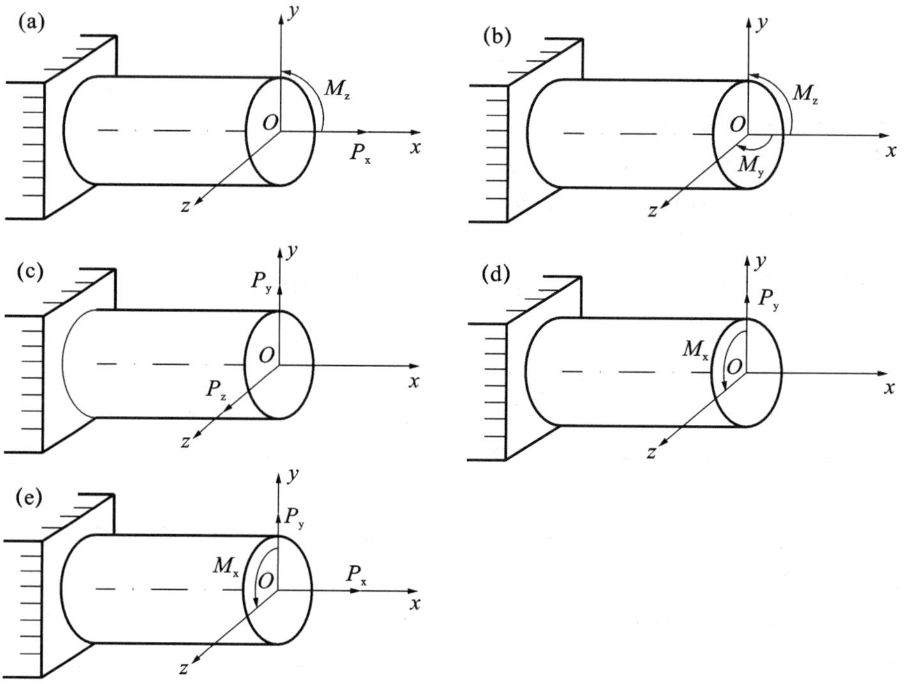


**图 8.2　几种组合变形**

组合变形的工程实例很多，例如，图 8.3(a) 所示屋架上檩条的变形，是由檩条在 $y$、$z$ 两方向的平面弯曲变形所组合的斜弯曲；图 8.3(b) 表示一悬臂吊车，当在横梁 $AB$ 跨中的任一点处起吊重物时，梁 $AB$ 中不仅有弯矩作用，而且还有轴向压力作用，从而使梁处在压缩和弯曲的组合变形情况下；图 8.3(c) 所示的空心桥墩(或渡槽支墩)，图 8.3(d) 所示的厂房支柱，在偏心力 $P_1$、$P_2$ 作用下，也都会发生压缩和弯曲的组合变形；图 8.3(e) 所示的卷扬机机轴，在力 $P$ 作用下，则会发生弯曲和扭转的组合变形。

对于组合变形的构件，在小变形的条件下，并且材料服从胡克定律时，就可以应用叠加原理进行计算。其求解的基本过程：① 当构件处于组合变形时，将荷载进行简化和分解，把物件上的外力转化成几组静力等效荷载，其中每一组荷载对应着一种基本变形。② 分别计算每一基本变形各自引起的内力、应力应变和位移，然后将所得结果叠加。

在本章中，将着重介绍工程实际中遇到较多的三种组合变形问题，即：① 两个平面弯曲的组合(斜弯曲)；② 拉伸或压缩与弯曲的组合(包括偏心拉伸或压缩)；③ 扭转与弯曲的组合。

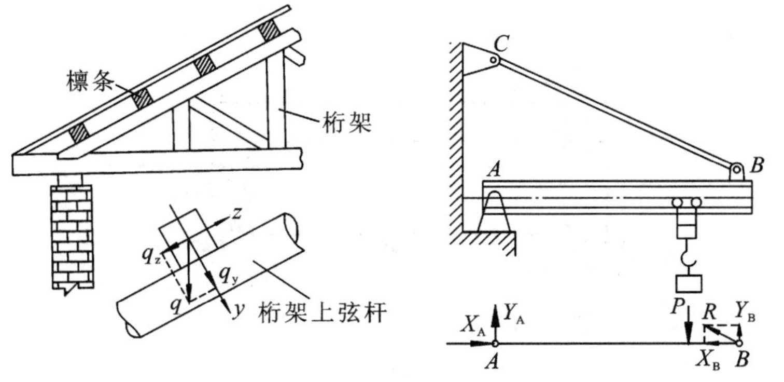


(a) 屋架　　(b) 悬臂吊车

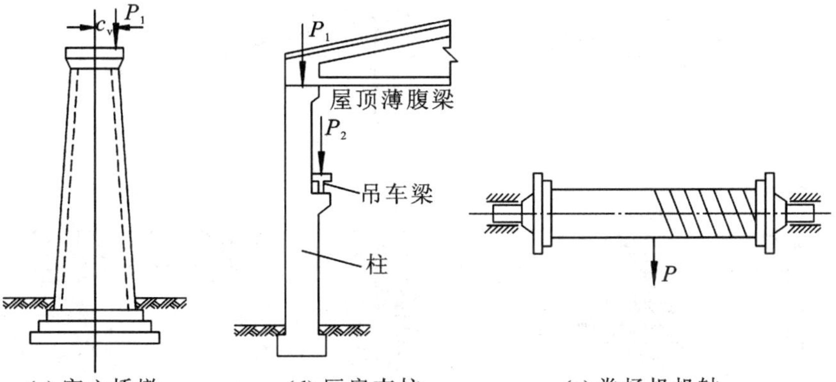


(c) 空心桥墩　　(d) 厂房支柱　　(e) 卷扬机机轴

**图 8.3**

## 8.2 斜弯曲

在第 6 章中，研究了梁在弯曲平面情况下的应力计算问题。但在实际工程中，作用在梁上的横向力有时并不位于梁的形心主惯性平面内。例如图 8.4 所示的“[”形和“Z”形截面檩条，作用其上的外力 $F$ 所在的平面与形心主惯性平面间存在一夹角 $\varphi$。在这种情况下，变形后梁的轴线将不再位于外力所在平面内，这种变形称为**斜弯曲**或**双向弯曲**。

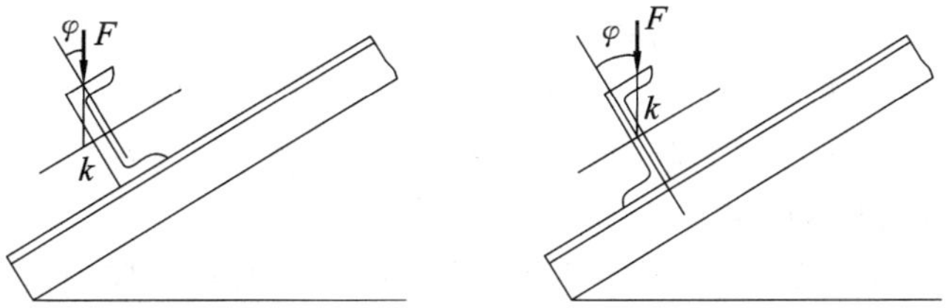


(a)　　(b)

**图 8.4**

现以矩形截面悬臂梁为例，说明斜弯曲时应力和变形的分析方法。

矩形截面悬臂梁受力及坐标系如图 8.5(a) 所示。$y$、$z$ 轴为形心主轴，外力 $F$ 在 $yOz$ 平面内，与 $y$ 轴的夹角为 $\varphi$。

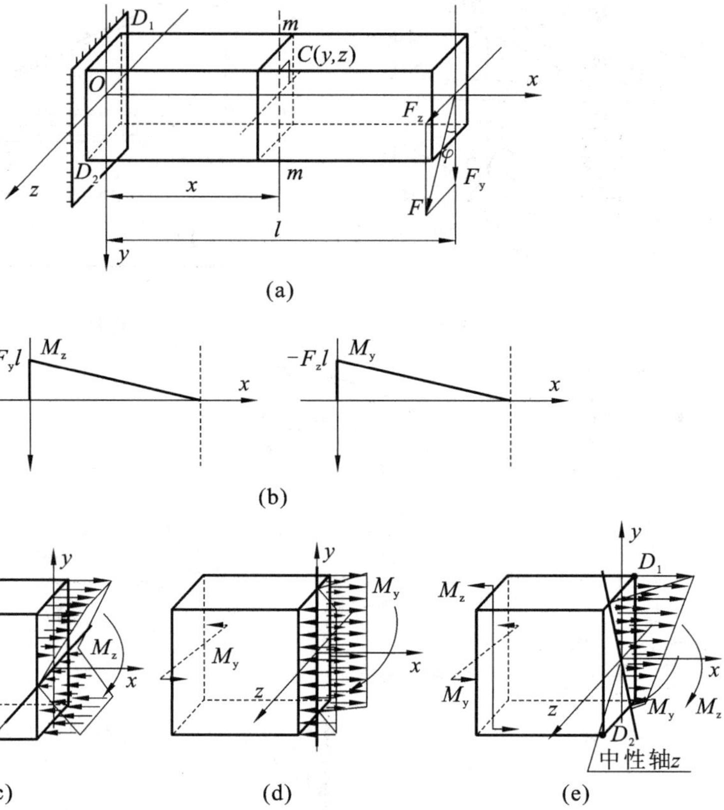


图 8.5

将力 $F$ 沿形心主轴 $z$、$y$ 方向分解为两个分力，即：

$$F_z = F\sin\varphi, \quad F_y = F\cos\varphi$$

于是，力 $F$ 的作用可用两个分力 $F_z$ 和 $F_y$ 单独作用来代替，而每一个分力单独作用时，都将产生平面弯曲。这样，斜弯曲就可以看作是两个互相垂直平面内的平面弯曲的组合。

应用叠加原理，分别计算出这两个平面弯曲在 $m$ 截面上的正应力(剪应力较小，故略去)，然后将它们叠加即可得出斜弯曲时在该截面上总的正应力。

$m$ 截面的弯矩 $M_y$ 与 $M_z$ 分别为：

$$M_z = F_y(l-x) = F\cos\varphi(l-x) = M\cos\varphi$$

$$M_y = F_z(l-x) = F\sin\varphi(l-x) = M\sin\varphi$$

式中　$M$——$m$ 截面总弯矩，$M = F(l-x)$。

其弯矩图如图 8.5(b) 所示。分别计算 $M_z$ 与 $M_y$ 引起的 $C$ 点应力后，叠加可得 $C$ 点的应力，即：

$$\sigma_C = \frac{M_z \cdot y}{I_z} + \frac{M_y \cdot z}{I_y} = M\left(\frac{\cos\varphi \cdot y}{I_z} + \frac{\sin\varphi \cdot z}{I_y}\right) \tag{8.1}$$

式中　$y$，$z$——$C$ 点坐标，具体计算时，$M$、$y$、$z$ 均用绝对值代入；

$I_z$，$I_y$—— 矩形截面对 $z$、$y$ 轴的惯性矩。

各项应力的正负号，可按 $C$ 点所在位置由观察法确定。叠加前后应力分布情况如图 8.5(c)、图 8.5(d)、图 8.5(e) 所示。

进行强度计算时，首先应确定危险截面和危险截面上危险点的位置。由图 8.5(b) 可知，在固定端截面上，$M_z$ 和 $M_y$ 同时达到最大值，这显然就是危险截面。而危险点，应是 $M_z$ 及 $M_y$ 引起的正应力都达到最大值的点。图 8.5(a) 中的 $D_1$ 和 $D_2$ 就是这样的危险点。其中 $D_1$ 点有最大拉应力，$D_2$ 点有最大压应力。由式(8.1) 得强度条件为：

$$\sigma_{\max} = M\left(\frac{\cos\varphi \cdot y}{I_z} + \frac{\sin\varphi \cdot z}{I_y}\right) \leqslant [\sigma] \tag{8.2}$$

通过以上分析可知，梁的截面具有棱角时，危险点的位置在棱角上。对没有棱角的截面，要先确定截面中性轴的位置，然后才能定出危险点的位置。

下面讨论斜弯曲时中性轴的确定。因为中性轴上各点的应力为零，所以把中性轴上任一点的坐标($z_0$、$y_0$) 代入式(8.1) 后，应有：

$$\sigma = M\left(\frac{\cos\varphi \cdot y_0}{I_z} + \frac{\sin\varphi \cdot z_0}{I_y}\right) = 0$$

故中性轴的方程式为：

$$\frac{\cos\varphi \cdot y_0}{I_z} + \frac{\sin\varphi \cdot z_0}{I_y} = 0 \tag{8.3}$$

可见中性轴是通过截面形心的一条斜直线[图 8.6(a)]，其与 $z$ 轴的夹角是：

$$\tan\alpha = \left|\frac{y_0}{z_0}\right| = \frac{I_z}{I_y}\tan\varphi \tag{8.4}$$

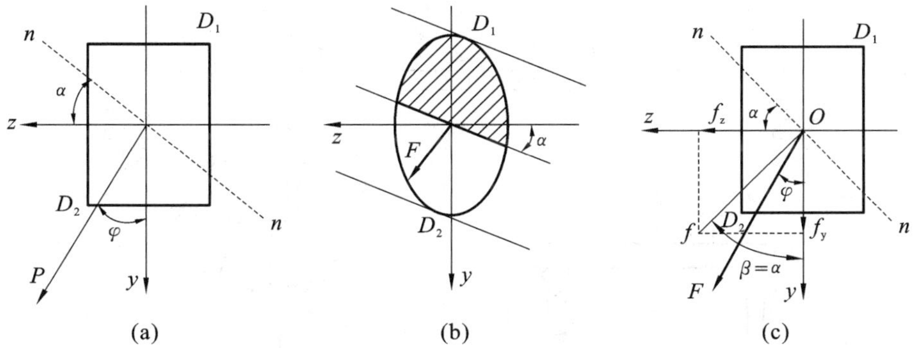


图 8.6

中性轴将截面分成两个区域：一部分为受拉区；一部分为受压区。当截面形状没有明显的棱角时[图 8.6(b)]，距中性轴最远的点应力绝对值最大，必为危险点。因此，可作两条与中性轴平行的直线与截面周边相切，其切点 $D_1$ 和 $D_2$ 就是危险点。

欲求图 8.5(a) 所示梁自由段挠度 $f$，可分别求出 $F_z$ 和 $F_y$ 引起的垂直挠度 $f_z$ 和 $f_y$，再求其向量和，即：

$$f = \sqrt{f_z^2 + f_y^2} \tag{8.5}$$

总挠度 $f$ 的方向线与 $y$ 轴之间的夹角 $\beta$ 可由下式求得：

$$\tan\beta = \frac{f_z}{f_y} = \frac{I_z}{I_y}\frac{\sin\varphi}{\cos\varphi} = \frac{I_z}{I_y}\tan\varphi \tag{8.6}$$

比较式(8.6)与式(8.4)可知，$\tan\beta = \tan\alpha$ 或 $\beta = \alpha$。

这就说明，梁在斜弯曲时其总挠度的方向是与中性轴垂直的，即梁的弯曲一般不发生在外力作用平面内，而发生在垂直于中性轴 $n—n$ 的平面内，如图 8.6(c) 所示。

从式(8.6)可以看出，当 $I_z/I_y$ 值很大时(例如梁横截面为狭长矩形时)，即使荷载作用线与 $y$ 轴间的夹角 $\varphi$ 非常微小，也会使总挠度 $f$ 对 $y$ 轴产生很大的偏离，这是非常不利的。因此，在较难估计外力作用平面与主轴平面是否能相当准确地重合的情况下，应尽量避免采用 $I_z$ 和 $I_y$ 相差很大的截面，否则就应采用一些结构上的辅助措施，以防止梁在斜弯曲时所发生的侧向变形。

**【例8.1】** 有一屋桁架结构如图8.7(a)所示。已知屋面坡度为1∶2，两桁架之间的距离为4 m，木檩条的间距为1.5 m，屋面重(包括檩条)为1.4 kN/m²。若木檩条采用120 mm×180 mm 的矩形截面，所用松木的弹性模量为 $E = 10$ GPa，许用应力 $[\sigma] = 10$ MPa，许可挠度 $[f] = l/200$，试校核该木檩条的强度和刚度。

**【解】** (1) 确定计算简图

屋面的重量是通过檩条传给桁架的。檩条简支在桁架上，其计算跨度等于两桁架间的距离 $l = 4$ m，檩条上承受的均布荷载 $q = 1.4 \times 1.5 = 2.1$ kN/m，其计算简图如图 8.7(b)、图 8.7(c) 所示。

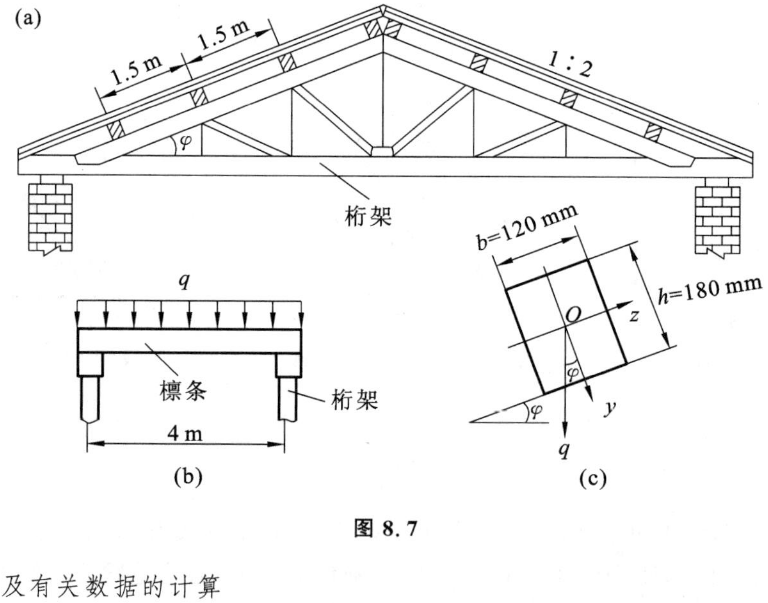


**图 8.7**

(2) 内力及有关数据的计算

$$M_{max} = \frac{ql^2}{8} = \frac{2.1 \times 10^3 \times 4^2}{8} = 4200\ \text{N}\cdot\text{m} = 4.2\ \text{kN}\cdot\text{m}(\text{发生在跨中截面})$$

屋面坡度为1∶2，即 $\tan\varphi = \dfrac{1}{2}$ 或 $\varphi = 26°34'$，$\sin\varphi = 0.4472$，$\cos\varphi = 0.8944$

另外算出：

$$I_z = \frac{bh^3}{12} = \frac{120 \times 180^3}{12} = 0.5832 \times 10^8 \text{mm}^4 = 0.5832 \times 10^{-4} \text{ m}^4$$

$$I_y = \frac{hb^3}{12} = \frac{180 \times 120^3}{12} = 0.2592 \times 10^8 \text{mm}^4 = 0.2592 \times 10^{-4} \text{ m}^4$$

$$y_{\max} = \frac{h}{2} = 90 \text{ mm}, \quad z_{\max} = \frac{b}{2} = 60 \text{ mm}$$

(3) 强度校核

将上列数据代入式(8.2),可得:

$$\begin{aligned}\sigma_{\max} &= \left| M_{\max}\left(\frac{z_{\max}}{I_y}\sin\varphi + \frac{y_{\max}}{I_z}\cos\varphi\right)\right| \\ &= 4200 \times \left(\frac{60 \times 10^{-3}}{0.2592 \times 10^{-4}} \times 0.4472 + \frac{90 \times 10^{-3}}{0.5832 \times 10^{-4}} \times 0.8944\right) \\ &= 4200 \times (1035 + 1380) = 10.14 \times 10^6 \text{ N/m}^2 = 10.14 \text{ MPa}\end{aligned}$$

$\sigma_{\max} = 10.14$ MPa 虽稍大于$[\sigma] = 10$ MPa,但所超过的数值小于$[\sigma]$的5%,故满足强度要求。

(4) 刚度校核

最大挠度发生在跨中

$$f_y = \frac{5(q\cos\varphi)l^4}{384EI_z} = \frac{5 \times 2.1 \times 10^3 \times 0.8944 \times 4^4}{384 \times 10 \times 10^9 \times 0.5832 \times 10^{-4}} = 0.0107 \text{ m} = 10.7 \text{ mm}$$

$$f_z = \frac{5(q\sin\varphi)l^4}{384EI_y} = \frac{5 \times 2.1 \times 10^3 \times 0.4472 \times 4^4}{384 \times 10 \times 10^9 \times 0.2592 \times 10^{-4}} = 0.0121 \text{ m} = 12.1 \text{ mm}$$

总挠度 $f = \sqrt{f_y^2 + f_z^2} = \sqrt{10.7^2 + 12.1^2} = 16.2 \text{ mm} < [f] = \frac{4000}{200} = 20 \text{ mm}$,满足刚度要求。

## 8.3 拉(压)与弯曲

在杆件上同时作用有横向力$F$和轴向力$T$时,杆件将发生弯曲与拉伸(压缩)的组合变形。

对于抗弯刚度$EI$较大的杆,由横向力引起的变形较小,可忽略轴向力引起的附加弯矩$Tf$,此时仍可用叠加原理计算横截面上的正应力。下面以图8.8(a)所示的杆件为例,计算拉弯杆件横截面上的最大正应力。

(1) 外力分析

在轴向拉力$T$的作用下,杆$AB$产生轴向拉伸变形,在横向力$F$作用下将产生平面弯曲变形,杆件$AB$为拉弯组合变形。

(2) 内力分析

作内力图如图8.8(c)、图8.8(d)所示,可知$C$截面为危险截面:

$$N_C = T, \quad M_C = \frac{Fl}{4}$$

(3) 应力分析

轴力引起的应力$\sigma_N$,弯矩引起的应力$\sigma_M$,以及叠加后的应力$\sigma$沿截面高度的分布规律如

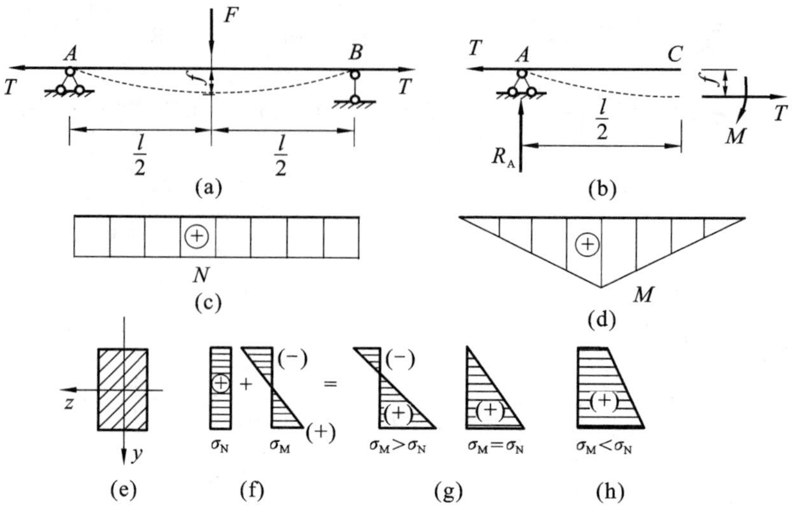


图 8.8

图 8.8(f)、图 8.8(g)、图 8.8(h) 所示，最大拉应力发生在跨中截面的下边缘。

(4) 强度条件

$$\sigma_{\max} = \frac{T}{A} + \frac{Fl}{4W_z} \leqslant [\sigma]$$

其他情形的梁，同样可按上述方法计算。应该注意，当轴向力为压力时，则最大应力在梁的上边缘，且是压应力。当材料许用拉应力和许用压应力不相等时，杆内的最大拉应力和最大压应力必须分别满足杆件的拉、压强度条件。

以上利用叠加原理计算应力只适用于小变形，此时略去了轴向拉(压) 力由于弯曲挠度而引起的附加弯矩。

**【例 8.2】** 有一三角形托架如图 8.9(a) 所示，杆 $AB$ 为一工字钢。已知作用在点 $B$ 处的集中荷载 $F = 8$ kN，型钢的许用应力 $[\sigma] = 100$ MPa，试选择杆 $AB$ 的工字钢型号。

**【解】** (1) 计算杆 $AB$ 的内力，并作内力图

杆 $AB$ 的受力图如图 8.9(b) 所示，由 $\sum M_A = 0, Y_C \times 2.5 - 8 \times 4 = 0$

求得
$$Y_C = 12.8 \text{ kN}(\uparrow)$$

而
$$X_C = Y_C/\tan 30^\circ = 22.17 \text{ kN}$$

作出杆 $AB$ 的弯矩图和轴力图，分别如图 8.9(c)、图 8.9(d) 所示。

(2) 从内力图上可看出最大弯矩(绝对值) 及最大轴力均发生在截面 $C$ 上，分别为：

$$M_{\max} = 12 \text{ kN} \cdot \text{m}, \quad N_{\max} = 22.17 \text{ kN}$$

(3) 计算最大正应力

根据叠加原理，杆 $AB$ 在截面 $C$ 上的最大拉应力为：

$$\sigma_{\max} = \frac{N_{\max}}{A} + \frac{M_{\max}}{W_z} = \frac{22.17 \times 10^3}{A} + \frac{12 \times 10^3}{W_z} \tag{a}$$

式中 $A$—— 杆 $AB$ 横截面的面积；

$W_z$—— 相应的抗弯截面模量。

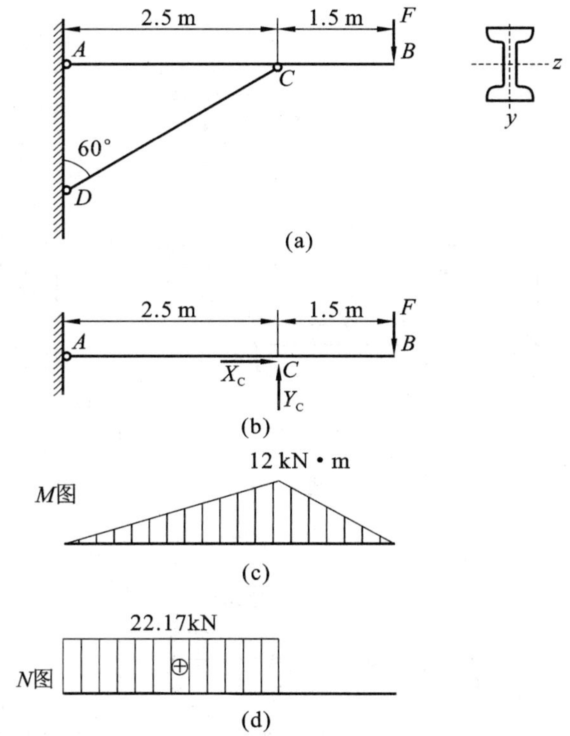


图 8.9

(4) 选择工字钢的型号

因式(a)中的 $A$ 和 $W_z$ 均为未知，故需采用试算法。首先选用 18 号工字钢，由附录 2 型钢表可查得 $A = 30.8 \times 10^2 \text{mm}^2$，$W_z = 185 \times 10^3 \text{mm}^3$，代入式(a)得：

$$\sigma = \frac{22.17 \times 10^3}{30.8 \times 10^2 \times 10^{-6}} + \frac{12 \times 10^3}{185 \times 10^3 \times 10^{-9}} = 72.1 \times 10^6 \text{ N/m}^2$$
$$= 72.1 \text{ MPa} < [\sigma] = 100 \text{ MPa}$$

强度满足要求，但富余太多，不经济。改选 16 号工字钢，其 $A = 26.1 \times 10^2 \text{ mm}^2$，$W_z = 141 \times 10^3 \text{ mm}^3$，代入式(a)得：

$$\sigma = \frac{22.17 \times 10^3}{26.1 \times 10^2 \times 10^{-6}} + \frac{12 \times 10^3}{141 \times 10^3 \times 10^{-9}} = 93.6 \times 10^6 \text{ N/m}^2$$
$$= 93.6 \text{ MPa} < [\sigma] = 100 \text{ MPa}$$

这样，就既能满足强度条件，用材又比较经济，确定选用 16 号工字钢。

## 8.4 偏心受压(受拉)

图 8.10 所示受压杆件，虽然压力 $F$ 的作用线与杆轴线平行，但不通过截面形心，这类问题称为**偏心压缩**。

图 8.10(a) 为单向偏心受压柱，外力作用在 $z$ 轴上的 $A$ 点，$A$ 点距离形心 $O$ 的距离为 $e$，$e$ 称为偏心距。图 8.11(a) 属双向偏心受压柱，外力 $F$ 作用于 $A$ 点，$A$ 点的坐标为 $y_F$ 和 $z_F$。

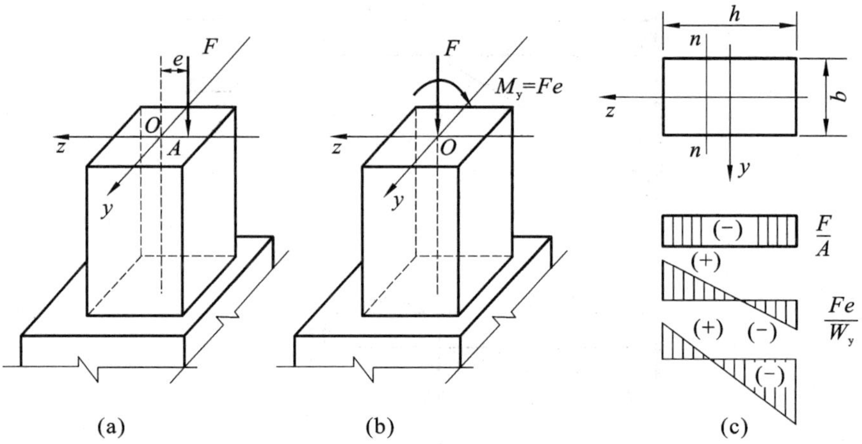


图 8.10

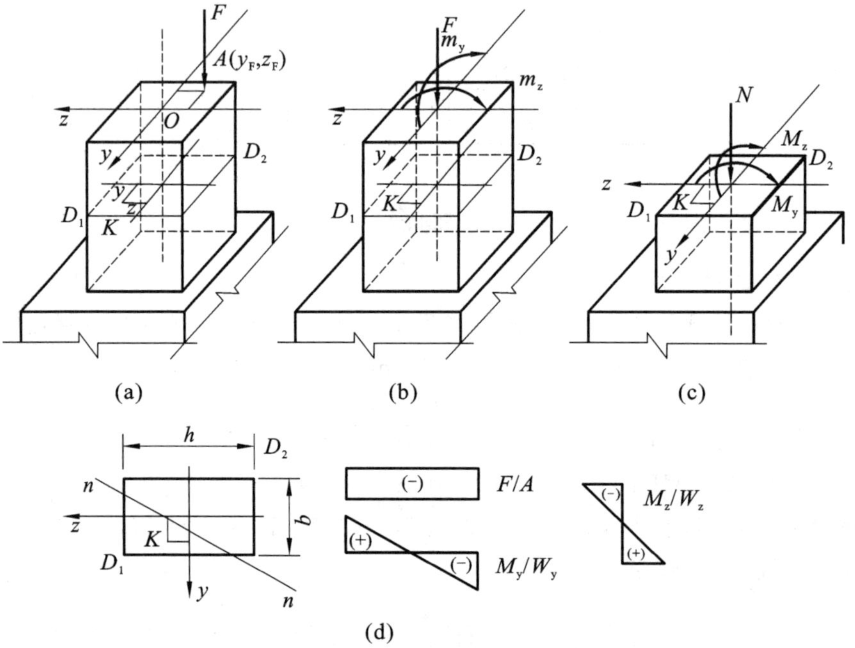


图 8.11

下面以双向偏心受压柱为例说明偏心受压柱的强度问题。

### 8.4.1　偏心压缩时的强度计算

(1) 外力分析

将力 $F$ 向截面形心简化，得轴向压力 $F$、力偶矩 $m_y = F \cdot z_F$ 和 $m_z = F \cdot y_F$（$z_F$、$y_F$ 为力 $F$ 作用点坐标），它们分别产生轴向压缩和绕 $y$、$z$ 轴的两个平面弯曲。可见，偏心压缩实际上是压弯组合变形问题。

(2) 内力分析

从图 8.11(b) 可知,各截面上的内力都相同,有:

$$N=F,\quad M_y=m_y=F\cdot z_F,\quad M_z=m_z=F\cdot y_F$$

(3) 应力分析

求某截面上任一点 $K$ 处的应力。由图 8.11(c) 可知:

$$\sigma_K=-\frac{N}{A}+\frac{M_y}{I_y}z+\frac{M_z}{I_z}y=-\frac{F}{A}+\frac{F\cdot z_F}{I_y}z+\frac{F\cdot y_F}{I_z}y \tag{8.7}$$

式中　$y,z$—— 所求应力点的坐标。

计算时,各量均以绝对值代入,各项的正负号由观察法确定。于是,对于偏心压缩问题,式(8.7) 中除第一项为压应力外,第二、第三项可以是压应力,也可以是拉应力,应视所求应力点 $K$ 在截面上的位置而定。对单向偏心受压柱,式(8.7) 中弯矩 $M_y$ 或 $M_z$ 为 0。

由轴力 $N$、弯矩 $M_y$ 和 $M_z$ 分别引起的应力如图 8.11(d) 所示。显然,在截面内 $D_2$ 点处具有最大的压应力,即为危险点。在截面内 $D_1$ 点处可能产生最大的拉应力、最小压应力或应力 0。

(4) 建立强度条件

截面上的最大压应力强度条件[图 8.11(d) 的 $D_2$ 点]:

$$\sigma_{a\max}=\left|-\frac{N}{A}-\frac{M_y}{W_y}-\frac{M_z}{W_z}\right|\leqslant[\sigma]_c \tag{8.8}$$

截面上可能的最大拉应力强度条件为[图 8.11(d) 的 $D_1$ 点]:

$$\sigma_{l\max}=\left|-\frac{N}{A}+\frac{M_y}{W_y}+\frac{M_z}{W_z}\right|\leqslant[\sigma]_l \tag{8.9}$$

对于没有棱角的截面,应先确定中性轴的位置,再确定危险点的位置,进而建立强度条件。

### 8.4.2　偏心压缩时截面中性轴的位置

按图 8.11(a)、图 8.11(b) 所示坐标,设 $z_0$、$y_0$ 为中性轴上点的坐标,$z_F$、$y_F$ 为力作用点的坐标,则截面上中性轴各点的应力为:

$$\sigma_K=-\frac{F}{A}-\frac{F\cdot z_F}{I_y}z_0-\frac{F\cdot y_F}{I_z}y_0=0$$

即

$$1+\frac{z_F}{i_y^2}z_0+\frac{y_F}{i_z^2}y_0=0 \tag{8.10}$$

式中　$i_z,i_y$—— 截面对 $z$、$y$ 轴的惯性半径,$i_z=\sqrt{I_z/A}$,$i_y=\sqrt{I_y/A}$。

由式(8.10) 可知,中性轴方程是一直线方程,截距为:

$$\left.\begin{aligned}&\text{当 } z_0=0 \text{ 时},\quad a_y=(y_0)_{z_0=0}=-\frac{i_z^2}{y_F}\\&\text{当 } y_0=0 \text{ 时},\quad a_z=(z_0)_{y_0=0}=-\frac{i_y^2}{z_F}\end{aligned}\right\} \tag{8.11}$$

由式(8.11) 可确定中性轴的位置(图 8.10)。该式表明,力作用点坐标 $z_F$、$y_F$ 越大,截距 $a_z$、$a_y$ 越小;反之亦然。说明外力作用点越靠近截面形心,则中性轴越远离形心。式中负号表示中性轴与外力作用点分别位于截面形心的相对两侧,中性轴将截面分为两部分,一部分为压力区，另一部分为拉力区。

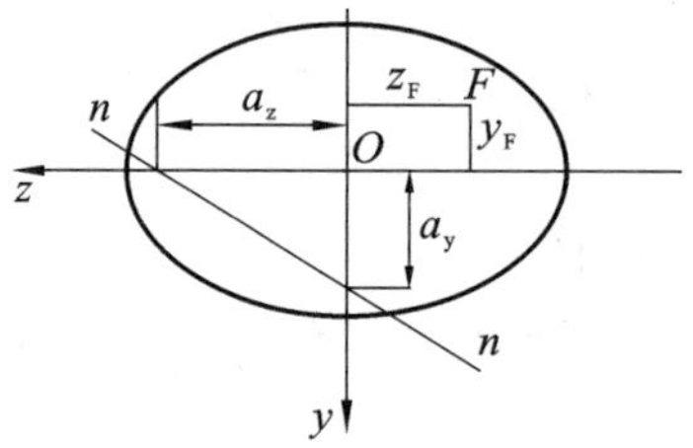


图 8.12

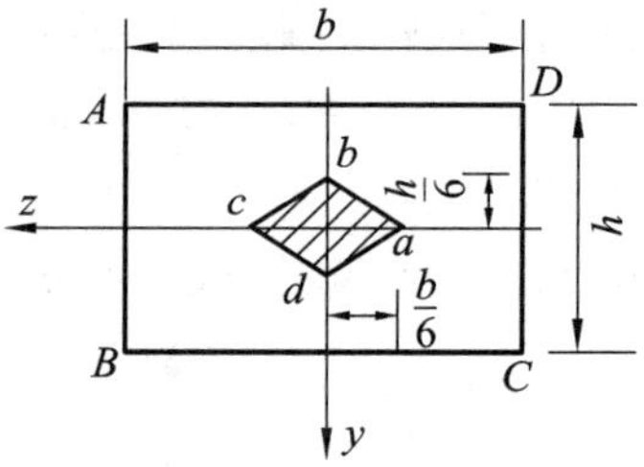


图 8.13

### 8.4.3 截面核心

对于一些脆性材料，例如砖石、混凝土等制成的构件，因其抗拉强度较低，在承受偏心压力作用时，应设法避免出现拉应力。由式(8.11)可见，对于给定的截面，$z_F$、$y_F$ 值越小，$a_z$、$a_y$ 值就越大，即外力作用点离形心越近，中性轴距形心就越远。因此，当外力作用点位于截面形心附近的一个区域内时，就可以保证中性轴不穿过横截面，这个区域称为**截面核心**(kern of cross-section)。当外力作用在横截面核心边界上时，与其对应的中性轴正好与截面的周边相切。利用这一性质，可以确定截面核心的边界。

以图 8.13 所示矩形截面为例，确定其截面核心。令中性轴与截面的 $AB$ 边相切，则在 $z$、$y$ 两轴上的截距分别为：

$$a_z = \frac{b}{2}, \quad a_y = \infty$$

矩形截面对 $z$、$y$ 轴的惯性半径的平方分别为：

$$i_z^2 = \frac{h^2}{12}, \quad i_y^2 = \frac{b^2}{12}$$

将以上各值代入式(8.11)，可得截面核心边界上 $a$ 点坐标为：

$$z_a = z_F = -\frac{i_y^2}{a_z} = -\frac{\frac{b^2}{12}}{\frac{b}{2}} = -\frac{b}{6}, \quad y_a = y_F = -\frac{i_z^2}{a_y} = 0$$

再令中性轴分别与截面 $BC$、$CD$、$DA$ 边相切，同理可求得对应截面核心边界上点 $b$、$c$、$d$ 的坐标依次为：

$$z_b = 0, \quad y_b = -\frac{h}{6}; \quad z_c = \frac{b}{6}, \quad y_c = 0; \quad z_d = 0, \quad y_d = \frac{h}{6}$$

这样，就得到了截面核心边界上的 4 个点。中性轴绕 $B$ 点从 $AB$ 边转到 $BC$ 边的过程，可得力作用点的轨迹方程，由中性轴方程式(8.10)，可得：

$$1 + \frac{z_B}{i_y^2} z_F + \frac{y_B}{i_z^2} y_F = 0 \tag{8.12}$$

式中 $z_B$，$y_B$——点 $B$ 的坐标，即中性轴上 $B$ 点的坐标。

式(8.12)是一直线方程，表明力作用点由 $a$ 点到 $b$ 点的轨迹是一条直线，同理可知 $bc$、$cd$ 和 $da$ 也是直线。于是可得矩形截面的截面核心为图 8.13 所示的菱形。

工字形、槽形、T 形和圆形截面的截面核心如图 8.14 所示。

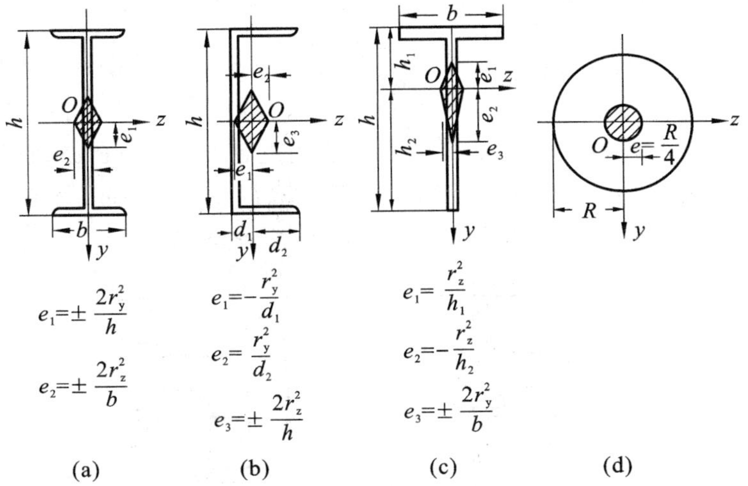


图 8.14

【例 8.3】 起重能力为 80 kN 的起重机，安装在混凝土基础上(图 8.15)。起重机支架的轴线通过基础的中心。已知起重机的自重为 $Q_1=180$ kN(荷载 $P$ 及平衡锤 $Q$ 的重量不包括在内)，其作用线通过基础底面的轴 $Oz$，且有偏心距 $e=0.6$ m。若矩形基础的短边长为 3 m，问：(1) 其长边的尺寸 $a$ 应为多少才能使基础上不产生拉应力？(2) 在所选的 $a$ 值之下，基础底面上的最大压应力等于多少？(已知混凝土的密度 $\rho=2.243\times10^3$ kg/m$^3$)

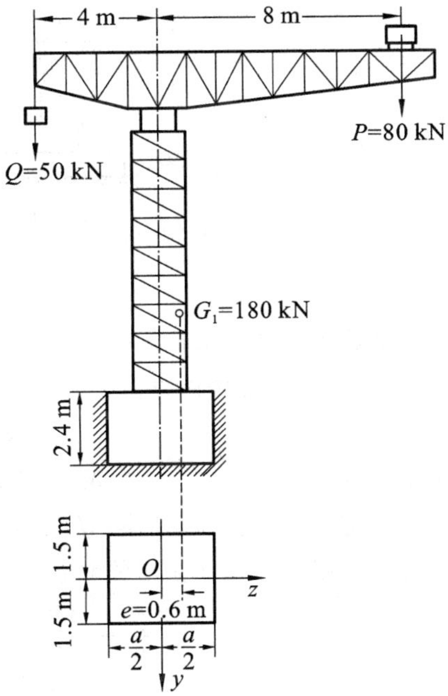


图 8.15

【解】 (1) 将有关各力向基础的中心简化，得到轴向压力为：

$$N=Q+P+G_1+G_2$$
$$=50+80+180+2.4\times3\times a\times2.243\times9.81$$
$$=(310+158.4a)\text{kN}$$

对主轴 $y$ 的力矩为：

$$M=-Q\times4+G_1\times0.6+P\times8$$
$$=-50\times4+180\times0.6+80\times8=548\ \text{kN}\cdot\text{m}$$

要使基础上不产生拉应力，必须使式(8.9)中的

$$\sigma_{l\max}=\left|-\frac{N}{A}+\frac{M_y}{W_y}\right|=0$$

将 $N$、$A=3a$、$M$ 和 $W=\dfrac{3a^2}{6}=0.5a^2$ 代入，可得：

$$\sigma_{l\max}=\left|-\frac{310+158.4a}{3a}+\frac{548}{0.5a^2}\right|=0$$

解得 $a = 3.68$ m，取 $a = 3.7$ m。

(2) 在基础底面上产生的最大压应力可以由式(8.8)求得：

$$\sigma_{\text{amax}} = \left|-\frac{N}{A} - \frac{M_y}{W_y}\right| = \frac{310 + 158.4 \times 3.7}{3 \times 3.7} + \frac{548}{\frac{3 \times 3.7^2}{6}} = 161 \text{ Pa}$$

**【例 8.4】** 如图 8.16 所示的钻床，当它工作时，钻孔进刀力 $F = 2$ kN。已知力 $F$ 的作用线与立柱轴线间的距离为 $e = 180$ mm，立柱的横截面为外径 $D = 40$ mm、内径 $d = 30$ mm 的空心圆，材料的许用应力 $[\sigma] = 100$ MPa，试校核此钻床立柱的强度。

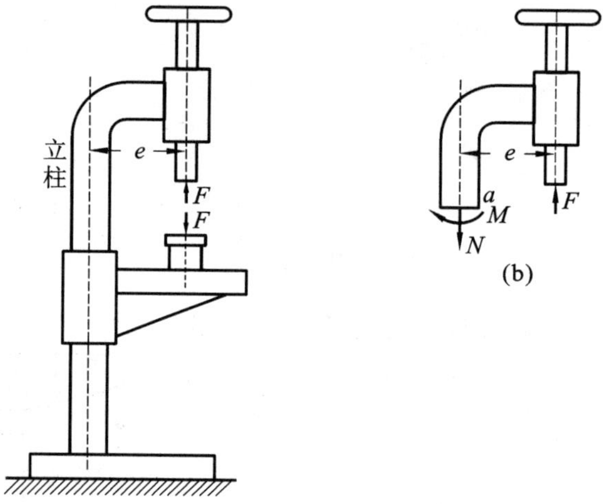


**图 8.16**

**【解】** 对于钻床立柱来说，外力 $F$ 是偏心的拉力。它将使立柱受到偏心拉伸，在立柱任一横截面上产生的内力为[图 8.16(b)]：

轴力 $$N = F = 2 \text{ kN} = 2000 \text{ N}$$

弯矩 $$M = Fe = 2000 \times 0.18 = 360 \text{ N} \cdot \text{m}$$

因轴向拉力 $N$ 与弯矩 $M$ 都会使横截面内侧边缘的点 $a$ 处产生拉应力，并使该处的拉应力最大，应对其进行强度校核。

$$\sigma_l = \sigma_{\max} = \left|\frac{N}{A} + \frac{M}{W}\right| = \frac{2000}{\frac{\pi}{4}(40^2 - 30^2) \times 10^{-6}} + \frac{360}{\frac{\frac{\pi}{4}(40^4 - 30^4) \times 10^{-12}}{\frac{40}{2} \times 10^{-3}}}$$

$$= 87.46 \text{ MPa} < [\sigma] = 100 \text{ MPa}，满足强度要求。$$

## 8.5 弯曲与扭转

一般传动轴除受扭转外，还经常伴随着弯曲，下面以截面直角曲杆[图 8.17(a)]中 $ABC$ 杆为例，说明弯曲与扭转组合变形时的强度计算。

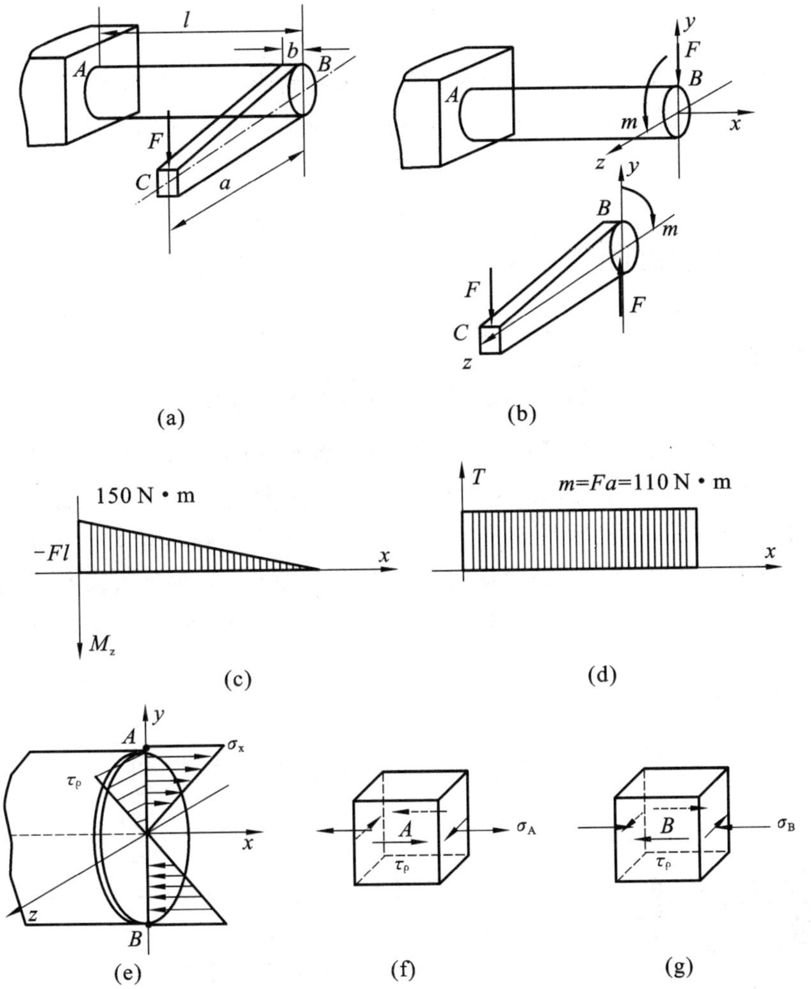


**图 8.17**

(1) 受力分析

将外力 $F$ 向 $B$ 截面形心简化，得一集中力 $F$ 和一力偶矩 $m = Fa$[图 8.17(b)]。可见，杆 $AB$ 将发生弯曲与扭转组合变形。

分别作杆 $AB$ 的扭矩图和弯矩图[图 8.17(c)、图 8.17(d)]，由内力图可见，固定端截面为危险截面，最大弯矩 $M_{\max} = Fl$，最大扭矩 $T_{\max} = Fa$。

(2) 应力分析

危险截面上弯曲正应力和扭转剪应力分布规律如图 8.17(e) 所示。$A$ 点和 $B$ 点的正应力与剪应力都是最大值，因此，均为危险点。对于许用拉应力、许用压应力相等的塑性材料制成的杆，这两点的危险程度是相同的。为此，可取其中的任一点来研究。$A$ 点、$B$ 点的应力状态如图 8.17(f)、图 8.17(g) 所示。可见 $A$ 点为复杂应力状态，其三个主应力为：

$$\left.\begin{matrix}\sigma_1\\ \sigma_3\end{matrix}\right. = \frac{\sigma}{2} \pm \frac{1}{2}\sqrt{\sigma^2 + 4\tau^2}, \quad \sigma_2 = 0$$

其中 $\sigma = \dfrac{M}{W_z}$，$\tau = \dfrac{T}{W_t}$。

对于受弯扭组合变形的杆件，一般都用塑性材料制成，通常采用第三和第四强度理论做强度计算。将 $\sigma_1$、$\sigma_2$、$\sigma_3$ 代入第三、第四强度理论，得强度条件分别为：

$$\sigma_{r3} = \sqrt{\sigma^2 + 4\tau^2} \leqslant [\sigma] \tag{8.13}$$

$$\sigma_{r4} = \sqrt{\sigma^2 + 3\tau^2} \leqslant [\sigma] \tag{8.14}$$

因为，$W_t = 2W_z$，所以式(8.13)与式(8.14)又可以写成：

$$\sigma_{r3} = \frac{1}{W_z}\sqrt{M^2 + T^2} \leqslant [\sigma] \tag{8.15}$$

$$\sigma_{r4} = \frac{1}{W_z}\sqrt{M^2 + 0.75T^2} \leqslant [\sigma] \tag{8.16}$$

圆截面杆弯扭组合变形，在求得危险截面的弯矩 $M$ 和 $T$ 后，由公式(8.15)或式(8.16)建立强度条件，计算较为简便。公式(8.15)、式(8.16)同样适用于空心圆杆。

**【例 8.5】** 如图 8.18 所示传动轴，传递功率 $P = 7.5$ kW，轴的转速 $n = 100$ r/min，$AB$ 为皮带轮，$A$ 轮上的皮带为水平，$B$ 轮上的皮带为铅直，若两轮的直径 $D$ 为 600 mm，则已知 $F_1 > F_2$，$F_2 = 1500$ N，轴材料的许用应力 $[\sigma] = 80$ MPa，试按第三强度理论计算轴的直径。

**【解】** (1) 外力计算：

$$M_e = 9549 \cdot \frac{P}{n} = 9549 \times \frac{7.5}{100} = 716\ \text{N} \cdot \text{m}$$

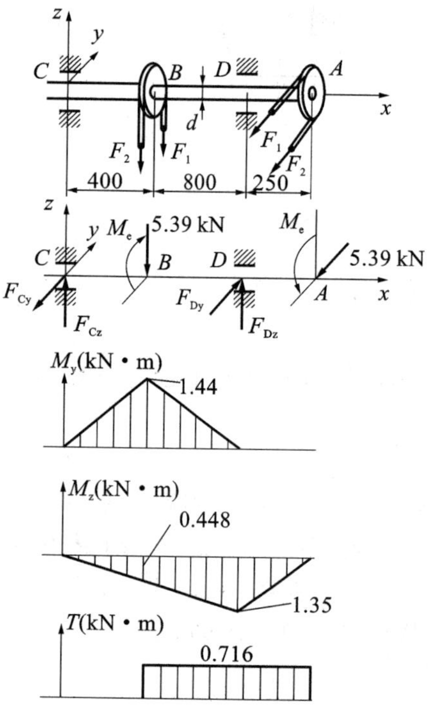


图 8.18

$$(F_1 - F_2) \times \frac{D}{2} = M_e$$

因已知 $F_2 = 1.5$ kN，$D = 0.6$ m，则 $F_1 = 3.89$ kN

$$F_1 + F_2 = 5.39\ \text{kN}$$

(2) 荷载简化及计算简图

$\sum M_D = 0$

$F_{Cz} \times 1200 - 5.39 \times 800 = 0$，$F_{Cz} = 3.6$ kN

$\sum M_C = 0$

$F_{Dz} \times 1200 - 5.39 \times 400 = 0$，$F_{Dz} = 1.8$ kN

$\sum M_D = 0$

$F_{Cy} \times 1200 - 5.39 \times 250 = 0$，$F_{Cy} = 1.2$ kN

$\sum M_C = 0$

$F_{Dy} \times 1200 - 5.39 \times 1450 = 0$，$F_{Dy} = 6.52$ kN

(3) 作弯矩图、扭矩图，确定危险截面

$B$ 截面：$M = \sqrt{1.44^2 + 0.448^2} = 1.51$ kN·m

$T = 0.716$ kN·m

因 $\dfrac{\sqrt{M^2 + T^2}}{W} \leqslant [\sigma]$，$W = \dfrac{\pi d^3}{32}$

有
$$\sqrt{M^2+T^2}=\sqrt{1.51^2+0.716^2}=1.68\ \text{kN}\cdot\text{m}$$
$$d\geqslant\sqrt[3]{\frac{32\times1.68}{\pi[\sigma]}}=59.8\ \text{mm}$$

## 小　结

(1) 受力构件的横截面上最多有六个内力分量，即 $N_x$、$V_y$、$V_z$、$M_x$、$M_y$、$M_z$。但是在一定的外力作用下，构件的各个横截面上并不都具有这六个内力分量，往往只有其中的几个，至于有哪几个内力，要视外力的作用情况而定。存在于横截面上的不同内力就组成了各种不同的组合变形，工程中常见的组合变形问题有以下几种：

① 斜弯曲——两个平面弯曲的组合

② 拉伸(压缩)与弯曲的组合(偏心压缩)

③ 扭转与弯曲的组合

本章内容并没有新的理论分析，而是应用前面各章的基本内容，主要是应用各种基本变形(拉、剪、弯、扭)时的应力和变形的计算公式及叠加原理来计算组合变形杆件中的应力和变形。因此，本章的内容是方法性问题，学习本章应复习掌握下列内容：基本变形的外力、内力、应力、变形特点和规律，理论力学中的有关力系的简化，平面一般力系和空间力系的平衡问题等。

(2) 解决组合变形问题的基本方法是先分解后叠加，即首先将复杂的组合变形分解为若干简单的基本变形，然后分别考虑各个基本变形下发生的内力、应力和变形的情况，最后进行叠加。

如何将复杂的组合问题分解为几个简单的基本变形问题以及怎样将各种基本变形的计算结果进行叠加，是学习这一章必须掌握的重点内容。

(3) 解组合变形的一般步骤

① 外力的简化与分解：首先将作用在杆件上的任意力系进行简化，使简化后的各外力(力偶)分量只分别产生一种基本变形，通过对外力的分析可帮助确定组合变形的类型。

② 内力分析：根据外力的作用情况，进行杆件的内力分析，必要时要画内力图，从而确定危险截面，并求出危险截面上的各内力值。一般来说，弯矩是控制因素，因此要特别注意最大弯矩所在的截面。

③ 应力分析：根据危险截面上的内力值，进一步分析危险截面上的应力分布规律，从而明确危险点所在位置。一般正应力为控制因素，因此，要特别注意最大(最小)正应力所在的点。

④ 取危险处的单元体，求出主应力值。

⑤ 选择适当的强度理论，进行强度计算。

(4) 正确地将外力进行简化和分解是解组合变形问题的关键，现将有关方法和要求归纳如下：

① 纵向力的简化

对于平行于杆轴的纵向力，当其作用线不通过截面的形心时，一律向截面的形心简化，其简化结果是一个通过形心的轴向力和一个(或两个)在主轴平面内的力偶$M_y$或$M_z$(或$M_y$和$M_z$)。

② 横向力的简化

对于实心截面首先将力向截面形心简化,得一力和一个力偶$M$(使杆件产生扭转)。若简化力与形心主轴方向不一致,则还要将其向形心主轴方向分解。

(5) 中性轴的位置

有弯曲就有中性轴的存在,它是拉应力与压应力的分界线。

① 平面弯曲:中性轴过截面形心,且与力的作用面垂直。

② 斜弯曲:中性轴过截面形心,与对称轴成一定的角度。

③ 拉(压)与弯曲的组合:中性轴不过形心,且与力的作用点分别处于形心的两侧。

(6) 危险点的应力状态

① 拉(压)与弯曲的组合、斜弯曲、偏心压缩(拉伸)—— 单向应力状态。

② 弯曲与扭转的组合 —— 双向应力状态。

## 思考题

8.1 什么叫组合变形?

8.2 当梁在两个互相垂直对称面内同时弯曲时,如何计算最大弯曲正应力?

8.3 在圆形截面梁的横截面上,同时承受$M_y$与$M_z$作用,则该截面上的最大弯曲正应力是否为$\sigma_{max}=\frac{M_y}{W_y}+\frac{M_z}{W_z}$?

8.4 当杆件处于拉(压)弯组合与偏心压缩时,杆件横截面上的正应力如何分布?如何计算最大正应力?如何确定中心轴的位置?

8.5 什么是"截面核心"?如何确定截面核心?

8.6 对处在扭转和弯曲组合变形下的杆,怎样进行应力分析?怎样进行强度校核?

8.7 图8.19所示结构由三段组成,$AB$杆为$y$方向,$BC$杆为水平$x$方向,$CD$为水平$z$方向。三杆在$F_1$、$F_2$共同作用下,试分析各为何种组合变形?

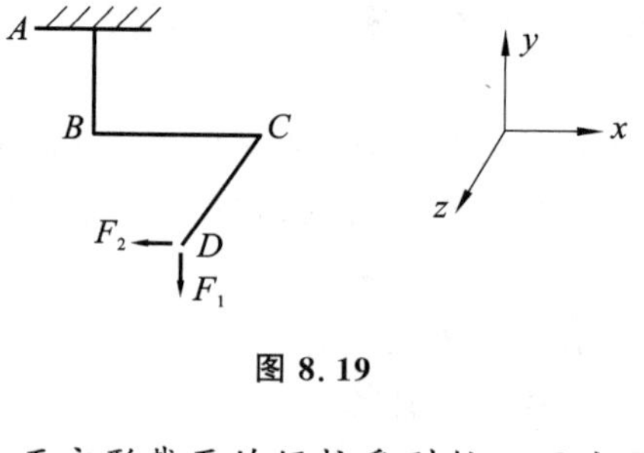


图8.19

8.8 图8.20(a)所示一正方形截面的短柱受到轴心压力$F$作用,图8.20(b)表示将柱的一侧挖去一部分,图8.20(c)表示将柱的两侧各挖去一部分。试判断在这三种情况下,短柱中的最大正应力的大小及位置。

8.9 图8.21所示各截面悬臂梁将发生什么变形?图中$a$—$a$为力的作用线方向。

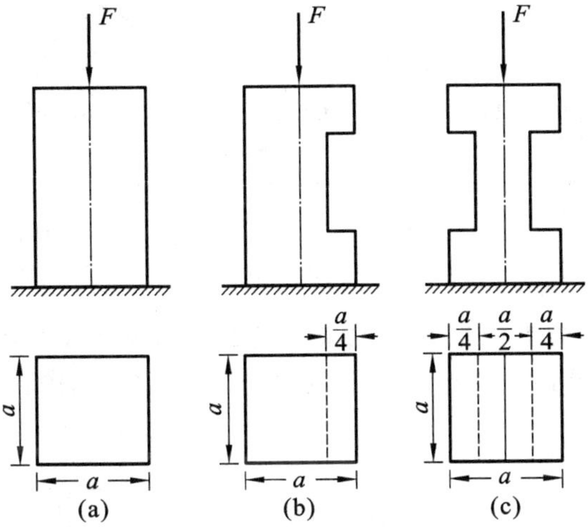


图 8.20

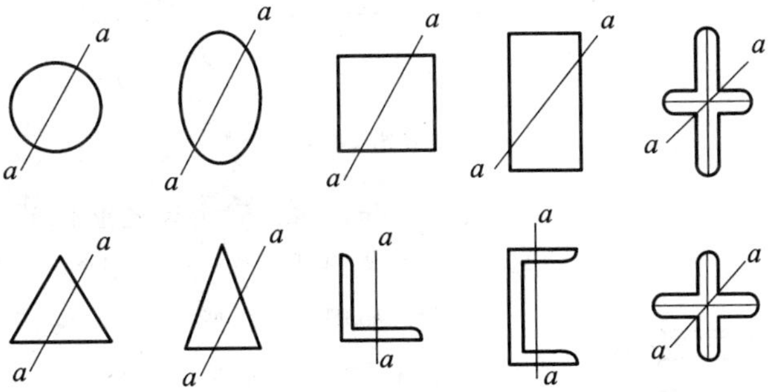

图 8.21

## 习 题

8.1 如图 8.22 所示木悬臂梁，梁长 $l=2$ m，矩形截面 $b\times h=150$ mm$\times 300$ mm，集中荷载 $F=800$ N，要求：

(1) 计算 $\alpha$ 为 $0^\circ$ 和 $90^\circ$ 时的最大拉应力，并指出最大拉应力发生的位置。

(2) 计算 $\alpha$ 为 $45^\circ$ 时的最大拉应力，并指出最大拉应力发生的位置。

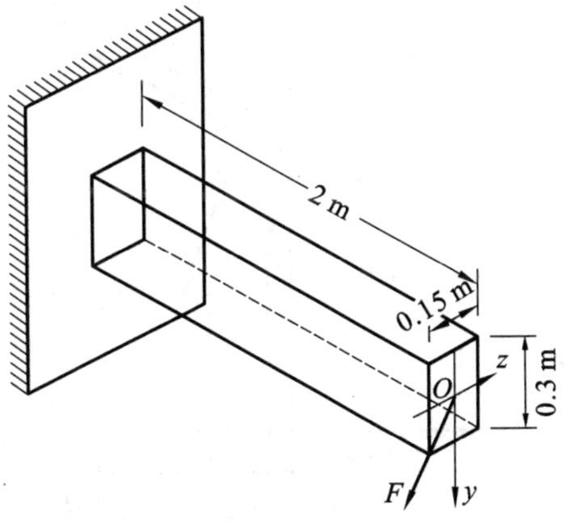


图 8.22

8.2 如图 8.23 所示木檩条，截面采用高宽比为 3/2 的矩形截面，许用应力 $[\sigma]=10$ MPa，许可挠度 $[f]=l/200$，$E=8000$ MPa。试选择其截面尺寸，并校核刚度。

8.3 如图 8.24 所示简支梁，选用了 32a 号工

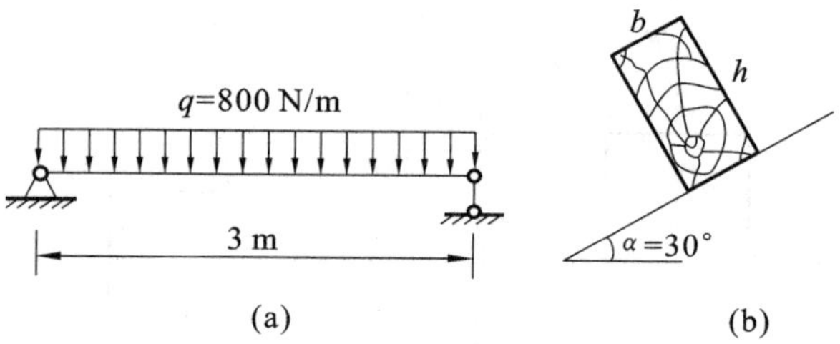


图 8.23

字钢。已知作用在跨中的集中荷载 $F=30$ kN，荷载 $F$ 的作用线与截面的竖直主轴间的夹角 $\alpha=15°$，钢材的弹性模量 $E=210$ GPa，许用应力 $[\sigma]=160$ MPa，按正应力校核强度，并计算跨中挠度。

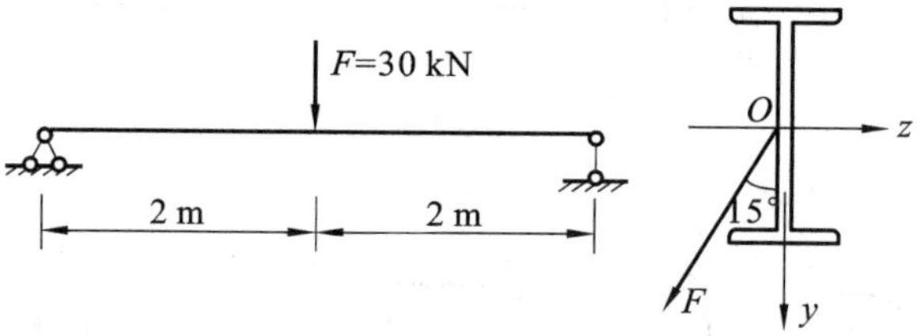


图 8.24

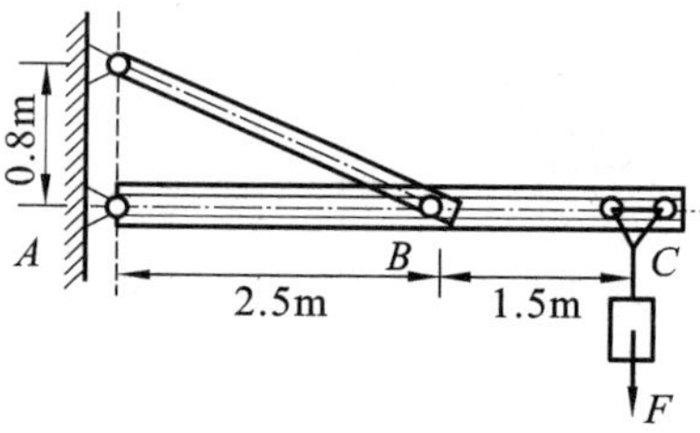


图 8.25

8.4　如图 8.25 所示起重机最大吊重 $F=8$ kN，若 $AB$ 杆为工字钢，$[\sigma]=100$ MPa，试选择工字钢型号。

8.5　如图 8.26 所示浆砌块石挡土墙，墙高 4 m。已知墙背承受的土压力 $P_a=137$ kN，且其作用线与竖直线之间的夹角 $\alpha=45.7°$，浆砌块石的密度 $\rho_1=2.345\times10^3$ kg/m$^3$，墙基混凝土的密度 $\rho_2=2.396\times10^3$ kg/m$^3$，其他尺寸如图所示。试取 1 m 长的墙作为计算对象，求墙 $A$、$B$、$C$、$D$ 各点处的正应力。

8.6　如图 8.27 所示偏心受压杆。试求该杆中不出现拉应力时的最大偏心距。

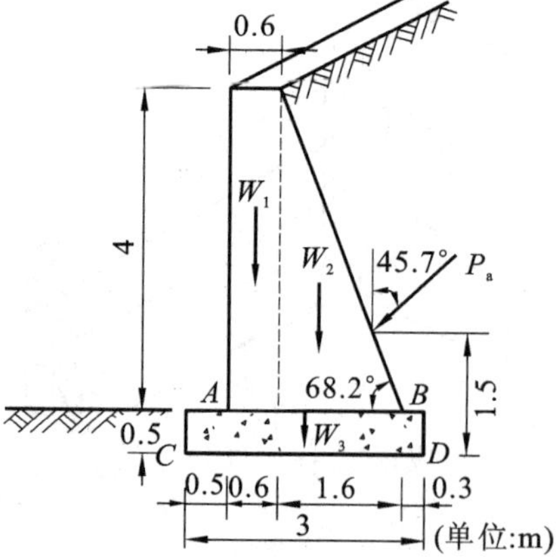


图 8.26

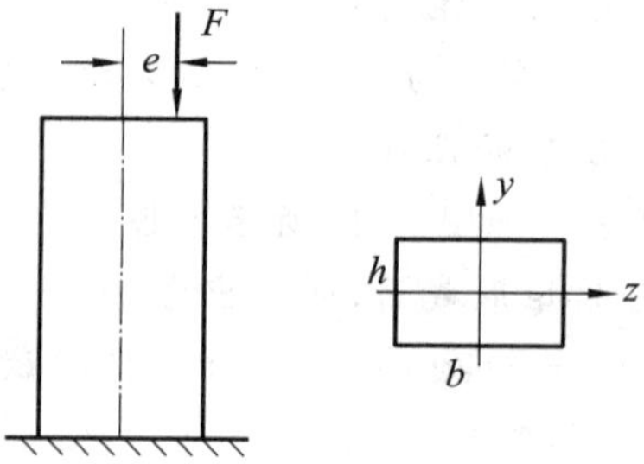


图 8.27

8.7 求图 8.28 所示杆内的最大正应力(力 $F$ 与杆的轴线平行)。

8.8 图 8.29 所示传动轴 $AB$,由电动机带动。已知电动机通过联轴器作用在截面 $A$ 上的扭力偶矩为 $M_l = 1\ \mathrm{kN\cdot m}$,胶带紧边与松边的张力分别为 $F_N$ 与 $F'_N$,且 $F_N = 2F'_N$,轴承 $C$ 与 $B$ 的距离为 200 mm,胶带轮的直径 $D = 300$ mm,轴用钢制成,许用应力$[\sigma] = 160$ MPa,试按第四强度理论确定轴 $AB$ 的直径。

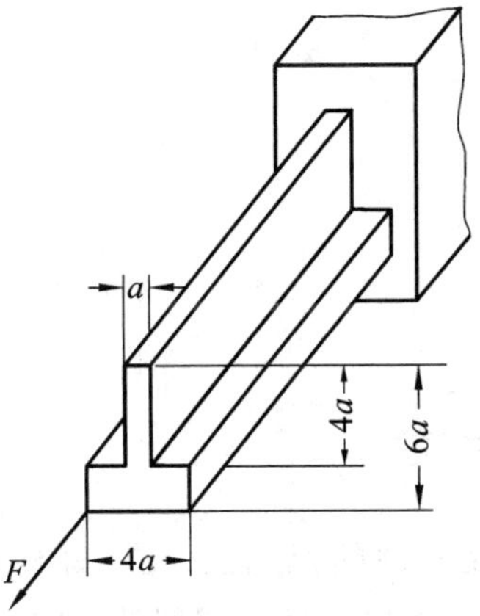


图 8.28

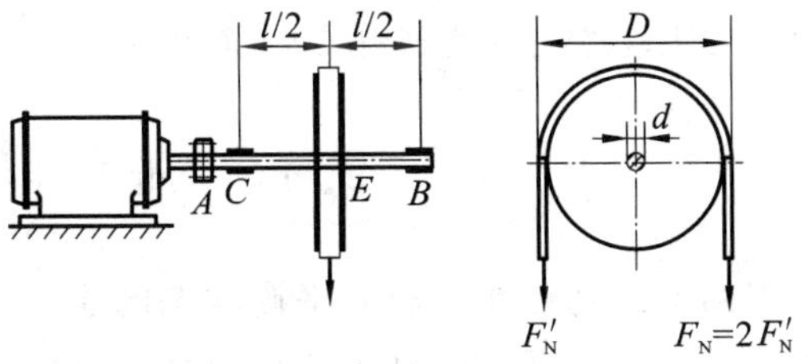


图 8.29

# 9 压杆稳定

**教学目标**

(1) 了解压杆稳定性、临界力和临界应力的概念

(2) 熟悉提高压杆稳定性的措施

(3) 掌握欧拉公式及其适用条件

(4) 熟练掌握受压构件稳定计算方法

## 9.1 压杆稳定的概念

工程结构或构件保持原有平衡状态的能力称为结构或构件的稳定性。要保证杆件能正常地工作,必须满足强度、刚度和稳定性三方面的要求。对于受拉的杆件或部件,满足强度和刚度要求,即能正常工作了。但对于受压的杆件或部件,除了要满足强度和刚度要求之外,更重要的是要满足稳定性要求,特别是较长的受压杆更应重视稳定问题。

### 9.1.1 压杆的两类力学模型

(1) 偏心压杆

对于一个工程中的实际压杆,由于制造、安装或施工时不可避免地会存在初曲率,作用在压杆上的外力或者外力的合力作用线不可能精确地同压杆的轴线重合;压杆的材料本身也达不到理想状态的均匀性。前者称为小偏心压杆,如图 9.1(c) 所示;后者称为初弯曲压杆,如图 9.1(b) 所示。对这种压杆通常会采用偏心压杆的力学模型,它受压力作用一开始就会伴随着弯曲变形,这一点与轴心受压杆的失稳在概念上是不同的。

(2) 轴心受压直杆

实际压杆的理想模型是小偏心压杆的偏心距等于零时的轴心受压直杆,有时称其为理想压杆,如图 9.1(a) 所示。本章主要讨论轴心受压杆的稳定问题。

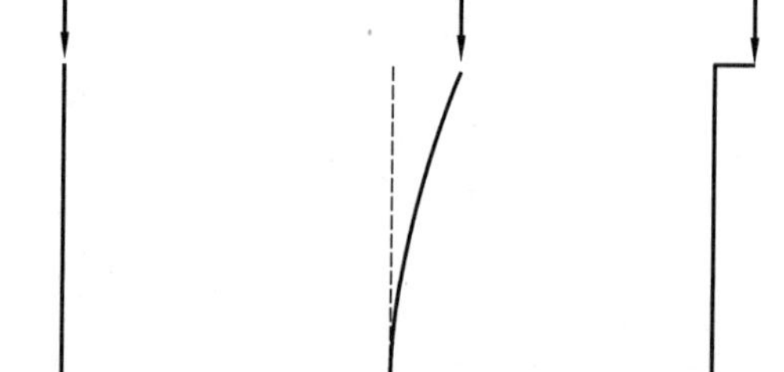


图 9.1

### 9.1.2　压杆的三种平衡状态及其临界状态

以图 9.2(a) 所示轴心受压直杆为例，在大小不等的压力 $F$ 作用下，观察压杆直线平衡状态所表现的不同特性。为便于观察，对压杆施加不大的横向干扰力，将其推至微弯状态[图 9.2(a) 中的虚线状态]。

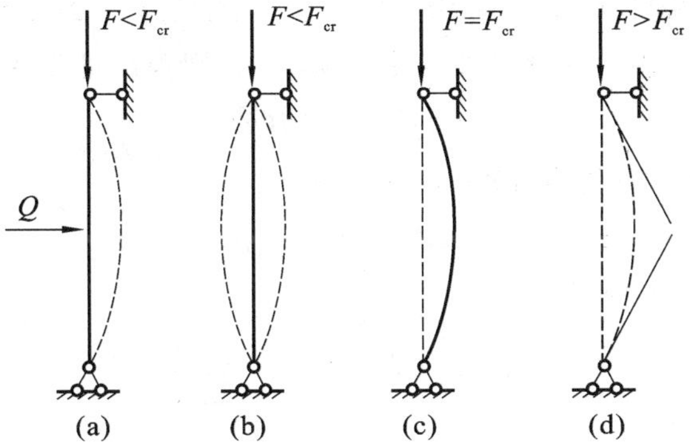


图 9.2

(1) 当压力 $F$ 值较小时($F$ 小于某一临界值 $F_{cr}$)，将横向干扰力去掉后，压杆将在直线平衡位置左右摆动，最终仍恢复到图 9.2(b) 所示的直线平衡状态。这表明，压杆原来的直线平衡状态是稳定的，该压杆原有直线状态的平衡是**稳定平衡**。

(2) 当压力 $F$ 值超过某一临界值 $F_{cr}$ 时，将横向干扰力去掉后，压杆不仅不能恢复到原来的直线平衡状态，而且还将在微弯的基础上继续弯曲，从而使压杆失去承载能力，如图 9.2(d) 所示。这表明，压杆原来的直线平衡状态是不稳定的，该压杆原有直线状态的平衡是**不稳定平衡**。

(3) 当压力 $F$ 值恰好等于某一临界值 $F_{cr}$ 时，将横向干扰力去掉后，压杆就在被干扰所形成的微弯状态下处于新的平衡，既不恢复原状，也不增大其弯曲程度[图 9.2(c)]。这表明，压杆在偏离直线平衡位置的附近保持微弯状态的平衡，称压杆这种状态的平衡为**随遇平衡**，它是介于稳定平衡和不稳定平衡之间的一种临界状态。当然，就压杆原有直线状态的平衡而言，随遇平衡也属于不稳定平衡。

压杆直线状态的平衡由稳定平衡过渡到不稳定平衡，叫压杆**失去稳定**，简称**失稳**。压杆处于稳定平衡和不稳定平衡之间的临界状态时，其轴向压力称为**临界力**，用 $F_{cr}$ 表示(即为使压杆失稳的最小荷载)。临界力 $F_{cr}$ 是判别压杆是否会失稳的重要指标。

## 9.2　细长杆临界力和临界应力

细长轴心受压直杆在临界荷载作用下，处于随遇平衡状态，其材料仍处于理想的线弹性范围内。从力学概念上讲，这类稳定问题一般称为**线弹性稳定问题**，它是压杆稳定问题中最简单，也是最基本的情况。

### 9.2.1　两端铰支的细长受压杆的临界力

为了求出压杆的临界荷载，应该考虑压杆处于临界状态下的荷载，即临界荷载是维持压杆微弯平衡的最小轴心压力。首先，以两端为铰支座的等直细长压杆为例，推导其临界荷载 $F_{cr}$ 的计算公式。

设两端为铰支座的细长杆上作用有轴心压力 $F$，当压力 $F$ 的大小达到 $F_{cr}$ 时，压杆会保持微弯状态[图 9.3(a)]。由于杆的弯曲变形很小，利用梁的挠曲线近似微分方程可得：

$$EIy'' = -M(x) \tag{9.1}$$

其中在任意 $x$ 截面上的弯矩[图 9.3(b)]为：

$$M(x) = F_{cr}y \tag{9.2}$$

将式(9.2)代入式(9.1)，得：

$$y'' = -\frac{M(x)}{EI} = -\frac{F_{cr}}{EI}y \tag{9.3}$$

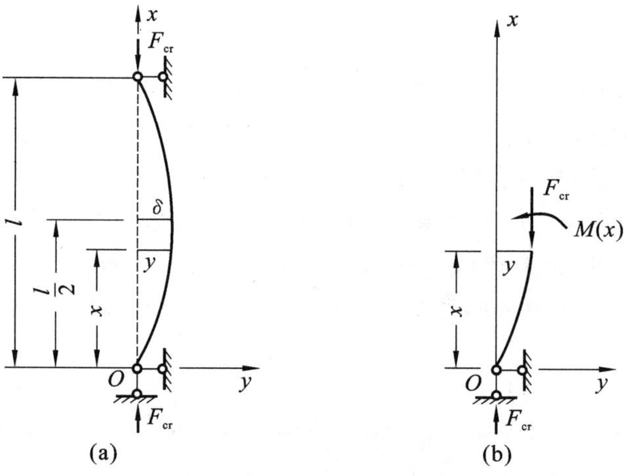


图 9.3

令

$$\frac{F_{cr}}{EI} = k^2 \tag{9.4}$$

则式(9.3)可以化为：

$$y'' + k^2 y = 0 \tag{9.5}$$

这是一个二阶常系数微分方程，它的通解为：

$$y = A\sin kx + B\cos kx \tag{9.6}$$

式(9.6)中的 $A$、$B$ 为积分常数，可由压杆的边界条件确定。两端铰支压杆的边界条件为，在 $x=0$ 和 $x=l$ 处，$y=0$，代入式(9.6)得：

$$\left.\begin{aligned} A\sin 0 + B\cos 0 &= 0 \\ A\sin kl + B\cos kl &= 0 \end{aligned}\right\} \tag{9.7}$$

由式(9.7)的第一式可知 $B = 0$。由于压杆处于微弯状态，因此位移 $y$ 不应为零。为得到 $y$ 的非零解，常数 $A$、$B$ 不应全为零，为此，式(9.7)的系数行列式必为零，即：

$$\begin{vmatrix} 0 & 1 \\ \sin kl & \cos kl \end{vmatrix} = 0$$

于是 $\sin kl = 0$

则
$$kl = n\pi \quad (n = 0,1,2,3,\cdots) \tag{9.8}$$

将式(9.8)代入式(9.4)，有

$$F_{cr} = \frac{n^2 \pi^2 EI}{l^2} \tag{9.9}$$

由临界荷载的定义可知，应在上式中取 $n = 1$，使 $F$ 最小，这样得到两端铰支压杆的临界荷载为：

$$F_{cr} = \frac{\pi^2 EI}{l^2} \tag{9.10}$$

式(9.10)是两端铰支轴心受压直杆临界力的计算公式，是欧拉(L. Euler)在 1744 年首先得到的，故通常称为**欧拉公式**。由于压杆总是在抗弯能力最弱的纵向平面内首先弯曲而失稳，因此，当杆端各个方向的约束相同时(如球形铰支座)，欧拉公式中的 $I$ 值应取截面的最小惯性矩 $I_{min}$。

从临界力公式知，临界力与抗弯刚度 $EI$ 成正比，与 $l^2$ 成反比。同时，上述临界力公式是从两端铰支的中心受压杆推导出来的，对于其他约束情况，均可仿照两端铰支压杆临界力公式的推导方法，得到其相应的计算公式(见例 9.1)。

### 9.2.2 不同杆端约束细长压杆的临界力

以上讨论的是两段铰支的细长杆，对于其他各种不同的杆端约束情况下的细长杆，也可采用上述方法推导临界力的计算公式(见例 9.1)，其相应的临界力计算公式的形式与式(9.10)相似，只是分母前多了个不同数值的系数。计算临界力的公式可统一写成：

$$F_{cr} = \frac{\pi^2 EI}{(\mu l)^2} \tag{9.11}$$

这是欧拉公式的普遍形式。式中 $\mu l$ 表示将压杆折算成两端铰支压杆的长度，称为**相当长度**或**计算长度**，$\mu$ 称为**长度系数**。常见 4 种情况的约束及其长度系数 $\mu$ 见表 9.1。

从上述分析可知，临界力 $F_{cr}$ 与杆端约束有关。约束力越强，长度系数 $\mu$ 越小，临界力越高。本节介绍的约束方式都是理想的和典型的情况。在工程实际中，杆的实际约束条件通常较为复杂，如何确定计算长度，可以参见设计规范中的具体规定。

**表 9.1　杆端约束条件对临界荷载的影响**

| 杆端支承情况 | 两端铰接 | 一端固定一端自由 | 两端固定 | 一端固定一端铰接 |
| --- | --- | --- | --- | --- |
| 压杆图形 | 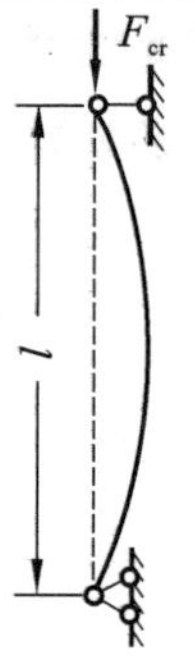 | 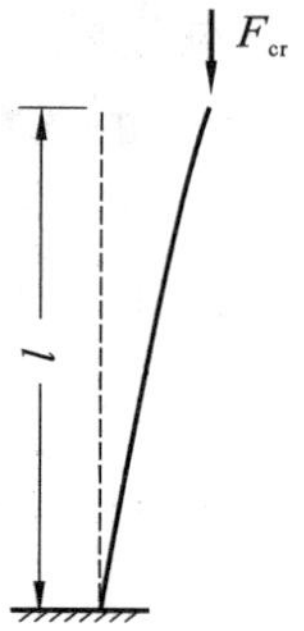 | 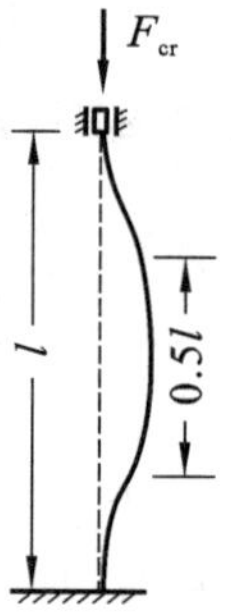 | 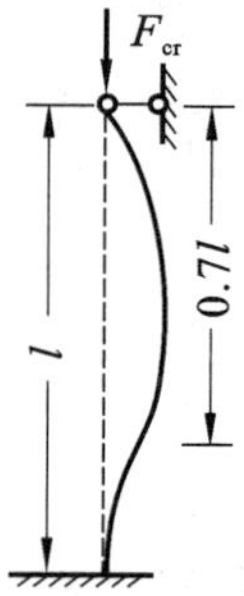 |
| 临界力 | $F_{cr}=\dfrac{\pi^2 EI}{l^2}$ | $F_{cr}=\dfrac{\pi^2 EI}{(2l)^2}$ | $F_{cr}=\dfrac{\pi^2 EI}{(0.5l)^2}$ | $F_{cr}=\dfrac{\pi^2 EI}{(0.7l)^2}$ |
| 相当长度 | $l_0=l$ | $l_0=2l$ | $l_0=0.5l$ | $l_0=0.7l$ |
| 长度系数 | $\mu=1$ | $\mu=2$ | $\mu=0.5$ | $\mu=0.7$ |

## 9.3　中心受压细长压杆的临界应力计算

### 9.3.1　临界应力与柔度

将临界荷载 $F_{cr}$ 除以横截面面积 $A$，即得压杆的**临界应力**，即：

$$\sigma_{cr}=\frac{F_{cr}}{A}=\frac{\pi^2 EI}{(\mu l)^2 A}=\frac{\pi^2 E}{(\mu l)^2}i^2 \tag{9.12}$$

在式中引入了 $i=\sqrt{\dfrac{I}{A}}$，$i$ 称为截面的**惯性半径**。

令

$$\lambda=\frac{\mu l}{i} \tag{9.13}$$

则有

$$\sigma_{cr}=\frac{\pi^2 E}{\lambda^2} \tag{9.14}$$

式(9.14)是以应力形式表示的欧拉公式。式中的 $\lambda$ 是一个无量纲的量，称为**柔度**或**长细比**。柔度越大，临界应力越低，压杆越容易失稳。压杆的柔度集中反映了杆长、约束情况、截面形状和尺寸等因素对临界应力的综合影响。由此可见，柔度在压杆的稳定计算中，是非常重要的参数。

### 9.3.2　欧拉公式的适用范围

推导欧拉公式时，曾利用了梁挠曲线的近似微分方程，而此微分方程应用条件为压杆的工作应力不超过材料的比例极限 $\sigma_p$。故欧拉公式适用条件为：

$$\sigma_{cr}=\frac{\pi^2 E}{\lambda^2}\leqslant\sigma_p$$

或用压杆的最小长细比(或柔度)来表示：

$$\lambda \geqslant \pi \sqrt{\frac{E}{\sigma_p}} = \lambda_p \tag{9.15}$$

显然，$\lambda_p$ 是判断欧拉公式能否应用的柔度界限值。当 $\lambda \geqslant \lambda_p$ 时，称为大柔度杆或细长杆，适用欧拉公式；当 $\lambda \leqslant \lambda_p$ 时，为非细长杆，不适用欧拉公式。

表 9.2 给出了一些工程常用材料的 $\lambda_p$ 值，可供参考。

**表 9.2　一些常用材料的 $\sigma_p$、$\lambda_p$、$\lambda_0$、$a$、$b$ 值**

| 材料 | $\sigma_p$(MPa) | $a$(MPa) | $b$(MPa) | $\lambda_p$ | $\lambda_0$ |
|---|---|---|---|---|---|
| Q235 | 240 | 304 ～ 310 | 1.12 ～ 1.14 | 100 | 61.4 |
| 35 号钢 | 306 | 460 | 2.57 | 10 | 60 |
| 45 号钢 | 312 | 469 | 2.62 | 10 | 60 |
| 硅钢 | 360 | 589 | 3.82 | 10 | 60 |
| 铬铝钢 | 380 | 980 | 5.29 | 55 | 0 |
| 硬铝 | | 392 | 3.26 | 50 | 0 |
| 铸铁 | | 338.7 | 1.48 | | |
| 松木 | | 28.7 | 0.199 | 59 | 0 |

### 9.3.3　中长杆和短杆的临界应力计算

(1) 直线型公式

直线型公式由实验整理得到：

$$\sigma_{cr} = a - b\lambda \quad (\lambda_0 < \lambda < \lambda_p) \tag{9.16}$$

这里 $a$、$b$ 是与材料有关的常数，由实验测出，也可查表 9.2。在式(9.16) 中，令 $\sigma_{cr} = \sigma_u$(极限应力)，则相应的 $\lambda$ 值即为 $\lambda_0$：

$$\lambda_0 = \frac{a - \sigma_u}{b} \tag{9.17}$$

(2) 抛物线型公式

抛物线型临界应力公式的一般形式为：

$$\sigma_{cr} = a_1 - b_1\lambda^2 \quad (\lambda < \lambda_p) \tag{9.18}$$

式中　$a_1$，$b_1$——与材料有关的常数。

$A_3$ 钢压杆：$\sigma_{cr} = 240 - 0.00682\lambda^2$(MPa)；16Mn 钢压杆：$\sigma_{cr} = 350 - 0.01447\lambda^2$(MPa)。

应该指出，上述经验公式也应该用压杆的柔度限制其适用范围。最小柔度 $\lambda_0$ 应用相应的极限应力 $\sigma_u$ 来确定。例如对用塑性材料制成的压杆，$\lambda_0$ 值应用材料的屈服极限 $\sigma_s$ 确定。若压杆中的临界应力超过了材料的极限应力，则压杆在达到临界应力之前就会因强度不足而破坏，这类压杆一般称为小柔度杆(或短杆)。这种情况下的压杆不会因失稳而破坏，应属强度问题。

(3) 临界应力总图

压杆的类型根据其柔度可分为三大类，即：① 当 $\lambda \geqslant \lambda_p$ 时，为细长杆或大柔度杆，其临界

应力 $\sigma_{cr} \leqslant \sigma_p$，可用欧拉公式计算；② 当 $\lambda_0 < \lambda < \lambda_p$ 时，为中长杆或中柔度杆，其临界应力 $\sigma_p < \sigma_{cr} < \sigma_u$，$\sigma_{cr}$ 应用经验公式计算；③ 当 $\lambda \leqslant \lambda_0$ 时，为短粗杆或小柔度杆，其临界应力 $\sigma_{cr} = \sigma_u$，应按强度问题处理。

上述分析表明，临界应力 $\sigma_{cr}$ 是关于压杆柔度 $\lambda$ 的一个分段函数，在不同 $\lambda$ 范围内，压杆的临界应力与柔度 $\lambda$ 之间的变化关系曲线如图 9.4 所示，一般称之为压杆的**临界应力总图**。

若采用抛物线型公式求中长杆的临界应力，同样也可以绘出 $\sigma_{cr}$-$\lambda$ 关系的临界应力总图（图 9.5）。

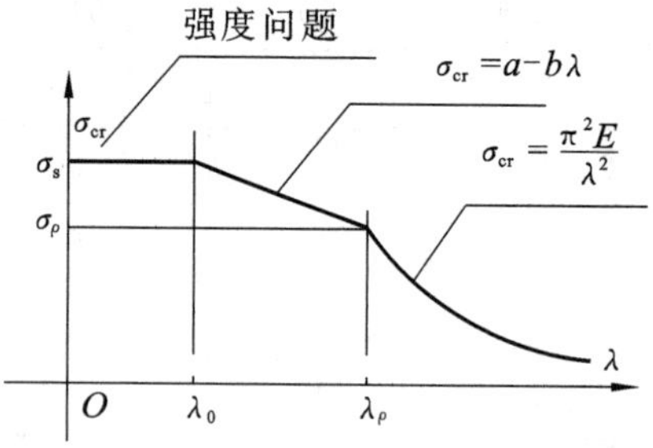


图 9.4

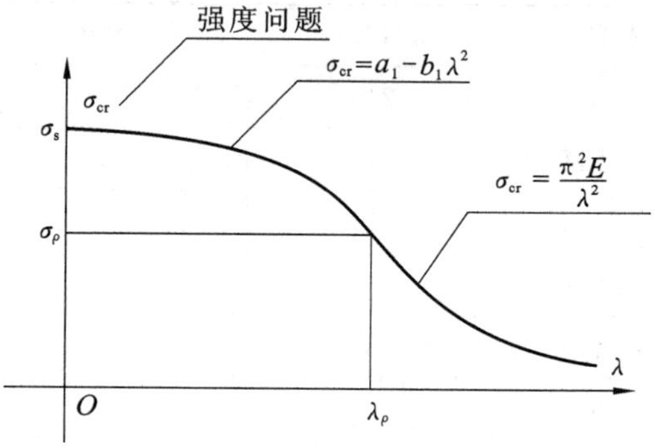


图 9.5

**【例 9.1】** 求图 9.6 所示一端固定，另一端铰支的等直细长杆在轴向受压时的欧拉公式。

**【解】** 一端固定，另一端铰支的压杆失稳后，计算简图如图 9.6 所示。任意横截面上的弯矩为 $M(x) = F_{cr}y + R(l - x)$，于是压杆的挠曲线近似微分方程应为：

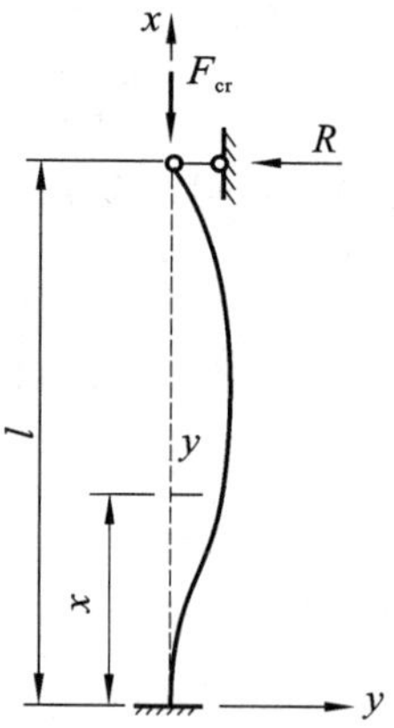


图 9.6

$$EIy'' = -M(x) = -F_{cr}y - R(l - x) \tag{a}$$

令 $\frac{F_{cr}}{EI} = k^2$，上式可以改写为：

$$y'' + k^2 y = -\frac{R(l - x)}{EI} \tag{b}$$

上述微分方程的通解为：

$$y = A\sin kx + B\cos kx - \frac{R(l - x)}{F_{cr}} \tag{c}$$

挠曲线的一阶导数为：

$$y' = Ak\cos kx - Bk\sin kx + \frac{R}{F_{cr}} \tag{d}$$

压杆的位移边界条件为：

$$x = 0, y = 0;\quad x = 0, y' = 0;\quad x = l, y = 0$$

把上述边界条件代入式(c) 和式(d)，可以得到

$$\left.\begin{aligned} & B - \frac{Rl}{F_{cr}} = 0 \\ & Ak + \frac{R}{F_{cr}} = 0 \\ & A\sin kl + B\cos kl = 0 \end{aligned}\right\} \tag{e}$$

这是关于 $A$、$B$ 和 $R/F_{cr}$ 的齐次方程组，它有非零解的条件为系数行列式等于零，即

$$\begin{vmatrix} 0 & 1 & -l \\ k & 0 & 1 \\ \sin kl & \cos kl & 0 \end{vmatrix} = 0 \tag{f}$$

式(f)为稳定的特征方程，展开后得到：$\sin kl - kl\cos kl = 0$

即

$$\tan kl = kl \tag{g}$$

式(g)是超越方程，用试算法或图解法可解得无限多个解，但实际需要的最小非零解为：

$$kl = 4.49$$

由此得到的临界荷载为：

$$F_{cr} = k^2 EI = \frac{20.16EI}{l^2} = \frac{\pi^2 EI}{(0.7l)^2}$$

对一端固定、一端自由和两端固定的这两种理想约束的压杆，也可仿照上述方法得到临界荷载的计算公式。

**【例 9.2】** 一端固定、一端自由的中心受压柱[图 9.7(a)]，柱长 $l = 1$ m，材料为 Q235 钢，弹性模量 $E = 2\times10^5$ MPa，试用欧拉公式求：(1) 图 9.7(b)、图 9.7(c) 所示两种截面时的临界力，一种截面为 45 mm×6 mm 的角钢，另一种由两个截面为 45 mm×6 mm 的角钢组成；(2) 比较二者的临界力。

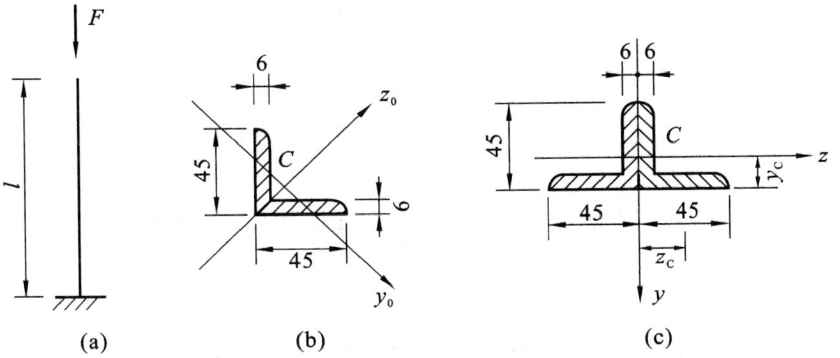


**图 9.7**

**【解】** (1) 单个角钢的截面

由附录 2 型钢表查得 $I_{min} = I_{y0} = 3.89\ \text{cm}^4 = 3.89\times10^{-8}\ \text{m}^4$

临界力

$$F_{cr} = \frac{\pi^2 EI_{min}}{(\mu l)^2} = \frac{\pi^2\times2\times10^{11}\times3.89\times10^{-8}}{(2\times1)^2} = 19180\ \text{N} = 19.18\ \text{kN}$$

(2) 由两个角钢组成的截面

查附录 2 型钢表，单个角钢的 $I_z = 9.33\ \text{cm}^4$，$A = 5.076\ \text{cm}^2$，$z_C = y_C = 1.332$ cm

所以

$$I_z = 2\times9.33 = 18.66\ \text{cm}^4$$

$$I_y = 2[9.33 + (5.076 + 1.332)] = 31.48\ \text{cm}^4$$

所以 $I_{min} = I_z$，故临界力为：

$$F_{cr} = \frac{\pi^2 EI_{min}}{(\mu l)^2} = \frac{\pi^2\times2\times10^{11}\times18.66\times10^{-8}}{(2\times1)^2} = 91990\ \text{N} = 91.99\ \text{kN}$$

(3) 临界力之比(惯性矩之比)

$$\frac{F_{cr(2)}}{F_{cr(1)}} = \frac{I_{min(2)}}{I_{min(1)}} = \frac{18.66}{3.89} = 4.8 \text{ 倍}$$

用两个角钢组成的截面与一个角钢的截面相比,在面积增大一倍的情形下,临界力可增大 4.8 倍。所以,临界力与截面尺寸和形状均有关。在截面面积不改变的情形下,如何提高临界力是值得考虑的。

**【例 9.3】** 有一两端铰支的钢压杆,已知其矩形横截面的尺寸为 60 mm × 100 mm,材料的弹性模量 $E = 210$ GPa,比例极限 $\sigma_p = 200$ MPa,试求能应用欧拉公式的杆的最小长度。

**【解】** 两端空间铰支压杆 $\mu = 1$,失稳时,应考虑截面的最小形心主惯性矩:

$$I_{min} = \frac{1}{12} \times 0.1 \times 0.06^3 = 1.8 \times 10^{-6} \text{ m}^4$$

最小的惯性半径:

$$i = i_{min} = \sqrt{\frac{1.8 \times 10^{-6}}{0.1 \times 0.06}} = \sqrt{3} \times 10^{-2} \text{ m}$$

满足欧拉公式的条件是:

$$\sigma_{cr} = \frac{\pi^2 E}{\lambda^2} = \frac{\pi^2 E}{\left(\frac{\mu l}{i}\right)^2} \leqslant \sigma_p$$

故最小杆长

$$l \geqslant \sqrt{\frac{\pi^2 E i^2}{\mu^2 \sigma_p}} = \sqrt{\frac{\pi^2 \times 210 \times 10^9 \times 3 \times 10^{-4}}{1^2 \times 200 \times 10^6}} = 1.76 \text{ m}$$

即当压杆的长度 $l \geqslant 1.76$ m 时,其临界应力不超过材料的比例极限,可以用欧拉公式计算临界荷载和临界应力。

## 9.4 细长中心受压杆的稳定计算

### 9.4.1 压杆的稳定条件

工程中,为使受压杆件不失去稳定并具有必要的安全储备,需建立压杆的稳定条件,对压杆作稳定计算。压杆工作时,工作应力应小于临界应力(或工作压力应小于临界压力)。

(1) 安全因数法

工作应力:

$$\sigma = \frac{F}{A} \leqslant [\sigma_{cr}]$$

$$[\sigma_{cr}] = \frac{\sigma_{cr}}{[n_{st}]}$$

式中 $[n_{st}]$—— 构件工作时的安全因数。

构件工作时的安全因数：

$$n = \frac{\sigma_{cr}}{\sigma} \geqslant [n_{st}] \tag{9.19}$$

(2) 稳定系数法(折减系数法、$\varphi$ 系数法)

轴心受压杆的稳定条件为：

$$\sigma = \frac{F}{A} \leqslant \varphi[\sigma] \tag{9.20}$$

式中　$F$—— 轴心压力；

$A$—— 压杆毛截面面积；

$\varphi$—— 稳定系数。

因为压杆的临界应力总是随柔度而改变，柔度越大，临界力越低，所以在压杆的稳定计算中，需要将$[\sigma]$乘以一个随柔度改变的稳定系数 $\varphi$，$\varphi = \varphi(\lambda)$。

### 9.4.2　压杆的稳定计算

根据压杆的稳定条件，可以解决压杆的稳定校核、确定轴心荷载和设计压杆截面这三类基本问题。其中稳定校核及轴心荷载易于计算，但采用稳定系数 $\varphi$ 建立稳定条件时，必须事先知道压杆的柔度 $\lambda$ 和材料类型，才能选择合适的 $\varphi$ 值。因此，在压杆截面的设计中，确定 $A$ 的过程一般应采用试算法。

采用试算法设计压杆截面的一般步骤是：

① 先假定一个初值 $\varphi_0$(如 $\varphi_0 = 0.5$)，可初选压杆截面

$$A \geqslant \frac{F}{\varphi_0[\sigma]}$$

② 根据 $A$ 值，可以设计截面的尺寸或形状，选择型钢号码或计算截面的具体尺寸。

③ 根据选定的截面尺寸，可以计算或直接查得截面的最小惯性半径 $i$，并通过 $\lambda = \frac{\mu l}{i}$ 计算出 $\lambda$ 后，由其 $\lambda$ 查表得出 $\varphi$ 值。若 $\varphi$ 与 $\varphi_0$ 相差较大，则应在 $\varphi$ 与 $\varphi_0$ 之间再选一个 $\varphi$ 值，重复 ① ～ ③ 步骤进行新的截面计算，直到假设的 $\varphi$ 值与计算出的 $\varphi$ 值相等或比较接近为止。

④ 根据最后选择的截面及 $\varphi$ 值，进行稳定校核。若能满足要求，又不是过于安全，则所选择的截面就是设计截面；若不满足要求或过于安全，则应参考计算结果，对截面尺寸作适当的调整，直到满足要求为止。

在《钢结构设计标准》(GB 50017—2017) 中，根据我国常用构件的截面形式、尺寸和加工条件，规定了相应的残余应力变化规律，并考虑了 $\frac{1}{1000}$ 的初始弯曲度，将压杆的承载能力相近的截面归并为表 9.3 所示的 a、b、c 三类。再根据不同材料或加工方法分别给出了 a、b、c 三类截面在不同柔度 $\lambda$ 下所对应的 $\varphi(\lambda)$，详见表 9.4 至表 9.6，可供压杆设计时使用。其中 a 类的残余应力影响较小，稳定性较好；c 类的残余应力影响较大，或者压杆截面没有双对称轴，需要考虑扭转失稳的影响，其稳定性较差。除了 a 和 c 类以外的其他各种截面，多数情况可取作 b 类。

**表 9.3　轴心受压构件的截面分类(板厚 $t < 40$ mm)**

<table>
<tr><th colspan="2">截面形式</th><th>对 $x$ 轴</th><th>对 $y$ 轴</th></tr>
<tr><td colspan="2">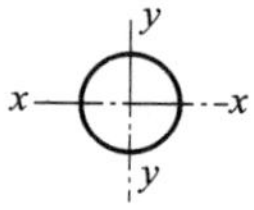 轧制</td><td>a 类</td><td>a 类</td></tr>
<tr><td rowspan="2">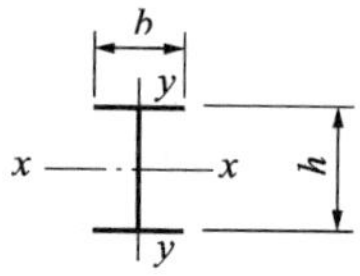 轧制</td><td>$b/h \leqslant 0.8$</td><td>a 类</td><td>b 类</td></tr>
<tr><td>$b/h > 0.8$</td><td>a* 类</td><td>b* 类</td></tr>
<tr><td colspan="2">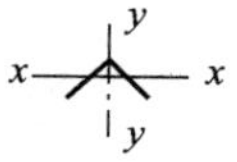<br>轧制等边角钢</td><td>a* 类</td><td>a* 类</td></tr>
<tr><td>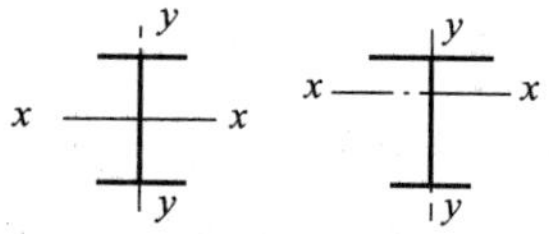<br>焊接、翼缘为焰切边</td><td>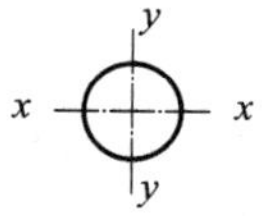<br>焊接</td><td rowspan="6">b 类</td><td rowspan="6">b 类</td></tr>
<tr><td colspan="2">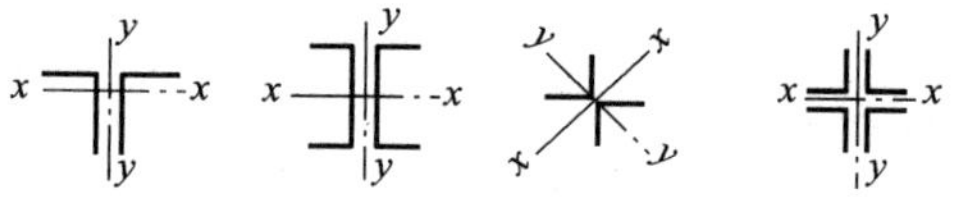<br>轧制</td></tr>
<tr><td>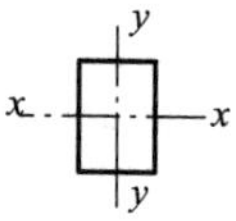<br>轧制、焊接(板件宽厚比 > 20)</td><td>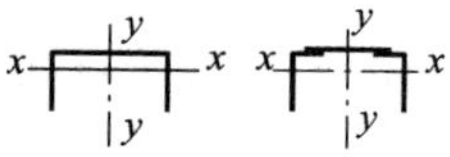<br>轧制或焊接</td></tr>
<tr><td>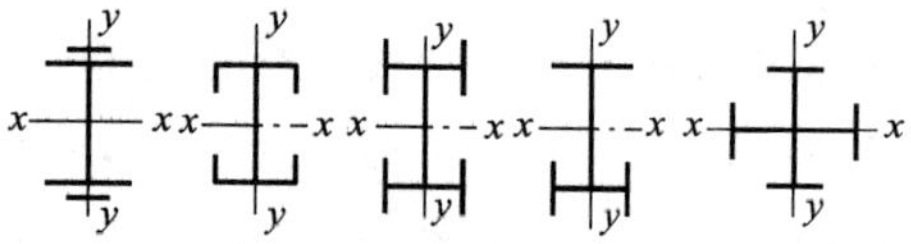<br>焊接</td><td>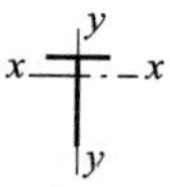<br>轧制截面和翼缘为<br>焰切边的焊接截面</td></tr>
<tr><td>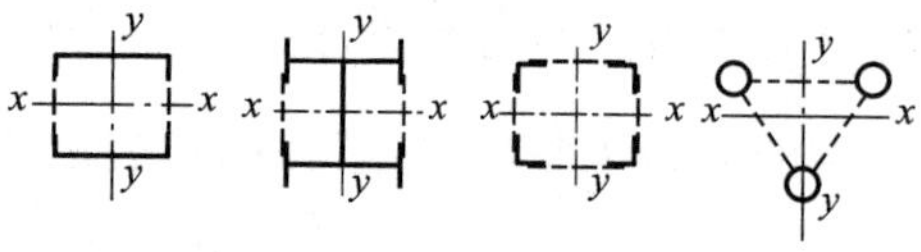<br>格构式</td><td>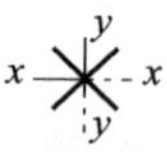<br>焊接，板件<br>边缘焰切</td></tr>
<tr><td colspan="2">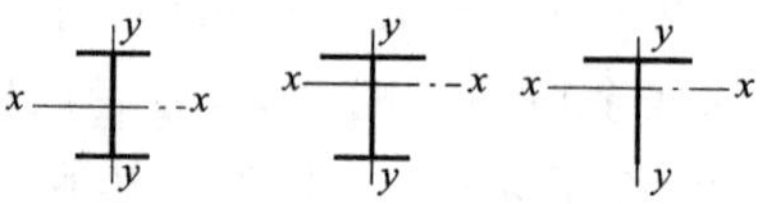<br>焊接，翼缘为轧制或剪切边</td></tr>
</table>

续表 9.3

| 截面形式 | | 对 $x$ 轴 | 对 $y$ 轴 |
|---|---|---|---|
| 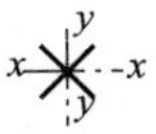 焊接，板件边缘轧制或剪切 | 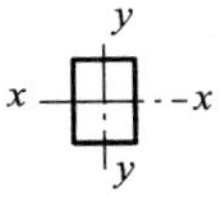 轧制、焊接（板件宽厚比 ≤ 20） | c类 | c类 |

注：① a* 类含义为 Q235 钢取 b 类，Q355、Q390、Q420 和 Q460 钢取 a 类；b* 类含义为 Q235 钢取 c 类，Q355、Q390、Q420 和 Q460 钢取 b 类。

② 无对称轴且剪心和形心不重合的截面，其截面分类可按有对称轴的类似截面确定，如不等边角钢采用等边角钢的类别；当无类似截面时，可取 c 类。

**表 9.4　a 类截面轴心受压构件的稳定系数 $\varphi$**

| $\lambda/\varepsilon_k$ | 0 | 1 | 2 | 3 | 4 | 5 | 6 | 7 | 8 | 9 |
|---|---|---|---|---|---|---|---|---|---|---|
| 0 | 1.000 | 1.000 | 1.000 | 1.000 | 0.999 | 0.999 | 0.998 | 0.998 | 0.997 | 0.996 |
| 10 | 0.995 | 0.994 | 0.993 | 0.992 | 0.991 | 0.989 | 0.988 | 0.986 | 0.985 | 0.983 |
| 20 | 0.981 | 0.979 | 0.977 | 0.976 | 0.974 | 0.972 | 0.970 | 0.968 | 0.966 | 0.964 |
| 30 | 0.963 | 0.961 | 0.959 | 0.957 | 0.954 | 0.952 | 0.950 | 0.948 | 0.946 | 0.944 |
| 40 | 0.941 | 0.939 | 0.937 | 0.934 | 0.932 | 0.929 | 0.927 | 0.924 | 0.921 | 0.918 |
| 50 | 0.916 | 0.913 | 0.910 | 0.907 | 0.903 | 0.900 | 0.897 | 0.893 | 0.890 | 0.886 |
| 60 | 0.883 | 0.879 | 0.875 | 0.871 | 0.867 | 0.862 | 0.858 | 0.854 | 0.849 | 0.844 |
| 70 | 0.839 | 0.834 | 0.829 | 0.824 | 0.818 | 0.813 | 0.807 | 0.801 | 0.795 | 0.789 |
| 80 | 0.783 | 0.776 | 0.770 | 0.763 | 0.756 | 0.749 | 0.742 | 0.735 | 0.728 | 0.721 |
| 90 | 0.713 | 0.706 | 0.698 | 0.691 | 0.683 | 0.676 | 0.668 | 0.660 | 0.653 | 0.645 |
| 100 | 0.637 | 0.630 | 0.622 | 0.614 | 0.607 | 0.599 | 0.592 | 0.584 | 0.577 | 0.569 |
| 110 | 0.562 | 0.555 | 0.548 | 0.541 | 0.534 | 0.527 | 0.520 | 0.513 | 0.507 | 0.500 |
| 120 | 0.494 | 0.487 | 0.481 | 0.475 | 0.469 | 0.463 | 0.457 | 0.451 | 0.445 | 0.439 |
| 130 | 0.434 | 0.428 | 0.423 | 0.417 | 0.412 | 0.407 | 0.402 | 0.397 | 0.392 | 0.387 |
| 140 | 0.382 | 0.378 | 0.373 | 0.368 | 0.364 | 0.360 | 0.355 | 0.351 | 0.347 | 0.343 |
| 150 | 0.339 | 0.335 | 0.331 | 0.327 | 0.323 | 0.319 | 0.316 | 0.312 | 0.308 | 0.305 |
| 160 | 0.302 | 0.298 | 0.295 | 0.292 | 0.288 | 0.285 | 0.282 | 0.279 | 0.276 | 0.273 |
| 170 | 0.270 | 0.267 | 0.264 | 0.261 | 0.259 | 0.256 | 0.253 | 0.250 | 0.248 | 0.245 |
| 180 | 0.243 | 0.240 | 0.238 | 0.235 | 0.233 | 0.231 | 0.228 | 0.226 | 0.224 | 0.222 |
| 190 | 0.219 | 0.217 | 0.215 | 0.213 | 0.211 | 0.209 | 0.207 | 0.205 | 0.203 | 0.201 |
| 200 | 0.199 | 0.197 | 0.196 | 0.194 | 0.192 | 0.190 | 0.188 | 0.187 | 0.185 | 0.183 |
| 210 | 0.182 | 0.180 | 0.178 | 0.177 | 0.175 | 0.174 | 0.172 | 0.171 | 0.169 | 0.168 |
| 220 | 0.166 | 0.165 | 0.163 | 0.162 | 0.161 | 0.159 | 0.158 | 0.157 | 0.155 | 0.154 |
| 230 | 0.153 | 0.151 | 0.150 | 0.149 | 0.148 | 0.147 | 0.145 | 0.144 | 0.143 | 0.142 |
| 240 | 0.141 | 0.140 | 0.139 | 0.137 | 0.136 | 0.135 | 0.134 | 0.133 | 0.132 | 0.131 |

表 9.5　b 类截面轴心受压构件的稳定系数 $\varphi$

| $\lambda/\varepsilon_k$ | 0 | 1 | 2 | 3 | 4 | 5 | 6 | 7 | 8 | 9 |
|---|---|---|---|---|---|---|---|---|---|---|
| 0 | 1.000 | 1.000 | 1.000 | 0.999 | 0.999 | 0.998 | 0.997 | 0.996 | 0.995 | 0.994 |
| 10 | 0.992 | 0.991 | 0.989 | 0.987 | 0.985 | 0.983 | 0.981 | 0.978 | 0.976 | 0.973 |
| 20 | 0.970 | 0.967 | 0.963 | 0.960 | 0.957 | 0.953 | 0.950 | 0.946 | 0.943 | 0.939 |
| 30 | 0.936 | 0.932 | 0.929 | 0.925 | 0.921 | 0.918 | 0.914 | 0.910 | 0.906 | 0.903 |
| 40 | 0.899 | 0.895 | 0.891 | 0.886 | 0.882 | 0.878 | 0.874 | 0.870 | 0.865 | 0.861 |
| 50 | 0.856 | 0.852 | 0.847 | 0.842 | 0.837 | 0.833 | 0.828 | 0.823 | 0.818 | 0.812 |
| 60 | 0.807 | 0.802 | 0.796 | 0.791 | 0.785 | 0.780 | 0.774 | 0.768 | 0.762 | 0.757 |
| 70 | 0.751 | 0.745 | 0.738 | 0.732 | 0.726 | 0.720 | 0.713 | 0.707 | 0.701 | 0.694 |
| 80 | 0.687 | 0.681 | 0.674 | 0.668 | 0.661 | 0.654 | 0.648 | 0.641 | 0.634 | 0.628 |
| 90 | 0.621 | 0.614 | 0.607 | 0.601 | 0.594 | 0.587 | 0.581 | 0.574 | 0.568 | 0.561 |
| 100 | 0.555 | 0.548 | 0.542 | 0.535 | 0.529 | 0.523 | 0.517 | 0.511 | 0.504 | 0.498 |
| 110 | 0.492 | 0.487 | 0.481 | 0.475 | 0.469 | 0.464 | 0.458 | 0.453 | 0.447 | 0.442 |
| 120 | 0.436 | 0.431 | 0.426 | 0.421 | 0.416 | 0.411 | 0.406 | 0.401 | 0.396 | 0.392 |
| 130 | 0.387 | 0.383 | 0.378 | 0.374 | 0.369 | 0.365 | 0.361 | 0.357 | 0.352 | 0.348 |
| 140 | 0.344 | 0.340 | 0.337 | 0.333 | 0.329 | 0.325 | 0.322 | 0.318 | 0.314 | 0.311 |
| 150 | 0.308 | 0.304 | 0.301 | 0.297 | 0.294 | 0.291 | 0.288 | 0.285 | 0.282 | 0.279 |
| 160 | 0.276 | 0.273 | 0.270 | 0.267 | 0.264 | 0.262 | 0.259 | 0.256 | 0.253 | 0.251 |
| 170 | 0.248 | 0.246 | 0.243 | 0.241 | 0.238 | 0.236 | 0.234 | 0.231 | 0.229 | 0.227 |
| 180 | 0.225 | 0.222 | 0.220 | 0.218 | 0.216 | 0.214 | 0.212 | 0.210 | 0.208 | 0.206 |
| 190 | 0.204 | 0.202 | 0.200 | 0.198 | 0.196 | 0.195 | 0.193 | 0.191 | 0.189 | 0.188 |
| 200 | 0.186 | 0.184 | 0.183 | 0.181 | 0.179 | 0.178 | 0.176 | 0.175 | 0.173 | 0.172 |
| 210 | 0.170 | 0.169 | 0.167 | 0.166 | 0.164 | 0.163 | 0.162 | 0.160 | 0.159 | 0.158 |
| 220 | 0.156 | 0.155 | 0.154 | 0.152 | 0.151 | 0.150 | 0.149 | 0.147 | 0.146 | 0.145 |
| 230 | 0.144 | 0.143 | 0.142 | 0.141 | 0.139 | 0.138 | 0.137 | 0.136 | 0.135 | 0.134 |
| 240 | 0.133 | 0.132 | 0.131 | 0.130 | 0.129 | 0.128 | 0.127 | 0.126 | 0.125 | 0.124 |
| 250 | 0.123 | — | — | — | — | — | — | — | — | — |

表 9.6　c 类截面轴心受压构件的稳定系数 $\varphi$

| $\lambda/\varepsilon_k$ | 0 | 1 | 2 | 3 | 4 | 5 | 6 | 7 | 8 | 9 |
|---|---|---|---|---|---|---|---|---|---|---|
| 0 | 1.000 | 1.000 | 1.000 | 0.999 | 0.999 | 0.998 | 0.997 | 0.996 | 0.995 | 0.993 |
| 10 | 0.992 | 0.990 | 0.988 | 0.986 | 0.983 | 0.981 | 0.978 | 0.976 | 0.973 | 0.970 |
| 20 | 0.966 | 0.959 | 0.953 | 0.947 | 0.940 | 0.934 | 0.928 | 0.921 | 0.915 | 0.909 |
| 30 | 0.902 | 0.896 | 0.890 | 0.883 | 0.877 | 0.871 | 0.865 | 0.858 | 0.852 | 0.845 |
| 40 | 0.839 | 0.833 | 0.826 | 0.820 | 0.813 | 0.807 | 0.800 | 0.794 | 0.787 | 0.781 |
| 50 | 0.774 | 0.768 | 0.761 | 0.755 | 0.748 | 0.742 | 0.735 | 0.728 | 0.722 | 0.715 |
| 60 | 0.709 | 0.702 | 0.695 | 0.689 | 0.682 | 0.675 | 0.669 | 0.662 | 0.656 | 0.649 |
| 70 | 0.642 | 0.636 | 0.629 | 0.623 | 0.616 | 0.610 | 0.603 | 0.597 | 0.591 | 0.584 |
| 80 | 0.578 | 0.572 | 0.565 | 0.559 | 0.553 | 0.547 | 0.541 | 0.535 | 0.529 | 0.523 |
| 90 | 0.517 | 0.511 | 0.505 | 0.499 | 0.494 | 0.488 | 0.483 | 0.477 | 0.471 | 0.467 |
| 100 | 0.462 | 0.458 | 0.453 | 0.449 | 0.445 | 0.440 | 0.436 | 0.432 | 0.427 | 0.423 |

**续表 9.6**

| $\lambda/\varepsilon_k$ | 0 | 1 | 2 | 3 | 4 | 5 | 6 | 7 | 8 | 9 |
|---|---|---|---|---|---|---|---|---|---|---|
| 110 | 0.419 | 0.415 | 0.411 | 0.407 | 0.402 | 0.398 | 0.394 | 0.390 | 0.386 | 0.383 |
| 120 | 0.379 | 0.375 | 0.371 | 0.367 | 0.363 | 0.360 | 0.356 | 0.352 | 0.349 | 0.345 |
| 130 | 0.342 | 0.338 | 0.335 | 0.332 | 0.328 | 0.325 | 0.322 | 0.318 | 0.315 | 0.312 |
| 140 | 0.309 | 0.306 | 0.303 | 0.300 | 0.297 | 0.294 | 0.291 | 0.288 | 0.285 | 0.282 |
| 150 | 0.279 | 0.277 | 0.274 | 0.271 | 0.269 | 0.266 | 0.263 | 0.261 | 0.258 | 0.256 |
| 160 | 0.253 | 0.251 | 0.248 | 0.246 | 0.244 | 0.241 | 0.239 | 0.237 | 0.235 | 0.232 |
| 170 | 0.230 | 0.228 | 0.226 | 0.224 | 0.222 | 0.220 | 0.218 | 0.216 | 0.214 | 0.212 |
| 180 | 0.210 | 0.208 | 0.206 | 0.204 | 0.203 | 0.201 | 0.199 | 0.197 | 0.195 | 0.194 |
| 190 | 0.192 | 0.190 | 0.189 | 0.187 | 0.185 | 0.184 | 0.182 | 0.181 | 0.179 | 0.178 |
| 200 | 0.176 | 0.175 | 0.173 | 0.172 | 0.170 | 0.169 | 0.167 | 0.166 | 0.165 | 0.163 |
| 210 | 0.162 | 0.161 | 0.159 | 0.158 | 0.157 | 0.155 | 0.154 | 0.153 | 0.152 | 0.151 |
| 220 | 0.149 | 0.148 | 0.147 | 0.146 | 0.145 | 0.144 | 0.142 | 0.141 | 0.140 | 0.139 |
| 230 | 0.138 | 0.137 | 0.136 | 0.135 | 0.134 | 0.133 | 0.132 | 0.131 | 0.130 | 0.129 |
| 240 | 0.128 | 0.127 | 0.126 | 0.125 | 0.124 | 0.123 | 0.123 | 0.122 | 0.121 | 0.120 |
| 250 | 0.119 | — | — | — | — | — | — | — | — | — |

**【例 9.4】** 图 9.8 所示压杆，$l=1.9$ m、$h=60$ mm、$b=40$ mm，材料为 Q235 钢。$E=200$ GPa，$\sigma_s=235$ MPa，$\sigma_p=196$ MPa，在正视图[图 9.8(a)]平面内，杆的两端可视为铰支；在俯视图[图 9.8(b)]平面内，杆的两端可视为固定。若设计时稳定安全因数为$[n_{st}]=3.0$，试确定此杆的许可荷载。(为中柔度杆时 $\sigma_{cr}=235-0.0068\lambda^2$)

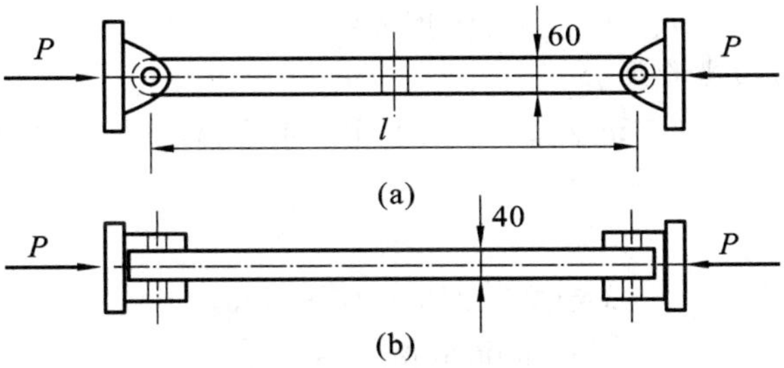


图 9.8

**【解】** (1) 求柔度 $\lambda$

$$i_y=\sqrt{\frac{I_y}{A}}=\frac{b}{\sqrt{12}}=\frac{0.04}{3.464}=1.155\ \text{cm};\quad i_z=\sqrt{\frac{I_z}{A}}=\frac{h}{\sqrt{12}}=\frac{0.06}{3.464}=1.732\ \text{cm}$$

$$\lambda_y=\frac{\mu l}{i_y}=\frac{0.5\times1.9}{1.155}\times10^2=82.3;\quad \lambda_z=\frac{\mu l}{i_z}=\frac{1\times1.9}{1.732}\times10^2=109.7$$

(2) 计算 $\lambda_p$

$$\lambda_p=\sqrt{\frac{\pi^2E}{\sigma_p}}=\sqrt{\frac{\pi^2\times200\times10^3}{196}}=102$$

(3) 计算 $\sigma_{cr}$

$\lambda_z>\lambda_p$，可选用欧拉公式计算临界应力。

$$\sigma_{cr}=\frac{\pi^2 E}{\lambda^2}=\frac{3.14^2\times 200\times 10^9}{109.7^2}=168.95\times 10^6\ \text{Pa}$$

(4) 工作应力

$$\sigma=\frac{F}{A}$$

(5) 确定许可载荷

$$n=\frac{\sigma_{cr}}{\sigma}=\frac{168.95\times 0.04\times 0.06}{F}\geqslant[n_{st}]=3$$

$$F\leqslant 135.1\ \text{kN}$$

**【例 9.5】** 图 9.9 所示压杆在高 4.5 m 处沿着 $z$ 轴平面内有横向支撑。压杆截面为焊接工字形，翼缘为轧制边，材料为 Q235 钢，$F=800$ kN，$[\sigma]=215$ MPa，压杆柔度不得超过 150。试校核其稳定性。

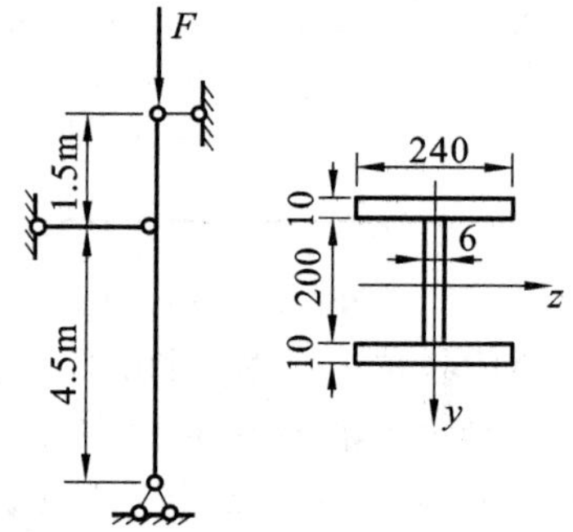


**图 9.9**

**【解】** (1) 压杆的相当长度 $\mu l$

由题可知 $\mu l_z=1\times 6=6$ m，$\mu l_y=1\times 4.5=4.5$ m，$l_z$ 与 $l_y$ 分别为压杆绕 $z$ 轴和 $y$ 轴失稳时的长度。

(2) 截面几何量

$$\begin{aligned}A&=2\times 240\times 10+200\times 6\\&=6000\ \text{mm}^2\end{aligned}$$

$$\begin{aligned}I_z&=2\times\left(\frac{240\times 10^3}{12}+240\times 10\times 105^2\right)+\frac{6\times 200^3}{12}\\&=56.96\times 10^6\ \text{mm}^4\end{aligned}$$

括号中首项可略去。

$$I_y=2\times 10\times 240^3/12=23.04\times 10^6\ \text{mm}^4$$

$$i_z=\sqrt{\frac{I_z}{A}}=\sqrt{\frac{56.96\times 10^6}{6000}}=97.43\ \text{mm}$$

$$i_y=\sqrt{\frac{I_y}{A}}=\sqrt{\frac{23.04\times 10^6}{6000}}=61.97\ \text{mm}$$

(3) $\lambda$ 和 $\varphi$ 的值

$$\lambda_z=\frac{\mu l_z}{i_z}=\frac{6000}{97.43}=61.58<150$$

$$\lambda_y = \frac{\mu l_y}{i_y} = \frac{4500}{61.97} = 72.62 < 150$$

压杆截面的加工条件为焊接和翼缘轧制边，从表9.3可知，对$z$轴属b类，对$y$轴属c类。从表9.5中，由$\lambda_z = 61.58$查得$\varphi_z = 0.802-(0.802-0.796)\times 0.6 = 0.799$；从表9.6中，由$\lambda_y = 72.62$查得$\varphi_y = 0.629-(0.629-0.623)\times 0.6 = 0.625$。

(4) 由式(9.20)作稳定校核

$$\frac{F}{\varphi A} = \frac{800\times 10^3}{0.625\times 6\times 10^{-3}} = 213.3\ \text{MPa} < [\sigma] = 215\ \text{MPa}$$

压杆满足稳定性要求。

## 9.5　提高压杆稳定性的措施

由临界荷载和临界应力的计算公式可知，影响压杆稳定性的主要因素是压杆的柔度($\lambda$)和材料性能($E$和$\sigma_s$)，一般来说，压杆的柔度愈大，其临界应力愈低。因此，可以从压杆的截面形状、长度、杆端约束条件以及压杆的材料性能等方面着手，在设计允许的条件下，采取一些工程措施，尽量提高压杆稳定的能力。

### 9.5.1　适当降低压杆的柔度

(1) 选择合理的截面形状

从欧拉公式可以看出，柔度$\lambda$增大，临界应力$\sigma_{cr}$将降低。由于柔度$\lambda = \frac{\mu l}{i}$，所以在压杆截面面积不变的前提下，若能有效地增大截面的惯性半径就能减小$\lambda$的数值。可见，如果不增加截面面积，尽可能地把材料放在离截面形心较远处，以得到较大的$I$和$i$，就相当于提高了临界荷载。通常采用空心截面和型钢组合截面，如图9.10(a)与图9.10(b)的截面面积相同，显然，空心圆较实心圆合理。需要注意的是，截面为空心圆的压杆，其壁厚不可太薄，否则在轴向压力作用下管壁会发生折皱而使压杆丧失承载能力。图9.10(c)与图9.10(d)均为用四根等边角钢组合成的压杆截面，显然，图9.10(d)所示方案较图9.10(c)所示方案合理。这类由多根型钢组成的压杆，型钢之间由缀件连接，构成格构式压杆，在工程结构中广为应用。

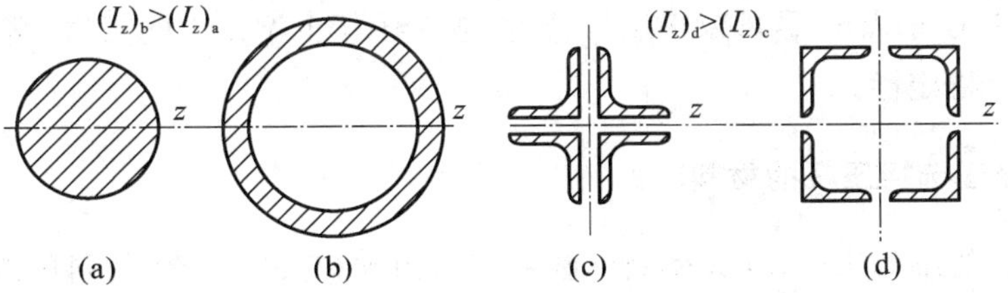


图9.10

另外，若压杆在两个相互垂直的主轴平面内具有相同的约束条件，则应使截面对这两个主轴的惯性矩相等，使压杆在这两个方向具有相同的稳定性。例如由两根槽钢组成的压杆截面[图 9.11(a)、图 9.11(b)],对于图 9.11(a) 所示截面,由于 $I_z > I_y$,$I_{min} = I_y$,压杆将绕 $y$ 轴失稳;若采用图 9.11(b) 所示截面配置方案,调整距离 $s$,使 $I_z = I_y$,从而使压杆在 $y$、$z$ 两个方向具有相同的稳定性。

某些压杆在不同的平面内,其计算长度 $\mu l$ 难以保持相同,而不同平面内的约束条件也可能不相同。例如,发动机的边杆,在摆动平面内,两端可简化为铰支座[图 9.12(a)],$\mu_z = 1.0$;在垂直摆动的平面内,两端可简化为固定端[图 9.12(b)],$\mu_y = 0.5$。这时可使连杆截面对其形心主轴 $y$ 和 $z$ 有不同的 $i_y$ 和 $i_z$,同时,两个平面杆长 $l_1 \neq l_2$,这样仍然可以满足 $\lambda_y = \frac{\mu_y l_2}{i_y}$ 与 $\lambda_z = \frac{\mu_z l_1}{i_z}$ 接近相等,使连杆在两个主惯性平面内仍然有接近相等的稳定性。

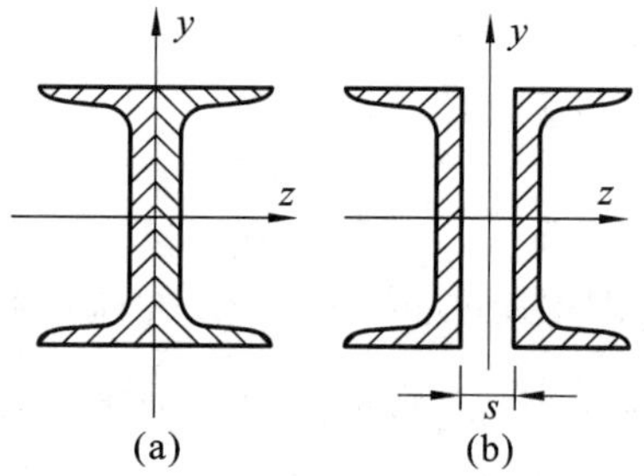


图 9.11

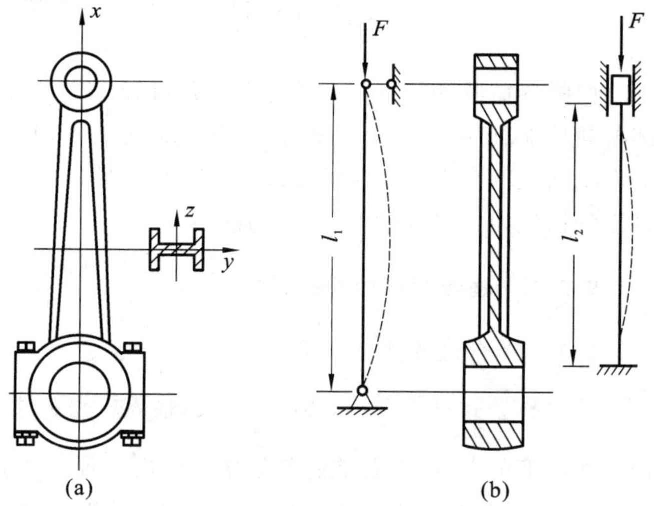


图 9.12

(2) 改善压杆的约束条件

杆端约束条件直接影响压杆的柔度,一般来说,杆端约束条件愈好,其临界应力或临界荷载愈大。在条件允许的前提下,增加压杆的约束,可以大大提高压杆的稳定性。

(3) 减小压杆长度

在结构允许的情况下,尽量减小压杆长度,或在压杆上增设中间支撑,都可以降低柔度,从而有效地提高稳定性。

### 9.5.2 合理选择压杆的材料

对于 $\lambda \geqslant \lambda_p$ 的细长压杆,临界荷载和临界应力由欧拉公式计算,材料的弹性模量 $E$ 对临界荷载有影响,由于各种钢材的 $E$ 大致相同,所以选用优质钢材或普通钢材对于提高细长压杆的临界荷载效果不明显。对于中长杆,无论是由经验公式或理论分析均可知临界应力与材料的强度有关,优质钢对提高临界应力的数值有一定效果。至于柔度很小的短粗杆,稳定问题不突出,可按压杆的强度问题处理,选用高强度优质钢效果自然明显。

## 小　结

(1) 影响压杆承载能力的因素

影响压杆稳定承载能力的因素不同于影响强度的因素。一般情形下，控制构件强度的因素主要是个别危险截面上的内力、危险面的几何形状和尺寸。而压杆丧失稳定，由直线平衡构形转变为弯曲平衡构形，这一过程不是某个截面或某几个截面的行为，而是压杆的一种整体行为。与梁的位移形成过程相似，压杆的屈曲过程是压杆所有横截面弯曲变形的累加结果。所以，个别截面的削弱对于压杆临界荷载的数值影响不大。

(2) 细长压杆及相应的临界力的计算公式

当 $\lambda \geqslant \lambda_p$ 时，属大柔度压杆或称细长压杆。用欧拉公式求临界力或临界应力，即：

$$F_{cr}=\frac{\pi^2 EI}{(\mu l)^2},\quad \sigma_{cr}=\frac{\pi^2 E}{\lambda^2}$$

(3) 三个相应的柔度

① 实际压杆的柔度 $\lambda$：只与压杆的约束条件、杆长及截面形状尺寸有关，与压杆的材料无关。即

$$\lambda=\frac{\mu l}{i}$$

式中　$i$—— 惯性半径，是截面的几何量，$i=\sqrt{\frac{I}{A}}$；

$\mu$—— 压杆杆端约束的影响系数，压杆有四种理想约束，其系数分别为：

$\mu=$ 1, 2, 0.7, 0.5

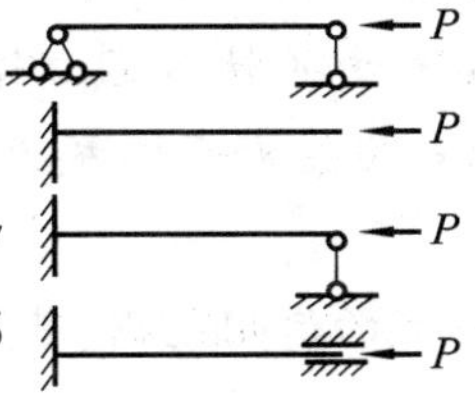


② 对应于材料比例极限时的柔度 $\lambda_p$，若材料的比例极限为 $\sigma_p$，则 $\lambda_p=\sqrt{\frac{\pi^2 E}{\sigma_p}}$。

③ 对应于材料极限应力时的柔度，$\lambda_0=\frac{a-\sigma_u}{b}$。

(4) 压杆的稳定条件

① 安全因数表达的稳定条件：

$$n=\frac{\sigma_{cr}}{\sigma}\geqslant[n_{st}]$$

式中　$n$—— 工作安全因数；

$[n_{st}]$—— 压杆应满足的稳定安全因数。

② 稳定系数表达的稳定条件：

$$\sigma=\frac{F}{A}\leqslant\varphi[\sigma]$$

式中　$\varphi$—— 与杆的柔度 $\lambda$ 及材料有关的稳定系数，查有关表格或手册；

$[\sigma]$—— 材料强度的许用正应力。

(5) 提高压杆稳定性的措施

① 加固压杆两端的约束，使约束影响系数 $\mu$ 尽量减小。

② 减小杆长 $l$。

③ 采用合理截面，加大惯性矩 $I$。空间各个方向的约束相同时，应使横截面对一对形心主惯性轴的惯性矩 $I_z$、$I_y$ 相等。空间约束不相同时，应使对空间各个方向的柔度 $\lambda_z$、$\lambda_y$ 相等。

④ 若是用钢材制成的中柔度压杆，采用高强度材料能够提高稳定性。

(6) 欧拉公式中 $I$ 如何确定

要正确确定横截面的惯性矩，必须判断屈曲时压杆的横截面将绕哪一根惯性主轴转动。

① 当压杆两端在各个方向上都具有相同的约束条件时，压杆将在刚度最小的主轴平面内屈曲。

② 当压杆两端在各个方向上具有不相同的约束条件时，压杆将在长细比最大的主轴平面内屈曲。

## 思 考 题

9.1　理想压杆与实际压杆有何不同？

9.2　什么叫轴心压杆的临界力、临界应力？

9.3　轴心压杆当受小于临界力的轴心压力作用时处于什么样的平衡状态？当受临界力作用时处于什么样的平衡状态？当受大于临界力的轴心压力作用并经历横向干扰后处于什么样的平衡状态？

9.4　为什么欧拉公式有一定的适用范围？其适用范围是什么？超出这一范围时应如何求压杆的临界力？

9.5　常见的 4 种杆端约束形式下，压杆的长度系数各是多少？

9.6　柔度 $\lambda$ 有何物理意义？综合反映了影响压杆稳定性的哪几种因素？

9.7　试说明两端为球形铰支的细长压杆，如图 9.13 所示的横截面，失稳时会在哪个方向屈曲？

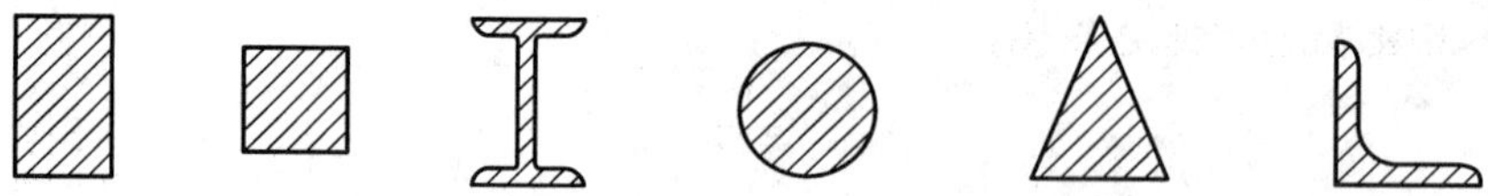

图 9.13

9.8　两个形心主惯性矩相等的截面是不是压杆的合理截面？

9.9　什么是压杆的“临界应力总图”？它是怎样得出来的？

9.10　要制造一压杆，原拟采用三号钢，后因故改用优质碳钢，问是否可以提高各杆的承载能力？

9.11 什么是稳定容许应力，怎样确定其大小？为什么它总要小于强度容许应力？

9.12 为什么在选择压杆的截面时，必须采用试算的方法？试结合$\varphi$系数法的步骤加以说明。

9.13 为了提高压杆的稳定性，可以采取哪些措施？

## 习 题

9.1 图9.14所示各杆材料和截面均相同，试问哪一根杆能承受的压力最大，哪一根的最小[图9.14(f)所示杆在中间支承处不能转动]？

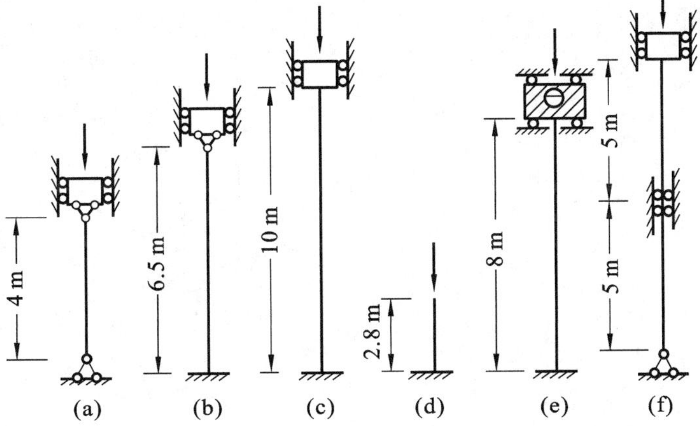


图 9.14

9.2 两端铰支压杆，长$l = 5$ m，截面为22a工字钢，比例极限$\sigma_p = 200$ MPa，$E = 200$ GPa。试求压杆的临界力。

9.3 截面为100 mm×150 mm的矩形木柱，长$l = 4$ m，一端固定，另一端为铰支，比例极限$\sigma_p = 20$ MPa，$E = 200$ GPa。试求此柱的判别柔度$\lambda_p$及临界力。

9.4 如图9.15所示，截面为圆形、直径为$d$、两端固定的细长压杆和截面为正方形、边长为$d$、两端铰支的细长压杆，材料及柔度都相同，求两杆的长度之比及临界力之比。

9.5 一根用50b工字钢制成的立柱(图9.16)，两端铰支，在压杆的中间沿截面的$z$轴方向有铰支座，即相当长度$\mu l_z = 6$ m，$\mu l_y = 3$ m，$F = 1500$ kN，材料为Q235钢，$E = 200$ GPa，$[\sigma] = 215$ MPa。试校核其稳定性。

9.6 如图9.17所示两端铰支松木压杆$[\sigma] = 10$ MPa，正方形截面，$\varphi = \dfrac{3000}{\lambda^2}$，试选择截面尺寸。

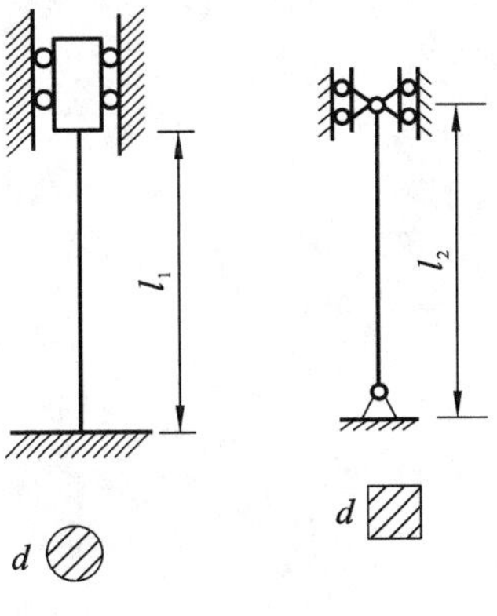


图 9.15

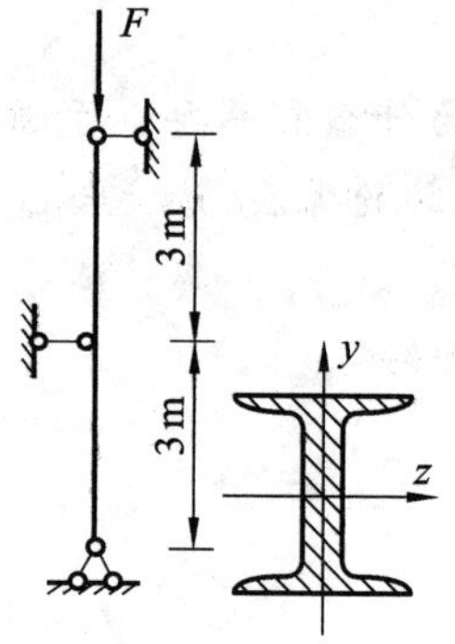


图 9.16

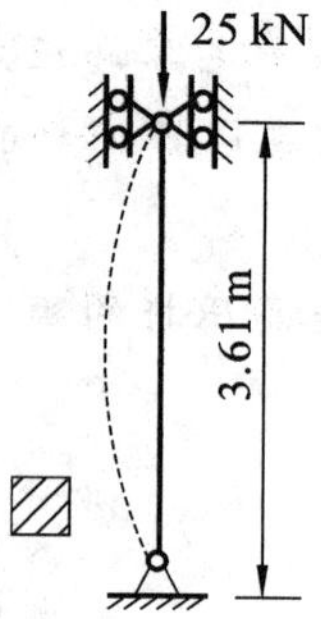


图 9.17

# 10　平面体系的几何组成分析

**教学目标**

(1) 了解几何不变体系与几何可变体系的定义
(2) 了解瞬变体系的特性
(3) 能应用几何组成基本规则分析简单结构
(4) 了解体系几何特性与静力特性的关系

## 10.1　几何组成分析的几个概念

### 10.1.1　几何不变体系和几何可变体系

平面杆件体系可分为两类：

(1) 在不考虑材料变形的条件下，能够保持几何形状和位置不变的体系[图 10.1(a)]，称为**几何不变体系**。

(2) 很小的荷载 $F$ 作用也将引起几何形状的改变[图 10.1(b)]，这类不能够保持几何形状和位置不变的体系称为**几何可变体系**。

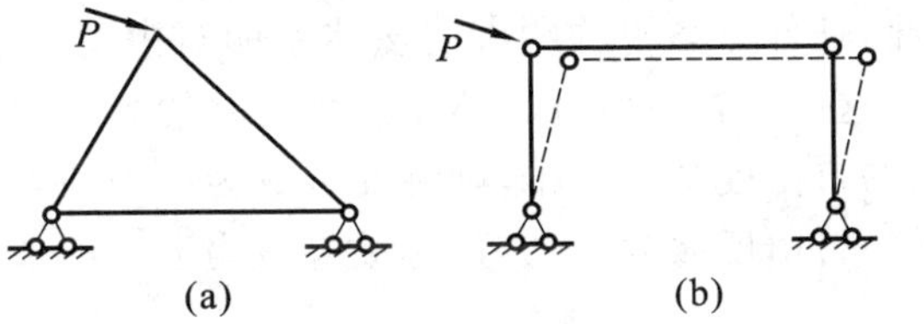


图 10.1

显然，几何可变体系是不能作为工程结构使用的，只有几何不变体系才能作为工程结构使用。

进行几何组成分析的目的在于：判别杆件体系是否几何不变，从而决定它能否作为结构使用；研究几何不变体系的组成规则，以保证设计出合理的结构；确定结构是否有多余约束，即判断结构是静定结构还是超静定结构，以选择分析计算方法。确定结构是否为合理形式，有多方面因素需要考虑，例如实际的需要(跨度、荷载、净空间)等方面的问题。

在本章中，所讨论的体系只限于平面杆件体系。

### 10.1.2　刚片和自由度的概念

(1) 刚片

在几何组成分析中，把杆件当作刚体，在平面杆件体系中把刚体叫作刚片。有时为讨论问题方便，常将平面杆件体系中已判定为几何不变的部分叫作刚片。基础也常看成刚片。

(2) 自由度

这里所指的自由度，与理论力学中讲述的质点、刚体的自由度完全一样，即自由度是确定物体在空间的几何位置所需的独立坐标的个数。

① 确定平面上一个点的位置，需要两个独立的坐标。即平面上的一个点有 2 个自由度[图 10.2(a)]，点在平面内可以做两种相互独立的运动。确定平面上 $n$ 个相互无任何联系的点的位置，需要 $2n$ 个独立的坐标，因此，这样的 $n$ 个点有 $2n$ 个自由度。

② 确定一个做平面运动的刚片在运动平面内的位置，需要三个独立的坐标。因此，平面上的刚片有三个自由度[图 10.2(b)]，即刚片在平面内不但可以自由移动，还可以自由转动。平面上 $m$ 个相互无任何联系的刚片有 $3m$ 个自由度。

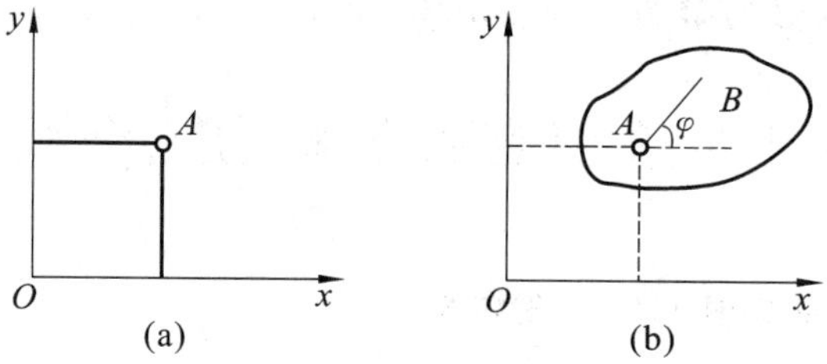


图 10.2

### 10.1.3 约束的概念

**约束**就是杆件体系与基础或支承物间、杆件与杆件间的连接装置，也称联系。约束对杆件或杆件体系的几何位置起限制作用，即约束限制杆件与杆件间、体系与基础间、体系与支承物间的相对运动。因此，杆件体系中的约束使该体系的自由度减小。不同装置对体系自由度减少的程度是不同的。这些装置在对杆件体系产生位移约束的同时，还可能产生反力。

若一个装置使体系的自由度减少一个，则称此装置为一个约束。

若一个装置使体系的自由度减少 $n$ 个，便称此装置为 $n$ 个约束。

(1) 链杆

如图 10.3(a) 所示，用一根链杆 $BC$ 将刚片 Ⅰ、Ⅱ 连起来，考察由这两个刚片所组成体系的自由度。如果以刚片 Ⅰ 作为参照物分析刚片 Ⅱ 的运动，则可知刚片 Ⅱ 可绕 $C$ 点转动，而 $C$ 点又可沿垂直于链杆 $BC$ 轴线方向移动，故刚片 Ⅱ 相对于刚片 Ⅰ 的位置还需要两个独立的坐标才能确定。刚片 Ⅰ 在平面上的位置要用三个独立坐标才能确定，因此，由刚片 Ⅰ、Ⅱ 组成的体系具有 5 个自由度，其自由度减少了 1 个。由此可知一根链杆相当于 1 个约束。由一根链杆形成的支座是支座的最小单位。

在几何组成分析中，链杆有时当作约束，有时当作刚片。一个刚片如果仅有两铰与外界相连，有时也可看成链杆，即在此情形下，刚片与链杆可相互代换，这种代换称为等价代换。但应注意，若杆件与外界有三个或三个以上的铰相连，则必须将其当作刚片。

(2) 铰

一个铰可以连接两个或两个以上的刚片，当一个铰仅连接两个刚片时，称之为**单铰**。如一个铰连接三个或三个以上刚片，则称之为**复铰**。图 10.3(b) 中二刚片用铰 $C$ 相互连接，刚

片 Ⅱ 相对于刚片 Ⅰ 的位置用角 $\alpha$ 便可确定，因此由刚片 Ⅰ、Ⅱ 组成的体系的自由度为 4，即自由度减少 2 个，可知单铰相当于 2 个约束。图 10.3(c) 中的铰 $A$ 常称为**不完全铰**，有的也叫**半铰**，它连接了两个刚片，所以是单铰。复铰的约束个数将在后面讨论。

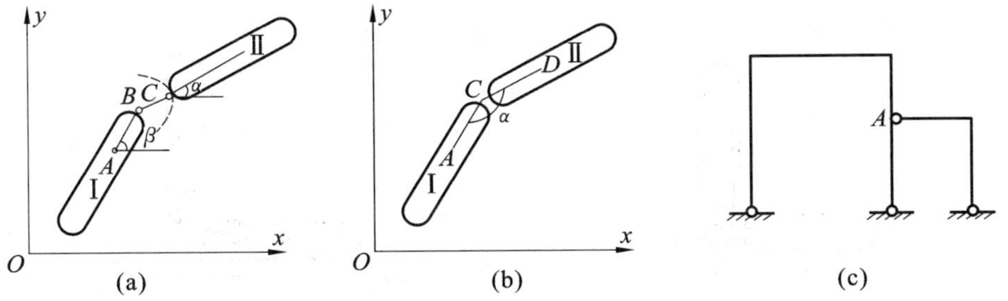


图 10.3

如果用链杆的约束个数来衡量，则单铰的约束个数相当于两根不共轴线的链杆，或者说单铰的约束作用与两根不共轴线的链杆的约束作用等价。在几何组成分析中常作这种等价代换。

(3) 实铰与虚铰

二链杆与单铰的上述等效作用，可用图 10.4 说明。图 10.4(a) 中二链杆的杆端交于 $A$，刚片 Ⅱ 只能绕 $A$ 相对于刚片 Ⅰ 转动。将刚片 Ⅰ 扩大为虚线所示形状(或将二链杆看成为刚片 Ⅰ 的一部分)，即得新的刚片 Ⅰ′，则刚片 Ⅱ 只能绕 $A$ 相对于 Ⅰ′ 转动。可见，图 10.4(a) 中的两交叉链杆相当于一个单铰。又如图 10.4(c) 所示，刚片 Ⅰ、Ⅱ 间的二链杆轴线的延长线交于 $O$，将链杆 $OA$、$OB$ 看作刚片 Ⅰ 的一部分，则刚片 Ⅱ 只能绕 $O$ 相对于刚片 Ⅰ 转动。因此图 10.4(c) 中的二链杆也相当于一个单铰。图 10.4(d) 中的二链杆相互平行，其轴线延长后交于无穷远，也相当于一个铰。由以上例子可知，用作约束的二链杆可以是杆端直接相交，也可以是其轴线的延长线相交，它们都相当于一个单铰。习惯上称图 10.4(a) 中的铰为**实铰**，图 10.4(c)、图 10.4(d) 中的铰为**虚铰**，虚铰也称为**瞬铰**。需注意的是，虚铰的位置与刚片的相对位置有关，或者说与二刚片的相对运动有关。虚铰的位置是刚片的瞬时转动中心。

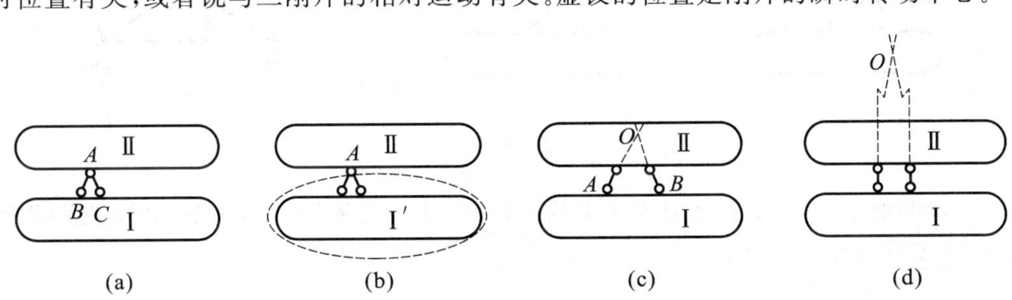


图 10.4

(4) 刚性连接(刚结点、固定支座)

当二链杆之间用刚结点相互连接时，称之为**刚性连接**。如图 10.5(a) 所示，当二刚片用刚结点 $C$ 相互连接时，此二刚片间不能产生任何相对运动，使二刚片体系减少了 3 个自由度，故刚结点相当于 3 个约束。在受力分析中，有时把刚结点画成图 10.5(b) 所示形式。刚结点的三杆配置原则是：三杆既不全平行，也不全交于一点。同理，图 10.5(c) 所示的固定支座可画成图 10.5(d) 的形式。弧形杆 $BAC$ 可视为由 $BA$、$AC$ 在 $A$ 处用刚结点连接而成，如图 10.5(e)、图 10.5(f) 所示。

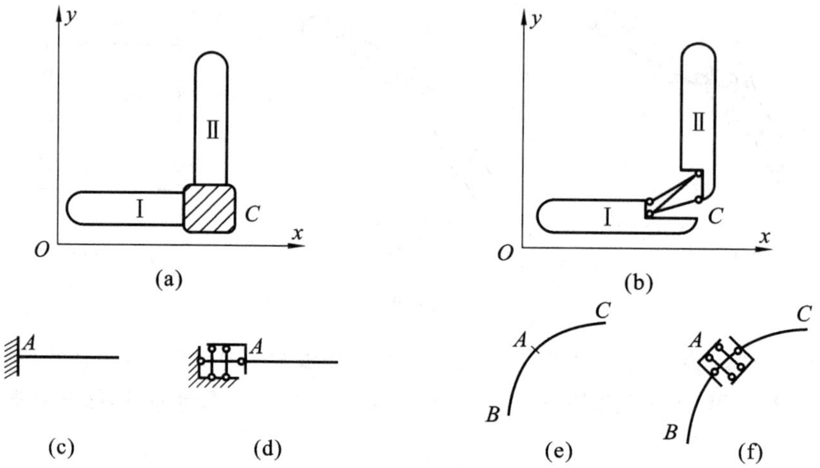


图 10.5

(5) 多余约束

如图 10.6(a) 所示，若在点 $A$ 与刚片 Ⅰ 之间再增加一根链杆[图 10.6(b)]，则刚片 Ⅰ 仍可绕刚片 Ⅱ 转动，即此二刚片组成的体系自由度减少的个数仍为 2，可见当二刚片间的三杆交于同一点时并不使体系在图 10.6(a) 的基础上继续减少自由度，这时就说二刚片 Ⅰ、Ⅱ 之间有 1 个多余约束。多余约束也可能在杆件体系内部出现[图 10.6(c)]。总之，体系中多余约束的存在，不减少体系的自由度。

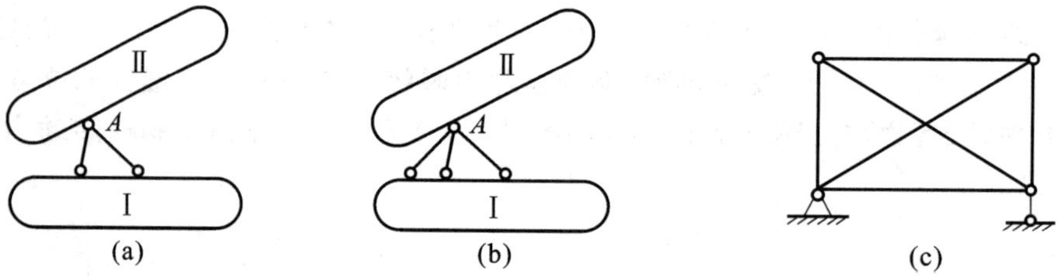


图 10.6

应当说明的是，当一个体系具有多余约束时，把哪个约束当作多余的，将要受到某些限制，这点将在后面加以讨论。

## 10.2 几何不变体系的基本组成规则

本部分将讲述判断几何不变体系的一种方法，这种方法是以下述事实为依据的：如图 10.7 所示，若平面上的三根链杆用不在同一直线上的三个铰两两相连，则此三杆体系（三角形）几何不变。这一命题的正确性是不难理解的。这一规律也叫基本三角形规律，在几何组成分析中经常用到，由此基本三角形出发，还可得到非常有用的三个规则。

### 10.2.1 三刚片规则

前已述及，链杆与仅有两个铰和外界连接的刚片间可进行等价代换，如果将图 10.7 中的三根链杆当作三个刚片(图 10.8)，则该体系几何不变，且无多余约束。于是，得到如下的三刚片规则：

三刚片用不在同一直线上的三个铰两两相连，组成一个无多余约束的几何不变体系。

### 10.2.2 二刚片规则

如将图 10.7 中的链杆 $AB$、$BC$ 代换为刚片，铰 $B$ 和链杆 $AC$ 当作此二刚片之间的约束，则体系仍几何不变，且无多余约束。于是得到图 10.9 所表达的二刚片规则：

二刚片用一个铰和一根不过铰心的链杆相互联系而成的体系几何不变，且无多余约束。

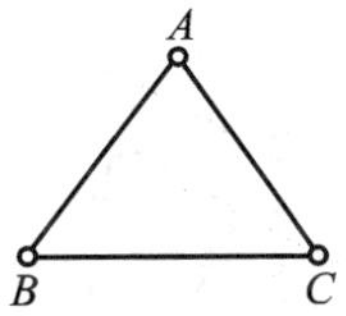


图 10.7

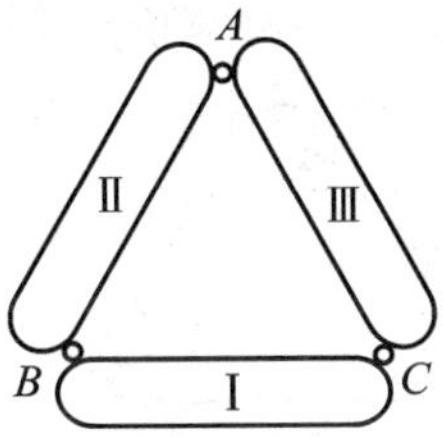


图 10.8

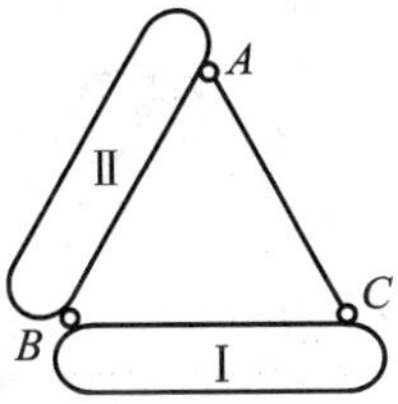


图 10.9

### 10.2.3 二元体规则

图 10.7 所示的三角形，也可看成图 10.10 所示的体系。即将图 10.7 中的链杆 $BC$ 看作刚片，$A$ 为刚片 $BC$ 所在平面上的一个点，该点通过两根交叉但不共轴线的链杆 $AB$ 与 $AC$ 同刚片 $BC$ 相互连接，此体系仍应几何不变，且无多余约束。体系外的一点用两根交叉但不共轴线的链杆与刚片(基础或支承物)连接起来的体系 $B$-$A$-$C$ 称为二元体。显然，在图 10.10 中刚片 Ⅰ 上增加二元体后体系的自由度无任何变化。图 10.11 便是在图 10.10 的基础上依次增加二元体 $A$-$D$-$C$、$A$-$E$-$D$ 后形成的杆件体系，由上述分析可知，其自由度并未因二元体的加入而改变，即原体系的自由度不变。不仅如此，如果在图 10.11 中依次减少二元体 $A$-$E$-$D$、$A$-$D$-$C$，便可得到图 10.10 所示图形，即无多余约束的几何不变体系。由此可知，在一个几何不变体系上依次增减二元体后，所得到的体系仍然几何不变。

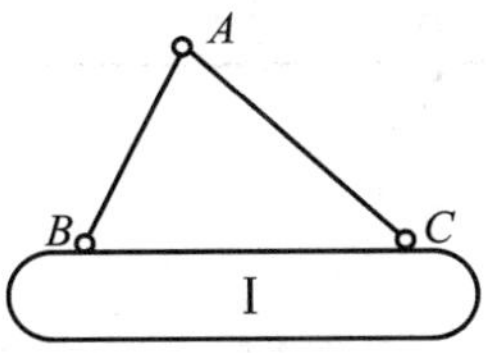


图 10.10

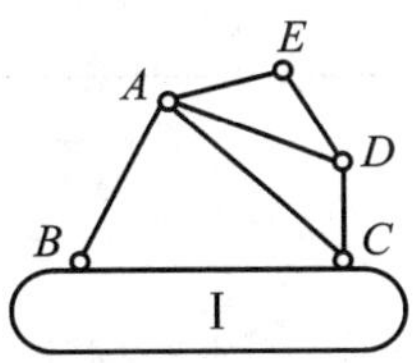


图 10.11

如果一个体系是可变的，增加二元体后这种性质是否发生改变呢？图 10.12(a) 是一个机构，即可变体系。如果在链杆 $BC$ 上依次增加二元体 $B$-$E$-$C$ 和 $E$-$F$-$C$，由于 $BCFE$ 是一个几何不变体系，且与外界只有两个铰 $B$、$C$ 相连，则对该部分进行几何组成分析时，可用链杆

BC 代替，从而该新的杆件体系[图 10.12(b)]与原体系[图 10.12(a)]一样是几何可变的。杆件体系的几何不变性质或几何可变性质总称为几何组成性质。

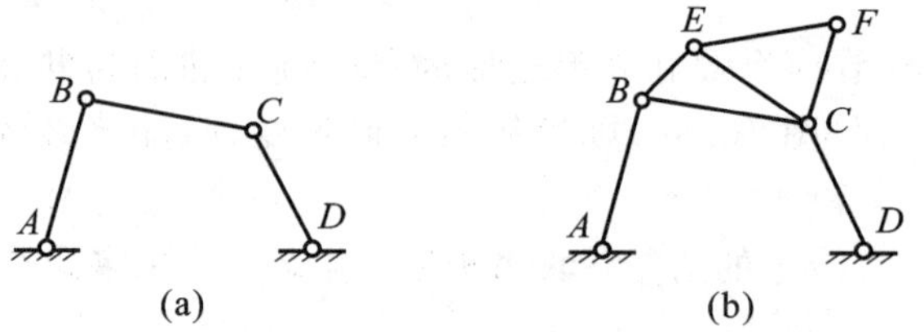


图 10.12

由以上分析可知：

在杆件体系上依次增减二元体不改变原体系的几何组成性质，这就是二元体规则。

由于单铰与两交叉但不共轴线的链杆约束作用可作等价代换，则图 10.13 与图 10.8 等价，图 10.14 与图 10.9 等价。此外，还可以画出一些等价图形。这些在几何组成分析中都很有用。

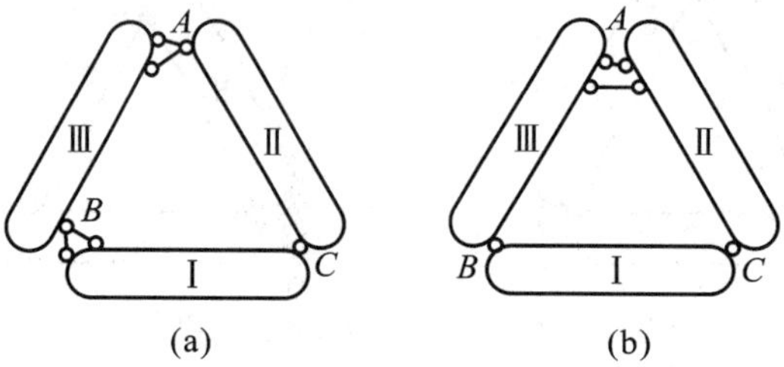


图 10.13

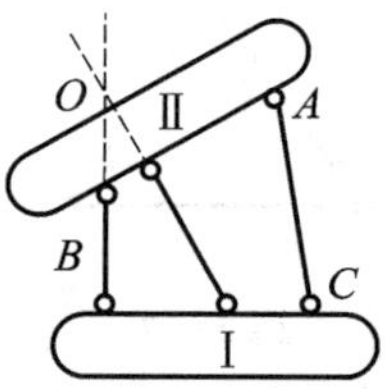


图 10.14

以上从基本三角形出发，得到了三个判断几何不变体系的规则。三个规则虽出自同一几何不变的三角形，但三个规则的适用情况各有不同。三刚片规则和二刚片规则直接用于判断杆件体系的几何组成性质，二元体规则用来简化杆件体系，以便应用三刚片规则或二刚片规则来判断体系的几何组成性质。在进行几何组成分析时，应根据不同的研究对象，从不同的角度出发，灵活地运用三角形规则和由此引出的三个规则。

## 10.3 几何组成分析实例

**【例 10.1】** 分析图 10.15 所示杆件体系的几何组成性质。

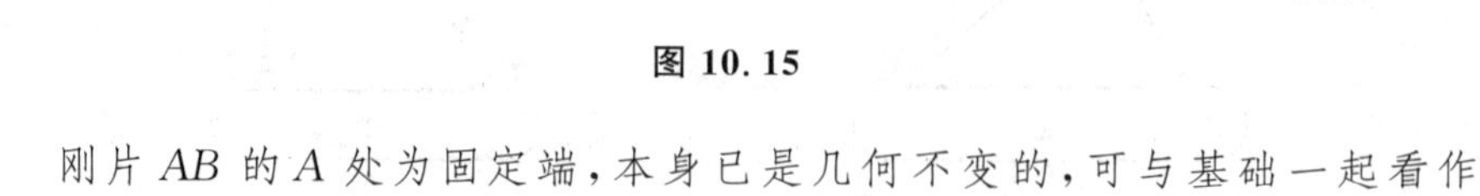


图 10.15

**【解】** 刚片 AB 的 A 处为固定端，本身已是几何不变的，可与基础一起看作新刚片。BCDE 与新刚片间有铰 B 和 C、D 处的二链杆相连，按图 10.15 所示情况，组成的体系几何不变，有一个多余约束。杆 EF 与前述几何不变体系间有铰 E 和不过 E 的一根链杆相连，几何不变。故图 10.15 所示体系为有一个多余约束的几何不变体系。

**【例 10.2】** 分析图 10.16 所示体系的几何组成性质。

【解】 在此体系中，先分析基础以上部分。把链杆1-2作为刚片，再依次增加二元体1-3-2、2-4-3、3-5-4、4-6-5、5-7-6、6-8-7，根据二元体规则，此部分体系为几何不变体系，且无多余约束。把上面的几何不变体系视为刚片，它与基础用三根既不完全平行也不交于一点的链杆相连，根据二刚片规则，图10.16所示体系为无多余约束的几何不变体系。

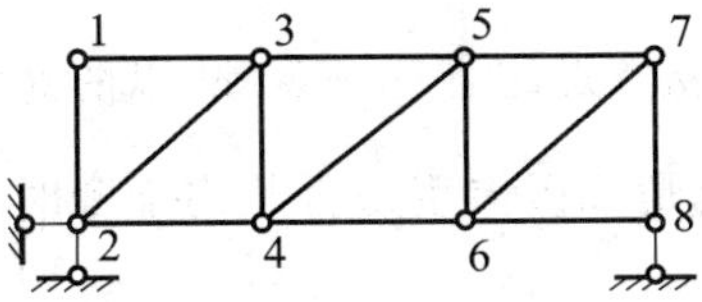


图 10.16

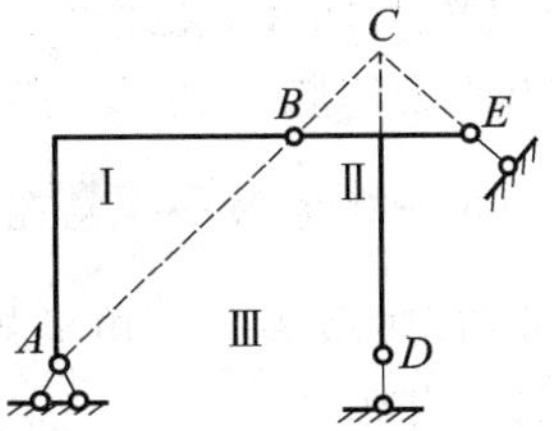


图 10.17

【例 10.3】 分析图10.17所示体系的几何组成性质。

【解】 将 $AB$、$BED$ 和基础分别作为刚片Ⅰ、Ⅱ、Ⅲ。刚片Ⅰ和Ⅱ用铰 $B$ 相连；刚片Ⅰ和Ⅲ用铰 $A$ 相连；刚片Ⅱ和Ⅲ用虚铰 $C$（$D$ 和 $E$ 两处支座链杆的交点）相连。

因三铰在一直线上，故该体系为瞬变体系。

【例 10.4】 分析图10.18所示体系的几何组成性质。

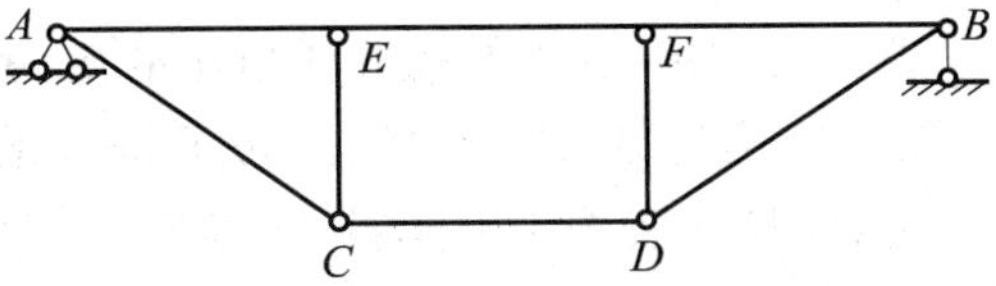


图 10.18

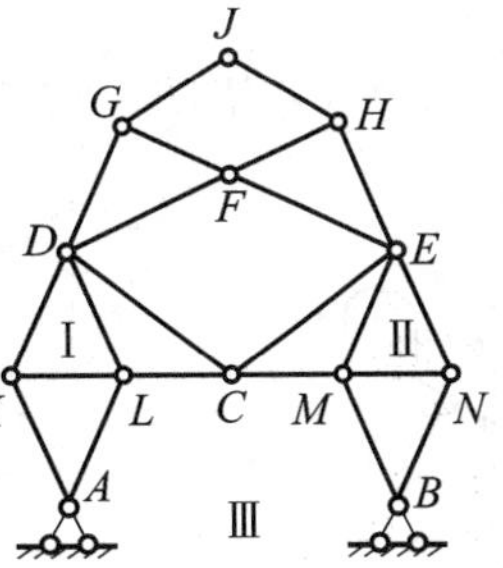


图 10.19

【解】 杆 $AB$ 与基础通过三根既不全交于一点又不全平行的链杆相连，成为一几何不变部分，再增加 $A$-$C$-$E$ 和 $B$-$D$-$F$ 两个二元体。此外，又添上了一根链杆 $CD$，故此体系为具有一个多余约束的几何不变体系。

【例 10.5】 分析图10.19所示体系的几何组成性质。

【解】 根据二元体规则，先依次撤除二元体 $G$-$J$-$H$、$D$-$G$-$F$、$F$-$H$-$E$、$D$-$F$-$E$，使体系简化，再分析剩下部分的几何组成。将 $A$-$K$-$D$-$C$-$L$-$A$ 和 $C$-$E$-$N$-$B$-$M$-$C$ 分别视为刚片Ⅰ和Ⅱ，基础视为刚片Ⅲ，此三刚片分别用铰 $C$、$B$、$A$ 两两相连，且三铰不在同一直线上，故知该体系是无多余约束的几何不变体系。

## 10.4 瞬变体系

前面介绍基本三角形规律及其三个规则时，都加了一些限制条件。如果限制条件得不到满足，会出现什么问题?下面简单讨论一下。

三角形规律和三刚片规则都要求三铰不在同一直线上，如果三铰在同一直线上，如图10.20(a)所示，则实际的铰A将可沿B、A、C连线的垂直方向m—m做微小移动；一旦移动后三铰便不在同一直线上。图10.20(a)所示的体系称为瞬变体系，有的文献把它归并到可变体系一类。工程中不允许将瞬变体系当作结构来使用。分析表明，当在瞬变体系上加上荷载时，其内力或者无穷大，或者不定。为说明内力可能为无穷大，请参看图10.20(b)。为简化讨论，假定$ABC$为等腰三角形，容易由结点$A$的平衡条件算得杆$AB$、$AC$的轴力为$N=\frac{P}{2\sin\alpha}$，显然，当$\alpha\to 0$时$N\to\infty$。在设计和施工中要特别注意这一现象，以防意外事故发生。从以上分析可知，在用基本三角形规律和三刚片规则分析体系是否几何不变时，要仔细判断三铰是否在同一直线上。

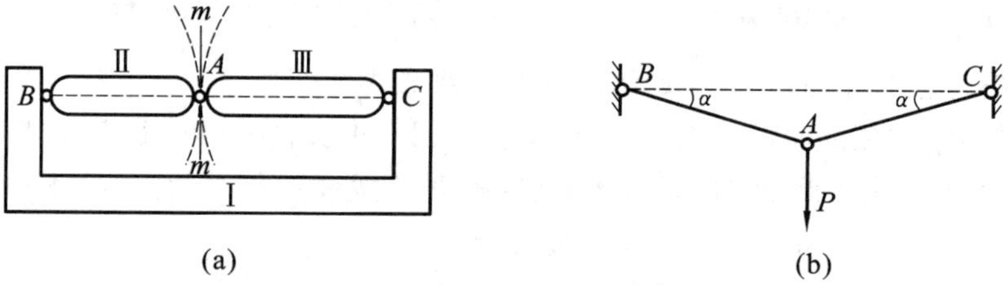


图 10.20

图10.21(a)中的二刚片间的三根链杆汇交于同一点$O$，从而刚片Ⅱ或刚片Ⅰ可绕$O$点转动，但经微小转动后三杆便不再交于一点，体系变为几何不变。所以图10.21(a)为瞬变体系。图10.21(b)中的三根链杆相互平行，可以认为相交于无穷远处。刚片Ⅰ、Ⅱ可沿链杆的垂直方向移动，但一经移动一微小位移后，由于三杆不等长，而刚片上$A$、$B$、$C$或$A'$、$B'$、$C'$的线位移应相等，故三杆不再相互平行，体系变为不可变的了，所以图10.21(b)也是一个瞬变体系。

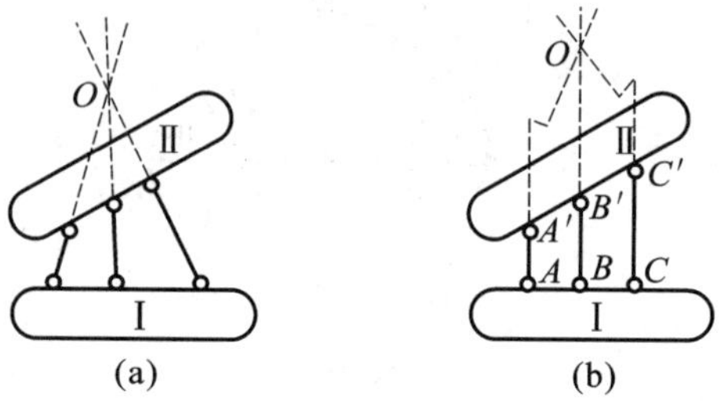


图 10.21

**【例 10.6】** 试对图10.22(a)所示体系作几何组成分析。

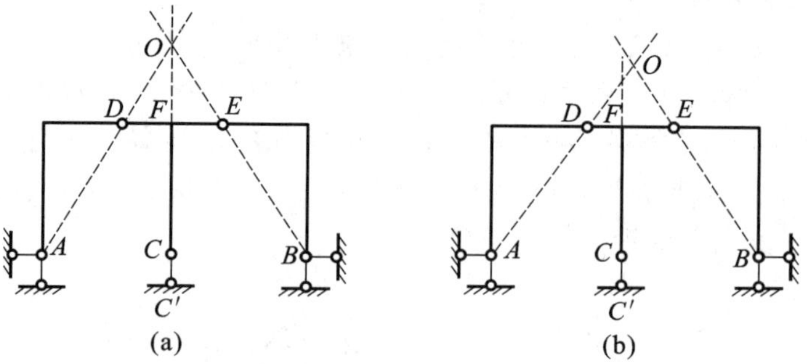


图 10.22

**【解】** 假定$C'$、$C$、$F$在同一直线上，且体系相对于该直线对称配置。将左右的折杆用链

杆 $AD$、$BE$（如虚线）代换，则刚片 $CDFE$ 与基础间的三杆 $AD$、$CC'$、$BE$ 的延长线交于一点 $O$，表明该体系是几何瞬变的。但是，如果原体系不具有这种对称配置方式[图 10.22(b)]，则三杆 $AD$、$CC'$、$BE$ 不汇交于一点，为无多余约束的几何不变体系。

**【例 10.7】** 试对图 10.23(a) 所示体系进行几何组成分析，指出该体系是几何不变体系，还是几何可变体系或瞬变体系。

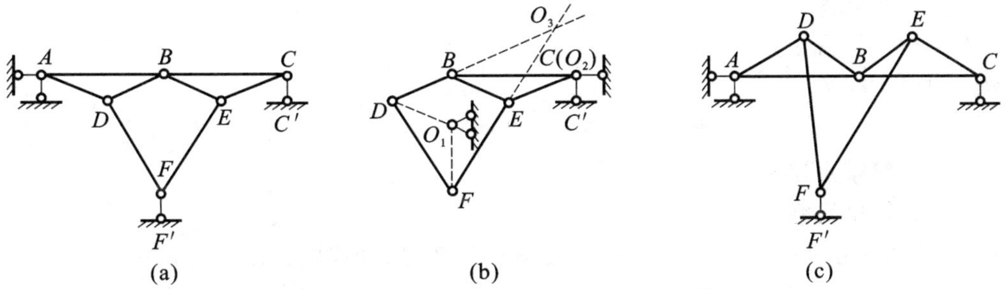


图 10.23

**【解】** 将 $DF$ 杆及三角形 $BCE$ 看作刚片，则其间有杆 $BD$、$EF$ 的延长线交于 $O_3$，杆 $DF$ 与基础间有杆 $AD$、$FF'$ 交于 $O_1$，三角形 $BCE$ 与基础间有 $AB$、$CC'$ 交于 $O_2$（即 $C$）。此三铰 $O_1$、$O_2$、$O_3$ 不在同一直线上[图 10.23(b)]，则体系几何不变，且无多余约束。若此杆件体系本身（不含支座）对称配置，即若 $B$、$F$、$F'$ 成一直线且为对称轴，加之 $A$、$D$、$F$ 共直线，$C$、$E$、$F$ 共直线，则上述三虚铰也将共直线（其中 $BD$、$EF$ 形成虚铰在无穷远处），即体系瞬变，如图 10.24 所示。此时，即使在 $C$、$F$ 处增设水平链杆支座，也不能改变体系的瞬变性质。图 10.23(c) 所示体系的几何组成分析方法与图 10.23(a) 的一样。

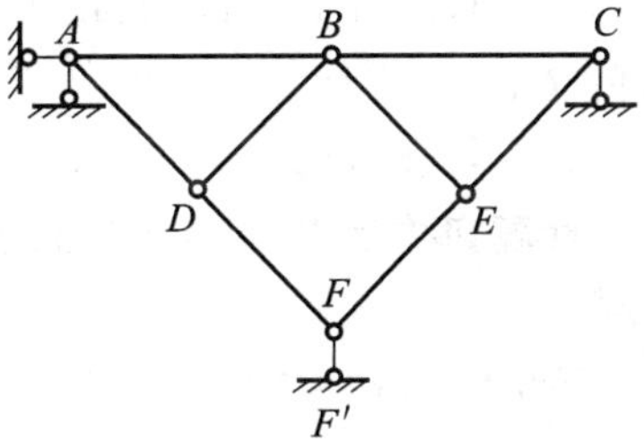


图 10.24

由以上分析看到，所谓多余约束，是考察杆件体系所具有的约束个数是否多于将研究对象固定在平面上所需的最少约束个数，多于最少约束个数的部分便是多余约束。而且，要注意具有维持几何不变所需最少约束个数的杆件体系是否几何不变，还要看这些约束在杆件体系中是如何配置的，若配置不当，可能使杆件体系的某部分具有多余约束，而其他部分仍可能是几何可变的。多余约束是就以上含义而言的，并不是说实际结构中的多余约束不必要，相反，为了改变结构的某些力学性能，完全可以有目的地设置多余约束。

改变杆件体系的约束配置可以改变其几何可变性或几何不变性的例子，不难在日常观察中发现。所以，上述几何组成分析方法有其实践基础。

## 10.5　计算自由度

一个平面杆件体系，由若干杆件加约束组成。因此，可用下列公式来定义体系的计算自由度 $W$：

$$W = (\text{各杆件的自由度总和}) - (\text{全部约束数}) \tag{10.1}$$

**各杆件的自由度总和是指体系中的所有约束解除,各杆件"自由"情况下的自由度总数;全部约束数是指体系中的全部约束个数,包括必要约束和多余约束。**

第一种算法:

$$W = 3 \times m - (2 \times h + b) \tag{10.2}$$

式中 $m$—— 体系中被认定的刚片数;

$h$—— 单铰数;

$b$—— 链杆总数。

第二种算法:

$$W = 2 \times j - b \tag{10.3}$$

式中 $j$—— 铰结点总数;

$b$—— 链杆总数。

式(10.3)应用于体系中的结点均为铰结点的情况,计算较方便。

因为体系中可能有多余约束,而多余约束不减少自由度,从而计算自由度不一定是体系的真实自由度。只有无多余约束几何不变体系的计算自由度才与体系自由度相等;对于有多余约束的杆件体系,计算自由度加上多余约束的个数才是体系自由度。在未知多余约束个数的情况下,只有计算自由度大于零,才能给出体系一定是几何可变体系的结论;而计算自由度小于或等于零时,得不到体系是几何可变的结论。即:

**计算自由度 $W \leqslant 0$ 是几何不变体系的必要条件,而 $W > 0$ 时则该体系一定是几何可变体系。**

**【例 10.8】** 求图 10.25 所示平面杆件体系的计算自由度 $W$。

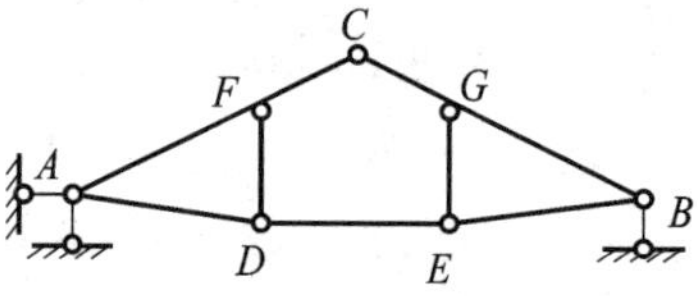


**图 10.25**

**【解】** 第一种方法:刚片数 $m = 7$,由于 $D$ 和 $E$ 各连接了三个杆,属复铰。此复铰相当于两个单铰。折算后全部单铰个数 $h = 9$,支座链杆数 $b = 3$,因此有

$$W = 3 \times m - (2 \times h + b) = 3 \times 7 - (2 \times 9 + 3) = 0$$

第二种方法:按式(10.3)计算,结点数 $j = 7$,由于复链杆 $AC$ 和 $BC$ 各相当于 3 个单链杆,折算后全部单链杆个数 $b = 14$,因此有

$$W = 2 \times j - b = 2 \times 7 - 14 = 0$$

两种算法结果相同。

**【例 10.9】** 试求如图 10.24 所示平面杆件体系的计算自由度。

**【解】** 第一种方法:$m = 8$,折算后全部单铰个数 $h = 10$,支座链杆数 $b = 4$,因此有

$$W = 3 \times m - (2 \times h + b) = 3 \times 8 - (2 \times 10 + 4) = 0$$

该体系满足几何不变的必要条件。

第二种方法:结点数 $j = 6$,支座链杆数 4,非支座链杆数 8,折算后全部单链杆个数 $b = 12$,

因此有

$$W = 2 \times j - b = 2 \times 6 - 12 = 0$$

两种算法结果相同。

## 10.6 几何构造与静定关系

几何组成分析还有个重要作用，即通过判定几何不变体系是否存在多余约束，来判断结构是静定结构还是超静定结构。

静定结构，几何组成上是无多余约束的几何不变体系。如图 10.26(a) 所示，有三根链杆，有三个未知支座反力，可以由平面任意力系的平衡方程全部求出。

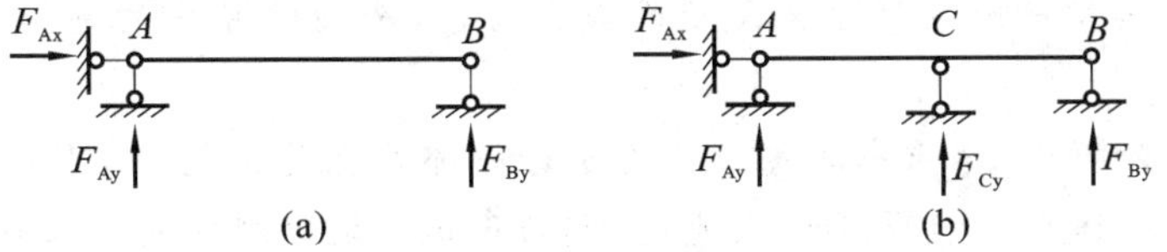


图 10.26

超静定结构，几何组成上是有多余约束的几何不变体系。如图 10.26(b) 所示，有四根链杆，有四个未知支座反力，而独立的平衡方程只有三个，不能用三个方程求解四个未知支座反力，故不能用平衡条件求解全部未知力。

因此，静定结构在几何组成上是几何不变、无多余约束的体系，其力学特点是全部支座反力和内力都可以由平衡条件求得唯一和确定的解答。超静定结构在几何组成上是几何不变、有多余约束的体系，其力学特点是支座反力和内力不能全部由平衡条件求得唯一和确定的解答。

## 小　结

(1) 体系的分类

体系按几何组成分为：几何不变体系和几何可变体系，后者包括常变体系和瞬变体系。几何可变体系不能用于结构。

(2) 几何不变体系的基本组成规则

组成几何不变体系的必要和充分条件为：体系具有足够数量的约束；约束的布置合理。无多余约束的几何不变体系按以下方式相连：

① 三个刚片之间用三个铰两两相连，且三个铰不在一条直线上。

② 两个刚片之间用一个铰和一根链杆相连，且链杆不通过铰；或两个刚片之间用三根链杆相连，且链杆不相互平行也不交于一点。

③ 在刚片上增加或拆除二元体后仍为刚片。

(3) 几何组成分析的途径与刚片和约束的选择

对于同一体系，有时可以按不同的规则进行分析，即可以有多种分析途径。此时，体系中刚片和约束之间的关系不是绝对的。体系的同一部分或同一杆件将视需要被选作刚片或约束。例如，两端为铰的折杆或直杆可以选作刚片，也可以选作链杆。

(4) 静定结构与超静定结构

区分静定结构和超静定结构的方法是判断体系有无多余约束。必要约束是组成几何不变体系所需的最少约束，在数量和布置上符合几何不变体系组成规则中的限制条件，多余约束不会改变体系的实际自由度。使体系成为几何不变之外的约束都是多余约束。

(5) 组成分析要点

① 通过拆除二元体简化体系的组成，暴露分析重点。

② 将体系扩大为合成刚片，归并成两个刚片或三个刚片的组合后，选用相应的规则进行分析。

③ 当不能直接将规则应用于较复杂的体系时，可先对体系中的某一部分作等效变换，然后再作分析。

④ 进行组成分析时，体系中的每一部分或杆件都不能遗漏或重复使用。

⑤ 当一种分析途径不能得到结果时，表明以开始假设的刚片或约束作为分析对象不恰当，应另择途径进行分析。

## 思 考 题

10.1　什么是几何不变体系？什么是几何可变体系？

10.2　为什么要对杆件系统进行几何组成分析？

10.3　约束有哪几类？试画出杆件或体系与基础之间的五种约束。

10.4　几何不变体系的三条组成规则有何内在联系？实质是什么？

10.5　在体系的几何组成分析中，可使用哪些等效变换？试举例说明。

10.6　二元体的定义是什么？

10.7　在可变体系上增加二元体后，能否转变成几何不变体系？在几何不变体系上增加的二元体是否为多余约束？

10.8　体系的几何组成与静定性之间存在什么关系？

10.9　几何可变体系中是否一定没有多余约束？

10.10　小结进行几何组成分析的要领。

## 习 题

10.1　试对图 10.27 所示体系进行几何组成分析。

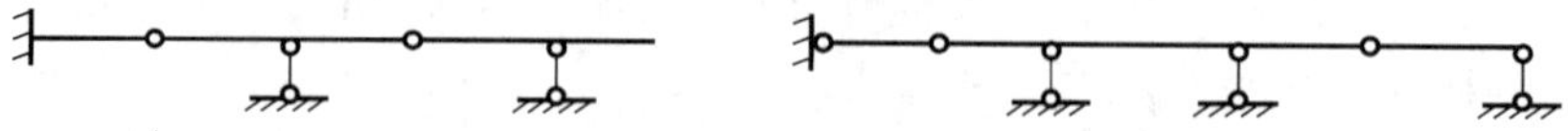

(a)　(b)

图 10.27

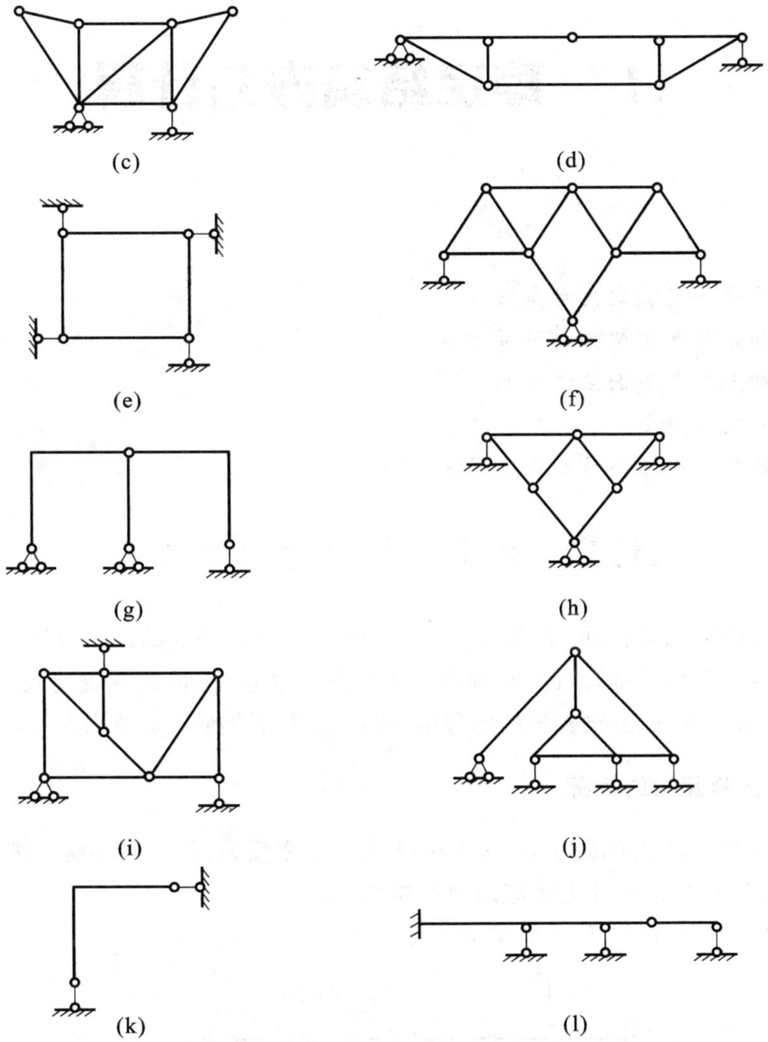


续图 10.27

# 11 静定结构内力计算

**教学目标**

(1) 掌握多跨静定梁内力计算方法

(2) 熟悉静定平面刚架内力计算方法

(3) 掌握结点法与截面法求内力

(4) 了解三铰拱概念

(5) 了解静定平面组合结构内力计算方法

## 11.1 静定结构内力计算要点

工程中常见静定结构包括:梁、刚架、桁架、组合结构、拱。静定结构内力计算是位移计算和超静定结构内力计算的基础,因此,必须要求学生熟练掌握。下面就从支座反力、控制截面内力、荷载与内力微分关系、分段叠加法作弯矩图四个方面来介绍静定结构内力计算的要点。

### 11.1.1 支座反力的计算

在求解静定结构内力问题中,首先就要求出其支座反力。作用在结构上的荷载和支座反力总称为外力。只有知道了外力才能求解结构的内力。

**【例 11.1】** 求图 11.1 所示静定梁的支反力。

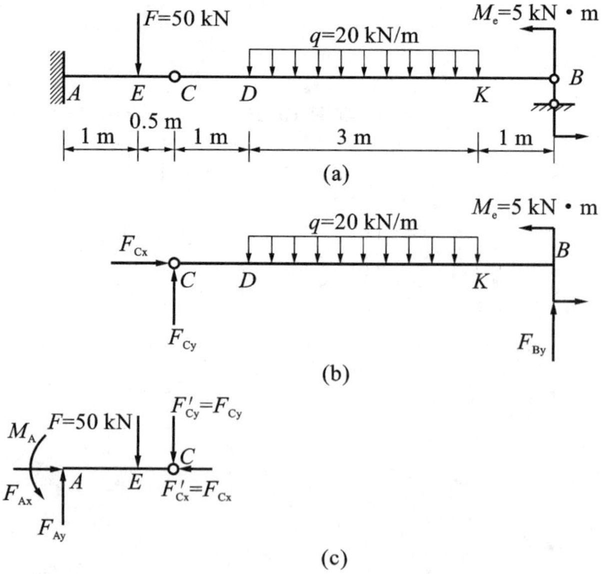


图 11.1

【解】 (1) 多跨静定梁中悬臂梁 $AC$ 段称为基本梁或主梁，简支梁 $CB$ 段称为副梁。首先通过平衡方程先求出副梁 $CB$ 的支反力，然后由作用力与反作用定理并通过平衡方程求出主梁 $AC$ 的支反力。

$$\sum M_C = 0, -20\times3\times2.5+5+F_{By}\times5=0, F_{By}=29\ \text{kN}$$

$$\sum Y = 0, F_{Cy}-20\times3+F_{By}=0, F_{Cy}=31\ \text{kN}$$

(2) 求主梁 $AC$ 梁的支反力

$$\sum M_A = 0, M_A-50\times1-F'_{Cy}\times1.5=0, M_A=96.5\ \text{kN}\cdot\text{m}$$

$$\sum Y = 0, F_{Ay}-50-F'_{Cy}=0, F_{Ay}=81\ \text{kN}$$

(3) 校核，取整体为研究对象

$$\sum Y = 0, F_{Ay}-50-20\times3+F_{By}=81-50-20\times3+29=0$$

正确。

### 11.1.2 控制截面的内力计算

结构杆件截面上一般有三个内力：轴力、剪力及弯矩。内力符号规定：轴力以拉力为正，压力为负；剪力使截取脱离体顺时针转动为正，逆时针转动为负；弯矩使脱离体下侧纤维受拉为正，上侧纤维受拉为负。

计算杆件控制截面内力的基本方法是截面法，取截面以左(或以右) 部分为研究对象(称为隔离体)。此时，截面上的内力就转化为所取隔离体上的外力，则此指定截面上的内力就可由隔离体的平衡条件确定。下面结合例题说明用截面法求控制截面的内力。

**【例 11.2】** 图 11.2 所示为在截面 $C$ 处承受一斜向集中力的简支架。试求截面 $C$ 处左、右两截面的内力。

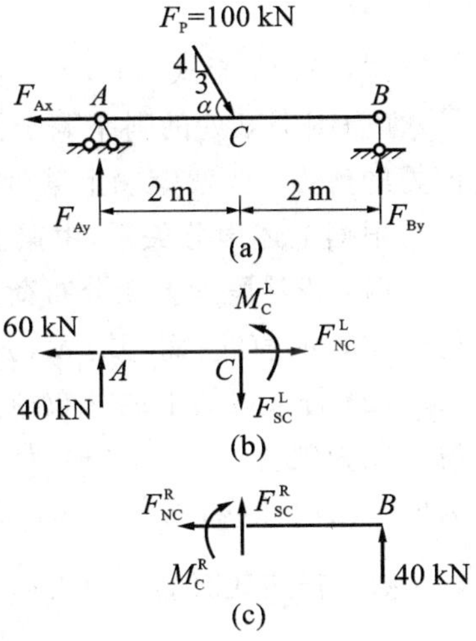


图 11.2

【解】 (1) 计算梁的支座反力

$$\sum F_x = 0, F_{Ax}-F_P\cdot\cos\alpha=0, F_{Ax}=60\ \text{kN}(\leftarrow)$$

$$\sum M_B = 0, F_{Ay}\cdot4-F_P\cdot\sin\alpha\cdot2=0, F_{Ay}=40\ \text{kN}(\uparrow)$$

$$\sum Y = 0, F_{Ay}-F_P\cdot\sin\alpha+F_{By}=0, F_{By}=40\ \text{kN}(\uparrow)$$

(2) 计算点 $C$ 左、右截面的内力

由图 11.2(b) 列平衡方程可得：$F_{NC}^L=60\ \text{kN}, F_{SC}^L=40\ \text{kN}, M_C^L=80\ \text{kN}\cdot\text{m}$

由图 11.2(c) 列平衡方程可得：$F_{NC}^R=0, F_{SC}^R=-40\ \text{kN}, M_C^R=80\ \text{kN}\cdot\text{m}$

截面法计算内力步骤：① 选取隔离体；② 画隔离体受力图；③ 建立平衡方程求解。

简便法求截面内力：轴力等于截面一侧所有水平外力投影的代数和；剪力等于截面一侧所有竖向外力投影的代数和；弯矩等于截面一侧所有外力对截面形心力矩的代数和。

### 11.1.3 荷载与内力的微分关系

如图 11.3(a) 所示承受任意载荷的梁。从梁上受分布载荷的段内截取 $dx$ 微段，其受力如图 11.3(b) 所示。作用在微段上的分布荷载可以认为是均布的，并设向上为正。微段两侧截面上的内力均设为正方向。若 $x$ 截面上的内力为 $q(x)$、$M(x)$，则 $x+dx$ 截面上的内力为 $F_S(x)+dF_S(x)$、$M(x)+dM(x)$。因为梁整体是平衡的，$dx$ 微段也应处于平衡。根据平衡条件 $\sum F_y=0$ 和 $\sum M_C=0$，得到：

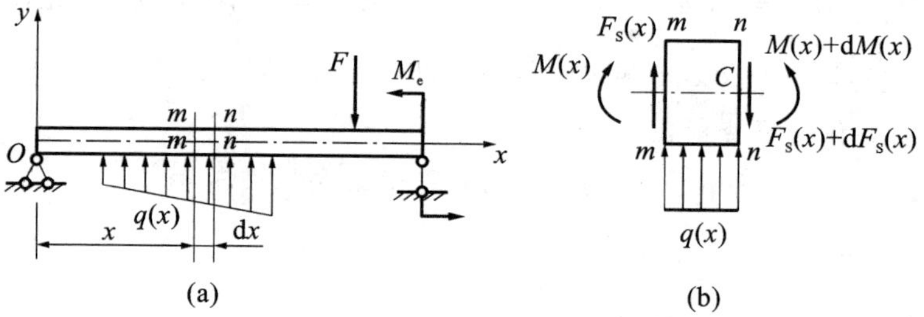


图 11.3

$$F_S(x)+q(x)dx-[F_S(x)+dF_S(x)]=0$$

$$M(x)+dM(x)-M(x)-F_S(x)dx-q(x)\frac{dx^2}{2}=0$$

略去其中的高阶微量后可得：

$$\frac{dF_S(x)}{dx}=q(x) \tag{11.1}$$

$$\frac{dM(x)}{dx}=F_S(x) \tag{11.2}$$

$$\frac{d^2M(x)}{dx^2}=q(x) \tag{11.3}$$

式(11.1) 至式(11.3) 是剪力、弯矩和分布荷载集度 $q$ 之间的平衡微分关系，它表明：① 剪力图上某处的斜率等于梁在该处的分布荷载集度 $q$。② 弯矩图上某处的斜率等于梁在该处的剪力。③ 弯矩图上某处的斜率变化率等于梁在该处的分布荷载集度 $q$。

根据上述微分关系，由梁上荷载的变化即可推知剪力图和弯矩图的形状有如下特征：

(1) 若某段梁上无分布荷载，即 $q(x)=0$，则该段梁的剪力 $F_S(x)$ 为常量，剪力图为平行于 $x$ 轴的直线；而弯矩 $M(x)$ 为 $x$ 的一次函数，弯矩图为斜直线。

(2) 若某段梁上的分布荷载 $q(x)=q$(常量)，则该段梁的剪力 $F_S(x)$ 为 $x$ 的一次函数，剪力图为斜直线；而 $M(x)$ 为 $x$ 的二次函数，弯矩图为抛物线。当 $q>0$( $q$ 向上) 时，弯矩图为向下凸的曲线；当 $q<0$($q$ 向下) 时，弯矩图为向上凸的曲线。

(3) 若某截面的剪力 $F_S(x)=0$，根据$\frac{dM(x)}{dx}=0$，则该截面的弯矩为极值。

(4) 在梁上集中力作用处，剪力图有突变，突变值等于集中力值，此处弯矩图则形成一个尖角。

(5) 在梁上受集中力偶作用处，弯矩图有突变，突变值等于集中力偶值。

### 11.1.4　分段叠加法作弯矩图

力学分析中的叠加原理，是指结构中一组荷载作用所产生的效果等于每一荷载单独作用所产生效果的总和。下面讨论怎样利用叠加原理简便地绘制直杆弯矩图。

图 11.4 所示一简支梁，在两端受到集中力偶作用 $M_A$ 和 $M_B$，在两端上有均布荷载 $q$。根据叠加原理，可以将 $AB$ 所受荷载分成两组：一组是梁两端的集中力偶 $M_A$、$M_B$；另一组是梁上的均布荷载 $q$。

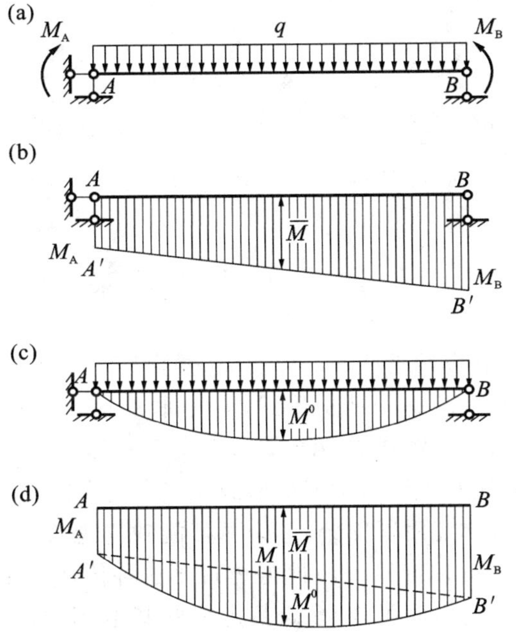


**图 11.4**

在两端力偶 $M_A$ 和 $M_B$ 作用下的弯矩图 $\overline{M}$ 是一直线，如图 11.4(b) 所示，在梁上均布荷载作用下的弯矩图 $M^0$ 则是二次抛物线，如图 11.4(c) 所示。因此，简支梁在两端力偶和梁上均布荷载共同作用下的总弯矩图 $M$ 是两组荷载产生的弯矩图的叠加，如图 11.4(d) 所示。

我们可以将简支梁弯矩图的叠加法推广应用到直杆的任意段情形。具体做法是：先用截面法求得分段两端控制截面的弯矩值 $M_A$ 和 $M_B$，把两端弯矩纵坐标值用虚直线相连；以此虚直线为基线，再叠加 $AB$ 段长度作为跨度的相应简支梁承受同一荷载作用的弯矩图。

**【例 11.3】**　试作图 11.5 所示外伸梁的弯矩图。

**【解】**　本题不需计算支座反力可以直接求控制截面弯矩。

(1) 计算控制截面弯矩

$$M_A = -3\ \text{kN}\cdot\text{m}, M_B = -1\times2\times1 = -2\ \text{kN}\cdot\text{m}, M_D = 0$$

(2) 用分段叠加法绘制弯矩图

分两段，$AB$ 段控制截面弯矩用虚直线连接(如 $A_1B_1$)，再叠加以 $AB$ 长度为跨度的简支梁在集中力作用下的弯矩图，跨度中点的纵坐标为：$\frac{4}{4}\times5 = 5\ \text{kN}\cdot\text{m}$。

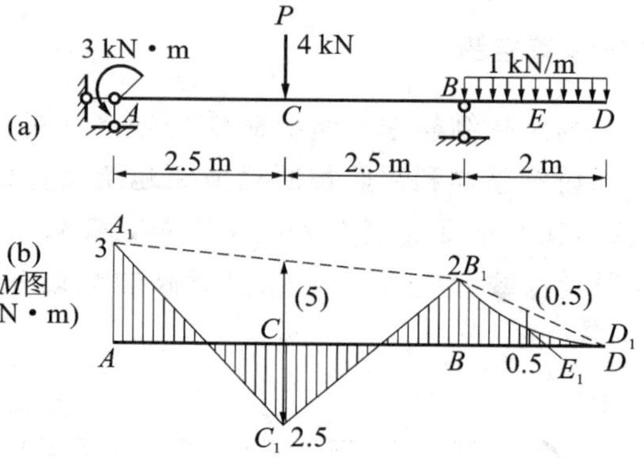


图 11.5

BD 段控制截面弯矩用虚直线连接(如 $B_1D_1$),再叠加以 BD 长度为跨度的简支梁在均布荷载作用下的弯矩图,BD 中点 E 的纵坐标为:$\frac{1}{8}\times 1\times 2^2=0.5\ \text{kN}\cdot\text{m}$。

## 11.2 多跨静定梁

多跨静定梁是由若干单跨梁通过铰连接而成,并由若干支座与基础连接而组成的静定梁,是桥梁和屋盖系统中常用的一种结构形式,在土木工程中有较广泛的应用。图 11.6(a)为桥梁的一种结构形式,从几何组成看,AB、CD 简支于基础上,可将其视为基础的一部分;BC 可视为简支于AB 和CD 上,于是,ABCD 形成无多余约束的几何不变体系。BC 依赖于其他部分而保持几何不变,常称为**附属部分**,其余两杆能独立地维持其几何不变,该部分称为**基本部分**。从上述传力关系看,图 11.6(c) 刚好体现了这种传递关系,因此图 11.6(c) 常称为**传力图**,也叫层叠图、层次图。由此可知,多跨静定梁的基本部分是很重要的,基本部分的破坏将导致全梁的破坏。

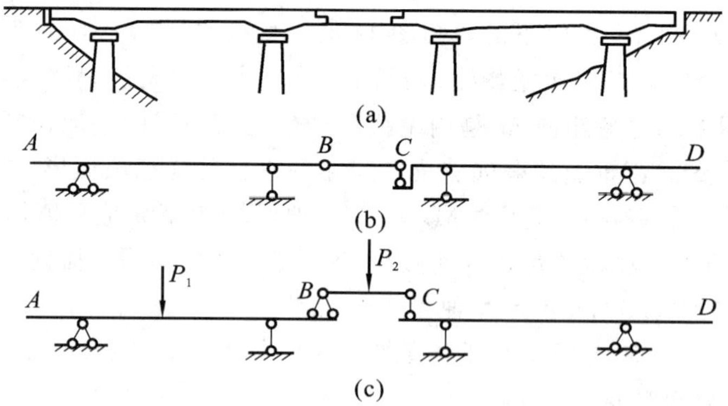


图 11.6

多跨静定梁组成顺序是先基本部分再附属部分,而多跨静定梁的计算则与传力顺序相反,应先计算附属部分后计算基本部分。从图 11.6(c) 可看出,倘若求解按先附属部分后基本部分的顺序截取隔离体,便可避免求解较高阶的联立方程,甚至可完全避免求解联立方程。因此,在计算多跨静定梁时,先进行几何组成分析,把多跨静定梁拆成一系列单跨静定梁，计算附属部分；将附属部分的反力反向地加在基本部分上，作为基本部分上的外荷载，再计算基本部分；最后把各单跨静定梁的内力图连在一起即得多跨静定梁的内力图。

**【例 11.4】** 作图 11.7(a) 所示多跨静定梁的内力图。

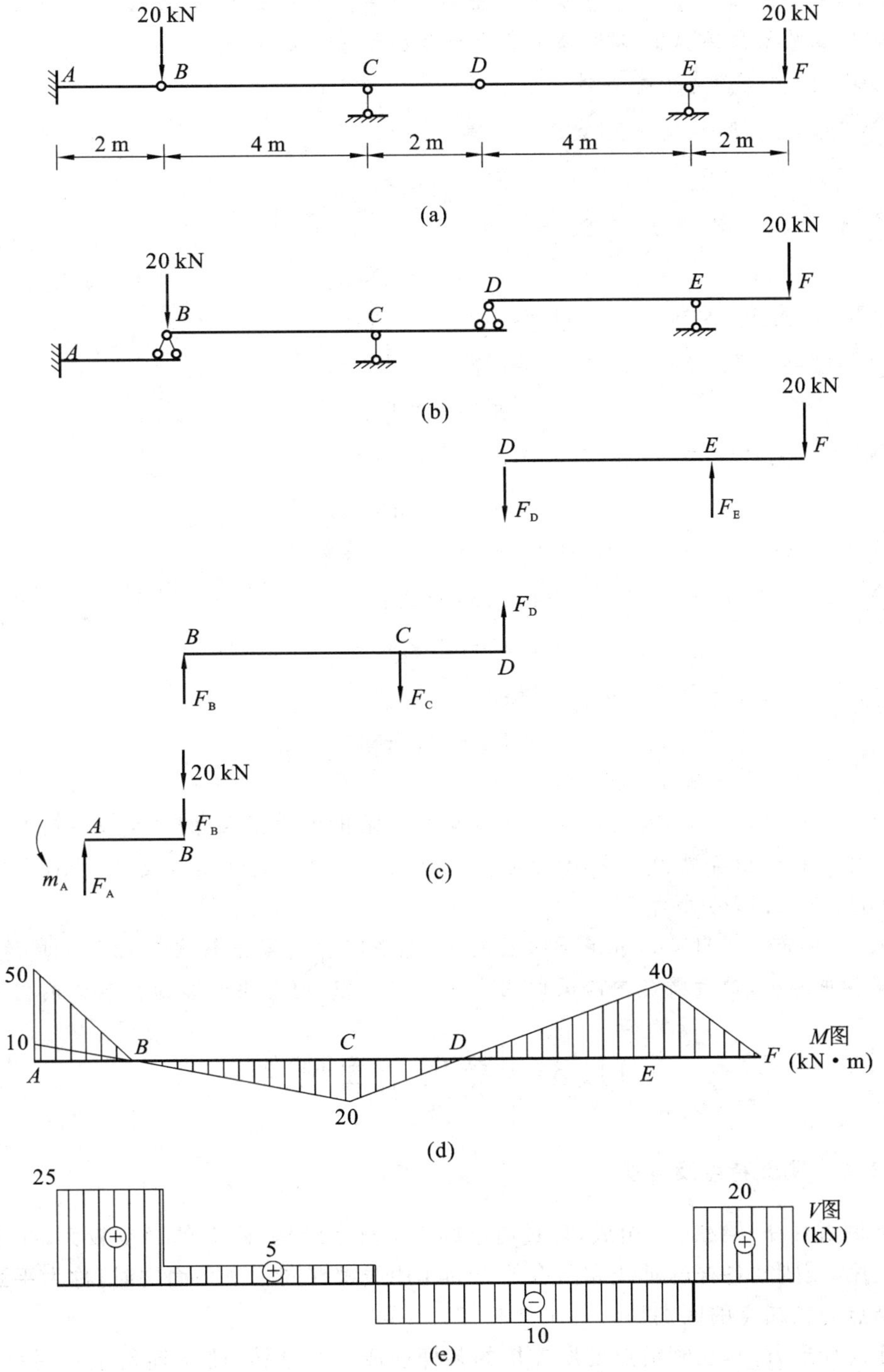


图 11.7

**【解】** (1) 绘制层次图如图 11.7(b) 所示，分为三个受力层次，基本部分 $AB$、附属 1 级 $BD$、附属 2 级 $DF$。

(2) 计算支座反力

从高层次的附属部分开始算至基本部分，即先计算附属 2 级 $DF$，然后计算附属 1 级 $BD$，最后计算基本部分 $AB$。多跨静定梁受力图如图 11.7(c) 所示。

① $DF$ 段：根据静力平衡条件

由 $\sum M_D = 0, F_E \times 4 - 20 \times 6 = 0$ 得：

$$F_E = 30 \text{ kN}$$

由 $\sum Y = 0, -F_D + F_E - 20 = 0$ 得：

$$F_D = 10 \text{ kN}$$

② $BD$ 段：将 $F_D$ 反向作用于 $D$ 点

由 $\sum M_B = 0, F_C \times 4 - F_D \times 6 = 0$ 得：

$$F_C = 15 \text{ kN}$$

由 $\sum Y = 0, F_B - F_C + F_D = 0$ 得：

$$F_B = 5 \text{ kN}$$

③ $AB$ 段：将 $F_B$ 反向作用于 $B$ 点，并与 20 kN 共同作用

由 $\sum M_A = 0, m_A - 20 \times 2 - F_B \times 2 = 0$ 得：

$$m_A = 50 \text{ kN} \cdot \text{m}$$

由 $\sum Y = 0, F_A - 20 - F_B = 0$ 得：

$$F_A = 25 \text{ kN}$$

(3) 计算内力并绘制内力图

求出各段支座反力后，就可以由静力平衡条件求出各截面内力，并根据单跨静定梁内力图绘制规律逐杆绘出各段内力图，最后把它们连成一体便得到多跨静定梁的 $M$ 图、$V$ 图，如图 11.7(d)、图 11.7(e) 所示。

可见，只要先分析出多跨静定梁的层次图，把多跨静定梁分解成为若干个单跨静定梁，分别计算各单跨梁，最后将各单跨梁的内力图连在一起，便可得到多跨静定梁的内力图。

## 11.3 静定平面刚架

### 11.3.1 刚架特点及分类

刚架是由直杆(梁和柱)组成，且具有刚结点的杆系结构。刚架的净空较大，在土木工程中广泛应用。当刚架各杆的轴线和所有外力的作用线都在同一个平面内时，称为**平面刚架**。

刚结点与铰结点的区别是：

在几何变形方面，在刚结点处所连接的各杆连成一个整体，既不能发生相对移动，也不能发生相对转动，变形时刚结点各杆的夹角保持不变；铰结点所连接的各杆则可以发生相对

转动。在受力分析方面,刚结点能传递轴力、剪力和弯矩,而铰结点只能传递轴力和剪力。

刚架具有以下特点:

(1) 杆件的弯曲变形较大,弯矩是主要内力;

(2) 弯矩分布比较均匀,其峰值比一般铰结体系小,可以节省材料;

(3) 杆件数量少,内部空间大,便于使用。

因为刚架具有弯矩分布比较均匀、内部空间大、制作方便等优点,所以在工程中得到了广泛的应用。

刚架的分类方式很多,按计算方法可分为静定刚架和超静定刚架;按组成刚架的各杆轴线及所受荷载是否共面可分为平面刚架和空间刚架;按层数可分为单层刚架和多层刚架;按跨数可分为单跨刚架和多跨刚架。

静定平面刚架常见的形式有**简支刚架**[图 11.8(a)]、**悬臂刚架**[图 11.8(b)]、**三铰刚架**[图 11.8(c)]及**组合刚架**[图 11.8(d)、图 11.8(e)]。

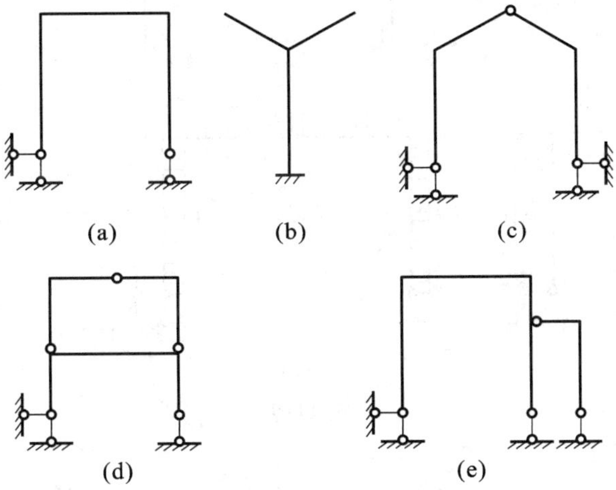


图 11.8

### 11.3.2　刚架内力计算

刚架中的杆件多为梁式杆,各杆件横截面一般有三个内力分量,即轴力、剪力和弯矩。静定平面刚架内力计算一般仍然采用截面法,在计算时分别选取刚架中的每根杆件或几根杆件作为隔离体,按平面任意力系的平衡条件计算各杆控制截面的内力并绘制出其内力图。

刚架内力的正负号的规定为:轴力以拉力为正、压力为负;剪力以使所在杆段产生顺时针转动为正,反之为负;弯矩不做正负号规定。

刚架内力图的画法规定为:作刚架的弯矩图时,需将弯矩画在杆件受拉一侧,不需标注正负号;而剪力图和轴力图可画在杆件任一侧,但应标注正负号。

平面静定刚架内力分析的步骤是:先计算支座反力和铰结点处的约束反力;然后以外力变化点和刚架杆件的转折点为分段点,截取各段为隔离体,根据静力平衡方程计算各分段点处的内力;最后根据前述梁中内力图的绘制方法逐杆绘制出刚架的内力图,并进行校核。

为了不使内力的符号发生混淆,刚架中内力的表示符号采用双字母下标,例如 $AB$ 杆杆端弯矩用 $M_{AB}$ 表示,第一个下标 A 表示该内力所属杆端,第二个下标 B 表示该杆段的另一端。

【例 11.5】 求解图 11.9(a) 所示刚架并作内力图。

【解】 (1) 利用隔离体受力图[图 11.9(b)]可列出如下平衡方程，并解出三个约束反力：

由 $\sum X = 0, 3 \times 4 - X_B = 0$ 　得：$X_B = 12$ kN(←)

由 $\sum M_A = 0, -\frac{1}{2} \times 3 \times 4^2 + 6Y_B = 0$ 　得：$Y_B = 4$ kN(↑)

由 $\sum Y = 0, Y_A + Y_B = 0$ 　得：$Y_A = -4$ kN(↓)

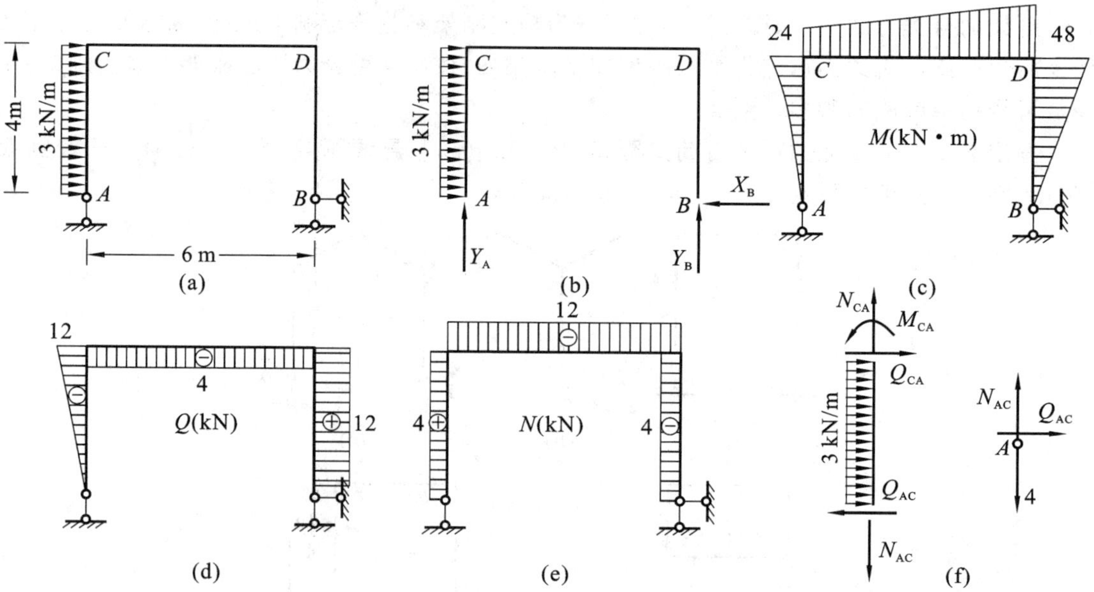


图 11.9

(2) 计算各杆的控制截面内力

先从立柱 $AC$、$BD$ 开始，然后再计算横梁 $CD$。以 $AC$ 为例说明，其隔离体受力图如图 11.9(f) 所示，该杆 $A$ 端内力只有轴力，$N_{AC} = 4$ kN(拉)。柱顶 $C$ 的内力可根据图 11.9(f) 中柱 $AC$ 的平衡条件求解：

由 $\sum M_C = 0, M_{CA} + \frac{1}{2} \times 3 \times 4^2 = 0$ 　得：$M_{CA} = -24$ kN·m

由 $\sum Y = 0,\quad N_{CA} - 4 = 0$ 　得：$N_{CA} = 4$ kN(拉)

由 $\sum X = 0, 3 \times 4 + Q_{CA} = 0$ 　得：$Q_{CA} = -12$ kN

采用同样的方法可求解立柱 $BD$、横梁 $CD$ 的杆端内力，所有杆端内力统一列于表 11.1 中。

**表 11.1　控制截面内力值**

| 控制点 | A | C | | D | | B |
|---|---|---|---|---|---|---|
| 杆端 | AC | CA | CD | DC | DB | BD |
| $M_{ij}$ (kN·m) | 0 | −24(左拉) | −24(上拉) | −48(上拉) | −48(右拉) | 0 |
| $Q_{ij}$ (kN) | 0 | −12 | −4 | −4 | 12 | 12 |
| $N_{ij}$ (kN) | 4 | 4 | −12 | −12 | −4 | −4 |

(3) 作出内力图

各控制截面内力计算出来后分段作出各杆内力图，如图 11.9(c)、图 11.9(d)、图 11.9(e) 所示。

以上用基本的方法对本例进行了计算。当对基本方法较为熟练后，其中有些步骤可以省略，有些步骤可用简便的做法代替。

## 11.4　静定平面桁架

### 11.4.1　理想桁架及桁架的分类

桁架是另一类应用广泛的结构形式。理想桁架的基本假定：

(1) 各铰结点均为光滑的圆柱形铰；

(2) 各杆的轴线均为直线，对于平面桁架，各杆轴线共面并通过杆件两端的铰心；

(3) 仅承受结点荷载，并作用在桁架平面内(平面桁架情形)。

理想桁架中各杆仅承受轴力，所有杆件均为二力杆，杆件横截面上的应力均匀分布，能充分利用材料的强度，可以节约用材，可以用作大跨度结构。实际桁架的受力情况与上述理想情形是有差别的，例如结点具有一定的刚性，从而具有抗转动能力，杆中存在弯曲应力。但理论分析与实测结果表明，其影响在一般情形下可略去不计。

桁架按外形分为：① **平行弦桁架**[图 11.10(a)]；② **折线形桁架**[图 11.10(b)]；③ **三角形桁架**[图 11.10(c)]；④ **梯形桁架**[图 11.10(d)]；⑤ **抛物线形桁架**[图 11.10(e)]。

按照桁架的几何组成分为：① **简单桁架**，以一个基本铰结三角形为基础，依次增加二元体而组成的无多余约束的几何不变体系，如图 11.10(a)、图 11.10(d)、图 11.10(e) 所示。② **联合桁架**，由几个简单桁架按几何不变体系组成规则组成的桁架，如图 11.10(c)、图 11.10(f) 所示。③ **复杂桁架**，不属于简单桁架和联合桁架的桁架，如图 11.10(b) 所示。

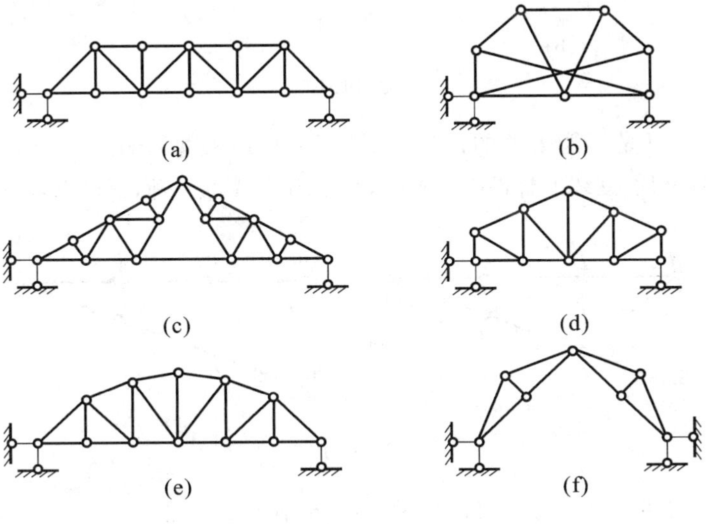


**图 11.10**

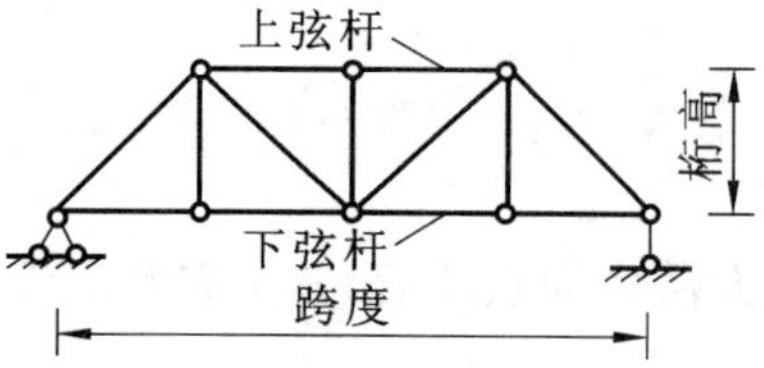


图 11.11

桁架中的杆件按其在桁架中的位置不同，可分为弦杆和腹杆。弦杆又分为上弦杆与下弦杆。腹杆分为斜杆与竖杆。桁架两支座间的水平距离称为跨度。桁架支座连线至最高点的距离称为桁高，如图 11.11 所示。

### 11.4.2　结点法

求解静定平面桁架的方法有结点法和截面法。

选取桁架结点为隔离体计算桁架杆件内力的方法称为**结点法**。作用于同一结点上的荷载、反力和杆件内力组成了一个平面汇交力系，可以建立两个平衡方程 $\sum F_x = 0$ 和 $\sum F_y = 0$，求解两个未知力。计算时应从不多于两个未知力的结点开始计算，依次选取的计算结点的未知力不超过两个。用结点法总可以将一个静定平面桁架的全部反力和内力计算出来，只是可能要求解联立方程组。

桁架中内力为零的杆件称为**零杆**，可利用某些结点平衡的特殊情况判断零杆。对于没有外力作用的两杆结点，则两杆均为零杆，如图 11.12(a) 所示。对于无外力作用的三杆结点，若其中两杆共线，则第三杆为零杆，其余两杆内力相等，且内力性质相同(均为拉力或压力)，如图 11.12(b) 所示。对于四杆结点，当杆件两两共线呈“X”形，且无外力作用时，则共线的各杆内力相等，且性质相同，如图 11.12(c) 所示；当杆件两两共线呈“K”形时，不共线的两杆内力相等，性质相反，如图 11.12(d) 所示。

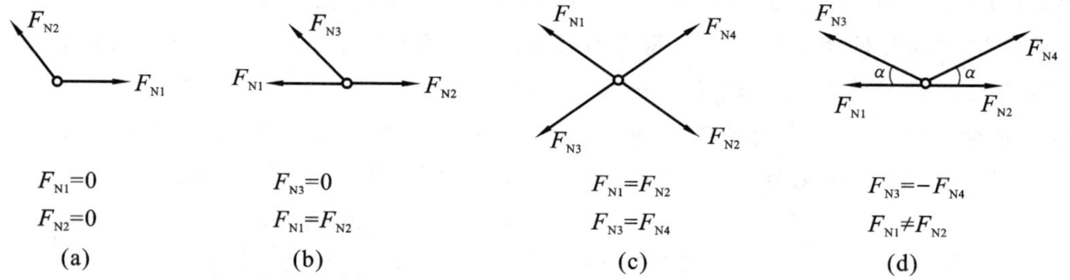


图 11.12

实际工程中，零杆是不能去掉的，但是在计算中可以假想零杆不存在，以简化计算。如图 11.13 所示，去掉零杆后，共线的杆件内力相等，利用结点 $A$ 的平衡，就可以求出所有杆件的内力。

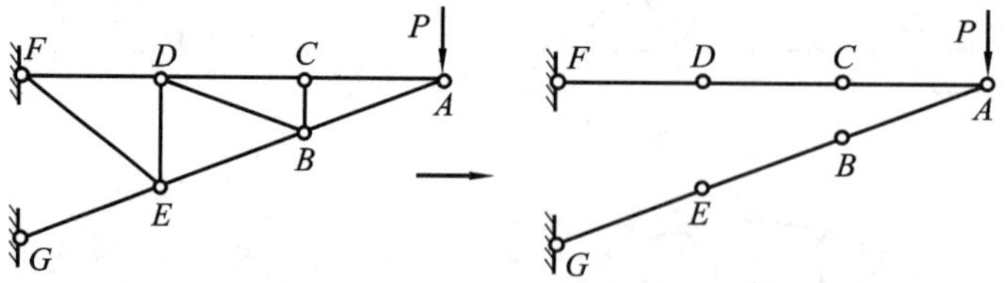


图 11.13

**【例 11.6】**　试用结点法求图 11.14 所示桁架各杆的内力。

**【解】**　(1) 计算支座反力。对整体进行分析[图 11.14(a)]，由力矩平衡方程求支座反力。由

$$\sum M_A(\boldsymbol{F}_i) = 0, 16 \times F_{By} - 30 \times 4 - 20 \times 8 - 30 \times 12 = 0$$

求得　$F_{By} = 40\ \text{kN}$

根据对称性可知，　$F_{Ay} = F_{By} = 40\ \text{kN}$

(2) 取结点 $A$ 作为研究对象，受力如图 11.14(b) 所示，由投影平衡方程

$$\sum F_y = 0,\quad 40 - F_{N2}\sin\alpha = 0$$

$$\sum F_x = 0,\quad F_{N1} - F_{N2}\cos\alpha = 0$$

其中 $\cos\alpha = 4/5$，$\sin\alpha = 3/5$，代入上面两式求得

$$F_{N1} = -53.33\ \text{kN},\quad F_{N2} = 66.67\ \text{kN}$$

依次取 $C$、$D$、$H$ 结点进行受力分析[图 11.14(c) 至图 11.14(e)]，由投影平衡方程可求得各杆内力。利用对称性，将所有杆件内力标在杆件一侧[图 11.14(f)]。

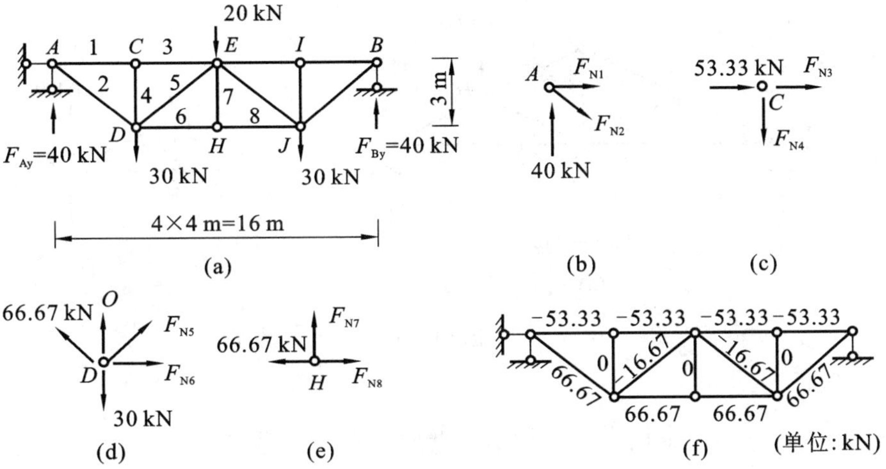


图 11.14

### 11.4.3　截面法

用一假想的截面截取桁架的某一部分作为隔离体，由其平衡条件求桁架杆件内力的方法称为截面法。隔离体通常为平面一般力系，一般要求其未知力数目不多于三个，则可利用平面一般力系的三个平衡方程直接求出这一假想截面上的全部内力。

截面法可用较少的步骤计算某些杆件的内力，可以降低联立方程组的阶数，适用于求解指定杆件内力的情况。

结点法和截面法是计算桁架内力的两种常用方法。对于简单桁架来说，无论用哪一种方法计算都很方便。对于某些复杂桁架，需要联合使用结点法和截面法才能求出杆件内力。另外，在某些情况下只需计算少数指定杆件的内力时，联合使用结点法和截面法很方便。

**【例 11.7】**　试用截面法计算图 11.15(a) 所示桁架中 $a$、$b$、$c$ 三杆内力。

**【解】**　(1) 计算支座反力。对整体进行分析[图 11.15(a)]，由力矩平衡方程求支座反力。由

$$\sum M_A(\boldsymbol{F}_i) = 0, 8 \times F_{Iy} - 10 \times 4 - 20 \times 6 - 10 \times 8 = 0$$

求得 $F_{Iy}=30\ \text{kN}$

同理由 $\sum M_{I}(\boldsymbol{F}_i)=0$，可求得 $F_{Ay}=10\ \text{kN}$

(2) 利用假想平面将 $a$、$b$、$c$ 三杆截断，取右侧部分分析，受力如图 11.15(b) 所示，列出平衡方程组：

$$\sum M_{E}(\boldsymbol{F}_i)=0,(30-10)\times 4-20\times 6+1\times F_{Nc}\cos\alpha+2\times F_{Nc}\sin\alpha=0$$

$$\sum M_{H}(\boldsymbol{F}_i)=0,(30-10)\times 2-1\times F_{Na}=0$$

$$\sum M_{I}(\boldsymbol{F}_i)=0,1\times F_{Nb}\cos\alpha+2\times F_{Nb}\sin\alpha+20\times 2=0$$

解得：

$$F_{Na}=40\ \text{kN},\quad F_{Nb}=-22.4\ \text{kN},\quad F_{Nc}=-22.4\ \text{kN}$$

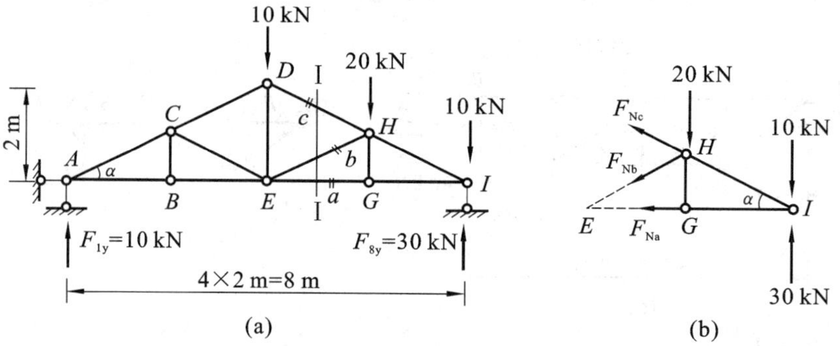


图 11.15

## 11.5 静定平面组合结构

**组合结构**是由只承受轴力的二力杆(即链杆)和承受弯矩、剪力、轴力的梁式杆组合而成，它常用于房屋建筑中的屋架、吊车梁以及桥梁的承重结构。例如图 11.16(a) 所示的下撑式五角形屋架就是较为常见的静定组合结构，其上弦杆由钢筋混凝土制成，主要承受弯矩和剪力；下弦杆和腹杆则用型钢做成，主要承受轴力。其计算简图如图 11.16(b) 所示。

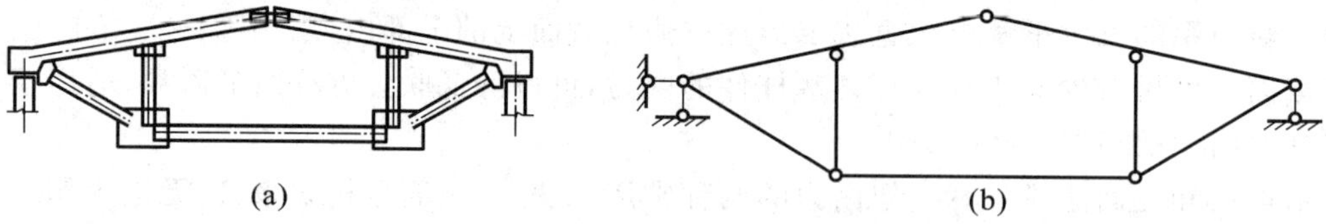


图 11.16

计算组合结构时，一般都是先求出支座反力和各链杆的轴力，然后再计算梁式杆的内力，并作出其 $M$、$V$ 和 $N$ 图。在分析与计算中，必须特别注意区分链杆和梁式杆。链杆截面上只有轴力；梁式杆截面上一般作用有三个内力，即轴力、剪力和弯矩。组合结构中的链杆可以使梁式杆的支点间距减小或产生负向弯矩，改善受弯杆的工作状态。

# 11.6　三　铰　拱

## 11.6.1　拱的概念及其分类

在竖向荷载作用下，会产生水平推力的曲杆结构称为**拱**。拱是一种重要的结构形式，在房屋建筑、桥涵建筑、水工建筑中应用比较广泛。根据支承和连接形式的不同，拱可以分为三种，如图 11.17 所示。其中，**无铰拱**和**两铰拱**属于超静定拱，**三铰拱**则属于静定拱。本节只讨论三铰拱。

(a) 无铰拱　(b) 两铰拱　(c) 三铰拱

**图 11.17**

拱和梁的主要区别是：拱在竖向荷载作用下，支座会产生水平反力，这种水平反力指向拱内侧，故又称为推力。拱的主要优点是在相同跨度和荷载条件下，由于推力的存在，拱的弯矩比梁的要小得多，并主要承受压力，因而更能发挥材料的作用，并能利用抗拉性能较差而抗压性能较好的砖、石、混凝土等价格相对较低的材料来建造。而拱的主要缺点是要求比梁具有更为坚固的基础或支承结构（墙、柱、墩、台等）来承受水平推力。可见，推力的存在与否是区别拱与梁的主要标志。

## 11.6.2　三铰拱简介

三铰拱是由两个曲杆刚片与基础由三个不共线的铰两两相连组成的静定结构[图 11.18(a)]。有时为减小支座承受的水平力，可以在三铰拱支座间连以水平拉杆，由该拉杆承受水平力[图 11.18(b)]。这种结构改善了支座的受力状况，使支座在结构承受竖向荷载作用的情况下只产生竖向的支座反力，这种结构叫作带拉杆的三铰拱。为了减小水平拉杆在自重作用下的垂度，往往在拱内设吊杆[图 11.18(c)]。

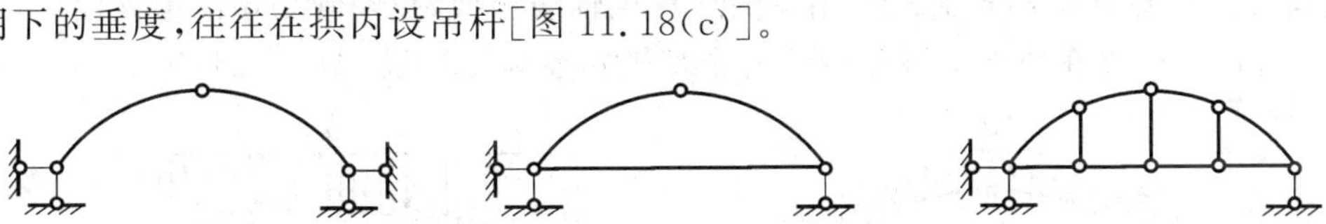

(a)　(b)　(c)

**图 11.18**

图 11.18(a) 所示三铰拱，由于其内力不受温度变化和支座移动的影响，在工程实际中应用广泛，例如某些大跨度房屋中的三铰拱屋架等。

常用的三铰拱多是对称形式（图 11.19），三铰拱各截面形心连线称为**拱轴线**；顶铰设于跨中称为**拱顶**；两端支座处称为**拱趾**（或拱脚）；两拱趾连线称为**起拱线**；两拱趾间的距离称为拱的**跨度** $l$；起拱线至拱顶距离称为**拱高**（或拱矢）$f$；拱高 $f$ 与跨度 $l$ 之比称为拱的**高跨比**

(或矢跨比)。高跨比是拱的一个重要参数,工程中常用的拱结构,其高跨比一般为 1/10 ~ 1/20。

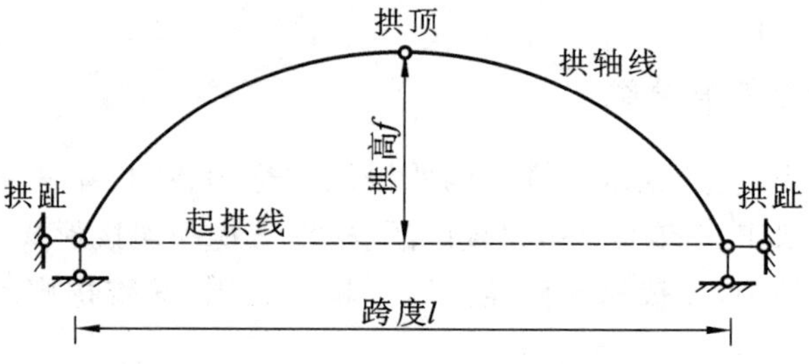


图 11.19

### 11.6.3 三铰拱的合理拱轴线

若在某种荷载下,拱所有截面的弯矩均为零,即 $M=0$,这时该拱的轴线称为**合理拱轴线**。在不同类型的荷载作用下,拱具有不同的合理拱轴线。

(1) 在满跨竖向均布荷载作用下,三铰拱的合理拱轴线为二次抛物线,如图 11.20 所示。因此,房屋建筑中拱的轴线常常采用抛物线。

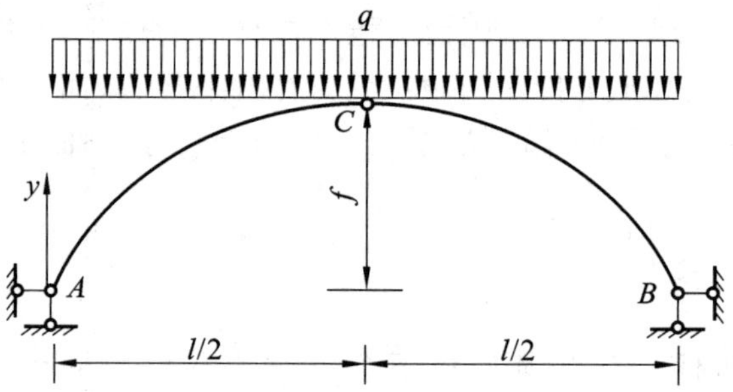


图 11.20

(2) 三铰拱在径向均布荷载作用下的合理拱轴线为圆弧线[图 11.21(a)],污水管合理拱轴线与三铰拱在径向均布荷载作用下的合理拱轴线相似,故经常采用圆形截面。

(3) 对称三铰拱在填土荷载作用下的合理拱轴线为悬链线[图 11.21(b)]。

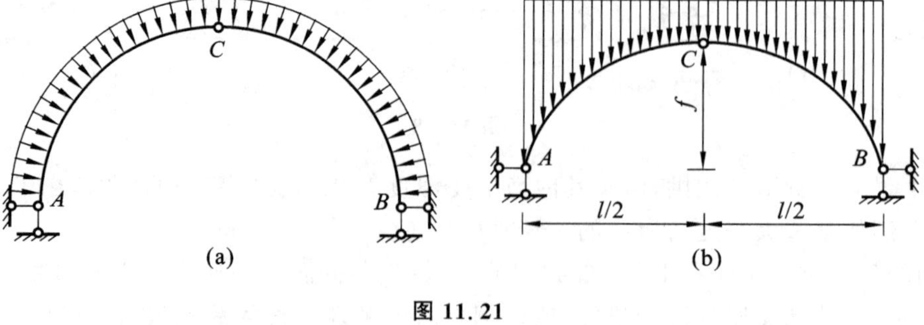


图 11.21

只有在荷载确定的情况下才能确定三铰拱的合理拱轴线。而实际情况中荷载是变化的，因而不能得到真正的合理拱轴线，只能使拱轴线相对合理些，以减小拱内的弯矩。在拱式结构中，如果拱轴线选择合理，截面弯矩可以为零，而截面内产生的轴力较大。

在实际工程中的拱一般都是由砖、石、混凝土等材料制成，这些材料抗拉强度较低但抗压强度较高，通过调整拱的轴线为合理拱轴线，使拱在任何确定的荷载作用下各截面上的弯矩值为零，这时拱截面上只有通过截面形心的轴向压力，其压应力沿截面均匀分布，能充分发挥材料的力学性能。但是，在设计、施工及使用过程中，必须保证拱的基础坚固可靠，能为拱提供足够的水平推力，否则将由于支座不能承受水平作用力而导致拱的破坏。

## 小　　结

(1) 多跨静定梁可以在铰处分解为以单跨梁为单元的基本部分和附属部分，可由几何组成分析确定附属部分与基本部分，经受力分析后，先计算附属部分的约束反力，再将其反向作用于基本部分求解。

(2) 多跨静定梁的内力正负符号规定及内力图绘制方法同单跨梁。计算多跨静定梁的内力时先分别计算各单跨梁的内力，再将各单跨梁的内力叠加在一起。多跨梁中间铰处无集中力偶作用时弯矩为零。

(3) 静定平面刚架常见的形式有简支刚架、悬臂刚架、三铰刚架和组合刚架。

(4) 刚架的内力有弯矩、剪力和轴力，静定平面刚架内力计算一般仍然采用截面法，在计算时分别选取刚架中的每根杆件或几根杆件作为隔离体，按平面任意力系的平衡计算各杆控制截面的内力并绘制出其内力图。弯矩不规定正负符号，只规定弯矩图应画在杆件受拉侧，剪力和轴力正负符号规定与梁相同。

(5) 静定平面桁架的内力只有轴力，求解静定平面桁架内力的方法有结点法和截面法。选取桁架结点为隔离体计算桁架杆件内力的方法称为结点法，计算时应从不多于两个未知力的结点开始计算。用一假想的截面截取桁架的某一部分作为隔离体，由其平衡条件求桁架杆件内力的方法，称为截面法。隔离体通常为平面一般力系，要求其未知力数目不多于三个。

(6) 桁架中内力为零的杆件称为零杆，可利用某些结点平衡的特殊情况判断零杆，如对于没有外力作用的两杆结点，则两杆均为零杆；对于无外力作用的三杆结点，若其中两杆共线，则第三杆为零杆。实际工程中，零杆是不能去掉的，但是在计算中可以假想零杆不存在，以简化计算。

(7) 拱在竖向荷载作用下，支座会产生水平反力，这种水平反力指向拱内侧，故又称为推力。若在某种荷载下，拱所有截面的弯矩均为零，即 $M=0$，这时该拱的轴线称为合理拱轴线。在不同类型的荷载作用下，拱具有不同的合理拱轴线。

(8) 组合结构是由只承受轴力的二力杆(即链杆)和承受弯矩、剪力、轴力的梁式杆组合而成。计算组合结构时，一般都是先求出支座反力和各链杆的轴力，然后再计算梁式杆的内力。在分析与计算中，必须特别注意区分链杆和梁式杆。

## 思考题

11.1　计算多跨静定梁支座反力的步骤是怎样的?

11.2　多跨静定梁拆成基本部分和附属部分后,都是些什么梁?

11.3　当荷载作用在多跨静定梁的基本部分时,是否会在附属部分引起内力?当荷载作用在多跨静定梁附属部分时,是否会在基本部分引起内力?为什么?

11.4　刚架结构的刚结点和铰结点在变形、受力方面有何区别?以结点为隔离体建立平衡方程时,两者有何区别?

11.5　当静定刚架支座反力数大于3时,怎样简便计算支座反力?

11.6　理想桁架基本假设是什么?为什么在这三条假设下桁架杆件只有轴力?

11.7　怎样判断零杆?你在计算桁架轴力前,能否迅速判断零杆,使计算简化?

11.8　三铰拱屋架中常加拉杆,为什么?

11.9　为什么三铰拱比梁更能发挥材料的作用?

11.10　怎样判断组合结构的二力杆和非二力杆?它们在受力上有什么特点?

## 习题

11.1　试作图11.22所示多跨静定梁的弯矩图,其中 $F_P = 1$ kN,$a = 1$ m。

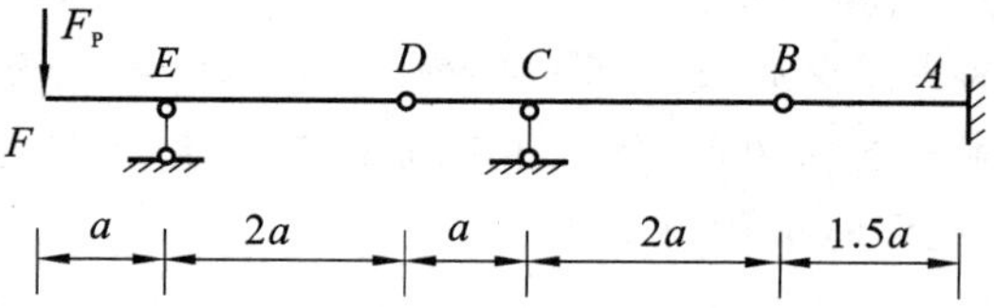


图 11.22

11.2　试作图11.23所示多跨静定梁的弯矩图。

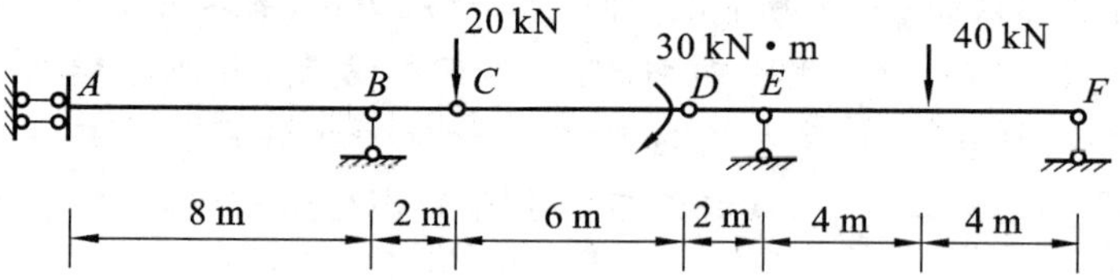


图 11.23

11.3　试作图11.24所示结构的弯矩图、剪力图。

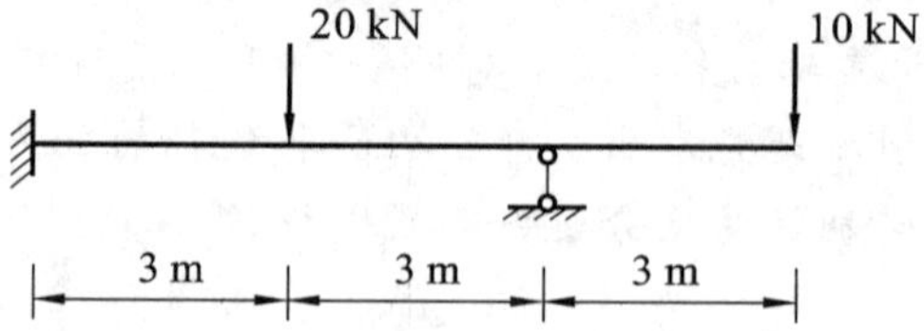


图 11.24

11.4 试作图 11.25 所示多跨静定梁的弯矩图。

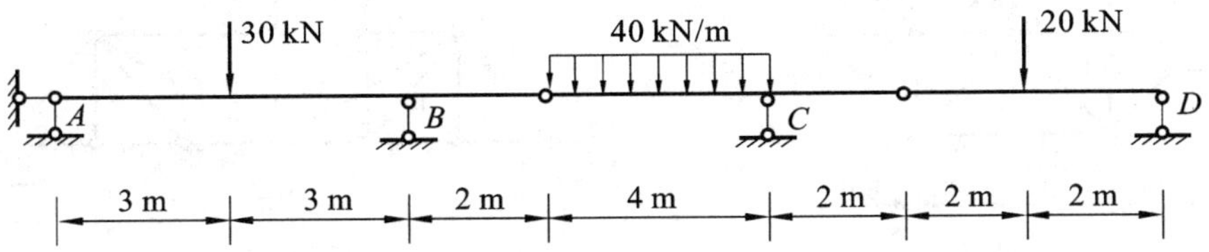


图 11.25

11.5 试求图 11.26 所示刚架的支座反力。

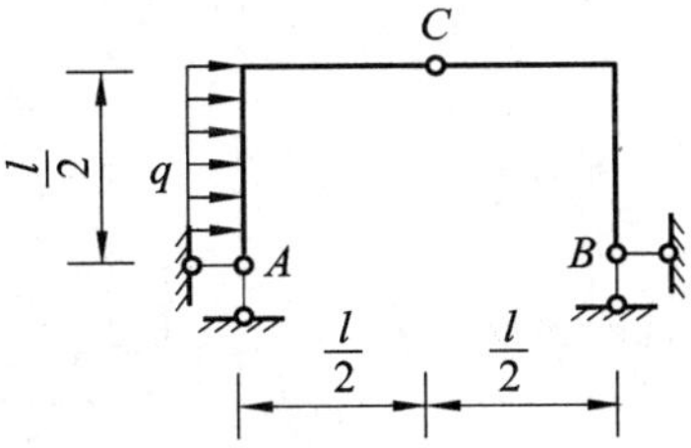


图 11.26

11.6 试作图 11.27 所示刚架的弯矩图。

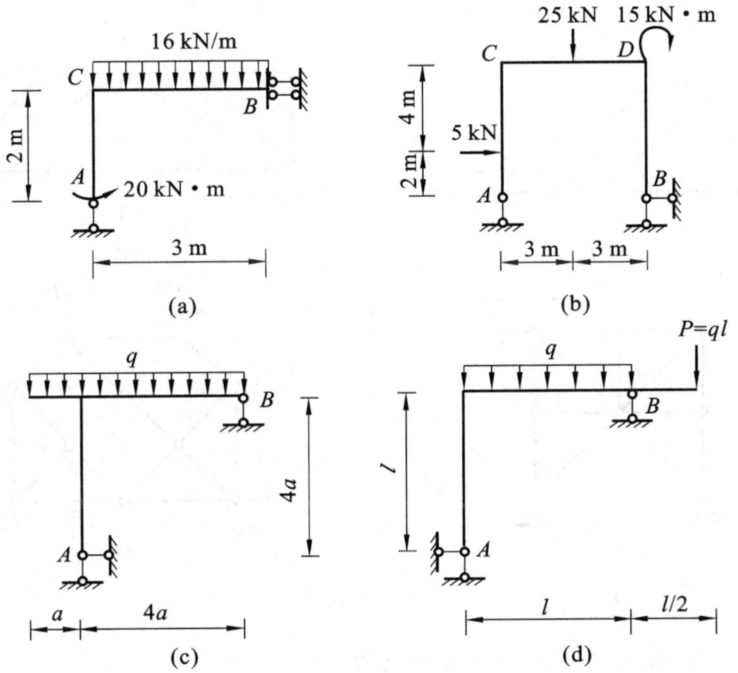


图 11.27

11.7 试求图 11.28 所示桁架指定杆件的内力。

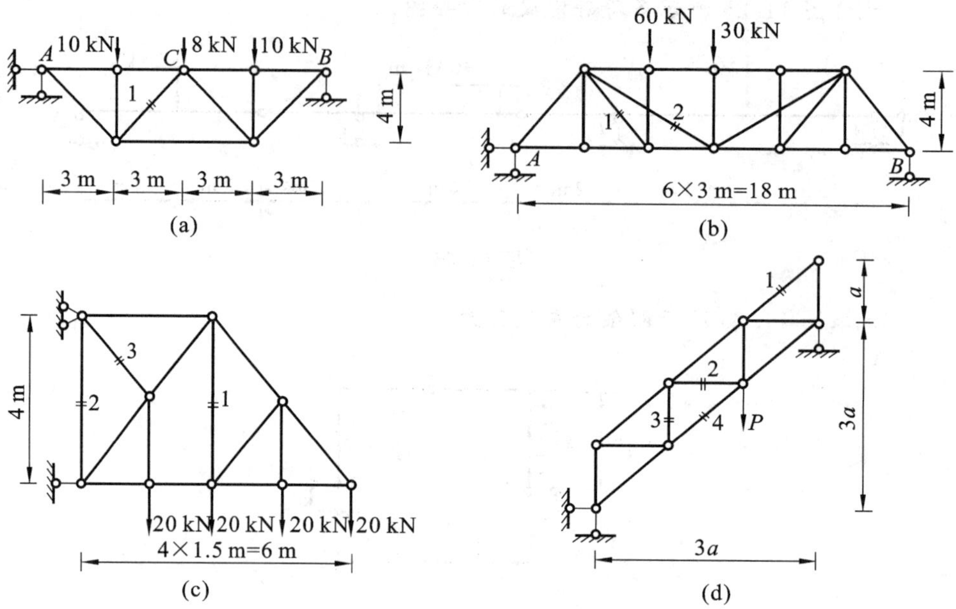


图 11.28

11.8　试分析图 11.29 所示桁架的类型，指出零杆。

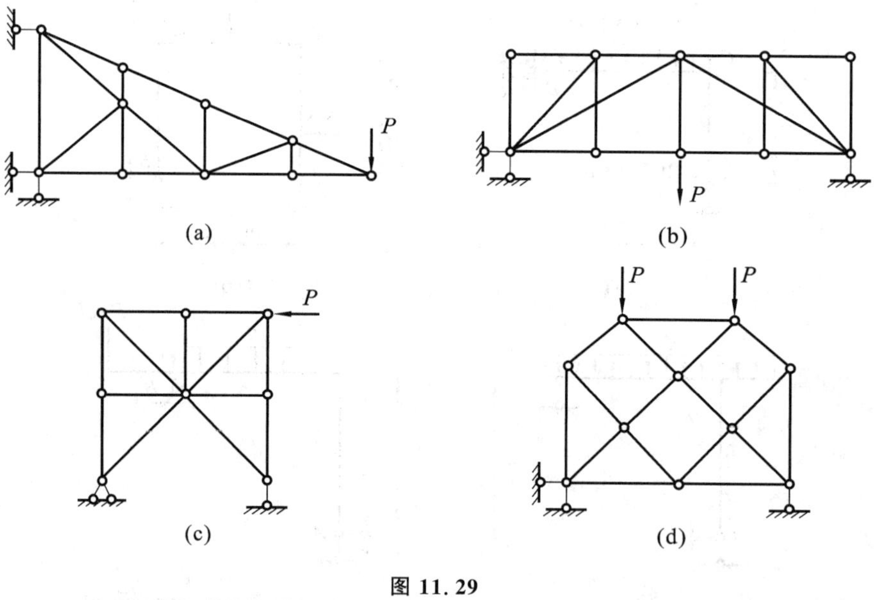


图 11.29

11.9　求图 11.30 所示三铰拱的支座反力。

11.10　如图 11.31 所示带拉杆 $AB$ 的半圆三铰拱，求拉杆以及截面 $K$ 的内力。

11.11　求图 11.32 所示组合结构链杆的内力，并作梁式杆的弯矩图。

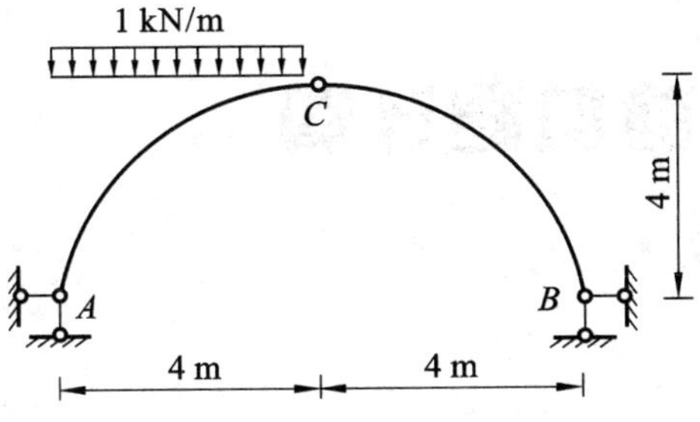


图 11.30

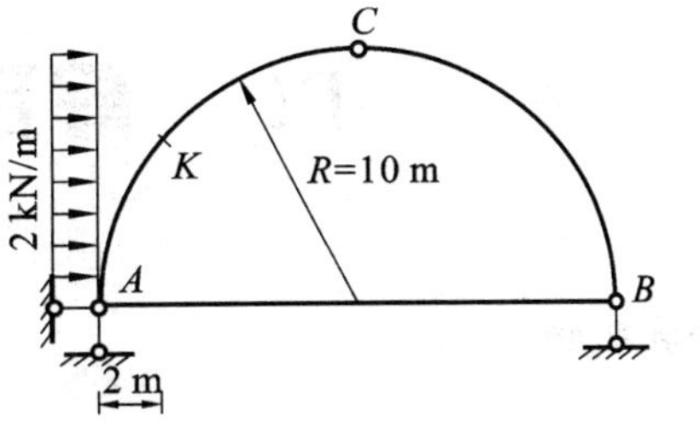


图 11.31

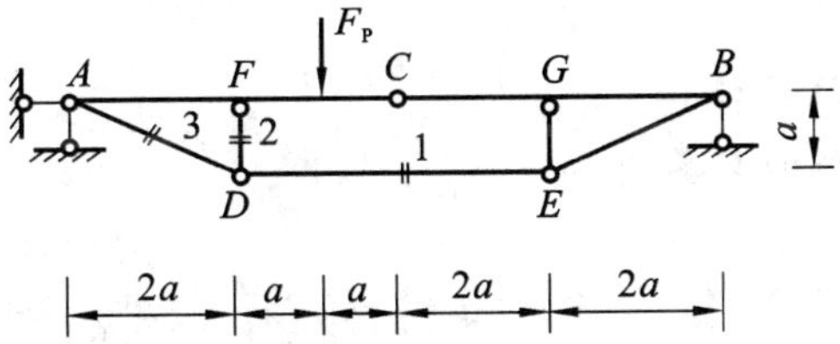


图 11.32

# 12 静定结构的位移计算

**教学目标**

（1）了解虚功原理

（2）了解互等定理

（3）掌握图乘法

（4）掌握荷载作用的位移计算

（5）掌握支座移动的位移计算

## 12.1 结构位移基本概念

本章主要讨论应用虚功原理计算静定结构的位移，位移计算无论是在本课程中还是在工程实际中都很重要，本章内容既是静定结构设计的需要，也是超静定结构分析的基础；既是静定结构部分的结尾，又是超静定结构部分的先导，起着承前启后的作用。除荷载外，引起位移的因素还有温度变化、支座位移、材料收缩、制造误差等非荷载因素，本课程只讨论荷载作用时的位移计算。

### 12.1.1 结构的位移

结构在荷载作用下会产生内力和变形，结构的变形引起结构的位移。位移一般分为线位移和角位移两种，线位移是指结构上点的移动；角位移是指杆件横截面产生的转动，因为横截面与杆轴线转动的角度相同，通常用轴线转角表示。

图12.1(a)所示刚架，在荷载作用下变形如图12.1(a)中虚线所示。$C$点变到$C'$，$D$点变到$D'$，$CC'$是$C$点的线位移，用$\Delta_C$表示，可以分解为水平方向和竖直方向两个分量，分别以$\Delta_{Cx}$和$\Delta_{Cy}$表示。$\theta_C$表示截面$C$的转角，也就是截面$C$的角位移。

图12.1(b)所示简支梁在荷载作用下产生虚线所示变形，图中$\theta_A$和$\theta_B$分别表示截面$A$和截面$B$的角位移。

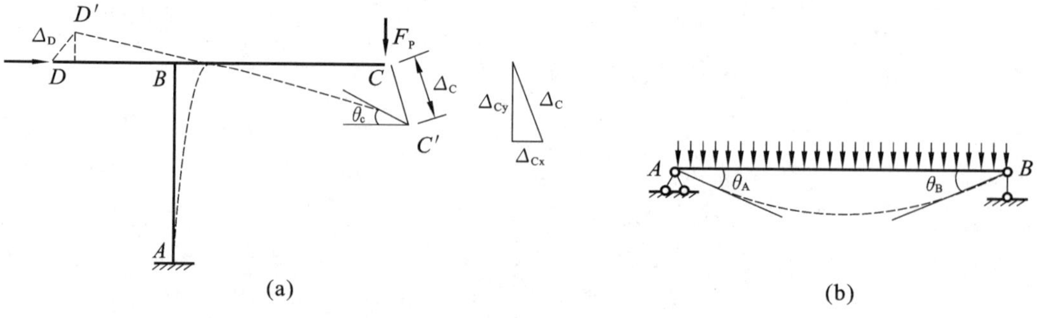


**图12.1**

### 12.1.2 计算位移的目的

位移计算本身是建筑力学的一个重要分支，同时也是超静定结构内力计算的基础。计算位移的目的主要有以下两个：

(1) 验算结构的刚度。结构变形不得超过规范规定的容许值，例如楼盖梁的挠度容许值为跨度的 1/400 ～ 1/200，而吊车梁挠度容许值为跨度的 1/600。

(2) 为超静定结构的内力分析打基础。超静定结构的计算要同时满足平衡条件和变形连续条件。

### 12.1.3 产生位移的主要原因及位移计算方法

(1) 静定结构产生位移的主要原因

静定结构产生位移的主要原因有三种：① 荷载作用；② 温度改变或材料胀缩；③ 支座移动或制造误差。这些原因对静定结构的内力、变形和位移的影响见表 12.1。

**表 12.1 各种因素对静定结构的影响**

| 位移产生的原因 | 对结构的影响 | | |
|---|---|---|---|
| | 内力 | 变形 | 位移 |
| 荷载作用 | √ | √ | √ |
| 温度改变或材料胀缩 | × | √ | √ |
| 支座移动或制造误差 | × | × | √ |

注："√"表示有影响；"×"表示无影响。

(2) 位移计算方法

本章只讨论线性变形体系的位移计算，计算方法是单位荷载法，其理论基础是虚功原理。因线性变形体系和叠加原理的使用条件相同，都是：① 材料处于弹性阶段，应力与应变之间成正比；② 结构变形微小，不影响力的作用。故可以应用叠加原理计算线性变形体系的位移。

## 12.2 结构位移计算一般公式

### 12.2.1 虚功

不变的力所做的功是力与力的作用点沿力的方向产生的位移的乘积，其中位移是由该力引起的。即：

$$W = P\Delta \tag{12.1}$$

式中 $W$—— **虚功**；

$P$—— **广义力**；

$\Delta$—— **广义位移**。

广义力和相对应的广义位移：

其中广义力 $P$ 可以是单个集中力，如图 12.2(a) 中的 $F_P$，与之相对应的广义位移是力作用点沿力的方向的位移，如图 12.2(a) 中 $C$ 点的竖向位移 $\Delta$；广义力也可以是单个集中力偶，如图 12.2(b) 中的 $M$，与之相对应的广义位移是 $A$ 截面的角位移 $\theta$；广义力还可以是大小相等、方向相反的一对力，如图 12.2(c) 所示，分别作用于 $A$、$B$ 两点，对应的广义位移是 $A$、$B$ 两点的相对位移，即 $\Delta = \Delta_A + \Delta_B$；广义力还可以是大小相等、方向相反的一对力偶，如图 12.2(d) 所示，与之相对应的广义位移是 $A$、$B$ 两个截面的相对转角，$\theta_{AB} = \theta_A + \theta_B$。

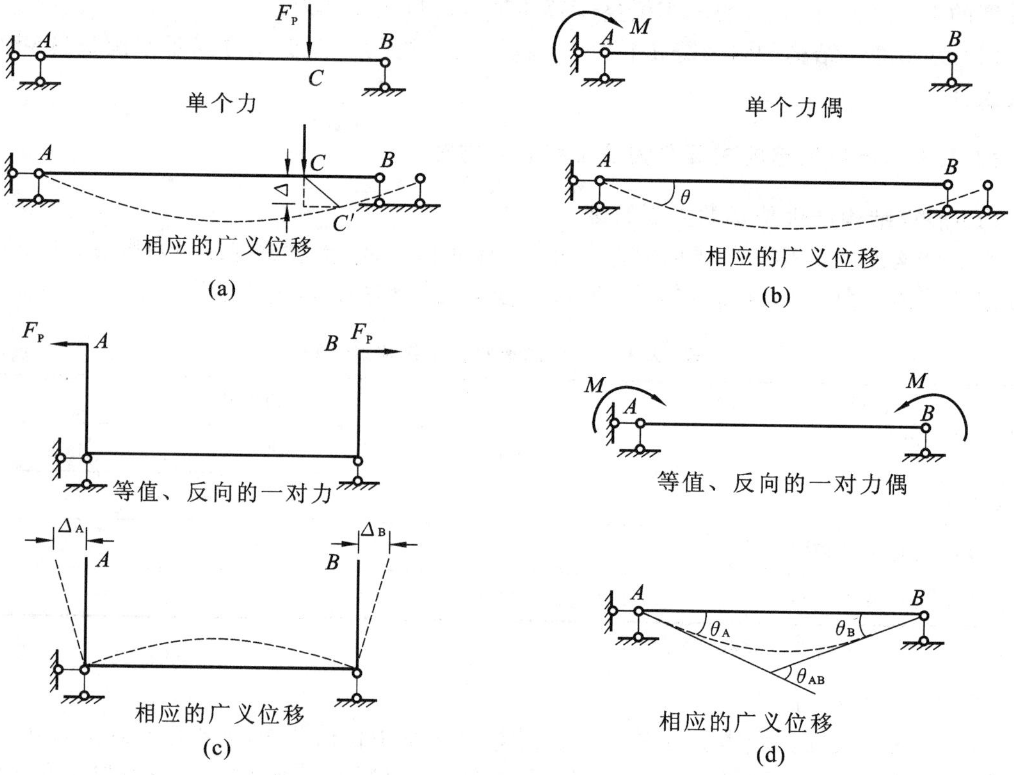


图 12.2

### 12.2.2 变形体系的虚功原理

本课程中涉及的变形体系就是可变形的结构。通常当用静力平衡条件计算杆件的内力时，把杆系结构及各杆当作刚体，略去变形对内力计算结果的影响；在涉及杆件的变形计算时，又把结构及各杆件当作变形体。前面曾假定杆系结构的位移是微小的，在涉及变形计算时，也要假定变形是微小的，并且各杆件任一截面两侧的杆件端面薄层在变形中既不能相互嵌入、错位，也没有相对裂开。把杆件各截面两侧端面既不能相互嵌入、错位，也不能相对裂开的这一条件称为变形协调条件，或叫变形连续条件。在杆件与杆件的连接处、结构的支座处，变形还必须为几何约束条件所许可，或称变形与几何约束相容。有时为简化叙述，把变形协调条件和变形与几何约束相容条件统称为变形协调条件。由于变形会引起位移，所以有时也把变形协调条件说成位移约束条件。变形体系在变形时，如果存在内力，内力在变形中将会做功，当变形与引起内力的外因各自独立无关时，这一类功称为**变形虚功**。

**变形体系的虚功原理**叙述如下：

**若变形体系上的外力系满足静力平衡条件，变形满足变形协调条件，则外力系在变形体系的位移中所做的虚功之和，等于该外力系引起的内力在变形中所做的虚功之和。**

令 $W_{外}$ 表示外力系在位移中所做的虚功之和，$W_{内}$ 表示外力系引起的内力在变形中所做的虚功之和，则上述原理可表述为：

$$W_{外} = W_{内} \tag{12.2}$$

此即变形体系虚功原理的数学表达式。本课程仅涉及变形体系的虚功原理，主要用来导出位移计算公式。

### 12.2.3 位移计算的一般公式

图 12.3(a) 为一结构实际的位移状态，结构产生了变形，同时有支座位移 $c_1$、$c_2$、$c_3$，设求 $D$ 截面的竖向位移$\Delta$。沿待求位移$\Delta$方向加单位力 $P=1$[图 12.3(b)]，由虚设力即单位力 $P$ 及其引起的支座反力$\overline{R}_1$、$\overline{R}_2$、$\overline{R}_3$，可求得外力在图 12.3(a) 的位移过程中所做的功为：

$$W_{外} = 1\times\Delta + \sum \overline{R}_k c_k \tag{12.3}$$

计算 $W_{内}$ 的基本思路：计算出结构中由于单位力作用引起的内力轴力$\overline{N}$、剪力$\overline{Q}$(前面章节用 $F_S$ 表示)、弯矩$\overline{M}$，从结构的杆件中截取长为 $ds$ 的单元体，算出单元体上的内力($\overline{N}$、$\overline{Q}$、$\overline{M}$) 在变形中所做的元功 $dW$；将每根杆件中的元功之和以及所有杆件的元功之和算出来，便得到外力(虚设单位力) 引起的内力在变形中所做的虚功之和 $W_{内}$，称 $W_{内}$ 为**变形虚功**。

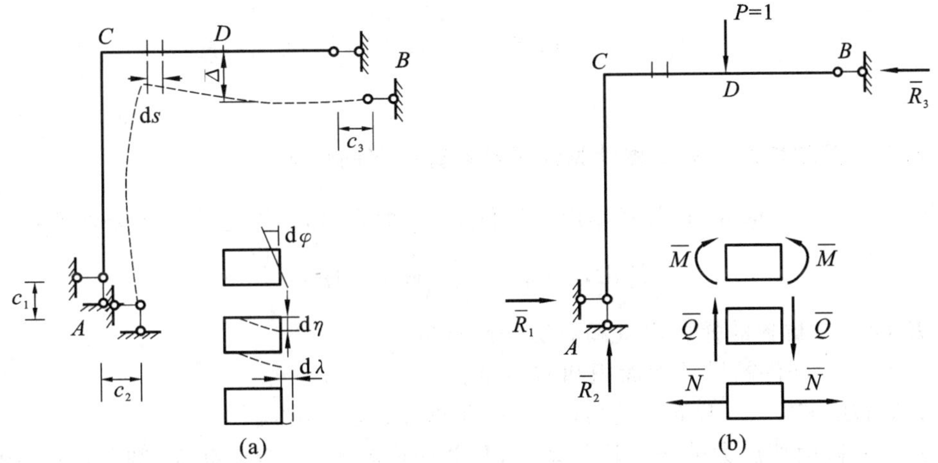


**图 12.3**

如图 12.3(a) 所示，设单元体的右端面相对于左端面的变形量分别为：

$d\varphi$—— 单元体 $ds$ 右端面相对于左端面的转角位移；

$d\eta$—— 单元体 $ds$ 右端面相对于左端面的侧向位移量；

$d\lambda$—— 单元体 $ds$ 右端面相对于左端面的轴向位移量。

单元体右端面上的内力在上述变形中所做的虚功之和为：

$$dW = \overline{M}d\varphi + \overline{Q}d\eta + \overline{N}d\lambda \tag{12.4a}$$

该段杆件中的内力虚功即变形虚功之和为：

$$\int_{l} \mathrm{d}W = \int_{l} [\overline{M}\mathrm{d}\varphi + \overline{Q}\mathrm{d}\eta + \overline{N}\mathrm{d}\lambda] \tag{12.4b}$$

将结构中所有杆件的变形虚功加起来便得结构的变形虚功 $W_{内}$，即：

$$W_{内} = \sum \int_{l} [\overline{M}\mathrm{d}\varphi + \overline{Q}\mathrm{d}\eta + \overline{N}\mathrm{d}\lambda] \tag{12.5}$$

将式(12.3)和式(12.5)代入式(12.2)，并将 $\sum \overline{R}_{\mathrm{k}} c_{\mathrm{k}}$ 移项，化简得：

$$\Delta = \sum \int_{l} [\overline{M}\mathrm{d}\varphi + \overline{Q}\mathrm{d}\eta + \overline{N}\mathrm{d}\lambda] - \sum \overline{R}_{\mathrm{k}} c_{\mathrm{k}} \tag{12.6}$$

式(12.6)便是用于位移计算的一般公式。对式(12.6)的理解，要注意以下几个方面：

(1) 本式导出时，并未指出引起实际位移的原因，它可以是荷载作用、支座移动、温度改变、材料收缩等因素的任意一种或几种因素共同影响的结果。

(2) 引起的变形可以是剪切、拉压、弯曲中的任一种，也可以是它们的组合。

(3) 计算的位移可以是线位移，也可以是角位移；可以是绝对位移，也可以是相对位移。

(4) 结构可以是各类杆系结构，可以是静定的，也可以是超静定的。

(5) 构成的材料可以是弹性的，也可以是非弹性的。

(6) 由不同因素引起的变形 $\mathrm{d}\varphi$、$\mathrm{d}\eta$、$\mathrm{d}\lambda$ 可能各不相同，只有写出具体表达式后才能应用公式计算位移。

本章将讨论荷载和支座移动引起的位移计算。

## 12.3 荷载作用下的位移计算

### 12.3.1 荷载作用下的位移计算公式及计算位移的步骤

由第4章和第6章可知，荷载作用下杆件轴力、剪力、弯矩引起的变形分别为：

$$\mathrm{d}\lambda = \frac{N_{\mathrm{P}}}{EA}\mathrm{d}s, \quad \mathrm{d}\eta = k\frac{Q_{\mathrm{P}}}{GA}\mathrm{d}s, \quad \mathrm{d}\varphi = \frac{M_{\mathrm{P}}}{EI}\mathrm{d}s \tag{12.7}$$

式中 $E$,$G$—— 材料的弹性模量和剪切弹性模量。

$A$,$I$—— 杆件的横截面面积和惯性矩。

$EA$,$GA$,$EI$—— 截面的抗拉刚度、抗剪刚度、抗弯刚度。

$k$—— 截面切应力分布不均匀系数，与截面形状有关。矩形截面、圆截面的 $k$ 值分别为1.2和10/9，对于工字形和箱形截面，令 $A'$ 和 $A$ 分别为整个截面面积与腹板面积，则 $k$ 可近似地取为 $A'/A$。

将式(12.7)代入式(12.6)，并假定结构无支座位移，可得：

$$\Delta = \sum \int_{l} \left[ \frac{\overline{N}N_{\mathrm{P}}}{EA}\mathrm{d}s + k\frac{\overline{Q}Q_{\mathrm{P}}}{GA}\mathrm{d}s + \frac{\overline{M}M_{\mathrm{P}}}{EI}\mathrm{d}s \right]$$

即：

$$\Delta = \sum \int_{l} \frac{\overline{N}N_{\mathrm{P}}}{EA}\mathrm{d}s + \sum \int_{l} k\frac{\overline{Q}Q_{\mathrm{P}}}{GA}\mathrm{d}s + \sum \int_{l} \frac{\overline{M}M_{\mathrm{P}}}{EI}\mathrm{d}s \tag{12.8}$$

上式是结构在荷载作用下，综合了轴向变形、剪切变形和弯曲变形影响后的位移计算公式。式中有两种内力：

$\overline{N},\overline{Q},\overline{M}$—— 虚设单位力引起的内力；

$N_P,Q_P,M_P$—— 实际荷载引起的内力。

关于符号规定如下：

轴力和剪力代入其本身的符号，弯矩只考虑乘积的符号，当$\overline{M}$与$M_P$使杆件同侧纤维受拉时乘积取正；计算得到的位移如果为正，说明实际单位力方向与虚设单位力方向相同，如果为负则与虚设单位力方向相反。

仅有荷载作用时位移计算步骤如下：

(1) 沿拟求位移 $\Delta$ 的位置和方向虚设相应的单位荷载；

(2) 根据静力平衡条件求出虚设单位荷载作用下的内力$\overline{N}$、$\overline{Q}$、$\overline{M}$；

(3) 根据静力平衡条件求出实际荷载作用下的内力 $N_P$、$Q_P$、$M_P$；

(4) 代入式(12.8) 计算位移 $\Delta$。

### 12.3.2　各类结构的位移计算公式

(1) 对于桁架，仅考虑轴向变形的影响，因桁架各杆轴力为常量，故有：

$$\Delta = \sum \frac{\overline{N}N_P}{EA}l \tag{12.9}$$

(2) 对于刚架和梁，略去剪切、轴向变形影响，得：

$$\Delta = \sum\int_l \frac{\overline{M}M_P}{EI}\mathrm{d}s \tag{12.10}$$

(3) 对于组合结构，只考虑受弯杆的弯曲变形影响和链杆的轴向变形影响：

$$\Delta = \sum \frac{\overline{N}N_P}{EA}l + \sum\int_l \frac{\overline{M}M_P}{EI}\mathrm{d}s \tag{12.11}$$

### 12.3.3　荷载作用下位移举例

**【例 12.1】**　试求图 12.4(a) 所示简支梁($EI=$ 常数) 中点 $C$ 的竖向位移 $\Delta_{Cy}$，并比较弯曲变形和剪切变形对位移的影响，设梁的截面为矩形($k=1.2$)。

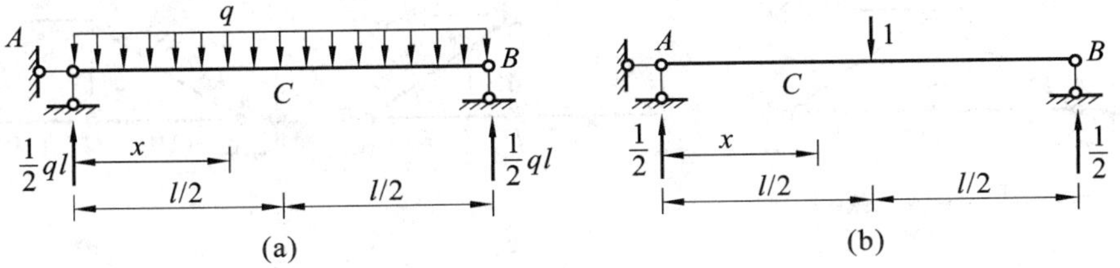


图 12.4

**【解】**　(1) 虚拟力状态如图 12.4(b) 所示。

(2) 分别求出实际荷载和虚设单位力作用下的内力。取 $A$ 为原点，当 $0\leqslant x\leqslant l/2$ 时，由平衡条件得任意截面 $x$ 的内力表达式为：

实际荷载作用下　　　　　　　　　　单位力作用下

$$M_P = \frac{q}{2}(lx - x^2) \qquad\qquad \overline{M} = \frac{x}{2}$$

$$Q_P = \frac{q}{2}(l-2x) \qquad \overline{Q} = \frac{1}{2}$$

$$N_P = 0 \qquad \overline{N} = 0$$

(3) 计算 $\Delta_{Cy}$。

因对称，积分限取长度的一半，然后乘以 2。由式(12.8) 得弯曲变形引起的位移为：

$$\Delta_{Cy}^{m} = \int_l \frac{\overline{M}M_P}{EI}ds = 2\int_0^{\frac{l}{2}} \frac{\frac{x}{2}\cdot\frac{q}{2}(lx-x^2)}{EI}dx = \frac{5ql^4}{384EI}(\downarrow)$$

剪切变形引起的位移为：

$$\Delta_{Cy}^{q} = \int k\frac{\overline{Q}Q_P}{GA}ds = 2\int_0^{\frac{l}{2}} k\cdot\frac{\frac{1}{2}\cdot\frac{q}{2}(l-2x)}{GA}dx = \frac{kql^2}{8GA} = 0.15\frac{ql^2}{GA}(\downarrow)$$

(4) 比较弯曲变形和剪切变形对位移的影响。二者的比值为：

$$\frac{\Delta_{Cy}^{q}}{\Delta_{Cy}^{m}} = \frac{0.15\frac{ql^2}{GA}}{\frac{5ql^4}{384EI}} = 11.52\frac{EI}{GAl^2}$$

对于矩形截面$\frac{I}{A}=\frac{h^2}{12}$，设泊松比 $\mu=\frac{1}{3}$，$\frac{E}{G}=2(1+\mu)=\frac{8}{3}$，代入上式得：

$$\frac{\Delta_{Cy}^{q}}{\Delta_{Cy}^{m}} = 2.56\left(\frac{h}{l}\right)^2$$

当梁的高跨比为 1∶10 时，剪切变形的影响不及弯曲变形影响的 3%，故梁的位移计算通常可忽略剪切变形对位移的影响，可用公式(12.10) 计算，但对于高跨比较大的梁不能忽略。

**【例 12.2】** 试求图 12.5(a) 所示桁架在荷载作用下弦杆的位移 Δ。桁架各杆 $EA$ 相等，且为常数。

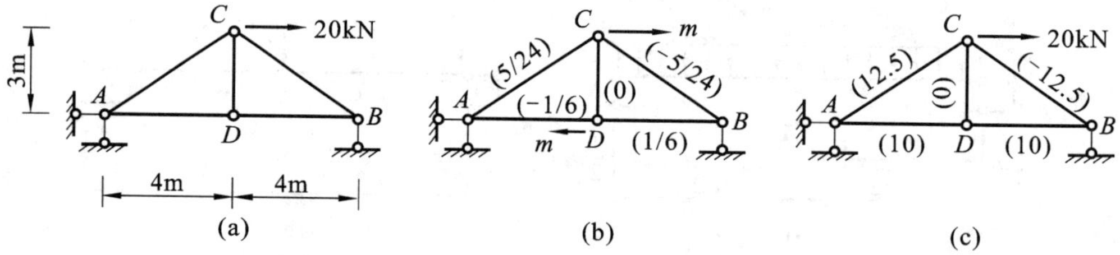


**图 12.5**

**【解】** 虚设单位力偶如图 12.5(b) 所示。分别计算桁架在虚设单位力状态和实际荷载作用状态的轴力，并标注在图上，计算过程略去。由式(12.9) 可求得：

$$\Delta = \sum\frac{\overline{N}N_P}{EA}l = \frac{1}{EA}\left[\left(\frac{5}{24}\times12.5\right)\times5+\left(-\frac{5}{24}\right)\times(-12.5)\right] = \frac{625}{24EA}$$

这里虚设单位力偶也可以集中力偶的形式加在 $CD$ 杆上任意位置，$CD$ 杆上有剪力和弯矩，但实际荷载作用时剪力和弯矩都是零，对 $CD$ 杆的角位移结果没有影响。

# 12.4 图 乘 法

## 12.4.1 图乘法的计算公式

对于梁和刚架均由等截面受弯直杆组成，且位移计算时只考虑弯曲变形的影响：

$$\Delta=\int_l \frac{\overline{M}M_P}{EI}\mathrm{d}s$$

可以进行如下简化：设杆轴为直线的杆段 $AB$ 的 $M_P$、$\overline{M}$ 图如图 12.6 所示，其中，$\overline{M}$ 图为直线，$M_P$ 图为曲线。因为杆轴线为直线，$\mathrm{d}s=\mathrm{d}x$，于是上述积分化为：

$$\int_l \frac{\overline{M}M_P}{EI}\mathrm{d}s=\int_A^B \frac{\overline{M}(x)M_P(x)}{EI}\mathrm{d}x$$

设该段杆件各处材料均匀，各处截面相同，$EI$ 便可从积分号下提出来，积分化为：

$$\int_A^B \frac{\overline{M}(x)M_P(x)}{EI}\mathrm{d}x=\frac{1}{EI}\int_A^B \overline{M}(x)M_P(x)\mathrm{d}x$$

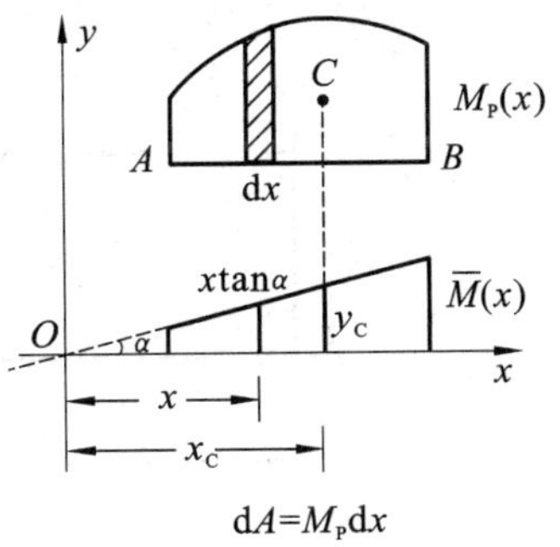


图 12.6

由于$\overline{M}(x)$ 为直线，坐标为 $x$ 处的$\overline{M}(x)$ 可简写为$\overline{M}(x)=x\tan\alpha$，该积分进一步化为：

$$\frac{\tan\alpha}{EI}\int_A^B xM_P(x)\mathrm{d}x$$

令 $\mathrm{d}A=M_P(x)\mathrm{d}x$，可看出其为 $M_P(x)$ 图（图 12.6）中的阴影部分，而 $x\mathrm{d}A$ 为阴影部分对坐标原点的面积矩，积分$\int x\mathrm{d}A$ 为 $M_P$ 图面积对 $y$ 轴的面积矩。设 $M_P$ 图形心在 $C$ 处，横坐标为 $x_C$，则由材料力学可知，弯矩图面积对 $y$ 轴的面积矩等于弯矩图面积 $A$ 与形心横坐标 $x_C$ 的乘积：

$$\int x\mathrm{d}A=x_CA$$

则

$$\frac{\tan\alpha}{EI}\int_A^B xM_P(x)\mathrm{d}x=\frac{\tan\alpha}{EI}x_CA$$

由图 12.6 可知，上式右端 $x_C\tan\alpha$ 为与 $M_P$ 图形心处对应的$\overline{M}$ 图的竖坐标 $y_C$，则原积分化为 $x_C\tan\alpha=y_C$。

$$\int_A^B \frac{\overline{M}(x)M_P(x)}{EI}\mathrm{d}x=\frac{1}{EI}Ay_C$$

将上式代入式(12.10)得：

$$\Delta=\sum\int_l \frac{\overline{M}M_P}{EI}\mathrm{d}s=\sum\frac{1}{EI}Ay_C \tag{12.12}$$

即上式中的积分等于 $M_P$ 图的面积与$\overline{M}$图上同 $M_P$ 图形心对应处的竖坐标相乘，再除以 $EI$，这一方法称为图乘法。在推导上式的过程中，用到了以下几个条件：

(1) 杆轴为直线；

(2) 在积分区内 $EI$ 为常量，这要求该段杆各处材料相同，截面相等；

(3) 在$\overline{M}(x)$、$M_P(x)$ 图中至少有一个是直线图形（不含折线）。

当$\overline{M}$、$M_P$ 在杆件的同一侧时乘积取正号，在异侧时取负号，同时，要求$\overline{M}$、$M_P$ 在相应定义区间内不变号。常见简单图形的面积及形心位置请参见图 12.7。

在计算中，如遇$\overline{M}$ 和 $M_P$ 均为直线，则可将其中任一个当作$\overline{M}$，另一个当作 $M_P$。

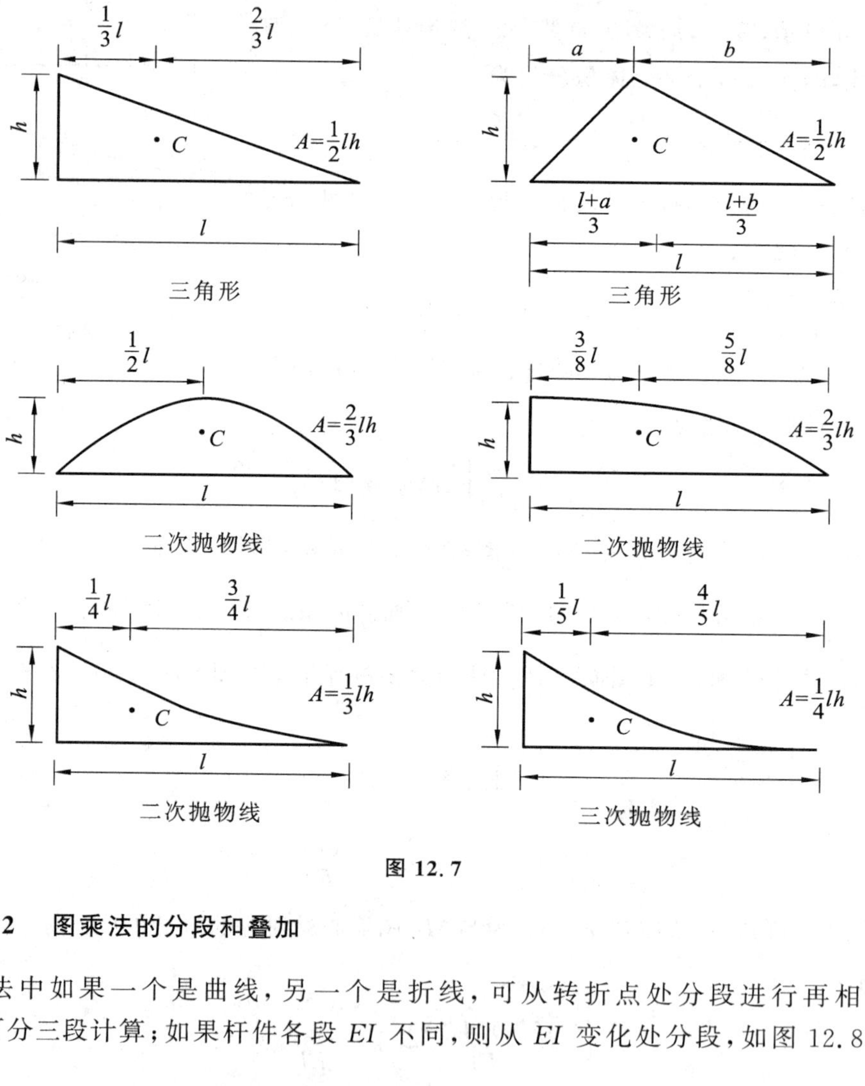


图 12.7

### 12.4.2 图乘法的分段和叠加

图乘法中如果一个是曲线，另一个是折线，可从转折点处分段进行再相加，如图 12.8(a) 可分三段计算；如果杆件各段 $EI$ 不同，则从 $EI$ 变化处分段，如图 12.8(b) 可分两段。

根据图 12.8(a) 有：

$$\int \overline{M} M_P \mathrm{d}x = A_1 y_1 + A_2 y_2 + A_3 y_3$$

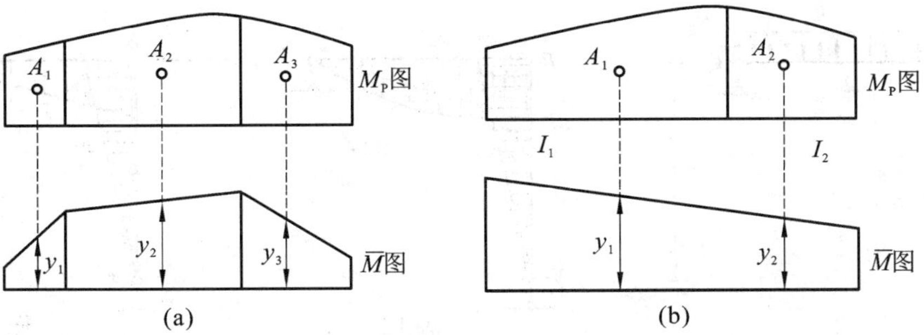


图 12.8

根据图 12.8(b) 有：

$$\int \frac{\overline{M}M_{\mathrm{P}}}{EI}\mathrm{d}x = \frac{1}{EI_1}A_1y_1 + \frac{1}{EI_2}A_2y_2$$

当图形构成复杂时，则可分解成若干简单图形，然后再进行图乘，如图 12.9 所示。

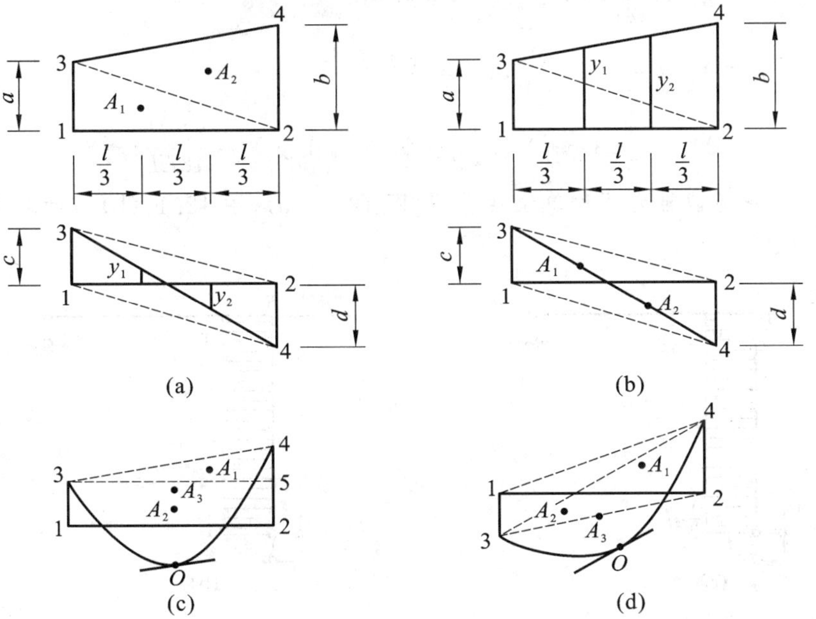


图 12.9

### 12.4.3　图乘法应用举例

**【例 12.3】**　试求图 12.10(a) 所示刚架 $B$ 点的水平位移，并比较轴向变形对位移的影响。$E$ 为常数，杆件为矩形截面（矩形截面 $I=\frac{1}{12}bh^3$）。

**【解】**　(1) 虚拟力状态如图 12.10(c) 所示。

(2) 分别作出荷载弯矩图和单位弯矩图，如图 12.10(b)、图 12.10(c) 所示。

(3) 计算弯曲变形引起的位移 $\Delta^{\mathrm{M}}$。

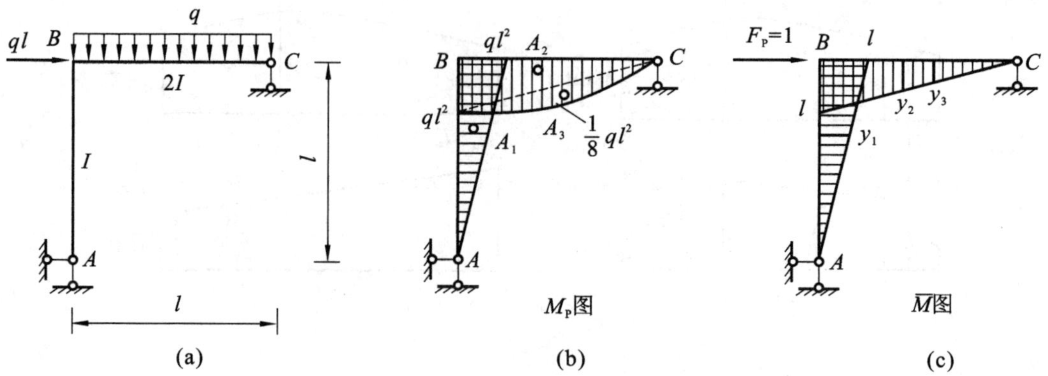


图 12.10

$$A_1 = \frac{1}{2} \cdot l \cdot ql^2, y_1 = \frac{2}{3}l$$

$$A_2 = \frac{1}{2} \cdot l \cdot ql^2, y_2 = \frac{2}{3}l$$

$$A_3 = \frac{2}{3} \cdot l \cdot \frac{ql^2}{8}, y_3 = \frac{1}{2}l$$

$$\Delta^M = \frac{1}{EI}A_1 y_1 + \frac{1}{E \cdot 2I}(A_2 y_2 + A_3 y_3) = \frac{25ql^4}{48EI}(\rightarrow)$$

(4) 分别作出荷载轴力图和单位轴力图[图 12.11(a)、图 12.11(b)],计算 $R_y$ 轴向变形所引起的位移 $\Delta^N$。

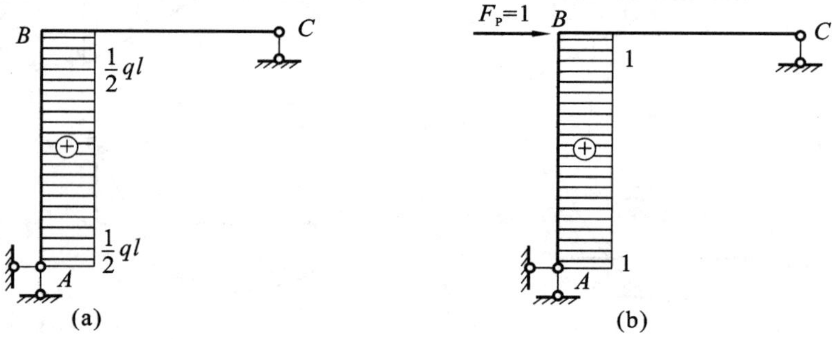


图 12.11

$$\Delta^N = \sum\int \frac{\overline{N}N_P}{EA}dx = \frac{1}{EA}\left(1 \times \frac{ql}{2} \times l\right) = \frac{ql^2}{2EA}$$

(5) 求 $\Delta^M$ 与 $\Delta^N$ 的比值。

$$\frac{\Delta^N}{\Delta^M} = \frac{ql^2}{2EA} \cdot \frac{48EI}{25ql^4} = \frac{24}{25} \cdot \frac{I}{Al^2} = \frac{24}{25}\left(\frac{h}{l}\right)^2$$

如果 $\frac{h}{l} = \frac{1}{10}$,则 $\frac{\Delta^N}{\Delta^M} = 0.96\%$,可见轴向变形对位移影响很小,可忽略不计。

# 12.5 支座移动的位移计算

静定结构是无多余约束的几何不变体系，当有支座位移时，静定结构将会产生刚体位移，如果除支座移动外没有其他因素引起的位移，则式(12.6)可简化为：

$$\Delta = -\sum \overline{R}_k c_k \tag{12.13}$$

上式即为支座移动时的位移计算公式。

**【例12.4】** 设图12.12(a)所示简支梁的$B$端支座下沉$c$，试计算$A$端转角$\varphi_A$。

**【解】** 设$A$端转角位移沿顺时针方向，沿此方向虚设单位力偶[$m=1$，如图12.12(b)所示]，并算得反力如图12.12(b)所示，由式(12.13)得：

$$\varphi_A = -\left(-\frac{m}{l}\times c\right) = \frac{c}{l}$$

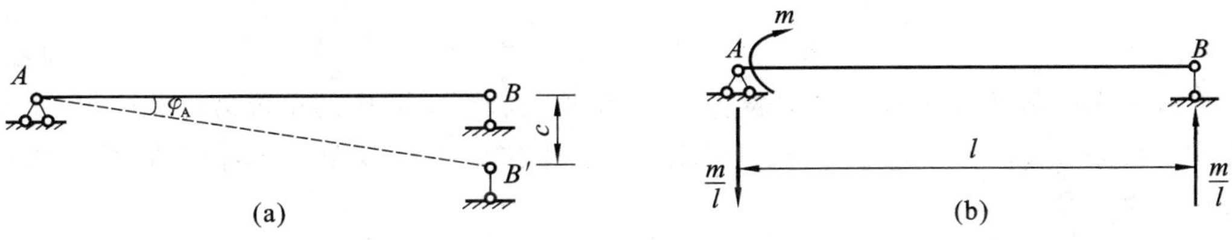


图12.12

# 12.6 线性变形体的互等定理

## 12.6.1 功的互等定理

图12.13(a)、图12.13(b)为同一结构上作用两个不同的力系$P_1$、$P_2$时，所引起的相应位移状态。令$P_1$及其位移状态为状态Ⅰ，$P_2$及其位移状态为状态Ⅱ，使状态Ⅰ的力系及其内力在状态Ⅱ的位移中做功，由式(12.8)得：

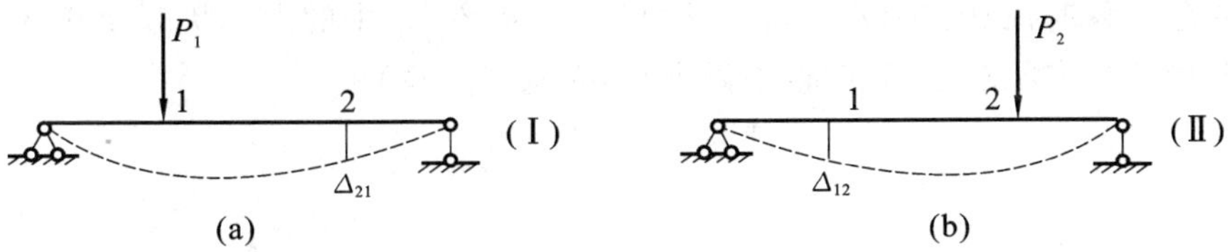


图12.13

$$P_1\Delta_{12} = \sum\int_l \left[\frac{N_1N_2}{EA} + k\frac{Q_1Q_2}{GA} + \frac{M_1M_2}{EI}\right]ds \tag{12.14}$$

同理，使状态Ⅱ的力系及其内力在状态Ⅰ的位移中做功，得：

$$P_2\Delta_{21} = \sum\int_l \left[\frac{N_1N_2}{EA} + k\frac{Q_1Q_2}{GA} + \frac{M_1M_2}{EI}\right]ds \tag{12.15}$$

令 $$W_{12} = P_1\Delta_{12}, \quad W_{21} = P_2\Delta_{21}$$

并比较式(12.14)、式(12.15)可得：

$$W_{21} = W_{12} \tag{12.16}$$

此式即为功的互等定理的数学表达式，可叙述为：第二状态中的外力在第一状态的位移中做的虚功，等于第一状态中的外力在第二状态的位移中做的虚功。式中，$W_{12}$ 的第一个下标表示 $W_{12}$ 中的力为状态 Ⅰ 中的外力，第二个下标表示 $W_{12}$ 的位移为状态 Ⅱ 中的相应位移。对于 $W_{21}$ 也可按同样的方式理解。

### 12.6.2　位移互等定理

将图12.13中任意大小的外力改为单位力，得图12.14。使状态 Ⅰ 中的单位力在状态 Ⅱ 的位移中做虚功，使状态 Ⅱ 中的单位力在状态 Ⅰ 的位移中做虚功，则按式(12.16)有：

$$1 \times \delta_{12} = 1 \times \delta_{21}$$

即：

$$\delta_{12} = \delta_{21} \tag{12.17}$$

此式即为位移互等定理的数学表达式，可叙述为：状态 Ⅱ 中的单位力在状态 Ⅰ 中单位力作用点处沿其方向产生的位移，等于状态 Ⅰ 中单位力在状态 Ⅱ 中单位力作用点处沿其方向产生的位移。

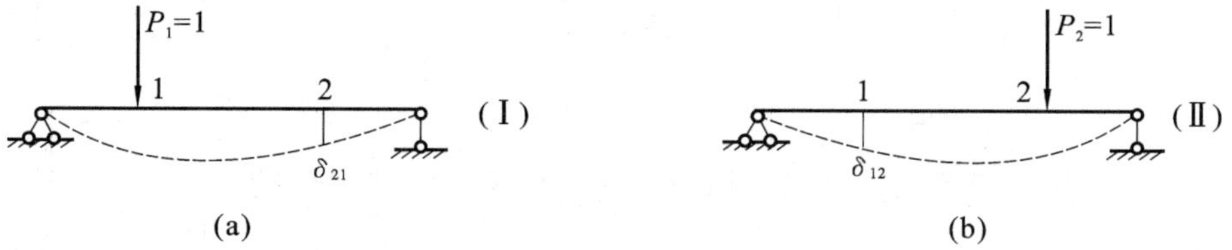


图 12.14

### 12.6.3　反力互等定理

图12.15(a)、图12.15(b)所示结构为同一超静定结构，图12.15(a)表示支座1沿其约束方向产生单位位移时在支座2上引起反力 $r_{21}$，图12.15(b)表示同一结构支座2沿其约束方向产生单位位移时在支座1处引起的反力 $r_{12}$。令状态 Ⅰ 中的力在状态 Ⅱ 的位移中做虚功，状态 Ⅱ 中的力在状态 Ⅰ 的位移中做虚功，按式(12.16)得：

$$1 \times r_{12} = 1 \times r_{21}$$

于是

$$r_{12} = r_{21} \tag{12.18}$$

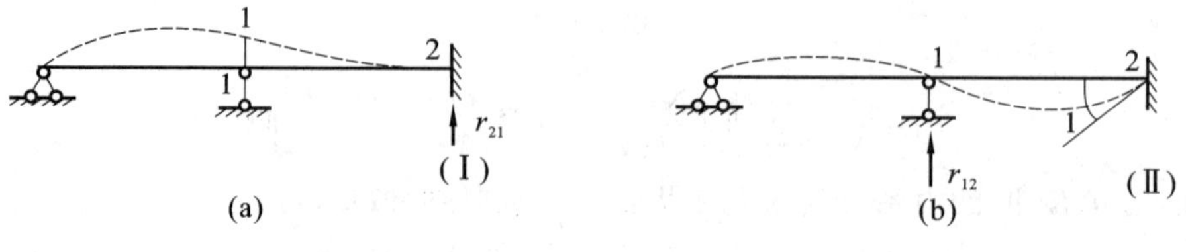


图 12.15

此即为反力互等定理的数学表达式，可叙述为：结构中支座1的单位位移在支座2上引起的反力，等于支座2产生的单位位移在支座1上引起的反力。

## 小　　结

(1) 虚功原理是力学中的基本原理，其特点是力系与位移没有因果关系，力和位移都可以是实际状态中的，也可以是虚设的。本章讨论的求位移的方法，就是虚设一力系的方法。

(2) 位移计算的方法是单位荷载法，单位荷载法计算位移的基本公式是式(12.6)，即：

$$\Delta = \sum\int_l [\overline{M}\mathrm{d}\varphi + \overline{Q}\mathrm{d}\eta + \overline{N}\mathrm{d}\lambda] - \sum \overline{R}_k c_k$$

计算位移时先根据拟求位移虚设 $P=1$，计算支座反力 $\overline{R}_k$ 及内力 $\overline{N}$、$\overline{Q}$、$\overline{M}$，还应计算出实际的变形 $\mathrm{d}\varphi$、$\mathrm{d}\eta$、$\mathrm{d}\lambda$。

(3) 荷载作用下的位移计算式为：

$$\Delta = \sum\int_l \frac{\overline{N}N_P}{EA}\mathrm{d}s + \sum\int_l k\frac{\overline{Q}Q_P}{GA}\mathrm{d}s + \sum\int_l \frac{\overline{M}M_P}{EI}\mathrm{d}s$$

这里有两套内力，一套是实际荷载引起的内力 $N_P$、$Q_P$、$M_P$，另一套是虚设单位力引起的内力 $\overline{N}$、$\overline{Q}$、$\overline{M}$，根据实际变形对位移影响的大小，可得到各种不同结构位移计算的简化公式。

(4) 计算梁和刚架的位移时可用图乘法代替积分计算，公式为：

$$\Delta = \sum\int_l \frac{\overline{M}M_P}{EI}\mathrm{d}s = \sum \frac{1}{EI}Ay_C。$$

(5) 支座移动在静定结构中引起的位移属于刚体位移，计算公式为 $\Delta = -\sum \overline{R}_k c_k$，其计算关键是正确计算支座反力。

(6) 互等定理是力学分析中的另一基本原理，应理解其在不同变形条件下的意义及应用。

## 思 考 题

12.1　结构位移有哪两大类？产生位移的因素主要有哪些？

12.2　有位移就一定有变形吗？

12.3　结构位移计算的目的是什么？

12.4　什么是线性变形体？它有哪些应用条件？

12.5　虚功与实功有何不同？

12.6　如何理解虚功中广义力与广义位移的相应关系？

12.7　请写出结构位移计算的一般公式，并说明其中每一项的物理意义。

12.8　如何理解结构位移计算的一般公式[式(12.6)]应用的普遍性？

12.9　图乘法的应用条件是什么？求变截面梁、曲梁和拱的位移时，能否采用图乘法？

12.10　在计算图12.16所示等截面梁、刚架位移时，在 $M_K$ 和 $M_I$ 以及 $M_P$ 和 $\overline{M}$ 之间能否应用图乘法？

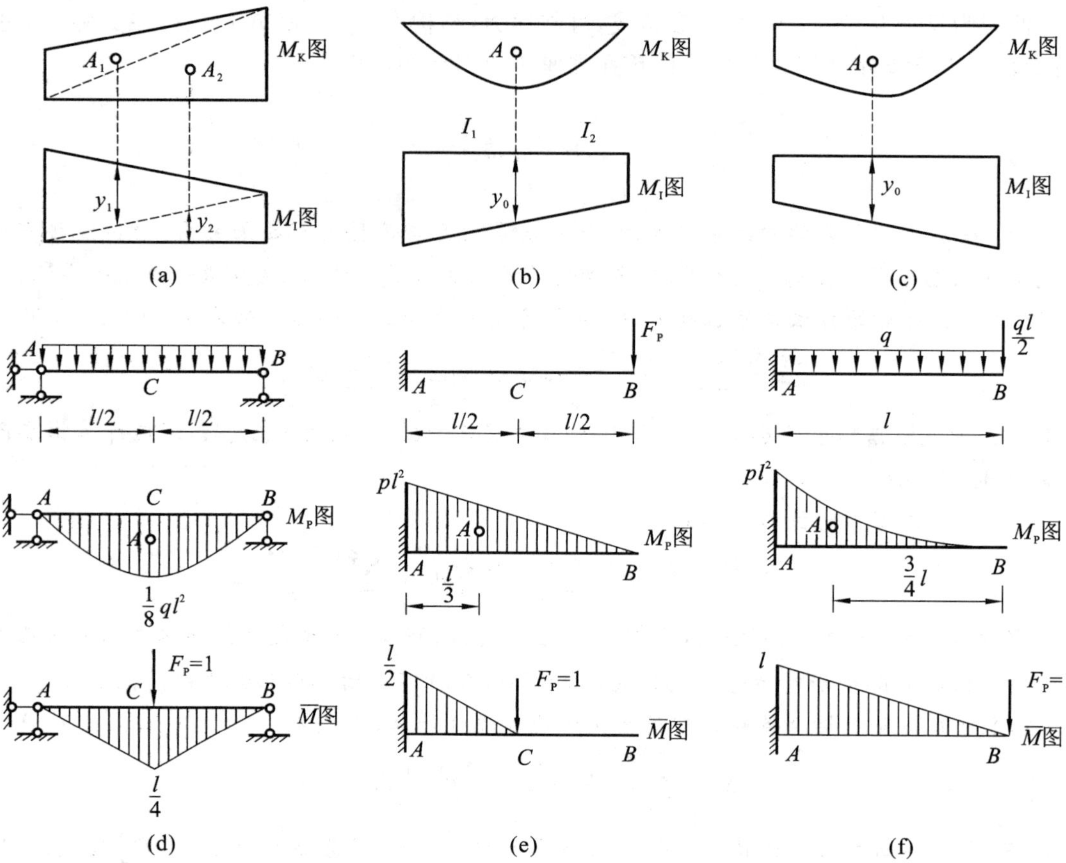


图 12.16

## 习　　题

12.1　计算图 12.17 所示梁 $C$ 点的竖向位移和 $B$ 截面的转角。

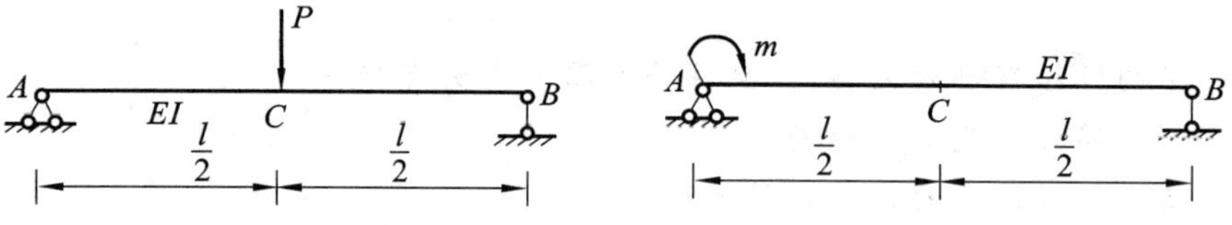


图 12.17

12.2　计算图 12.18 所示悬臂梁自由端的竖向位移。

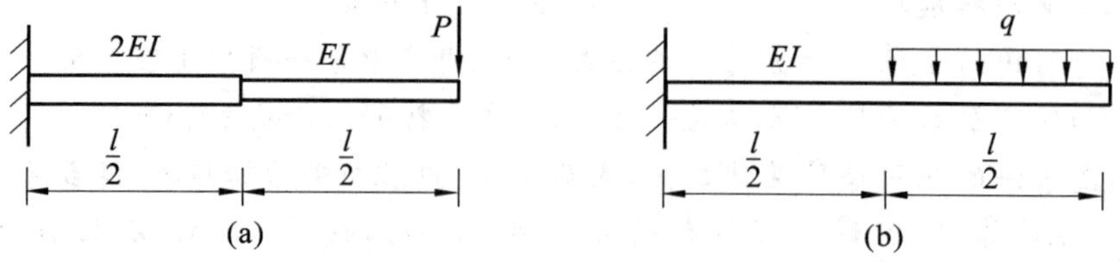


图 12.18

12.3 计算图 12.19 所示梁 $C$ 截面的转角。

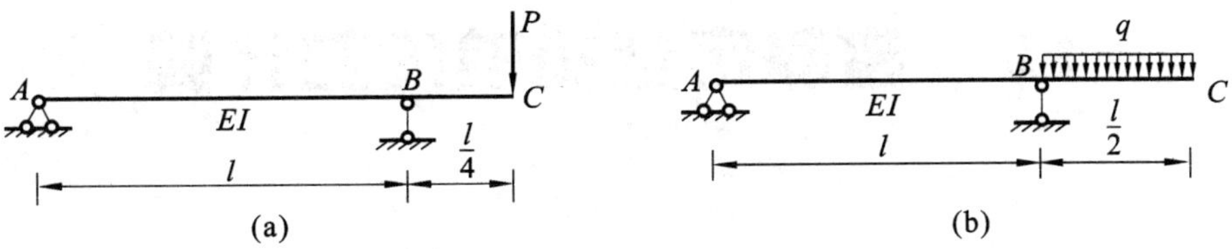


图 12.19

12.4 计算图 12.20 所示桁架 $C$ 点的水平位移，各杆 $EA$ 相同。

12.5 计算图 12.21 所示桁架 $D$ 点的竖向位移，$BE$ 和 $EC$ 杆抗拉刚度为 $2EA$，其余各杆为 $EA$。

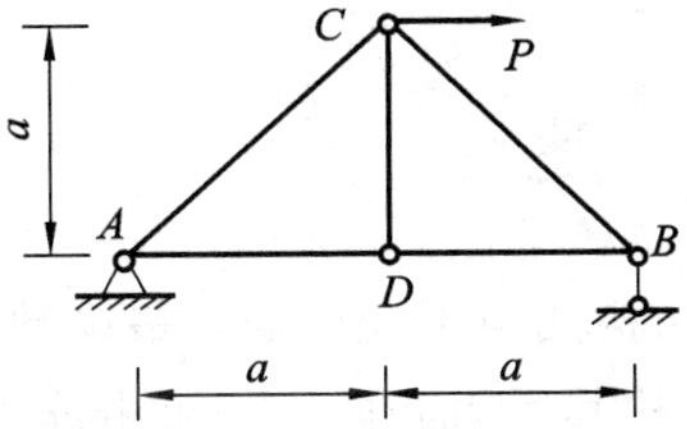


图 12.20

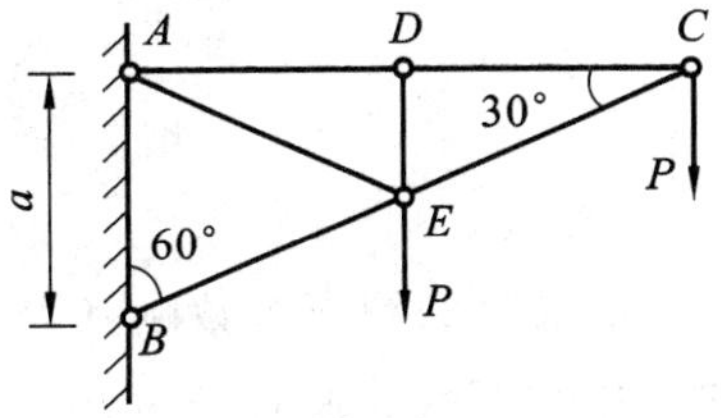


图 12.21

12.6 计算图 12.22 所示刚架 $E$ 点的竖向位移，各杆长度为 $l$，抗弯刚度为 $EI$。

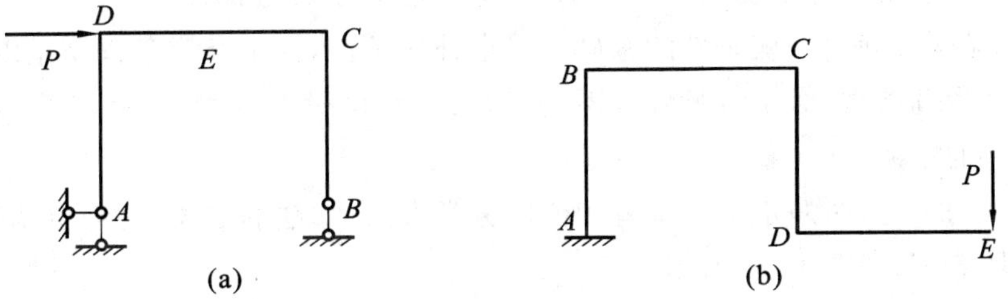


图 12.22

12.7 计算图 12.23 所示刚架刚结点 $C$ 的角位移。

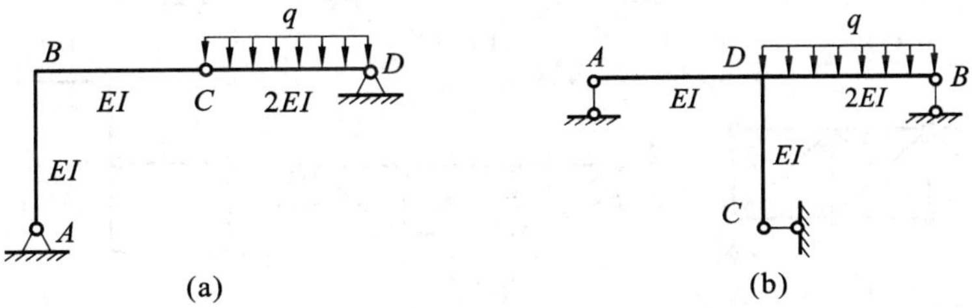


图 12.23

# 13　超静定结构的内力计算

**教学目标**

(1) 了解超静定结构的特点

(2) 了解力法计算超静定结构

(3) 了解位移法计算超静定结构

(4) 了解力矩分配法

## 13.1　概　　述

静定结构所具有的约束个数刚好等于维持静定结构几何不变所需的最少约束个数，其约束反力的个数刚好与其独立平衡方程的个数相等，故其反力和内力均可由静力平衡条件唯一确定。与静定结构相比，超静定结构在几何组成方面的基本特点是其具有的约束个数多于维持该体系几何不变所需的最少约束个数，或者简单地说，具有多余约束，故超静定结构的静力学解答不能由静力平衡条件唯一确定，这是静力学解答的基本特点。因此，求解超静定结构问题，必须在静力平衡条件的基础上寻求补充条件，这个补充条件便是以前讲过的几何连续条件和物理条件。对于线弹性体系，物理条件便是胡克定律。超静定结构的性质与上述特点有密切的联系。

和静定结构一样，超静定结构也有相似的分类方法，如超静定梁、超静定刚架、超静定桁架、超静定拱，等等，如图 13.1 所示。

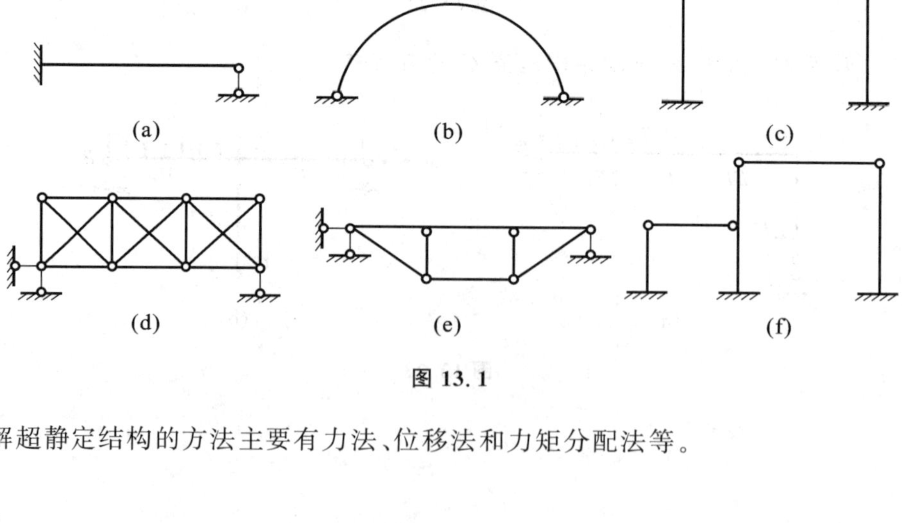


图 13.1

求解超静定结构的方法主要有力法、位移法和力矩分配法等。

# 13.2 力　　法

### 13.2.1 力法的基本原理

力法是解超静定结构的最基本的方法，其实质是先求出多余约束的约束反力，从而将超静定结构转化为静定结构。前已叙述，静定结构可通过静力平衡方程求解结构的约束反力，进而求解结构的内力。但是，超静定结构中由于有多余约束，已不可能通过静力平衡方程求解结构所有的约束反力和内力。如果通过某种渠道能先计算出多余约束反力，在此基础上将多余约束反力视为已知外力，也就相当于没有多余约束的静定问题了，超静定结构也就转化为静定结构了。但是，求解多余约束力仅用静力平衡条件还不行，须知，约束不仅有产生约束反力的问题，而且约束对被约束结构还有位移限制。显然，应从被限制的位移的角度着手，去寻求多余约束的约束反力的解答。

(1) 超静定次数的确定

用力法求解超静定结构时，首先必须确定其超静定次数。如果一个结构具有一个多余约束，则称此结构是一次超静定的；如果有两个多余约束，则称此结构为二次超静定的，等等，依此类推。

$$超静定次数 = -W$$

式中　$W$—— 结构自由度。

确定超静定次数的方法，通常用截断联系的方法，也就是逐个截断超静定结构的多余约束，最终使之成为无多余约束的几何不变体系，即静定结构。然后累计被截断约束的个数，此数即为**超静定次数**。被截断的约束，通常有以下情形：

① 截断一根链杆或链杆支座，相当于截断一个约束；

② 截除一个内部单铰或一个固定铰支座，相当于截断两个约束；

③ 截断一个两杆汇交的刚结点，相当于截断三个约束；

④ 截断一根杆的固端支座，相当于截断三个约束；

⑤ 将刚结点改为铰结点，相当于截断一个约束(两杆汇交情形)；

⑥ 将一根杆的固端支座改为固定铰支座，相当于截断一个约束。

下面说明具体做法。依次截断或截除结构的多余约束，使结构变成静定结构。

如图 13.2(a) 所示超静定梁，将 $B$ 端的支座链杆截断，相当于得到一悬臂梁，如图 13.2(b) 所示(静定结构)，也可以将 $A$ 端固定支座改为铰支座，使之变成简支梁(静定结构)，如图 13.2(c) 所示。两种方案都相当于去掉了一个约束，说明原结构是一次超静定结构。

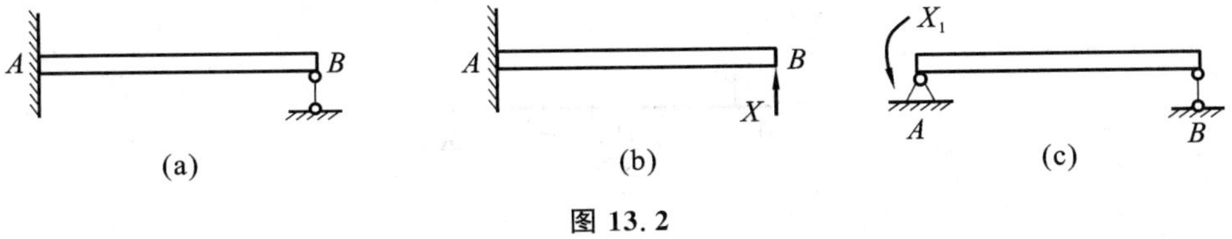


图 13.2

如图 13.3(a) 所示超静定刚架，若将 $B$ 端的固定支座撤去，则得如图 13.3(b) 所示悬臂刚架(静定刚架);如果将原结构从横梁中间切断,则得如图 13.3(c) 所示两个悬臂刚架(均为静定刚架)。故将一梁式杆切断,则相当于去掉 3 个约束,即阻止切口两侧截面发生相对水平位移和相对竖向位移以及相对转角位移的约束。还可将原结构横梁的中点及两固定支座处改成铰结,得如图 13.3(d) 所示三铰刚架,相当于在 $A$、$B$、$C$ 处各去掉 1 个约束。通过以上几种方法,都可以说明原结构为 3 次超静定刚架。

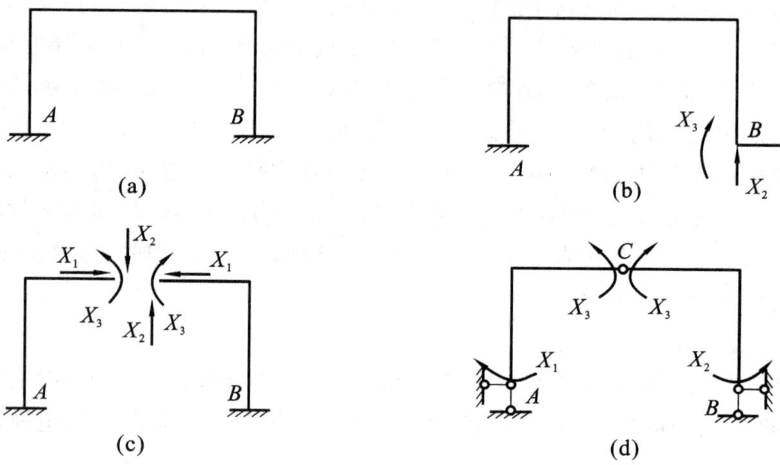


图 13.3

(2) 力法的基本原理和步骤

下面通过图 13.4(a) 所示单跨超静定梁的求解来说明用力法求解的基本原理和步骤。将 $B$ 端支座链杆截断,并代之以未知反力 $X_1$,得图 13.4(b),称之为力法的**基本体系**,基本体系的受力情况和变形情况与原结构完全相同,$B$ 点竖向位移应满足原结构的约束条件,即:

$$\Delta_1 = 0 \tag{13.1a}$$

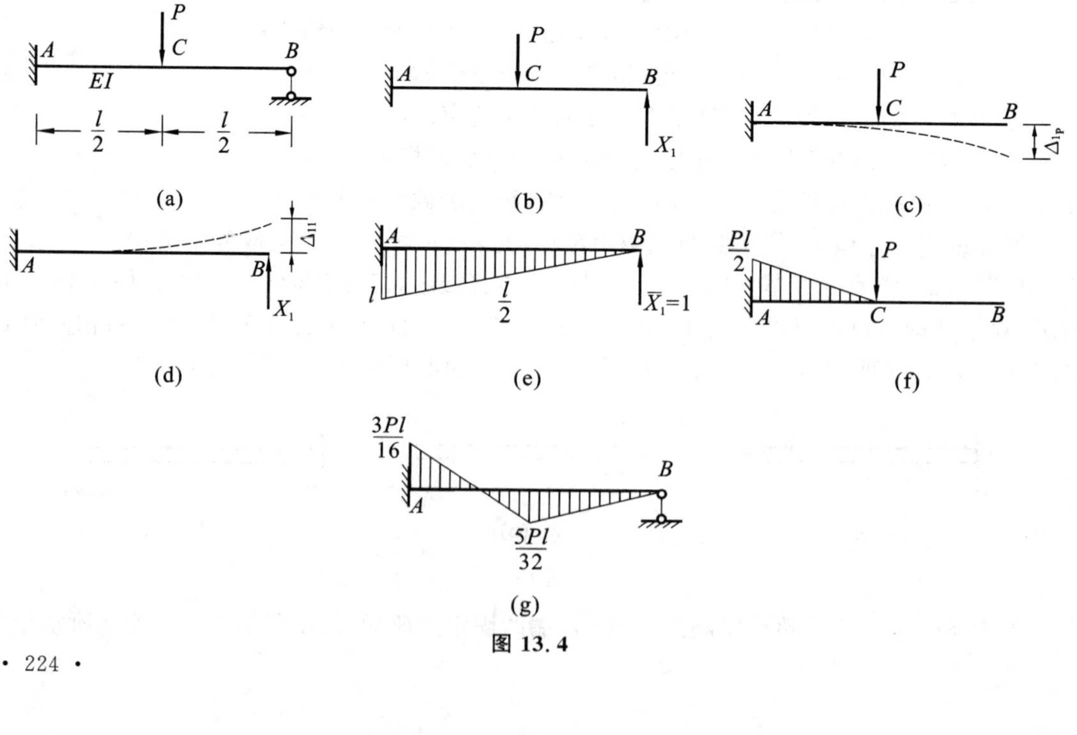


图 13.4

将基本体系分解为 $P$ 单独作用[图 13.4(c)]，以及多余未知力 $X_1$ 单独作用[图 13.4(d)]，这时 $B$ 端竖向位移分别为 $\Delta_{1P}$ 和 $\Delta_{11}$，则：

$$\Delta_1 = \Delta_{11} + \Delta_{1P} \tag{13.1b}$$

又因假定了图中结构满足线弹性条件，于是 $\Delta_{11}$ 与 $X_{11}$ 间满足下列线性关系：

$$\Delta_{11} = \delta_{11} X_1 \tag{13.1c}$$

将式(13.1b)和式(13.1c)代入式(13.1a)可得：

$$\delta_{11} X_1 + \Delta_{1P} = 0 \tag{13.2}$$

上式即为用力法求解图 13.4(a)所示问题的**力法方程**，将 $\delta_{11}$ 和 $\Delta_{11}$ 计算出来后便可解出未知力 $X_1$。式中 $\Delta_{1P}$ 称为自由项；$X_1$ 为多余未知力，也称为力法的**基本未知量**。

方程中的自由项 $\Delta_{1P}$ 和系数 $\delta_{11}$ 一般采用位移计算公式来计算。系数 $\delta_{11}$ 为基本结构的 $B$ 端在竖向单位力 $\overline{X}_1 = 1$ 的作用下产生的位移，作与 $\overline{X}_1 = 1$ 相应的弯矩图[图 13.4(e)]，应用图乘法，由该图乘得：

$$\delta_{11} = \frac{1}{EI} \cdot \frac{1}{2} \cdot l \cdot l \cdot \frac{2}{3} l = \frac{l^3}{3EI}$$

由 $\Delta_{1P}$ 的物理含义可知，它是图 13.4(c)中荷载 $P$ 在 $B$ 端沿 $\overline{X}_1$ 方向引起的位移，作相应的 $M_P$ 图[图 13.4(f)]，应用图乘法将图 13.4(e)与图 13.4(f)相乘得：

$$\Delta_{1P} = \frac{1}{EI}\left[-\frac{1}{2} \cdot \frac{l}{2} \cdot \frac{Pl}{2}\left(\frac{2}{3} l + \frac{1}{3} \cdot \frac{l}{2}\right)\right] = -\frac{5Pl^3}{48EI}$$

由式(13.2)得：

$$X_1 = -\frac{\Delta_{1P}}{\delta_{11}}$$

将 $\Delta_{1P}$ 与 $\delta_{11}$ 的表达式代入上式得：

$$X_1 = \frac{5}{16} P(\uparrow)$$

多余未知力 $X_1$ 算出后可按下列叠加公式作原结构的弯矩图：

$$M = X_1 \overline{M}_1 + M_P \tag{13.3}$$

例如原结构 $A$ 端的弯矩

$$M_{AC} = X_1 \overline{M}_1^{AC} + M_P^{AC} = \frac{5}{16} P \cdot l + \left(-\frac{1}{2} Pl\right) = -\frac{3}{16} Pl \quad \text{（上侧受拉）}$$

用同样的方法可计算跨中弯矩的数值，最后得原结构的弯矩图[图 13.4(g)]，称为最后弯矩图。当最后弯矩图作出后，便可进一步作出最后剪力图与最后轴力图（本例 $F_N = 0$）。以上是用力法求解的基本原理与步骤，可概括如下：

① 判断结构的超静定次数，将结构的某些约束装置指定为多余约束并截断，得到一个静定结构，即**基本结构**；

② 写出原结构多余约束处沿多余约束方向的位移约束条件，即写出力法方程；

③ 计算力法方程中的系数与自由项；

④ 解力法方程；

⑤ 利用平衡条件作最后内力图。

由以上看出，用力法求解超静定结构时，绝大部分计算工作是在基本结构上进行的。或者说，在用力法求解超静定结构时，实际上是基本结构在位移约束限制下的求解过程。

在计算位移时，若无特别声明，将略去受弯杆件的轴向变形和剪切变形的影响。

对图 13.4 所示单跨超静定梁，还可以选用其他基本结构，如简支梁。用力法求解一个超静定结构时，基本结构不是唯一的，位移约束条件一般是零（有支座位移的情况除外）。

### 13.2.2　力法的典型方程与示例

**【例 13.1】**　用力法求解图 13.5(a) 所示刚架，并作内力图。

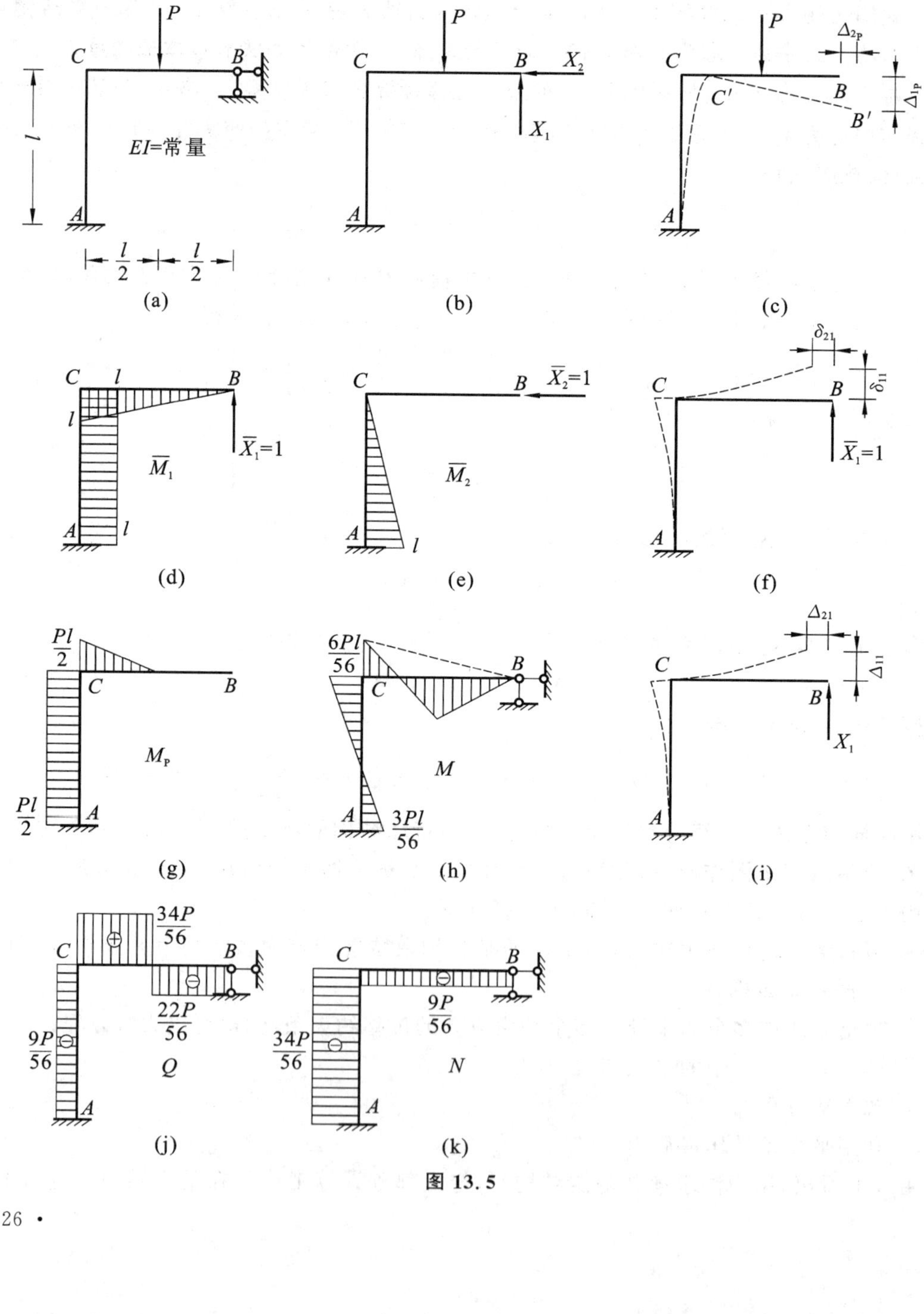


图 13.5

**【解】**　这是一个二次超静定结构，将 $B$ 处两根支座链杆截断，选用悬臂刚架作基本结构[图 13.5(b)]。原结构 $B$ 处沿竖向与水平两个方向的位移约束条件分别为：

$$\Delta_1 = 0, \quad \Delta_2 = 0 \tag{13.4a}$$

其中：

$\Delta_1$ 应包括 $X_1$、$X_2$ 和 $P$ 分别单独作用时沿 $X_1$ 正向引起的位移 $\Delta_{11}$、$\Delta_{12}$、$\Delta_{1P}$；

$\Delta_2$ 应包括 $X_1$、$X_2$ 和 $P$ 分别单独作用时沿 $X_2$ 正向引起的位移 $\Delta_{21}$、$\Delta_{22}$、$\Delta_{2P}$。

即

$$\left.\begin{aligned}\Delta_1 &= \Delta_{11} + \Delta_{12} + \Delta_{1P}\\ \Delta_2 &= \Delta_{21} + \Delta_{22} + \Delta_{2P}\end{aligned}\right\} \tag{13.4b}$$

多余未知力引起的位移 $\Delta_{ij}$ 与 $X_j$ 间满足线性关系式：

$$\Delta_{ij} = \delta_{ij} X_j \quad (i,j = 1,2) \tag{13.4c}$$

上式中当 $i = j$ 时，$\delta_{ii}$ 为主柔度系数。下面以 $\delta_{21}$ 为例说明 $i \neq j$ 时的意义。图 13.5(f) 中，当 $B$ 处沿 $X_1$ 方向施加单位力时，将在 $B$ 处沿 $X_2$ 方向引起位移，此位移大小即为 $\delta_{21}$。在一般情形下，当 $i \neq j$ 时，$\delta_{ij}$ 表示基本结构上沿 $X_j$ 方向施加单位力 $\overline{X}_j = 1$ 时，在基本结构上沿 $X_i$ 方向产生的位移，此即副柔度系数，按位移互等定理：

$$\delta_{ji} = \delta_{ij} \quad (i \neq j)$$

将关系式(13.4c) 代入式(13.4b)，并将所得表达式代入位移约束条件式(13.4a)，得：

$$\left.\begin{aligned}\delta_{11} X_1 + \delta_{12} X_2 + \Delta_{1P} &= 0\\ \delta_{21} X_1 + \delta_{22} X_2 + \Delta_{2P} &= 0\end{aligned}\right\} \tag{13.5}$$

此式即为本例的力法方程的典型形式。

令图 13.5(d) 自乘，即得主系数 $\delta_{11}$：

$$\delta_{11} = \frac{1}{EI}\left(\frac{l^3}{3} + l^2 \cdot l\right) = \frac{4l^3}{3EI}$$

同理得：

$$\delta_{22} = \frac{l^3}{3EI}$$

计算副系数 $\delta_{21}$ 时，令图 13.5(d)、图 13.5(e) 两图相乘，得：

$$\delta_{21} = \frac{1}{EI} \cdot \frac{l^2}{2} \cdot l = \frac{l^3}{2EI}$$

$$\delta_{12} = \delta_{21} = \frac{l^3}{2EI}$$

令图 13.5(d)、图 13.5(g) 相乘得自由项 $\Delta_{1P}$：

$$\Delta_{1P} = -\frac{1}{EI}\left[\frac{1}{2} \cdot \frac{l}{2} \cdot \frac{Pl}{2}\left(\frac{2}{3}l + \frac{1}{3} \cdot \frac{l}{2}\right) + l \cdot \frac{Pl}{2} \cdot l\right] = -\frac{29Pl^3}{48EI}$$

同理

$$\Delta_{2P} = -\frac{Pl^3}{4EI}$$

将 $\delta_{ij}$、$\Delta_{iP}$ 的表达式代入式(13.4) 并消去公因子 $\dfrac{l^3}{EI}$，得本例力法方程的具体表达式：

$$\begin{cases}\dfrac{4}{3}X_1 + \dfrac{1}{2}X_2 - \dfrac{29}{48}P = 0\\[2mm] \dfrac{1}{2}X_1 + \dfrac{1}{3}X_2 - \dfrac{1}{4}P = 0\end{cases}$$

由上式解得：

$$\begin{cases} X_1 = \dfrac{22}{56}P \\ X_2 = \dfrac{9}{56}P \end{cases}$$

最后弯矩图可按下列叠加公式计算，计算结果如图 13.5(h) 所示。

$$M = X_1 \overline{M}_1 + X_2 \overline{M}_2 + M_P \tag{13.6}$$

例如 $$M_{CB} = \frac{22}{56}P \cdot l + \frac{9}{56}P \cdot 0 + \left(-\frac{Pl}{2}\right) = -\frac{6}{56}Pl \quad (\text{上侧受拉})$$

作剪力图时，各控制截面处的剪力计算如下：

$$Q_{BC} = -Y_B = -X_1 = -\frac{22}{56}P \quad Q_{CB} = P + Q_{BC} = P - \frac{22}{56}P = \frac{34}{56}P$$

$$Q_{CA} = Q_{AC} = -\frac{M_{CA} + M_{AC}}{l} = -\frac{\frac{6}{56}Pl + \frac{3}{56}Pl}{l} = -\frac{9P}{56}$$

最后剪力图为图 13.5(j) 所示。

因各杆上无沿轴线方向的非结点荷载，轴力为常量，所以，两杆的轴力可由剪力图并利用结点 $C$ 的投影平衡条件解得：

$$N_{AC} = N_{CA} = -\frac{34}{56}P, \quad N_{BC} = N_{CB} = -\frac{9}{56}P$$

图 13.5(k) 为最后轴力图。

下面计算在图 13.5(h) 所示内力状态下原结构 $B$ 端的竖向位移，仅计入弯曲影响，令图 13.5(e) 与图 13.5(h) 相乘，可得：

$$\Delta_{By} = \frac{1}{EI} \cdot \frac{l^2}{2}\left(-\frac{1}{3} \times \frac{6}{56}Pl + \frac{2}{3} \times \frac{3}{56}Pl\right) = 0$$

计算结果为零表明图 13.5(h) 所示内力状态满足原结构 $B$ 处的水平方向位移约束条件。

从图 13.5(i) 可看出，多余未知力 $X_1$ 不仅使 $B$ 端产生沿 $X_1$ 方向的位移 $\Delta_{11}$，还产生沿 $X_2$ 方向的位移 $\Delta_{21}$；式(13.5) 中的前一式中除 $\delta_{11}X_1$、$\Delta_{1P}$ 外还有 $\delta_{12}X_2$ 这一项，后一式除含 $\delta_{22}X_2$、$\Delta_{2P}$ 外还含 $\delta_{21}X_1$ 这一项。这就是用力法求解含多个多余未知力与仅含一个多余未知力的超静定结构的不同之处。

由以上算例可知，一个 $n$ 次超静定结构的多余约束被截断后可得到一个基本结构，这是一个静定结构。其上 $n$ 个多余未知力可通过原结构被截断多余约束处的 $n$ 个变形协调条件解出。设此 $n$ 个多余未知力为 $X_i (i = 1,2,\cdots,n)$，$n$ 个变形协调条件为 $\Delta_i = 0 (i = 1,2,\cdots,n)$，结构仅承受荷载，第 $i$ 个被截断的多余约束处由荷载引起的位移为 $\Delta_{iP}$，则可由以上条件列出含 $n$ 个线性代数方程的方程组：

$$\left.\begin{aligned} \delta_{11}X_1 + \delta_{12}X_2 + \delta_{13}X_3 + \cdots + \delta_{1n}X_n + \Delta_{1P} = 0 \\ \delta_{21}X_1 + \delta_{22}X_2 + \delta_{23}X_3 + \cdots + \delta_{2n}X_n + \Delta_{1P} = 0 \\ \vdots \qquad\qquad \\ \delta_{n1}X_1 + \delta_{n2}X_2 + \delta_{n3}X_3 + \cdots + \delta_{nn}X_n + \Delta_{nP} = 0 \end{aligned}\right\} \tag{13.7}$$

这便是用力法求解 $n$ 次超静定结构时的典型方程。此式也可用矩阵形式表达：

$$\begin{bmatrix} \delta_{11} & \delta_{12} & \cdots & \delta_{1n} \\ \delta_{21} & \delta_{22} & \cdots & \delta_{2n} \\ \cdots & \cdots & & \cdots \\ \delta_{n1} & \delta_{n2} & \cdots & \delta_{nn} \end{bmatrix} \begin{Bmatrix} X_1 \\ X_2 \\ \vdots \\ X_n \end{Bmatrix} + \begin{Bmatrix} \Delta_{1P} \\ \Delta_{2P} \\ \vdots \\ \Delta_{nP} \end{Bmatrix} = \begin{Bmatrix} 0 \\ 0 \\ \vdots \\ 0 \end{Bmatrix} \tag{13.8}$$

下面，利用式(13.7) 来说明力法典型方程的几个问题：

(1) 力法方程以多余未知力为基本未知量，其实质是原结构上被截断多余约束处的变形协调关系，用以控制相应基本结构的变形，使其静力学解答与原结构一致。

(2) 凡 $n$ 次超静定结构，当用力法求解时均可列出如上形式的力法方程，即力法方程具有典型的或标准的形式。

(3) 对同一超静定结构的不同基本结构，方阵 $\delta = [\delta_{ij}]$ 的阶数相同，但其中各元素的具体数值一般说来各不相同。对同一基本结构，$\delta = [\delta_{ij}]$ 是唯一的，仅与基本结构本身的力学性质有关，与外界因素无关。给出一组 $\Delta_{iP}$ 值，便可算出一组 $X_j$。因此，由力法方程得到的解答是唯一的。这就是说，对同一超静定结构，在确定的荷载状态下由力法得到的解答是唯一的。

(4) 习惯上称方阵 $\delta = [\delta_{ij}]_{n\times n}$ 为柔度矩阵，方阵对角线上的诸元素称为主系数，其余为副系数，副系数间满足互等定理，即 $\delta_{ij} = \delta_{ji}$。

(5) 如果除荷载外还有其他因素，则式(13.7) 或式(13.8) 右端项可能不全为零，这一点可参阅相关的结构力学教材。

(6) 力法方程中的每一项均为位移，其中自由项可由荷载因素引起，也可由非荷载因素引起，计算公式各不相同。

(7) 对于梁、刚架等结构的受弯杆，在荷载情形下，其最后弯矩图可由叠加原理算得：

$$\left.\begin{aligned} M &= \overline{M}_1 X_1 + \overline{M}_2 X_2 + \cdots + \overline{M}_n X_n + M_P \\ Q &= \overline{Q}_1 X_1 + \overline{Q}_2 X_2 + \cdots + \overline{Q}_n X_n + Q_P \\ N &= \overline{N}_1 X_1 + \overline{N}_2 X_2 + \cdots + \overline{N}_n X_n + N_P \end{aligned}\right\} \tag{13.9}$$

对于剪力和轴力通常可由平衡条件求得而不用上面的叠加公式。

## 13.3　位　移　法

### 13.3.1　位移法的基本概念

位移法同力法一样也是解超静定结构的经典方法之一。位移法是以结点位移为基本未知量，利用小变形线性条件下结构的内力和位移的线性关系，先求结点位移再反求结构的内力或反力。

如图 13.6(a) 所示由等截面直杆构成的刚架，考虑由荷载引起的变形(忽略轴向变形的影响)时产生如图 13.6(a) 中虚线所示变形曲线。刚结点 $B$ 转过角度 $\theta_B$ 时它所连接的两个杆端也一起转过相同的角度，即：$\theta_{BA} = \theta_{BC} = \theta_B$。

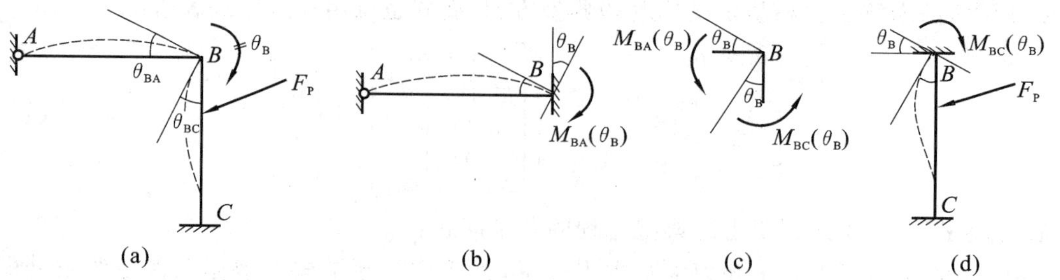


图 13.6

将刚架两杆件都从结点 $B$ 一端截断取出，使之成为两个独立的单跨超静定梁[13.6(b)、图 13.6(d)]，然后使它们的 $B$ 端固定支座发生角位移 $\theta_B$。两单跨超静定梁上荷载及杆端位移和约束都与原刚架相同，其内力(包括杆端弯矩)也与原刚架中两杆件相同。结点 $B$ 两杆端弯矩如式(13.10)所示，具体计算详见后续等截面直杆的刚度方程。

$$\left.\begin{aligned} M_{BA} &= 3i_{AB}\theta_B \\ M_{BC} &= 4i_{BC}\theta_B + M_{BC}^F \end{aligned}\right\} \tag{13.10}$$

取结点 $B$，隔离体如图 13.6(c)所示，依据平衡条件 $\sum M_B = 0$，得：

$$M_{BA} + M_{BC} = 0$$

将式(13.10)代入上式得：

$$(3i_{AB} + 4i_{BC})\theta_B + M_{BC}^F = 0 \tag{13.11}$$

上式是关于刚架 $B$ 结点角位移 $\theta_B$ 的方程，称为位移法方程。

由以上分析过程可得位移法基本要点如下：

(1) 位移法的基本未知量是结点位移；

(2) 位移法的基本方程是平衡方程；

(3) 建立位移法方程的基本方法是，由转角位移方程将杆端内力用结点位移表示，然后取隔离体，依据平衡条件建立位移法方程，并求解位移法方程，得到基本未知量；

(4) 将求出的位移代入杆端内力表达式，从而求出杆端内力。

### 13.3.2 等截面直杆的刚度方程

工程中将由支座单位位移引起的杆端内力称为**形常数**，将荷载引起的杆端内力称为**载常数**。形常数和载常数都可通过力法直接计算得到，在用位移法和力矩分配法等方法计算超静定结构时可以直接引用而无需用力法去计算。支座单位位移引起的杆端内力和荷载引起的杆端内力见表 13.1(也就是常用的形常数和载常数)。对于单位角位移所引起的杆端弯矩也称为**转动刚度** $S_{AB}$(转动刚度也可定义为使杆件固定端产生单位角位移所需施加的力矩)。

杆端位移以及杆端内力的符号规则：杆端角位移和杆端弯矩以顺时针方向为正，杆端剪力以能使截面产生顺时针方向转动为正，杆两端相对线位移以使杆件产生顺时针方向转角为正。在位移法和力矩分配法中都用该符号规则。

**表 13.1　单跨超静定梁的杆端力与杆端位移及荷载间的关系(杆长为 $l$)**

| 编号 | 梁的简图 | 弯　矩 | | 剪　力 | |
|---|---|---|---|---|---|
| | | $M_{AB}$ | $M_{BA}$ | $Q_{AB}$ | $Q_{BA}$ |
| 1 | 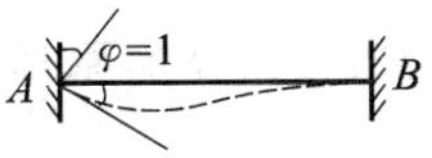 | $\frac{4EI}{l}=4i$ | $\frac{2EI}{l}=2i$ | $-\frac{6EI}{l^2}=-\frac{6i}{l}$ | $-\frac{6EI}{l^2}=-\frac{6i}{l}$ |
| 2 | 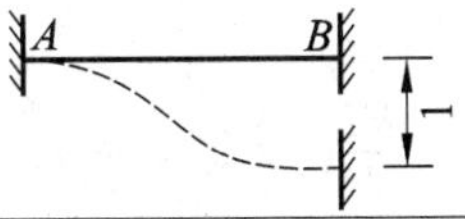 | $-\frac{6EI}{l^2}=-\frac{6i}{l}$ | $-\frac{6EI}{l^2}=-\frac{6i}{l}$ | $\frac{12EI}{l^3}=\frac{12i}{l^2}$ | $\frac{12EI}{l^3}=\frac{12i}{l^2}$ |
| 3 | 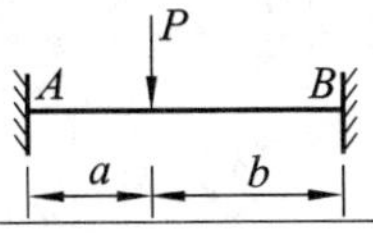 | $-\frac{Pab^2}{l^2}$ | $\frac{Pa^2b}{l^2}$ | $\frac{Pb^2(1+2a)}{l^2}$ | $-\frac{Pa^2(1+2b)}{l^2}$ |
| 4 | 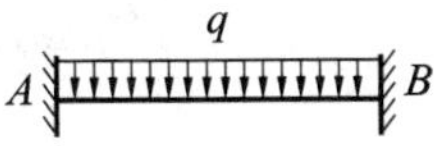 | $-\frac{ql^2}{12}$ | $\frac{ql^2}{12}$ | $\frac{ql}{2}$ | $-\frac{ql}{2}$ |
| 5 | 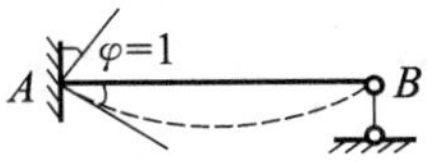 | $\frac{3EI}{l}=3i$ | 0 | $-\frac{3EI}{l^2}=-\frac{3i}{l}$ | $-\frac{3EI}{l^2}=-\frac{3i}{l}$ |
| 6 | 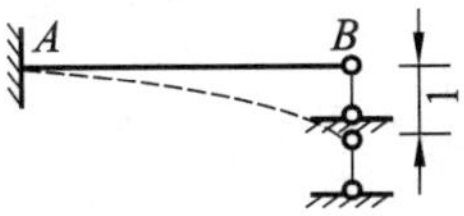 | $-\frac{3EI}{l^2}=-\frac{3i}{l}$ | 0 | $\frac{3EI}{l^3}=\frac{3i}{l^2}$ | $\frac{3EI}{l^3}=\frac{3i}{l^2}$ |
| 7 | 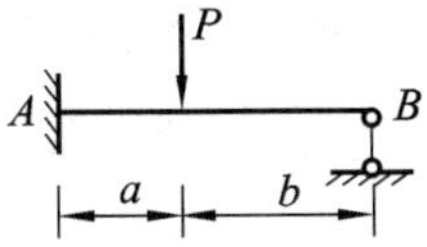 | $-\frac{Pab(l^2-b^2)}{2l^2}$ | 0 | $-\frac{Pb(3l^2-b^2)}{2l^3}$ | $-\frac{Pa^2(3l-a)}{2l^3}$ |
| 8 | 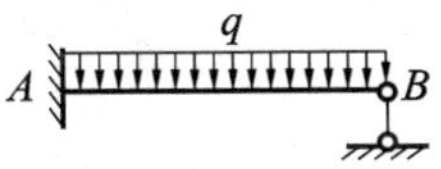 | $-\frac{ql^2}{8}$ | 0 | $\frac{5ql}{8}$ | $-\frac{3ql}{8}$ |
| 9 | 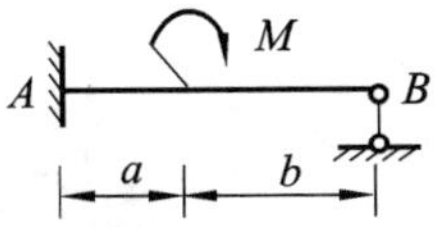 | $\frac{l^2-3b^2}{2l^2}M$ | 0 | $\frac{3(l^2-b^2)}{2l^3}M$ | $\frac{3(l^2-b^2)}{2l^3}M$ |
| 10 | 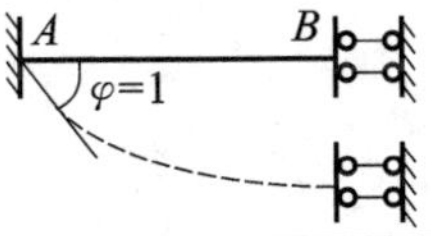 | $\frac{EI}{l}=i$ | $-\frac{EI}{l}=-i$ | 0 | 0 |
| 11 | 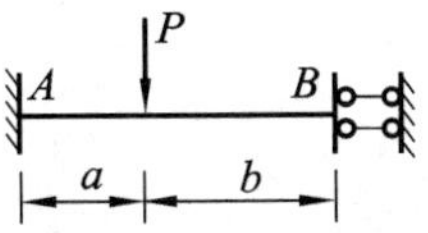 | $-\frac{Pa(l+b)}{2l}$ | $-\frac{Pa^2}{2l}$ | $P$ | 0 |
| 12 | 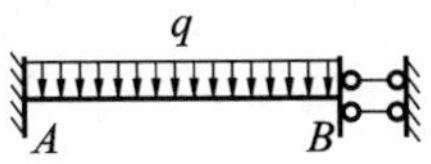 | $-\frac{ql^2}{3}$ | $-\frac{ql^2}{6}$ | $ql$ | 0 |

两端固支单跨超静定杆上既有荷载，又产生了多个支座位移[图 13.7(a)]，可以分解为单个支座位移以及荷载单独作用的结构，即图 13.7(a) 相当于图 13.7(b)、图 13.7(c)、图 13.7(d)、图 13.7(e) 四种情况叠加后的结果，其杆端力可用叠加法求得：

$$M_{AB}=M_{AB}^{(1)}+M_{AB}^{(2)}+M_{AB}^{(3)}+M_{AB}^{F},\quad M_{BA}=M_{BA}^{(1)}+M_{BA}^{(2)}+M_{BA}^{(3)}+M_{BA}^{F}$$

其中 $M_{AB}^{(1)}$、$M_{AB}^{(2)}$、$M_{AB}^{(3)}$、$M_{AB}^{F}$ 以及 $M_{BA}^{(1)}$、$M_{BA}^{(2)}$、$M_{BA}^{(3)}$、$M_{BA}^{F}$ 可根据表 13.1 和叠加原理得到，并代入上式得：

$$\begin{cases}M_{AB}=\dfrac{4EI}{l}\varphi_A+\dfrac{2EI}{l}\varphi_B-\dfrac{6EI}{l^2}\Delta+M_{AB}^{F}\\ M_{BA}=\dfrac{2EI}{l}\varphi_A+\dfrac{4EI}{l}\varphi_B-\dfrac{6EI}{l^2}\Delta+M_{BA}^{F}\end{cases}\qquad 令\ i=\frac{EI}{l}$$

上面两式化为：

$$\left.\begin{aligned}M_{AB}&=4i\varphi_A+2i\varphi_B-\frac{6i}{l}\Delta+M_{AB}^{F}\\ M_{BA}&=2i\varphi_A+4i\varphi_B-\frac{6i}{l}\Delta+M_{BA}^{F}\end{aligned}\right\}\qquad(13.12)$$

$i$ 称为图 13.7 中 $AB$ 杆的线刚度。

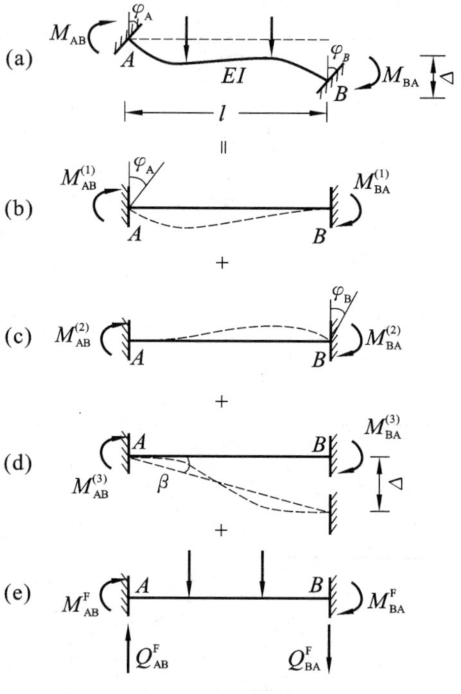


图 13.7

如果是一端固支另一端铰支，杆端内力表达式变为：

$$\left.\begin{aligned}M_{AB}&=3i\varphi_A-\frac{3i}{l}\Delta+M_{AB}^{F}\\ M_{BA}&=0\end{aligned}\right\}\qquad(13.13)$$

如果一端固支另一端滑动，支座杆端内力表达式变为：

$$\left.\begin{aligned} M_{AB} &= i\varphi_A + M_{AB}^F \\ M_{BA} &= -i\varphi_A + M_{BA}^F \end{aligned}\right\} \tag{13.14}$$

式(13.12)至式(13.14)又称为转角位移方程。式中各符号的意义及正负号规定同前。

### 13.3.3　位移法计算实例

**【例 13.2】**　用位移法计算图 13.8(a) 所示刚架并作弯矩图。

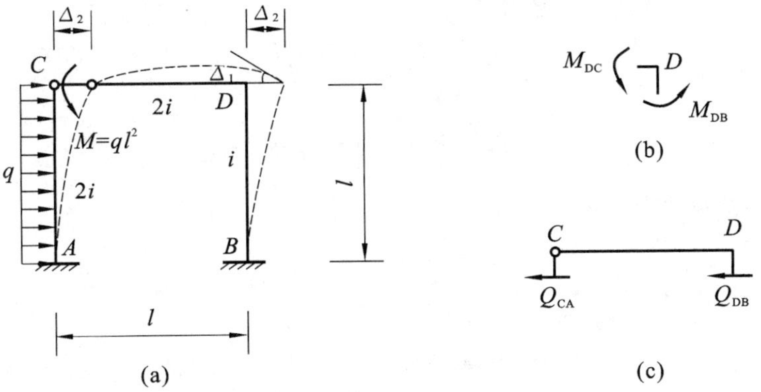


**图 13.8**

**【解】**　(1) 基本未知量

如图 13.8(a) 所示,此刚架有两个基本未知量:刚结点 $D$ 的角位移 $\Delta_1$;忽略轴向变形时,$C$ 结点和 $D$ 结点的水平方向相同的线位移 $\Delta_2$,$C$ 结点和 $D$ 结点竖直方向的线位移都为 0。

(2) 各杆端弯矩表达式

根据式(13.12)、式(13.13)及表 13.1,并注意到 $\theta_D = \Delta_1, \Delta_{AC} = \Delta_{BD} = \Delta_2, \Delta_{CD} = 0$,各杆端弯矩表达式为:

$$\left.\begin{aligned} M_{AC} &= -3(2i)\frac{\Delta_2}{l} - \frac{ql^2}{8} = -6i\frac{\Delta_2}{l} - \frac{1}{8}ql^2 \\ M_{BD} &= 2i\Delta_1 - 6i\frac{\Delta_2}{l} \\ M_{DB} &= 4i\Delta_1 - 6i\frac{\Delta_2}{l} \\ M_{DC} &= 3(2i)\Delta_1 - \frac{M}{2} = 6i\Delta_1 - \frac{1}{2}ql^2 \end{aligned}\right\} \tag{a}$$

(3) 根据平衡条件建立位移法方程

根据图 13.8(b) 所示结点 $D$ 隔离体的力矩平衡条件 $\sum M_D = 0$,再截取柱顶以上部分隔离体的投影平衡条件 $\sum F_x = 0$[图 13.8(c)],可建立以下两个方程:

$$\sum M_D = M_{DC} + M_{DB} = 0 \tag{b}$$

$$\sum F_x = Q_{CA} + Q_{DB} = 0 \tag{c}$$

其中 $Q_{CA}$ 和 $Q_{DB}$ 可由表 13.1 查得的数据叠加得到,也可取杆件隔离体通过平衡条件得到:

$$Q_{CA}=Q_{CA}^{F}-\frac{M_{AC}}{l}=-\frac{ql}{2}-\frac{M_{AC}}{l} \tag{d}$$

$$Q_{DB}=-\frac{M_{DB}+M_{BD}}{l} \tag{e}$$

将式(d)、式(e)代入式(c)得：

$$-\frac{ql}{2}-\frac{M_{AC}+M_{BD}+M_{DB}}{l}=0 \tag{f}$$

将式(a)代入式(b)和式(f)，经整理得：

$$10i\Delta_1-\frac{6i}{l}\Delta_2-\frac{1}{2}ql^2=0$$

$$-\frac{6i}{l}\Delta_1+\frac{18i}{l^2}\Delta_2-\frac{3}{8}ql=0$$

联立求解上述位移法方程得：

$$\Delta_1=\frac{5ql^2}{64i},\quad \Delta_2=\frac{3ql^3}{64i}$$

(4) 计算，并绘制弯矩图

将所得位移 $\Delta_1$、$\Delta_2$ 代入杆端弯矩表达式式(a)得：

$$M_{AC}=-\frac{6i}{l}\cdot\frac{3ql^3}{64i}-\frac{1}{8}ql^2=-\frac{13}{32}ql^2$$

$$M_{BD}=2i\cdot\frac{5ql^2}{64i}-\frac{6i}{l}\cdot\frac{3ql^3}{64i}=-\frac{1}{8}ql^2$$

$$M_{DB}=4i\cdot\frac{5ql^2}{64i}-\frac{6i}{l}\cdot\frac{3ql^3}{64i}=\frac{1}{32}ql^2$$

$$M_{DC}=6i\cdot\frac{5ql^2}{64i}-\frac{1}{2}ql^2=-\frac{1}{32}ql^2$$

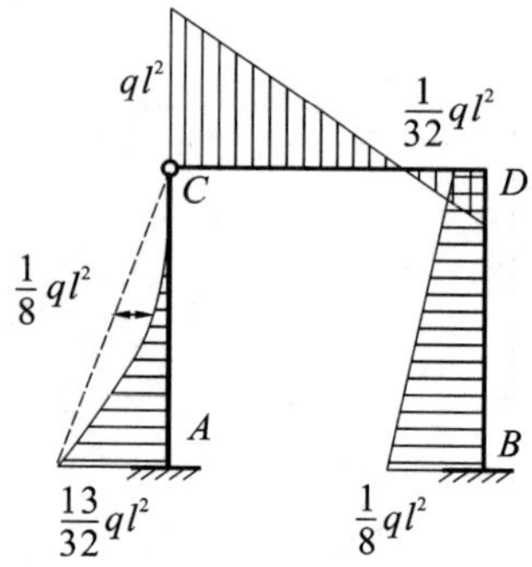


图 13.9

绘制弯矩图如图 13.9 所示。

在一般情况下，当结构有 $n$ 个基本未知量时，对于每个结点位移都有一个对应的平衡方程，可得到一个 $n$ 元的一次方程组：

$$\begin{cases}k_{11}\Delta_1+k_{12}\Delta_2+\cdots+k_{1n}\Delta_n+F_{1P}=0\\k_{21}\Delta_1+k_{22}\Delta_2+\cdots+k_{2n}\Delta_n+F_{2P}=0\\\qquad\vdots\\k_{n1}\Delta_1+k_{n2}\Delta_2+\cdots+k_{nn}\Delta_n+F_{nP}=0\end{cases}$$

上式称为位移法的典型方程，需要了解的读者可参阅结构力学教材。

## 13.4 力矩分配法

力矩分配法属渐近法，不需要建立方程组计算，适合手算，是求解超静定问题的常用方法之一。力矩分配法是在位移法的基础上发展起来的一种数值解法，可直接求得杆端弯矩。力矩分配法适应于连续梁和无侧移的刚架。

如图 13.10(a) 所示刚架在荷载作用下，结点 $B$ 将产生一个转角位移 $\theta$。若在 $B$ 点加附加刚臂约束，使转角位移不能产生，则附加刚臂需承担固端弯矩 $M_{B}^{F}$。而 $B$ 点的固端弯矩 $M_{B}^{F}$ 是被附加刚臂隔离后，各杆件在荷载单独作用下引起 $B$ 点处的杆端弯矩之和，故图 13.10(c) 中 $M_{B}^{F}$ 为：

$$M_{B}^{F} = M_{BA}^{F} + M_{BC}^{F} + M_{BD}^{F}$$

其中 $M_{BA}^{F}$、$M_{BC}^{F}$、$M_{BD}^{F}$ 可由表 13.1 查得，一般来说，刚结点的 $M_{B}^{F}$ 不等于零，故 $M_{B}^{F}$ 又称为不平衡力矩。

现放松 $B$ 点的约束，即去掉附加刚臂，$B$ 结点将产生角位移，并在各杆端引起弯矩变化，直到达到平衡为止，此时 $B$ 点的转角恰好为 $\theta$。在 $B$ 结点转动过程中，各杆端的变化弯矩是由位移引起的，称为位移弯矩 $M'$[见图 13.10(e) 中的 $M'_{BA}$，$M'_{BC}$，$M'_{BD}$]。因 $B$ 点的附加刚臂存在约束力矩 $M_{B}^{F}$，放松约束时可视为在 $B$ 点增加一反向力矩 $M_{B}^{F}$，这一力矩将由 $B$ 点各杆端共同承担，可以看成按一定比例分配到各杆端，即 $B$ 点各杆端的位移弯矩，位移弯矩又称为分配弯矩。各杆端的固端弯矩（荷载弯矩）和分配弯矩（位移弯矩）之和就是最终该杆端弯矩。

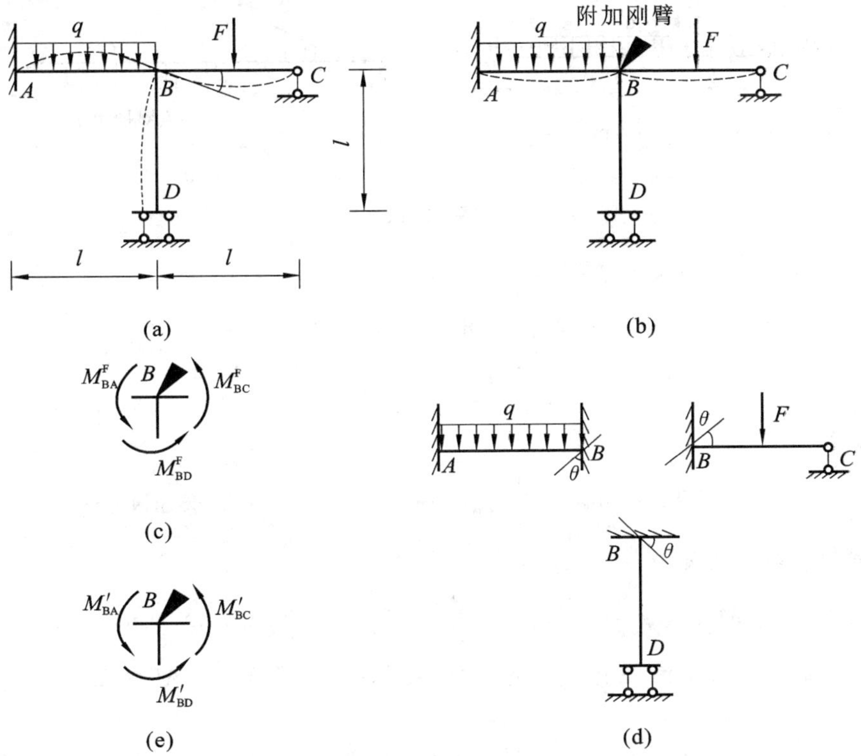


图 13.10

由此可以看出，杆端分配弯矩的计算是力矩分配法的关键。对结点而言，分配力矩为 $M_{B}^{F}$，每一杆端的分配弯矩等于结点的分配弯矩乘以分配系数 $\mu$。某杆端分配系数等于该杆端的转动刚度与该结点处各杆端转动刚度的代数和之比，即：

$$\mu_i = \frac{S_i}{\sum S_i}$$

如上例中 $AB$ 杆在 $B$ 结点处的分配系数为：

$$\mu_{BA}=\frac{S_{BA}}{\sum S_B}=\frac{S_{BA}}{S_{BA}+S_{BC}+S_{BD}}=\frac{4i}{4i+3i+i}=\frac{1}{2}$$

其中 $S_{BA}=4i,S_{BC}=3i,S_{BD}=i$ 由表 13.1 查得。

近端分配弯矩实际上是由转角位移引起的，所以远端同样会产生弯矩，称为分配弯矩的传递。远端弯矩与近端弯矩之比称为传递系数，记作 $C$，即：

$$C_{BA}=\frac{M_{AB}}{M_{BA}}$$

传递系数只与远端约束有关：

远端为固定支座：$C=0.5$；

远端为铰支座：$C=0$；

远端为滑动支座：$C=-1$。

**【例 13.3】** 用力矩分配法计算图 13.11(a) 所示连续梁，并作 $M$ 图。

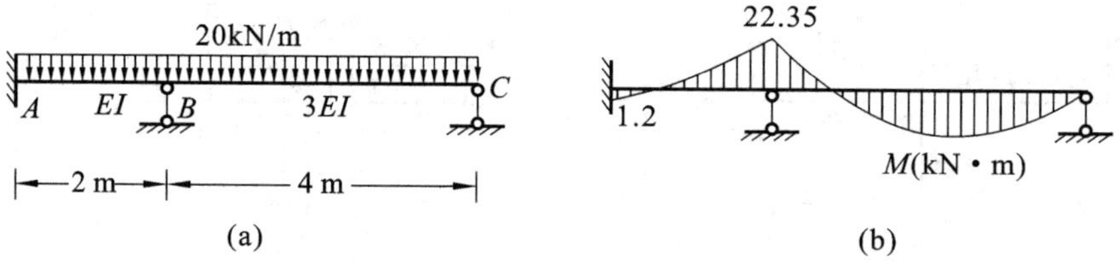


图 13.11

**【解】** 令 $i=\frac{EI}{4}$，则 $i_{AB}=2i,i_{BC}=3i$

又 $$S_{BA}=4i_{AB}=8i,\quad S_{BC}=3i_{BC}=9i$$

则 $$\mu_{BA}=\frac{S_{BA}}{S_{BA}+S_{BC}}=\frac{8}{17},\quad \mu_{BC}=\frac{9}{17}$$

固端弯矩为：

$$M_B^F=M_{BA}^F+M_{BC}^F=\frac{20\times 2^2}{12}-\frac{20\times 4^2}{8}=-33.33\ \text{kN}\cdot\text{m}$$

杆端弯矩计算示例如下：

$$M_{BA}^1=\mu_{BA}(-M_B^F)=\frac{8}{17}\times 33.33=15.68\ \text{kN}\cdot\text{m}$$

这里的 $M_{BA}^1$ 是杆端转角位移引起的弯矩，按转角位移方程，杆 $AB$ 的 $B$ 端弯矩应加上固端弯矩：

$$M_{BA}=M_{BA}^1+M_{BA}^F=\frac{8}{17}\times 33.33+\frac{20\times 2^2}{12}=22.35\ \text{kN}\cdot\text{m}$$

$$M_{BC}=M_{BC}^1+M_{BC}^F=\frac{9}{17}\times 33.33-\frac{20\times 4^2}{8}=-22.35\ \text{kN}\cdot\text{m}$$

$$M_{AB}=\frac{1}{2}M_{BA}^1-M_{BA}^F=\frac{1}{2}\times 15.68-\frac{20\times 2^2}{12}=1.2\ \text{kN}\cdot\text{m}$$

称直接由 $M_B^F$ 进行分配算得的 $M_{BA}^1$、$M_{BC}^1$ 为分配弯矩，由传递而得的弯矩 $M_{AB}$ 为传递弯矩。

# 13.5　结构的静力特性

在工程实际中，由于超静定结构比静定结构具有更多优点，故应用更为广泛。从几何组成看，存在多余约束是超静定结构区别于静定结构的主要特征。由于具有多余约束，超静定结构的反力和内力仅凭静力平衡条件不能唯一确定，还需要考虑变形协调条件才能得到解答。超静定结构与静定结构相比还具有以下特性：

(1) 在相同荷载作用下，超静定结构内力分布比静定结构均匀，峰值较小。如图13.12(a)和图13.12(d)所示两种梁，在相同荷载作用下，简支梁的最大弯矩为 $ql^2/8$[图13.12(b)]；两端固定的超静定梁最大弯矩在两端为 $ql^2/12$，跨中弯矩值为 $ql^2/24$[图13.12(e)]。最大弯矩减小，意味着最大应力降低，因而两端固定的超静定梁的截面可以比简支梁的小，从而节省材料。

(2) 超静定结构比静定结构的刚度要大。上述两种梁，在荷载、截面尺寸、长度、材料均相同的情况下，简支梁的最大挠度为 $\frac{5ql^4}{384EI}$[图13.12(c)]，两端固定梁的最大挠度为 $\frac{ql^4}{384EI}$[图13.12(f)]，仅为简支梁的1/5。

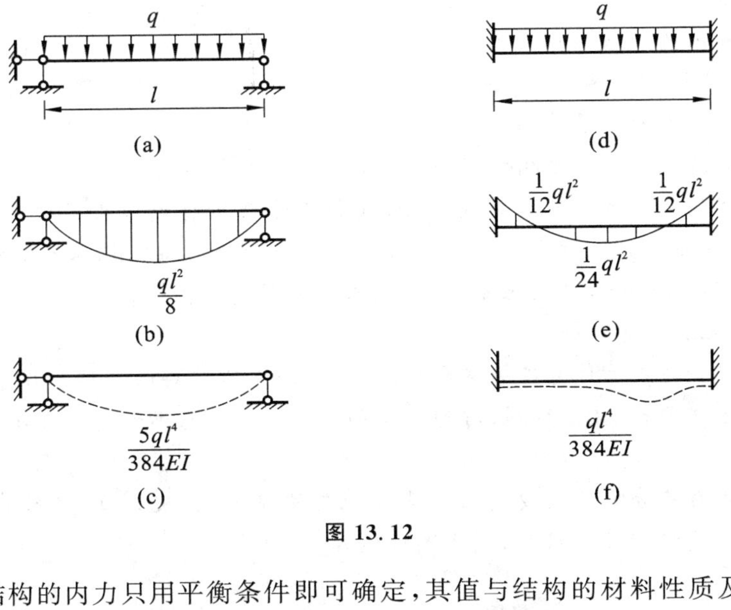


图13.12

(3) 静定结构的内力只用平衡条件即可确定，其值与结构的材料性质及构件截面尺寸无关。而超静定结构的内力需要同时考虑平衡条件和位移条件才能确定，故超静定结构的内力与结构的材料性质及截面尺寸有关。利用这一特性，也可以通过改变各杆刚度的大小来调整超静定结构的内力分布。

(4) 在静定结构中，除荷载以外的其他因素，如支座移动、温度改变和制造误差等，都不会引起内力。而超静定结构由于有多余约束，使构件的变形不能自由发生，上述因素都将引起结构的内力。

(5) 静定结构是几何不变且无多余约束的体系，若撤除任何一个约束，它就成为几何可变的结构，因而失去承载能力。超静定结构在撤除多余约束后，仍可维持几何不变性，能承受荷载。故超静定结构具有更好的抵抗破坏能力，在结构设计中有重要意义。

（6）计算超静定结构的基本方法是力法和位移法。力法和位移法都需要联立方程，其基本未知量的多少是影响计算工作量的主要因素。因此，一般来说，凡是多余约束多而结点位移少的结构，采用位移法要比力法简便；反之，则力法优于位移法。此外，由于有单跨超静定梁的计算结果，因此在计算典型方程的系数和自由项时，位移法比力法要简单些，力矩分配法是位移法的发展，它避免了建立联立方程来求解，能直接计算杆端弯矩，具有直观性。因此，在计算机被广泛应用的今天，力矩分配法仍有一定的实用价值。

## 小结

（1）力法的基本原理和步骤

① 判断结构的超静定次数，将结构的某些约束装置指定为多余约束并截断，得到一个静定结构，即基本体系；

② 写出原结构多余约束处沿多余约束方向的位移约束条件；

③ 计算力法方程中的系数与自由项；

④ 解力法方程；

⑤ 利用平衡条件作最后内力图。

（2）位移法的基本要点

① 位移法的基本未知量是结点位移；

② 位移法的基本方程是平衡方程；

③ 建立位移法方程的基本方法是，由转角位移方程将杆端内力用结点位移表示，然后取隔离体依据平衡条件建立位移法方程，并求解位移法方程，得到基本未知量。

将求出的位移代入杆端内力表达式，从而求出杆端内力。

（3）力矩分配法的基本概念

① 力矩分配法适应于计算连续梁和无侧移的刚架，不需要联立解方程。

② 固端弯矩可由表 13.1 得到，转动刚度和传递系数仅与远端支承情况有关，分配系数由转动刚度确定。

③ 单结点的力矩分配法只要进行一次分配与传递，是精确计算；多结点的力矩分配法需逐个放松结点，要进行多轮计算，属于渐近运算。

## 思考题

13.1　什么是超静定结构？它和静定结构有何区别？

13.2　什么是超静定次数？怎样确定超静定次数？撤去多余约束的方法有哪些？

13.3　力法的基本思路是什么？什么是力法的基本体系和基本未知量？基本体系和原结构有何异同？

13.4　力法方程的物理意义是什么？采用不同的基本体系计算时，力法方程、系数、自由项以及最后求得的内力相同吗？

13.5　用位移法计算超静定结构的基本思路是什么？

13.6　位移法是否可以用于计算静定结构？

13.7　位移法与力法有何不同？

13.8　计算超静定结构时如何判断该采用力法还是位移法？有明确规定吗？

13.9　力矩分配法的杆端弯矩符号是怎样规定的？力法和位移法中也有符号规定吗？

13.10　什么是转动刚度？什么是分配系数和传递系数？它们与哪些因素有关？

## 习　题

13.1　用力法计算图13.13所示结构，并作弯矩图和剪力图。

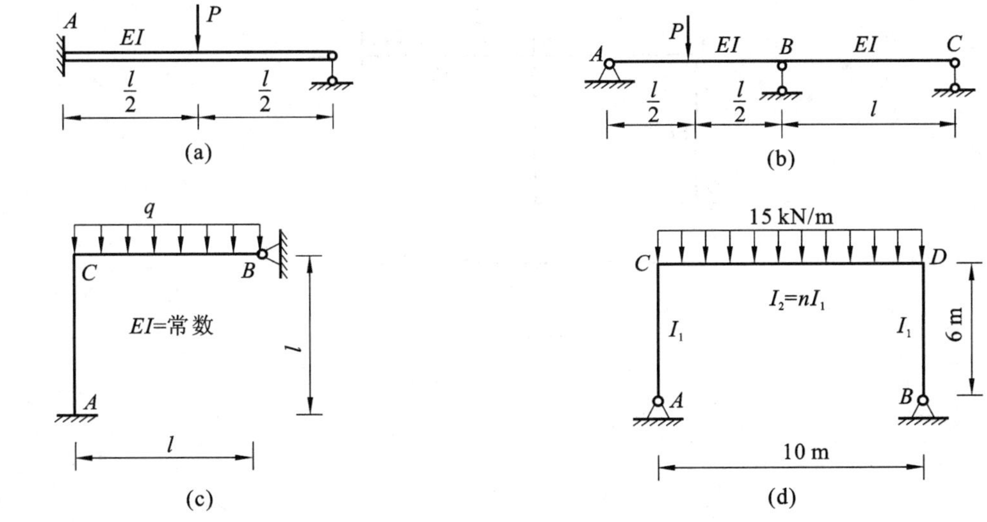


图13.13

13.2　用位移法计算图13.14所示结构并作弯矩图。

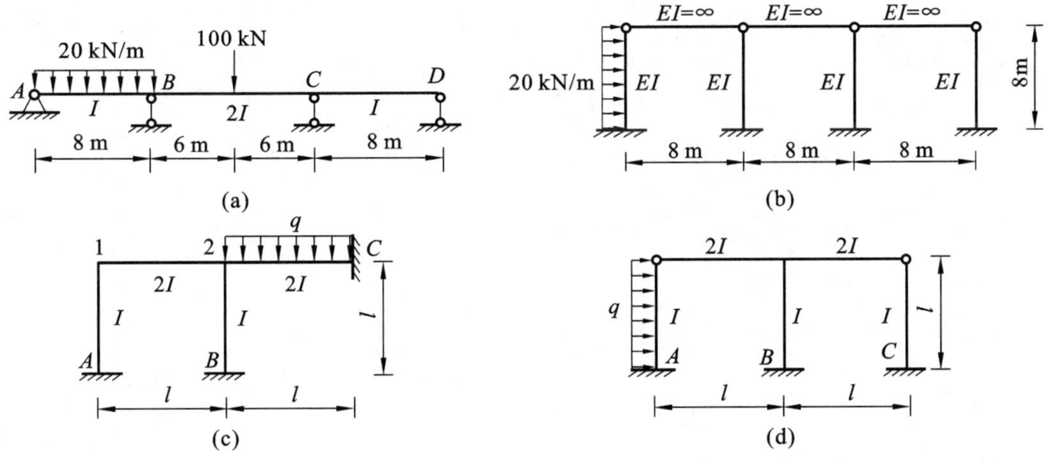


图13.14

13.3　用力矩分配法计算图 13.15 所示结构并作弯矩图。

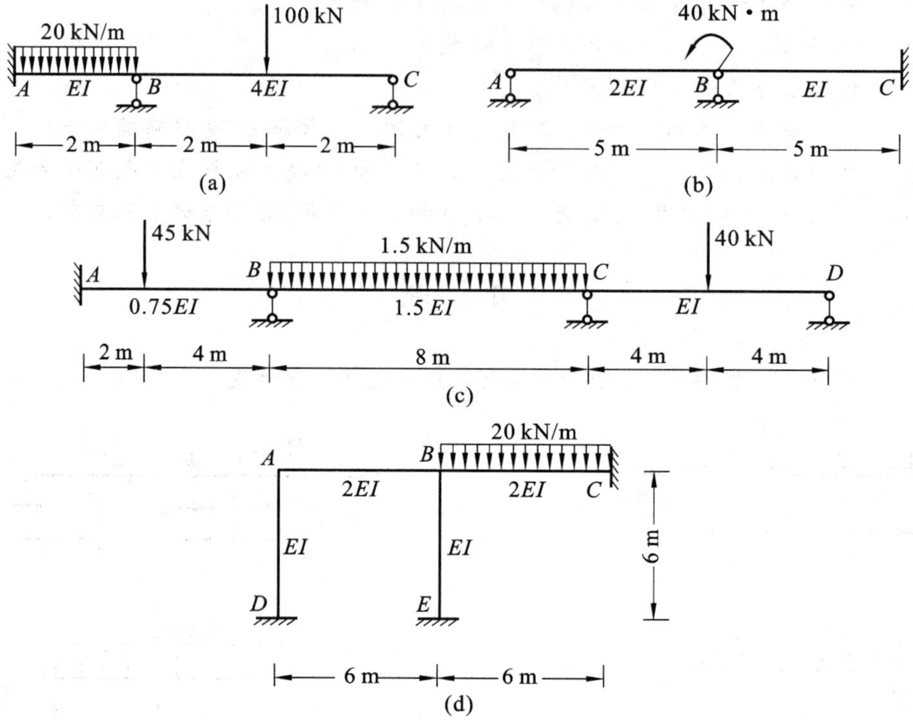


图 13.15

# 附录 1　简单荷载作用下梁的挠度和转角

| 序号 | 梁的简图 | 挠曲线方程 | 转角和挠度 |
|---|---|---|---|
| 1 | 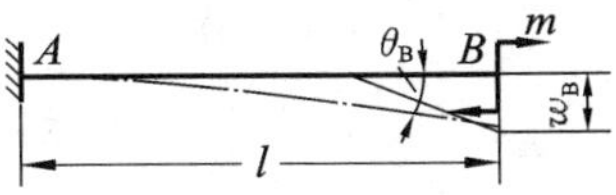 | $w=-\dfrac{mx^2}{2EI_z}$ | $\theta_B=-\dfrac{ml}{EI_z}$<br>$w_B=-\dfrac{ml^2}{2EI_z}$ |
| 2 | 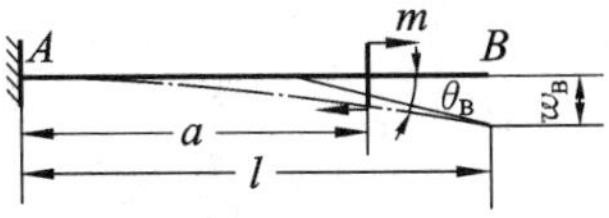 | $w=-\dfrac{mx^2}{2EI_z},\quad 0\leqslant x\leqslant a$<br>$w=-\dfrac{ma}{EI_z}\left[(x-a)+\dfrac{a}{2}\right],$<br>$a\leqslant x\leqslant l$ | $\theta_B=-\dfrac{ma}{EI_z}$<br>$w_B=-\dfrac{ma}{EI_z}\left(l-\dfrac{a}{2}\right)$ |
| 3 | 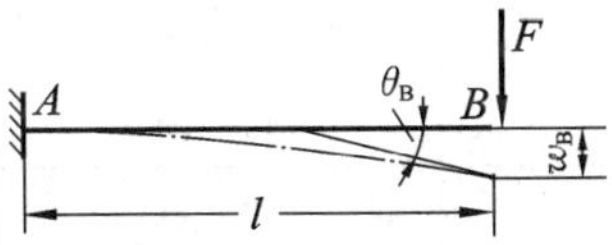 | $w=-\dfrac{Fx^2}{6EI_z}(3l-x)$ | $\theta_B=-\dfrac{Fl^2}{2EI_z}$<br>$w_B=-\dfrac{Fl^3}{3EI_z}$ |
| 4 | 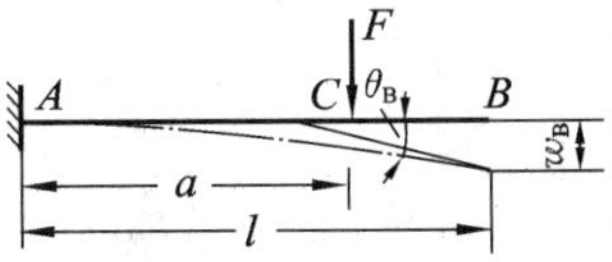 | $w=-\dfrac{Fx^2}{6EI_z}(3a-x),\quad 0\leqslant x\leqslant a$<br>$w=-\dfrac{Fa^2}{6EI_z}(3x-a),\quad a\leqslant x\leqslant l$ | $\theta_B=-\dfrac{Fa^2}{2EI_z}$<br>$w_B=-\dfrac{Fa^2}{6EI_z}(3l-a)$ |
| 5 | 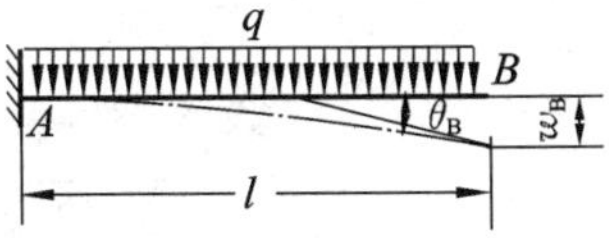 | $w=-\dfrac{qx^2}{24EI_z}(x^2-4lx+6l^2)$ | $\theta_B=-\dfrac{ql^3}{6EI_z}$<br>$w_B=-\dfrac{ql^4}{8EI_z}$ |
| 6 | 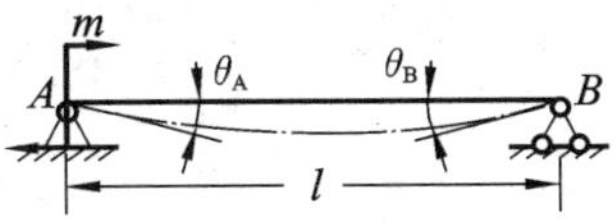 | $w=-\dfrac{mx}{6EI_z l}(l-x)(2l-x)$ | $\theta_A=-\dfrac{ml}{3EI_z}$<br>$\theta_B=\dfrac{ml}{6EI_z}$<br>$x=\left(1-\dfrac{1}{\sqrt{3}}\right)l,$<br>$w_{\max}=-\dfrac{ml^2}{9\sqrt{3}EI_z}$<br>$x=\dfrac{l}{2},w_{\frac{l}{2}}=-\dfrac{ml^2}{16EI_z}$ |

续表

| 序号 | 梁的简图 | 挠曲线方程 | 转角和挠度 |
|---|---|---|---|
| 7 | 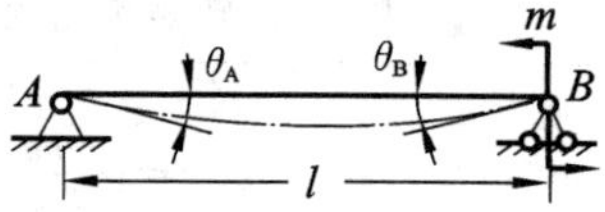 | $w = -\frac{mx}{6EI_z l}(l^2 - x^2)$ | $\theta_A = -\frac{ml}{6EI_z}$<br>$\theta_B = \frac{ml}{3EI_z}$<br>$x = \frac{1}{\sqrt{3}}$,<br>$w_{max} = -\frac{ml^2}{9\sqrt{3}EI_z}$<br>$x = \frac{l}{2}, w_{\frac{l}{2}} = -\frac{ml^2}{16EI_z}$ |
| 8 | 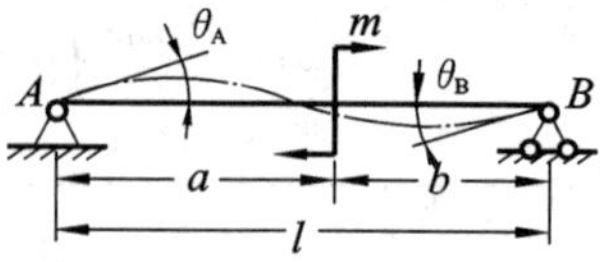 | $w = \frac{mx}{6EI_z l}(l^2 - 3b^2 - x^2)$,<br>$0 \leqslant x \leqslant a$;<br>$w = \frac{m}{6EI_z l}[-x^3 + 3l(x-a)^2 + (l^2 - 3b^2)x]$,<br>$a \leqslant x \leqslant l$ | $\theta_A = \frac{m}{6EI_z l}(l^2 - 3b^2)$<br>$\theta_B = \frac{m}{6EI_z l}(l^2 - 3a^2)$ |
| 9 | 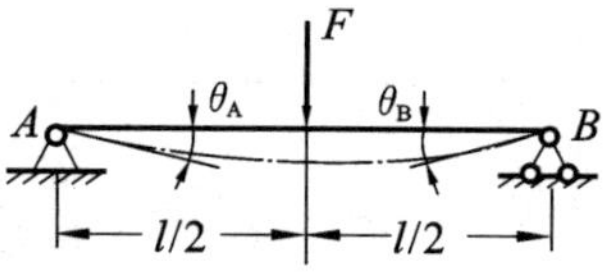 | $w = -\frac{Fx}{48EI_z}(3l^2 - 4x^2), 0 \leqslant x \leqslant \frac{l}{2}$ | $\theta_A = -\theta_B = -\frac{Fl^2}{16EI_z}$<br>$w_{max} = -\frac{Fl^3}{48EI_z}$ |
| 10 | 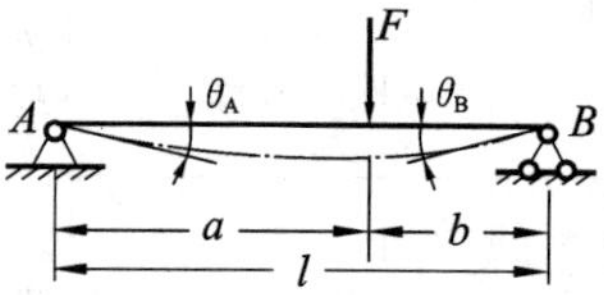 | $w = -\frac{Fbx}{6EI_z l}(l^2 - x^2 - b^2)$,<br>$0 \leqslant x \leqslant a$;<br>$w = -\frac{Fb}{6EI_z l}\left[\frac{l}{b}(l-a)^3 + (l^2 - b^2)x - x^2\right]$,<br>$a \leqslant x \leqslant l$ | $\theta_A = -\frac{Fab(l+b)}{6EI_z l}$<br>$\theta_B = \frac{Fab(l+a)}{6EI_z l}$<br>设 $a > b$,在<br>$x = \sqrt{\frac{l^2 - b^2}{3}}$ 处,<br>$w_{max} = -\frac{Fb(l^2 - b^2)^{3/2}}{9\sqrt{3}EI_z l}$<br>在 $x = \frac{l}{2}$ 处,<br>$w_{\frac{l}{2}} = -\frac{Fb(3l^2 - 4b^2)}{48EI_z}$ |
| 11 | 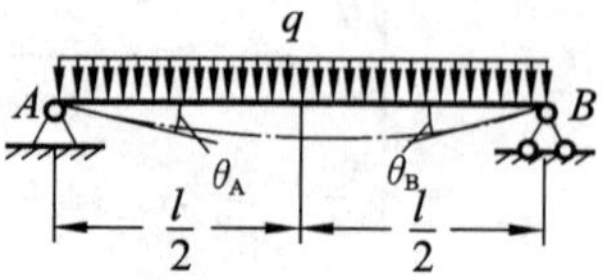 | $w = -\frac{qx}{24EI_z}(l^3 - 2lx^2 + x^3)$ | $\theta_A = -\theta_B = -\frac{ql^3}{24EI_z}$<br>$w_{max} = -\frac{5ql^4}{384EI_z}$ |

续表

| 序号 | 梁的简图 | 挠曲线方程 | 转角和挠度 |
|---|---|---|---|
| 12 | 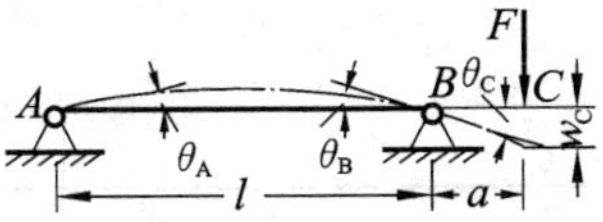 | $w=\frac{Fax}{6EI_z l}(l^2-x^2)$，$0\leqslant x\leqslant l$<br>$w=-\frac{F(x-l)}{6EI_z}[a(3x-l)-(x-l)^2]$，<br>$l\leqslant x\leqslant (l+a)$ | $\theta_A=-\frac{1}{2}\theta_B=\frac{Fal}{6EI_z}$<br>$\theta_C=-\frac{Fa}{6EI_z}(2l+3a)$<br>$w_C=-\frac{Fa}{3EI_z}(l+a)$ |
| 13 | 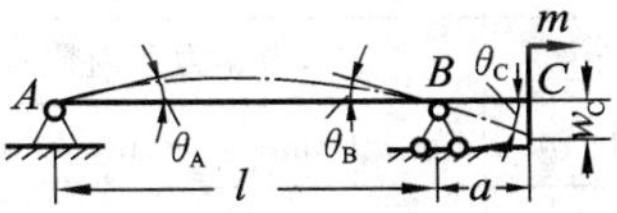 | $w=-\frac{mx}{6EI_z l}(x^2-l^2)$，$0\leqslant x\leqslant l$<br>$w=-\frac{m}{6EI_z}(3x^2-4xl+l^2)$，<br>$l\leqslant x\leqslant (l+a)$ | $\theta_A=-\frac{1}{2}\theta_B=\frac{ml}{6EI_z}$<br>$\theta_C=-\frac{m}{3EI_z}(l+3a)$<br>$w_C=-\frac{ma}{6EI_z}(2l+3a)$ |

# 附录2 型 钢 表

## 1. 等边角钢

| 角钢型号 | 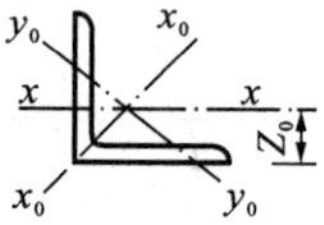 单角钢 | | | | | | | | | | 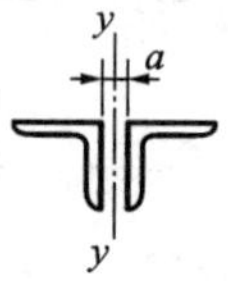 双角钢 | | | | |
|---|---|---|---|---|---|---|---|---|---|---|---|---|---|---|---|
| | 圆角 $R$ | 重心距 $Z_0$ | 截面积 $A$ | 质量 | 惯性矩 $I_x$ | 截面模量 | | 回转半径 | | | $i_y$，当 $a$ 为下列数值： | | | | |
| | | | | | | $W_x^{max}$ | $W_x^{min}$ | $i_x$ | $i_{x0}$ | $i_{y0}$ | 6mm | 8mm | 10mm | 12mm | 14mm |
| | mm | | $cm^2$ | kg/m | $cm^4$ | $cm^3$ | | cm | | | cm | | | | |
| ∟20×3 | 3.5 | 6.0 | 1.13 | 0.89 | 0.40 | 0.66 | 0.29 | 0.59 | 0.75 | 0.39 | 1.08 | 1.17 | 1.25 | 1.34 | 1.43 |
| 4 | | 6.4 | 1.46 | 1.15 | 0.50 | 0.78 | 0.36 | 0.58 | 0.73 | 0.38 | 1.11 | 1.19 | 1.28 | 1.37 | 1.46 |
| ∟25×3 | 3.5 | 7.3 | 1.43 | 1.12 | 0.82 | 1.12 | 0.46 | 0.76 | 0.95 | 0.49 | 1.27 | 1.36 | 1.44 | 1.53 | 1.61 |
| 4 | | 7.6 | 1.86 | 1.46 | 1.03 | 1.34 | 0.59 | 0.74 | 0.93 | 0.48 | 1.30 | 1.38 | 1.47 | 1.55 | 1.64 |
| ∟30×3 | 4.5 | 8.5 | 1.75 | 1.37 | 1.46 | 1.72 | 0.68 | 0.91 | 1.15 | 0.59 | 1.47 | 1.55 | 1.63 | 1.71 | 1.80 |
| 4 | | 8.9 | 2.28 | 1.79 | 1.84 | 2.08 | 0.87 | 0.90 | 1.13 | 0.58 | 1.49 | 1.57 | 1.65 | 1.74 | 1.82 |
| 3 | 4.5 | 10.0 | 2.11 | 1.66 | 2.58 | 2.59 | 0.99 | 1.11 | 1.39 | 0.71 | 1.70 | 1.78 | 1.86 | 1.94 | 2.03 |
| ∟36×4 | | 10.4 | 2.76 | 2.16 | 3.29 | 3.18 | 1.28 | 1.09 | 1.38 | 0.70 | 1.73 | 1.80 | 1.89 | 1.97 | 2.05 |
| 5 | | 10.7 | 3.38 | 2.65 | 3.95 | 3.68 | 1.56 | 1.08 | 1.36 | 0.70 | 1.75 | 1.83 | 1.91 | 1.99 | 2.08 |
| 3 | 5 | 10.9 | 2.36 | 1.85 | 3.59 | 3.28 | 1.23 | 1.23 | 1.55 | 0.79 | 1.86 | 1.94 | 2.01 | 2.09 | 2.18 |
| ∟40×4 | | 11.3 | 3.09 | 2.42 | 4.60 | 4.05 | 1.60 | 1.22 | 1.54 | 0.79 | 1.88 | 1.96 | 2.04 | 2.12 | 2.20 |
| 5 | | 11.7 | 3.79 | 2.98 | 5.53 | 4.72 | 1.96 | 1.21 | 1.52 | 0.78 | 1.90 | 1.98 | 2.06 | 2.14 | 2.23 |
| 3 | 5 | 12.2 | 2.66 | 2.09 | 5.17 | 4.25 | 1.58 | 1.39 | 1.76 | 0.90 | 2.06 | 2.14 | 2.21 | 2.29 | 2.37 |
| ∟45×4 | | 12.6 | 3.49 | 2.74 | 6.65 | 5.29 | 2.05 | 1.38 | 1.74 | 0.89 | 2.08 | 2.16 | 2.24 | 2.32 | 2.40 |
| 5 | | 13.0 | 4.29 | 3.37 | 8.04 | 6.20 | 2.51 | 1.37 | 1.72 | 0.88 | 2.10 | 2.18 | 2.26 | 2.34 | 2.42 |
| 6 | | 13.3 | 5.08 | 3.99 | 9.33 | 6.99 | 2.95 | 1.36 | 1.71 | 0.88 | 2.12 | 2.20 | 2.28 | 2.36 | 2.44 |
| 3 | 5.5 | 13.4 | 2.97 | 2.33 | 7.18 | 5.36 | 1.96 | 1.55 | 1.96 | 1.00 | 2.26 | 2.33 | 2.41 | 2.48 | 2.56 |
| ∟50×4 | | 13.8 | 3.90 | 3.06 | 9.26 | 6.70 | 2.56 | 1.54 | 1.94 | 0.99 | 2.28 | 2.36 | 2.43 | 2.51 | 2.59 |
| 5 | | 14.2 | 4.80 | 3.77 | 11.21 | 7.90 | 3.13 | 1.53 | 1.92 | 0.98 | 2.30 | 2.38 | 2.45 | 2.53 | 2.61 |
| 6 | | 14.6 | 5.69 | 4.46 | 13.05 | 8.95 | 3.68 | 1.51 | 1.91 | 0.98 | 2.32 | 2.40 | 2.48 | 2.56 | 2.64 |
| 3 | 6 | 14.8 | 3.34 | 2.62 | 10.19 | 6.86 | 2.48 | 1.75 | 2.20 | 1.13 | 2.50 | 2.57 | 2.64 | 2.72 | 2.80 |
| ∟56×4 | | 15.3 | 4.39 | 3.45 | 13.18 | 8.63 | 3.24 | 1.73 | 2.18 | 1.11 | 2.52 | 2.59 | 2.67 | 2.74 | 2.82 |
| 5 | | 15.7 | 5.42 | 4.25 | 16.02 | 10.22 | 3.97 | 1.72 | 2.17 | 1.10 | 2.54 | 2.61 | 2.69 | 2.77 | 2.85 |
| 8 | | 16.8 | 8.37 | 6.57 | 23.63 | 14.06 | 6.03 | 1.68 | 2.11 | 1.09 | 2.60 | 2.67 | 2.75 | 2.83 | 2.91 |
| 4 | 7 | 17.0 | 4.98 | 3.91 | 19.03 | 11.22 | 4.13 | 1.96 | 2.46 | 1.26 | 2.79 | 2.87 | 2.94 | 3.02 | 3.09 |
| 5 | | 17.4 | 6.14 | 4.82 | 23.17 | 13.33 | 5.08 | 1.94 | 2.45 | 1.25 | 2.82 | 2.89 | 2.96 | 3.04 | 3.12 |
| ∟63×6 | | 17.8 | 7.29 | 5.72 | 27.12 | 15.26 | 6.00 | 1.93 | 2.43 | 1.24 | 2.83 | 2.91 | 2.98 | 3.06 | 3.14 |
| 8 | | 18.5 | 9.51 | 7.47 | 34.45 | 18.59 | 7.75 | 1.90 | 2.39 | 1.23 | 2.87 | 2.95 | 3.03 | 3.10 | 3.18 |
| 10 | | 19.3 | 11.66 | 9.15 | 41.09 | 21.34 | 9.39 | 1.88 | 2.36 | 1.22 | 2.91 | 2.99 | 3.07 | 3.15 | 3.23 |

**续表**

| 角钢型号 | 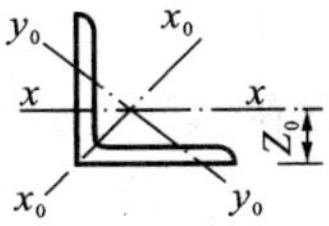 单角钢 | | | | | | | | | | 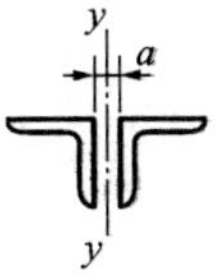 双角钢 | | | | |
|---|---|---|---|---|---|---|---|---|---|---|---|---|---|---|---|
| | 圆角 $R$ | 重心距 $Z_0$ | 截面积 $A$ | 质量 | 惯性矩 $I_x$ | 截面模量 | | 回转半径 | | | $i_y$，当 $a$ 为下列数值： | | | | |
| | | | | | | $W_x^{max}$ | $W_x^{min}$ | $i_x$ | $i_{x0}$ | $i_{y0}$ | 6mm | 8mm | 10mm | 12mm | 14mm |
| | mm | | $cm^2$ | kg/m | $cm^4$ | $cm^3$ | | cm | | | cm | | | | |
| 4 | 8 | 18.6 | 5.57 | 4.37 | 26.39 | 14.16 | 5.14 | 2.18 | 2.74 | 1.40 | 3.07 | 3.14 | 3.21 | 3.29 | 3.36 |
| 5 | | 19.1 | 6.88 | 5.40 | 32.21 | 16.89 | 6.32 | 2.16 | 2.73 | 1.39 | 3.09 | 3.16 | 3.24 | 3.31 | 3.39 |
| ∟70×6 | | 19.5 | 8.16 | 6.41 | 37.77 | 19.39 | 7.48 | 2.15 | 2.71 | 1.38 | 3.11 | 3.18 | 3.26 | 3.33 | 3.41 |
| 7 | | 19.9 | 9.42 | 7.40 | 43.09 | 21.68 | 8.59 | 2.14 | 2.69 | 1.38 | 3.13 | 3.20 | 3.28 | 3.36 | 3.43 |
| 8 | | 20.3 | 10.67 | 8.37 | 48.17 | 23.79 | 9.68 | 2.13 | 2.68 | 1.37 | 3.15 | 3.22 | 3.30 | 3.38 | 3.46 |
| 5 | 9 | 20.3 | 7.41 | 5.82 | 39.96 | 19.73 | 7.30 | 2.32 | 2.92 | 1.50 | 3.29 | 3.36 | 3.43 | 3.50 | 3.58 |
| 6 | | 20.7 | 8.80 | 6.91 | 46.91 | 22.69 | 8.63 | 2.31 | 2.91 | 1.49 | 3.31 | 3.38 | 3.45 | 3.53 | 3.60 |
| ∟75×7 | | 21.1 | 10.16 | 7.98 | 53.57 | 25.42 | 9.93 | 2.30 | 2.89 | 1.48 | 3.33 | 3.40 | 3.47 | 3.55 | 3.63 |
| 8 | | 21.5 | 11.50 | 9.03 | 59.96 | 27.93 | 11.20 | 2.28 | 2.87 | 1.47 | 3.35 | 3.42 | 3.50 | 3.57 | 3.65 |
| 10 | | 22.2 | 14.13 | 11.09 | 71.98 | 32.40 | 13.64 | 2.26 | 2.84 | 1.46 | 3.38 | 3.46 | 3.54 | 3.61 | 3.69 |
| 5 | 9 | 21.5 | 7.91 | 6.21 | 48.79 | 22.70 | 8.34 | 2.48 | 3.13 | 1.60 | 3.49 | 3.56 | 3.63 | 3.71 | 3.78 |
| 6 | | 21.9 | 9.40 | 7.38 | 57.35 | 26.16 | 9.87 | 2.47 | 3.11 | 1.59 | 3.51 | 3.58 | 3.65 | 3.73 | 3.80 |
| ∟80×7 | | 22.3 | 10.86 | 8.53 | 65.58 | 29.38 | 11.37 | 2.46 | 3.10 | 1.58 | 3.53 | 3.60 | 3.67 | 3.75 | 3.83 |
| 8 | | 22.7 | 12.30 | 9.66 | 73.50 | 32.36 | 12.83 | 2.44 | 3.08 | 1.57 | 3.55 | 3.62 | 3.70 | 3.77 | 3.85 |
| 10 | | 23.5 | 15.13 | 11.87 | 88.43 | 37.68 | 15.64 | 2.42 | 3.04 | 1.56 | 3.58 | 3.66 | 3.74 | 3.81 | 3.89 |
| 6 | 10 | 24.4 | 10.64 | 8.35 | 82.77 | 33.99 | 12.61 | 2.79 | 3.51 | 1.80 | 3.91 | 3.98 | 4.05 | 4.12 | 4.20 |
| 7 | | 24.8 | 12.30 | 9.66 | 94.83 | 38.28 | 14.54 | 2.78 | 3.50 | 1.78 | 3.93 | 4.00 | 4.07 | 4.14 | 4.22 |
| ∟90×8 | | 25.2 | 13.94 | 10.95 | 106.5 | 42.30 | 16.42 | 2.76 | 3.48 | 1.78 | 3.95 | 4.02 | 4.09 | 4.17 | 4.24 |
| 10 | | 25.9 | 17.17 | 13.48 | 128.6 | 49.57 | 20.07 | 2.74 | 3.45 | 1.76 | 3.98 | 4.06 | 4.13 | 4.21 | 4.28 |
| 12 | | 26.7 | 20.31 | 15.94 | 149.2 | 55.93 | 23.57 | 2.71 | 3.41 | 1.75 | 4.02 | 4.09 | 4.17 | 4.25 | 4.32 |
| 6 | 12 | 26.7 | 11.93 | 9.37 | 115.0 | 43.04 | 15.68 | 3.10 | 3.91 | 2.00 | 4.30 | 4.37 | 4.44 | 4.51 | 4.58 |
| 7 | | 27.1 | 13.80 | 10.83 | 131.9 | 48.57 | 18.10 | 3.09 | 3.89 | 1.99 | 4.32 | 4.39 | 4.46 | 4.53 | 4.61 |
| 8 | | 27.6 | 15.64 | 12.28 | 148.2 | 53.78 | 20.47 | 3.08 | 3.88 | 1.98 | 4.34 | 4.41 | 4.48 | 4.55 | 4.63 |
| ∟100×10 | | 28.4 | 19.26 | 15.12 | 179.5 | 63.29 | 25.06 | 3.05 | 3.84 | 1.96 | 4.38 | 4.45 | 4.52 | 4.60 | 4.67 |
| 12 | | 29.1 | 22.80 | 17.90 | 208.9 | 71.72 | 29.47 | 3.03 | 3.81 | 1.95 | 4.41 | 4.49 | 4.56 | 4.64 | 4.71 |
| 14 | | 29.9 | 26.26 | 20.61 | 236.5 | 79.19 | 33.73 | 3.00 | 3.77 | 1.94 | 4.45 | 4.53 | 4.60 | 4.68 | 4.75 |
| 16 | | 30.6 | 29.63 | 23.26 | 262.5 | 85.81 | 37.82 | 2.98 | 3.74 | 1.93 | 4.49 | 4.56 | 4.64 | 4.72 | 4.80 |
| 7 | 12 | 29.6 | 15.20 | 11.93 | 177.2 | 59.78 | 22.05 | 3.41 | 4.30 | 2.20 | 4.72 | 4.79 | 4.86 | 4.94 | 5.01 |
| 8 | | 30.1 | 17.24 | 13.53 | 199.5 | 66.36 | 24.95 | 3.40 | 4.28 | 2.19 | 4.74 | 4.81 | 4.88 | 4.96 | 5.03 |
| ∟110×10 | | 30.9 | 21.26 | 16.69 | 242.2 | 78.48 | 30.60 | 3.38 | 4.25 | 2.17 | 4.78 | 4.85 | 4.92 | 5.00 | 5.07 |
| 12 | | 31.6 | 25.20 | 19.78 | 282.6 | 89.34 | 36.05 | 3.35 | 4.22 | 2.15 | 4.82 | 4.89 | 4.96 | 5.04 | 5.11 |
| 14 | | 32.4 | 29.06 | 22.81 | 320.7 | 99.07 | 41.31 | 3.32 | 4.18 | 2.14 | 4.85 | 4.93 | 5.00 | 5.08 | 5.15 |

**续表**

| 角钢型号 | 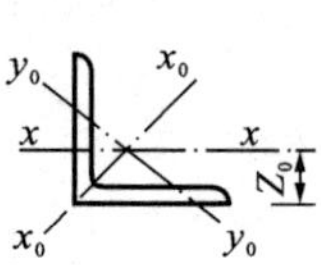 单角钢 | | | | | | | | | | 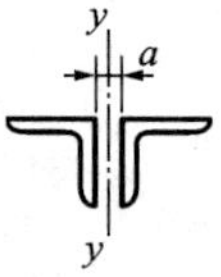 双角钢 | | | | |
|---|---|---|---|---|---|---|---|---|---|---|---|---|---|---|---|
| | 圆角 $R$ | 重心距 $Z_0$ | 截面积 $A$ | 质量 | 惯性矩 $I_x$ | 截面模量 | | 回转半径 | | | $i_y$，当 $a$ 为下列数值： | | | | |
| | | | | | | $W_x^{max}$ | $W_x^{min}$ | $i_x$ | $i_{x0}$ | $i_{y0}$ | 6mm | 8mm | 10mm | 12mm | 14mm |
| | mm | | $cm^2$ | kg/m | $cm^4$ | $cm^3$ | | cm | | | cm | | | | |
| ∟125×8 | 14 | 33.7 | 19.75 | 15.50 | 297.0 | 88.20 | 32.52 | 3.88 | 4.88 | 2.50 | 5.34 | 5.41 | 5.48 | 5.55 | 5.62 |
| ∟125×10 | 14 | 34.5 | 24.37 | 19.13 | 361.7 | 104.8 | 39.97 | 3.85 | 4.85 | 2.48 | 5.38 | 5.45 | 5.52 | 5.59 | 5.66 |
| ∟125×12 | 14 | 35.3 | 28.91 | 22.70 | 423.2 | 119.9 | 47.17 | 3.83 | 4.82 | 2.46 | 5.41 | 5.48 | 5.56 | 5.63 | 5.70 |
| ∟125×14 | 14 | 36.1 | 33.37 | 26.19 | 481.7 | 133.6 | 54.16 | 3.80 | 4.78 | 2.45 | 5.45 | 5.52 | 5.59 | 5.67 | 5.74 |
| ∟140×10 | 14 | 38.2 | 27.37 | 21.49 | 514.7 | 134.6 | 50.58 | 4.34 | 5.46 | 2.78 | 5.98 | 6.05 | 6.12 | 6.20 | 6.27 |
| ∟140×12 | 14 | 39.0 | 32.51 | 25.52 | 603.7 | 154.6 | 59.80 | 4.31 | 5.43 | 2.77 | 6.02 | 6.09 | 6.16 | 6.23 | 6.31 |
| ∟140×14 | 14 | 39.8 | 37.57 | 29.49 | 688.8 | 173.0 | 68.75 | 4.28 | 5.40 | 2.75 | 6.06 | 6.13 | 6.20 | 6.27 | 6.34 |
| ∟140×16 | 14 | 40.6 | 42.54 | 33.39 | 770.2 | 189.9 | 77.46 | 4.26 | 5.36 | 2.74 | 6.09 | 6.16 | 6.23 | 6.31 | 6.38 |
| ∟160×10 | 16 | 43.1 | 31.50 | 24.73 | 779.5 | 180.8 | 66.70 | 4.97 | 6.27 | 3.20 | 6.78 | 6.85 | 6.92 | 6.99 | 7.06 |
| ∟160×12 | 16 | 43.9 | 37.44 | 29.39 | 916.6 | 208.6 | 78.98 | 4.95 | 6.24 | 3.18 | 6.82 | 6.89 | 6.96 | 7.03 | 7.10 |
| ∟160×14 | 16 | 44.7 | 43.30 | 33.99 | 1048 | 234.4 | 90.95 | 4.92 | 6.20 | 3.16 | 6.86 | 6.93 | 7.00 | 7.07 | 7.14 |
| ∟160×16 | 16 | 45.5 | 49.07 | 38.52 | 1175 | 258.3 | 102.6 | 4.89 | 6.17 | 3.14 | 6.89 | 6.96 | 7.03 | 7.10 | 7.18 |
| ∟180×12 | 16 | 48.9 | 42.24 | 33.16 | 1321 | 270.0 | 100.8 | 5.59 | 7.05 | 3.58 | 7.63 | 7.70 | 7.77 | 7.84 | 7.91 |
| ∟180×14 | 16 | 49.7 | 48.90 | 38.38 | 1514 | 304.6 | 116.3 | 5.57 | 7.02 | 3.57 | 7.67 | 7.74 | 7.81 | 7.88 | 7.95 |
| ∟180×16 | 16 | 50.5 | 55.47 | 43.54 | 1701 | 336.9 | 131.4 | 5.54 | 6.98 | 3.55 | 7.70 | 7.77 | 7.84 | 7.91 | 7.98 |
| ∟180×18 | 16 | 51.3 | 61.95 | 48.63 | 1881 | 367.1 | 146.1 | 5.51 | 6.94 | 3.53 | 7.73 | 7.80 | 7.87 | 7.95 | 8.02 |
| ∟200×14 | 18 | 54.6 | 54.64 | 42.89 | 2104 | 385.1 | 144.7 | 6.20 | 7.82 | 3.98 | 8.47 | 8.54 | 8.61 | 8.67 | 8.75 |
| ∟200×16 | 18 | 55.4 | 62.01 | 48.68 | 2366 | 427.0 | 163.7 | 6.18 | 7.79 | 3.96 | 8.50 | 8.57 | 8.64 | 8.71 | 8.78 |
| ∟200×18 | 18 | 56.2 | 69.30 | 54.40 | 2621 | 466.5 | 182.2 | 6.15 | 7.75 | 3.94 | 8.53 | 8.60 | 8.67 | 8.75 | 8.82 |
| ∟200×20 | 18 | 56.9 | 76.50 | 60.06 | 2867 | 503.6 | 200.4 | 6.12 | 7.72 | 3.93 | 8.57 | 8.64 | 8.71 | 8.78 | 8.85 |
| ∟200×24 | 18 | 58.4 | 90.66 | 71.17 | 3338 | 571.5 | 235.8 | 6.07 | 7.64 | 3.90 | 8.63 | 8.71 | 8.78 | 8.85 | 8.92 |

## 2. 普通工字钢

符号　$h$— 高度；
$b$— 翼缘宽度；
$t_w$— 腹板厚；
$t$— 翼缘平均厚；
$I$— 惯性矩；
$W$— 截面模量；
$R$— 圆角半径；

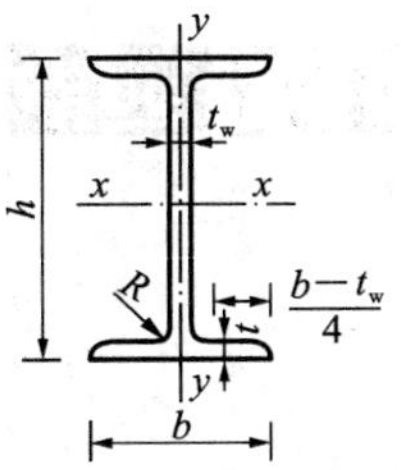


$i$— 回转半径；
$S$— 半截面的静力矩。
长度：型号 10 ～ 18，
长 5 ～ 19 m；
型号 20 ～ 63，
长 6 ～ 19 m

| 型号 | 尺寸 | | | | | 截面积 | 质量 | $x$—$x$ 轴 | | | | $y$—$y$ 轴 | | |
|---|---|---|---|---|---|---|---|---|---|---|---|---|---|---|
| | $h$ | $b$ | $t_w$ | $t$ | $R$ | ($cm^2$) | (kg/m) | $I_x$ | $W_x$ | $i_x$ | $I_x/S_x$ | $I_y$ | $W_y$ | $i_y$ |
| | mm | | | | | | | $cm^4$ | $cm^3$ | cm | | $cm^4$ | $cm^3$ | cm |
| 10 | 100 | 68 | 4.5 | 7.6 | 6.5 | 14.3 | 11.2 | 245 | 49 | 4.14 | 8.69 | 33 | 9.6 | 1.51 |
| 12.6 | 126 | 74 | 5.0 | 8.4 | 7.0 | 18.1 | 14.2 | 488 | 77 | 5.19 | 11.0 | 47 | 12.7 | 1.61 |
| 14 | 140 | 80 | 5.5 | 9.1 | 7.5 | 21.5 | 16.9 | 712 | 102 | 5.75 | 12.2 | 64 | 16.1 | 1.73 |
| 16 | 160 | 88 | 6.0 | 9.9 | 8.0 | 26.1 | 20.5 | 1127 | 141 | 6.57 | 13.9 | 93 | 21.1 | 1.89 |
| 18 | 180 | 94 | 6.5 | 10.7 | 8.5 | 30.7 | 24.1 | 1699 | 185 | 7.37 | 15.4 | 123 | 26.2 | 2.00 |
| 20a | 200 | 100 | 7.0 | 11.4 | 9.0 | 35.5 | 27.9 | 2369 | 237 | 8.16 | 17.4 | 158 | 31.6 | 2.11 |
| 20b | | 102 | 9.0 | | | 39.5 | 31.1 | 2502 | 250 | 7.95 | 17.1 | 169 | 33.1 | 2.07 |
| 22a | 220 | 110 | 7.5 | 12.3 | 9.5 | 42.1 | 33.0 | 3406 | 310 | 8.99 | 19.2 | 226 | 41.1 | 2.32 |
| 22b | | 112 | 9.5 | | | 46.5 | 36.5 | 3583 | 326 | 8.78 | 18.9 | 240 | 42.9 | 2.27 |
| 25a | 250 | 116 | 8.0 | 13.0 | 10.0 | 48.5 | 38.1 | 5017 | 401 | 10.2 | 21.7 | 280 | 48.4 | 2.40 |
| 25b | | 118 | 10.0 | | | 53.5 | 42.0 | 5278 | 422 | 9.93 | 21.4 | 297 | 50.4 | 2.36 |
| 28a | 280 | 122 | 8.5 | 13.7 | 10.5 | 55.4 | 43.5 | 7115 | 508 | 11.3 | 24.3 | 344 | 56.4 | 2.49 |
| 28b | | 124 | 10.5 | | | 61.0 | 47.9 | 7481 | 534 | 11.1 | 24.0 | 364 | 58.7 | 2.44 |
| 32a | 320 | 130 | 9.5 | 15.0 | 11.5 | 67.1 | 52.7 | 11080 | 692 | 12.8 | 27.7 | 459 | 70.6 | 2.62 |
| 32b | | 132 | 11.5 | | | 73.5 | 57.7 | 11626 | 727 | 12.6 | 27.3 | 484 | 73.3 | 2.57 |
| 32c | | 134 | 13.5 | | | 79.9 | 62.7 | 12173 | 761 | 12.3 | 26.9 | 510 | 76.1 | 2.53 |
| 36a | 360 | 136 | 10.0 | 15.8 | 12.0 | 76.4 | 60.0 | 15796 | 878 | 14.4 | 31.0 | 555 | 81.6 | 2.69 |
| 36b | | 138 | 12.0 | | | 83.6 | 65.6 | 16574 | 921 | 14.1 | 30.6 | 584 | 84.6 | 2.64 |
| 36c | | 140 | 14.0 | | | 90.8 | 71.3 | 17351 | 964 | 13.8 | 30.2 | 614 | 87.7 | 2.60 |
| 40a | 400 | 142 | 10.5 | 16.5 | 12.5 | 86.1 | 67.6 | 21714 | 1086 | 15.9 | 34.4 | 660 | 92.9 | 2.77 |
| 40b | | 144 | 12.5 | | | 94.1 | 73.8 | 22781 | 1139 | 15.6 | 33.9 | 693 | 96.2 | 2.71 |
| 40c | | 146 | 14.5 | | | 102 | 80.1 | 23847 | 1192 | 15.3 | 33.5 | 727 | 99.7 | 2.67 |
| 45a | 450 | 150 | 11.5 | 18.0 | 13.5 | 102 | 80.4 | 32241 | 1433 | 17.7 | 38.5 | 855 | 114 | 2.89 |
| 45b | | 152 | 13.5 | | | 111 | 87.4 | 33759 | 1500 | 17.4 | 38.1 | 895 | 118 | 2.84 |
| 45c | | 154 | 15.5 | | | 120 | 94.5 | 35278 | 1568 | 17.1 | 37.6 | 938 | 122 | 2.79 |
| 50a | 500 | 158 | 12.0 | 20 | 14 | 119 | 93.6 | 46472 | 1859 | 19.7 | 42.9 | 1122 | 142 | 3.07 |
| 50b | | 160 | 14.0 | | | 129 | 101 | 48556 | 1942 | 19.4 | 42.3 | 1171 | 146 | 3.01 |
| 50c | | 162 | 16.0 | | | 139 | 109 | 50639 | 2026 | 19.1 | 41.9 | 1224 | 151 | 2.96 |
| 56a | 560 | 166 | 12.5 | 21 | 14.5 | 135 | 106 | 65576 | 2342 | 22.0 | 47.9 | 1366 | 165 | 3.18 |
| 56b | | 168 | 14.5 | | | 147 | 115 | 68503 | 2447 | 21.6 | 47.3 | 1424 | 170 | 3.12 |
| 56c | | 170 | 16.5 | | | 158 | 124 | 71430 | 2551 | 21.3 | 46.8 | 1485 | 175 | 3.07 |
| 63a | 630 | 176 | 13.0 | 22 | 15 | 155 | 122 | 94004 | 2984 | 24.7 | 53.8 | 1702 | 194 | 3.32 |
| 63b | | 178 | 15.0 | | | 167 | 131 | 98171 | 3117 | 24.2 | 53.2 | 1771 | 199 | 3.25 |
| 63c | | 180 | 17.0 | | | 180 | 141 | 102339 | 3249 | 23.9 | 52.6 | 1842 | 205 | 3.20 |

# 部分习题简答

2.1　$F_x = -676.93\ \text{N}, F_y = -779.29\ \text{N}, F_R = 1032.24\ \text{N}$

2.2　$F_R = 161.25\ \text{kN}; \arctan\dfrac{F_y}{F_x} = 60.25°$

2.3　(a)$F_{AB} = -0.1414\ \text{kN}, F_{AC} = 3.15\ \text{kN}$;(b)$F_{AB} = 2.73\ \text{kN}, F_{AC} = -5.28\ \text{kN}$

2.4　5 kN

2.5　(a)$F_B = F_A = \dfrac{M}{l}$;(b)$F_B = F_A = \dfrac{M}{l\cos\alpha}$

2.6　$M = Fa\tan 2\theta$

2.7　$F_A = \dfrac{\sqrt{2}M}{l}$

2.8　(a) $F_{Ax} = 1.41\ \text{kN}, F_{Ay} = 1.09\ \text{kN}, F_B = 2.50\ \text{kN}$

(b) $F_A = 3.75\ \text{kN}, F_B = 0.25\ \text{kN}$

(c) $F_{Ax} = 0, F_{Ay} = 17\ \text{kN}, M_A = 33\ \text{kN}\cdot\text{m}$

2.9　$F_{Ax} = W_2\cos\dfrac{\theta}{2}; F_{Ay} = \dfrac{W_1^2 + W_2^2}{W_1}$

2.10　$F_{Ax} = 0, F_{Ay} = 0; F_{Bx} = -50\ \text{kN}, F_{By} = 100\ \text{kN}; F_{Cx} = -50\ \text{kN}, F_{Cy} = 0$

2.11　(a) $F_{Ax} = 34.64\ \text{kN}, F_{Ay} = 60\ \text{kN}, M_A = 33\ \text{kN}\cdot\text{m}$

$F_{Bx} = 34.64\ \text{kN}, F_{By} = 60\ \text{kN}, F_C = 69.28\ \text{kN}$

(b) $F_{Ay} = 2.5\ \text{kN}, F_B = 15\ \text{kN}, F_{Cy} = 2.5\ \text{kN}, F_D = 2.5\ \text{kN}$

(c) $F_{Ay} = 2.5\ \text{kN}, M_A = 10\ \text{kN}\cdot\text{m}, F_{By} = 1.5\ \text{kN}, F_C = 1.5\ \text{kN}$

2.12　$F_{Ax} = 0, F_{Ay} = -\dfrac{M}{2a}(\downarrow), F_{Bx} = 0, F_{By} = \dfrac{M}{2a}(\downarrow), F_{Dx} = 0, F_{Dy} = \dfrac{M}{a}(\uparrow)$

2.13　$F_{Ax} = 2.4\ \text{kN}, F_{Ay} = 1.2\ \text{kN}, F_{BC} = 0.848\ \text{kN}$

2.14　$P_2 = P_{2\min} = 333\ \text{kN}, x = x_{\max} = 4.5P/P_2 = 6.75\ \text{m}$

3.1　(a)$S_z = 24\ \text{cm}^3$;(b)$S_z = 42.25\ \text{cm}^3$;(c)$S_z = 280\ \text{cm}^3$;(d)$S_z = 520\ \text{cm}^3$

3.2　$S_z = 2r^3/3, y_C = 4r/3\pi$

3.3　$I_y = I_z = \pi r^4/16, I_{yz} = r^4/8$

3.4　$I_z = a^4/12$

3.5　(a)$I_z = 2117.7\ \text{cm}^4$;(b)$I_z = 9045\ \text{cm}^4$

3.6　$I_z = bh^3/4$

3.7　$I_z = 3.3\ \text{m}^4$

4.1 (a)$F_{N1-1}=50\ \text{kN}$,$F_{N2-2}=10\ \text{kN}$,$F_{N3-3}=-20\ \text{kN}$

(b)$F_{N1-1}=F$,$F_{N2-2}=0$,$F_{N3-3}=F$

(c)$F_{N1-1}=0$,$F_{N2-2}=4F$,$F_{N3-3}=3F$

4.2 (a) 左段轴力方程 $F_{NL}=qx$,左端起点 $(0<x\leqslant 1)$;右段轴力方程 $F_{NR}=qx$,右端起点$(0<x\leqslant 1)$

(b) 左段轴力方程 $F_{NL}=15-qx$,左端起点 $(0<x\leqslant 1)$;右段轴力方程 $F_{NR}=qx-15$,右端起点$(0<x\leqslant 1.5)$

4.3 $\sigma_1=4\ \text{MPa}$,$\sigma_2=181.2\ \text{MPa}$

4.4 (1) 当 $\alpha=30°$ 时,$\tau_{max}=63.7\ \text{MPa}$,$\sigma=95.6\ \text{MPa}$,$\tau=55.3\ \text{MPa}$;当 $\alpha=60°$ 时,$\sigma=31.9\ \text{MPa}$,$\tau=55.3\ \text{MPa}$

(2)$\alpha=63.43°$

4.5 (1)$\varepsilon_a/\varepsilon_s=2.5$; (2)$\sigma_s/\sigma_a=2.5$; (3)$\sigma_s=80\ \text{MPa}$,$\sigma_a=3.2\ \text{MPa}$

4.6 轴力图略;$\sigma_{max}=75\ \text{MPa}$,$\Delta l=6.56\times10^{-4}\ \text{m}$

4.7 $[\sigma]=140.6\ \text{MPa}$,$\sigma_{max}=100\ \text{MPa}\leqslant[\sigma]$,满足强度要求,$E=206\ \text{GPa}$,$\Delta l=6.06\times10^{-5}\ \text{m}$

4.8 $\Delta l_{Ax}=-3.46\times10^{-3}\ \text{m}$,$\Delta l_{Ay}=24.4\times10^{-3}\ \text{m}$

4.9 证明:$\varepsilon_s=\dfrac{S_1-S}{S}=\dfrac{\pi D_1-\pi D}{\pi D}=\dfrac{D_1-D}{D}=\varepsilon_D$,其中,$S$、$S_1$ 和 $D$、$D_1$ 分别为圆形截面变形前后的周长和直径

4.10 $\Delta l_1=\dfrac{Fl}{EA}$,$\Delta l_2=\dfrac{Fl}{2EA}$

4.11 $\Delta l_A=9.2\times10^{-6}\ \text{m}$

4.12 $\Delta l=8.04\times10^{-5}\ \text{m}$

4.13 $\Delta C=9.11\times10^{-5}\ \text{m}$

4.14 $x=1.67\ \text{m}$,$F\leqslant120\ \text{kN}$

4.15 $\nu=0.28$;$F=600\ \text{kN}$

4.16 $\Delta l=1.29\times10^{-4}\ \text{m}$,$\Delta D=1.29\times10^{-5}\ \text{m}$

4.17 $F_{NDA}=F_{NDC}=30\ \text{kN}$,$\sigma_{DA}=\sigma_{DC}=150\ \text{MPa}\leqslant[\sigma]$

4.18 (1) 轴力图略;(2) 开槽处有最大正应力,$\sigma_{max}=10\ \text{MPa}\leqslant[\sigma]$

4.19 $\sigma_{max}=100\ \text{MPa}\leqslant[\sigma]$,强度满足要求;$[F]\leqslant8\ \text{kN}$

4.20 $\alpha=45°$

5.1 $\tau=66.3\ \text{MPa}\leqslant[\tau]$,$\sigma_{bS}=102\ \text{MPa}\leqslant[\sigma_{bS}]$,构件能安全工作。

5.2 $\tau=52.6\ \text{MPa}\leqslant[\tau]$,$\sigma_{bS}=90.9\ \text{MPa}\leqslant[\sigma_{bS}]$,$\sigma_{max}=167\ \text{MPa}\leqslant[\sigma]$,接头安全。

5.3 选取 $d\geqslant14\ \text{mm}$ 的螺栓。

5.4 (a) 从左往右各段扭矩分别为 $-10\ \text{kN}\cdot\text{m}$、$20\ \text{kN}\cdot\text{m}$,线型都为水平直线。

(b) 从左往右各段扭矩分别为 $M_e$、0、$-M_e$、$-3M_e$,线型都为水平直线。

(c) 从左往右各段扭矩分别为 10 kN·m、20 kN·m、50 kN·m、55 kN·m、60 kN·m，线型都为水平直线。

(d) 从左往右第一段左端点扭矩为 5 kN·m，右端点扭矩为 10 kN·m，线型为斜线。第二段弯矩为 10 kN·m，线型为水平直线。

5.5 从左往右各段扭矩分别为：0.8595 kN·m、－2.0055 kN·m、－1.4325 kN·m、－0.382 kN·m，线型都为水平直线。

5.6 (1) 分布力偶集度 $m = \dfrac{M_e}{l} = \dfrac{0.5305}{40} = 0.0133\ \text{kN/m}$

(2) 下端点扭矩为零，上端点扭矩为 －0.5305 kN·m，线型为斜线。

5.7 传递的功率 $N_k = 1.473 \times 120/9.549 = 18.5\ \text{kW}$

5.8 (1) 最大切应力 $\tau_{max} = \dfrac{T}{W_\rho} = \dfrac{8563014.45}{184078} = 46.518\ \text{MPa}$

(2) 传递的功率 $N_k = 8.563 \times 80/9.549 = 71.74\ \text{kW}$

5.9 (1) 最大切应力 $\tau_{max} = \dfrac{M_e}{W_\rho} = \dfrac{14 \times 10^6}{196349} = 71.302\ \text{MPa}$

扭转角 $\varphi = \dfrac{T \cdot l}{GI_\rho} = \dfrac{14000 \times 1}{80 \times 10^9 \times 9817469 \times 10^{-12}} = 0.0178254\ \text{rad}$

(2) $\tau_A = \tau_B = \tau_{max} = 71.302\ \text{MPa}$

$\tau_C = \dfrac{1}{2}\tau_B = 0.5 \times 71.302 = 35.66\ \text{MPa}$

(3) 切应变 $\gamma_C = \dfrac{\tau_C}{G} = \dfrac{35.66}{80 \times 10^3} = 4.4575 \times 10^{-4} \approx 0.446 \times 10^{-3}$

5.10 (1) 最大切应力 $\tau_{max} = \dfrac{M_e}{W_\rho} = \dfrac{877296}{12566} = 69.815\ \text{MPa}$

(2) 相对扭转角

$$\varphi_{AC} = \sum \frac{T_i l_i}{GI_\rho} = \frac{T_{AB} \cdot l_{AB}}{GI_\rho} + \frac{T_{BC} \cdot l_{BC}}{GI_\rho} = \frac{M_e \cdot 2a}{GI_\rho} + \frac{0 \cdot a}{GI_\rho} = \frac{2M_e a}{GI_\rho} = 2\varphi_{DB} = 2^\circ$$

5.11 $\tau_{max} = 19.219\ \text{MPa}$，$[\tau] = 20\ \text{MPa}$，$\tau_{max} \leqslant [\tau]$，轴的强度足够，不会发生破坏。

5.12 $d \geqslant 87.5\ \text{mm}$

5.13 $AB$ 段：

$\tau_{max,AB} = 45.166\ \text{MPa} < [\tau] = 80\ \text{MPa}$，强度合格

$\varphi_{AB} = 0.462\ ^\circ/\text{m} < [\theta] = 1.2\ ^\circ/\text{m}$，刚度合格

$BC$ 段：

$\tau_{max,BC} = 71.302\ \text{MPa} < [\tau] = 80\ \text{MPa}$，强度合格

$\varphi_{BC} = 1.02\ ^\circ/\text{m} < [\theta] = 1.2\ ^\circ/\text{m}$，刚度合格

6.1 (a) $F_{S1} = 0, M_1 = -2\ \text{kN}\cdot\text{m}; F_{S2} = -5\ \text{kN}, M_2 = -12\ \text{kN}\cdot\text{m}$

(b) $F_{S1} = -qa, M_1 = -qa^2; F_{S2} = -qa, M_2 = -3qa^2; F_{S3} = -2qa, M_3 = -4.5qa^2$

(c) $F_{S1} = -4\ \text{kN}, M_1 = -4\ \text{kN}\cdot\text{m}; F_{S2} = -4\ \text{kN}, M_2 = -6\ \text{kN}\cdot\text{m}$

(d)$F_{S1}=-1.67\ \text{kN}$，$M_1=5\ \text{kN}\cdot\text{m}$

6.2　(a)$F_{S\max(-)}=6\ \text{kN}$，$M_{\max(-)}=6\ \text{kN}\cdot\text{m}$；(b)$F_S=0\ \text{kN}$，$M_{\max(-)}=5\ \text{kN}\cdot\text{m}$；

(c)$F_{S\max(-)}=\frac{1}{2}q_0 l$，$M_{\max(-)}=\frac{1}{6}q_0 l^2$；(d)$F_{S\max(-)}=22\ \text{kN}$，$M_{\max}=6\ \text{kN}\cdot\text{m}$；

(e)$F_{S\max}=F$，$M_{\max}=Fa$；(f)$F_{S\max}=qa$，$M_{\max}=-\frac{1}{2}qa^2$

6.3　(a)$F_{S\max}=5\ \text{kN}$，$M_{\max(-)}=10\ \text{kN}\cdot\text{m}$；(b)$F_{S\max}=15\ \text{kN}$，$M_{\max(-)}=25\ \text{kN}\cdot\text{m}$；

(c)$F_{S\max}=\frac{11}{6}qa$，$M_{\max}=\frac{49}{72}qa^2$；(d)$F_{S\max}=2qa$，$M_{\max}=qa^2$；

(e)$F_{S\max}=110\ \text{kN}$，$M_{\max}=151.25\ \text{kN}\cdot\text{m}$；(f)$F_{S\max}=50\ \text{kN}$，$M_{\max}=42.5\ \text{kN}\cdot\text{m}$

6.4　$\Delta l=\frac{ql^3}{2Ebh^2}$

6.5　$b_{\min}=61.5\ \text{mm}$，$h_{\min}=184.5\ \text{mm}$

6.6　$a=1.385\ \text{m}$

6.7　$\sigma_{t,\max}=30.2\ \text{MPa}$(支座)；$\sigma_{c,\max}=30.2\ \text{MPa}$(跨中)

6.8　I 20a

6.9　$w_B=\frac{2Fl^3}{9EI}$

6.10　I 32

7.1　(a)$\tau_A=102\ \text{kPa}$，$\tau_B=-51\ \text{kPa}$

(b) $(\sigma_x)_A=-37.5\ \text{MPa}$，$(\tau_x)_A=5.6\ \text{MPa}$，

$(\sigma_x)_B=12.5\ \text{MPa}$，$(\tau_x)_B=-1.87\ \text{MPa}$

7.2　(a)$\sigma_{150^\circ}=-12.5\ \text{MPa}$，$\tau_{150^\circ}=65\ \text{MPa}$

(b)$\sigma_{30^\circ}=-52.3\ \text{MPa}$，$\tau_{30^\circ}=-18.7\ \text{MPa}$

(c)$\sigma_{45^\circ}=-20\ \text{MPa}$，$\tau_{45^\circ}=0\ \text{MPa}$

(d)$\sigma_{60^\circ}=-27.3\ \text{MPa}$，$\tau_{60^\circ}=-27.3\ \text{MPa}$

7.3　(a)$\sigma_1=130\ \text{MPa}$，$\sigma_2=0\ \text{MPa}$，$\sigma_3=-50\ \text{MPa}$，$\tau_{\max}=90\ \text{MPa}$

(b)$\sigma_1=57\ \text{MPa}$，$\sigma_2=0\ \text{MPa}$，$\sigma_3=-7\ \text{MPa}$，$\tau_{\max}=32\ \text{MPa}$

(c)$\sigma_1=20\ \text{MPa}$，$\sigma_2=0\ \text{MPa}$，$\sigma_3=-20\ \text{MPa}$，$\tau_{\max}=20\ \text{MPa}$

(d)$\sigma_1=37\ \text{MPa}$，$\sigma_2=0\ \text{MPa}$，$\sigma_3=-27\ \text{MPa}$，$\tau_{\max}=32\ \text{MPa}$

7.4　(略)

7.5　$\alpha=135^\circ$，$\sigma_1=11.2\ \text{MPa}$，$\sigma_2=0\ \text{MPa}$，$\sigma_3=-71.2\ \text{MPa}$，右面外法线逆时针转 67.5°为第一主应力方向。

7.6　$\sigma_1=121.7\ \text{MPa}$，$\sigma_2=0\ \text{MPa}$，$\sigma_3=-33.7\ \text{MPa}$

7.7　$\sigma_\alpha=2.13\ \text{MPa}$；$\tau_\alpha=24.25\ \text{MPa}$；$\sigma_1=84.7\ \text{MPa}$，$\sigma_2=0$，$\sigma_3=-5.0\ \text{MPa}$

8.1　(1)$\alpha=0^\circ$，$\sigma_{\max}=0.71\ \text{MPa}$；$\alpha=90^\circ$，$\sigma_{\max}=1.42\ \text{MPa}$。(2)$\sigma_{\max}=1.51\ \text{MPa}$

8.2　为满足强度条件则要求 $b=7$ cm，$h=10$ cm；

为满足刚度条件则要求 $b=8$ cm，$h=12$ cm。

8.3　$\sigma_{max}=151.4$ MPa，$f=11.39$ mm，满足强度要求。

8.4　16 号工字钢

8.5　$\sigma_A=192$ kPa，$\sigma_B=11.5$ kPa，$\sigma_C=159.4$ kPa，$\sigma_D=20.18$ kPa

8.6　$e=\dfrac{b}{6}$

8.7　$\sigma_{max}=0.572\dfrac{P}{a^2}$

8.8　直径 $d\geqslant 0.0438$ m。

9.1　比较各杆的 $\lambda$，因 $i$ 相同，比较 $\mu l$ 值，各杆分别为 4，4.55，5，5.6，16，2.5，最小值对应的临界压力最大，选(f)。

9.2　$F_{cr}=177.4$ kN

9.3　$\lambda_p=70$；$F_{cr}=157.3$ kN

9.4　$\dfrac{l_1}{l_2}=\sqrt{3}$；　$\dfrac{F_{cr1}}{F_{cr2}}=\dfrac{\pi}{4}$

9.6　$a=110$ mm

10.1　(a)～(f) 几何不变无多余约束；(g) 几何不变有两个多余约束；

(h) 瞬变体系；(i) 几何不变无多余约束；(j) 几何不变无多余约束；

(k) 几何可变；(l) 几何不变有两个多余约束。

11.1

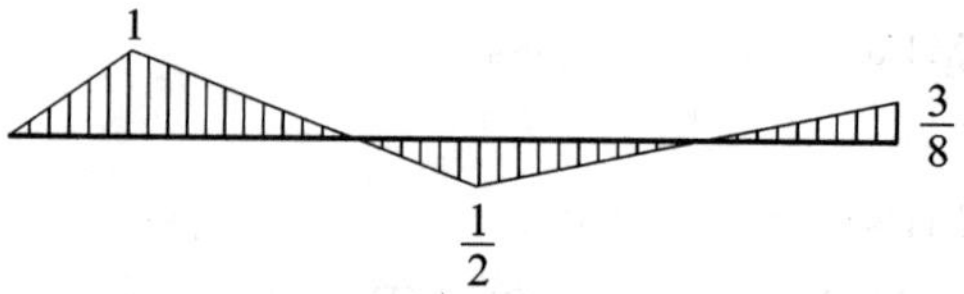


$M$图(kN·m)

11.2

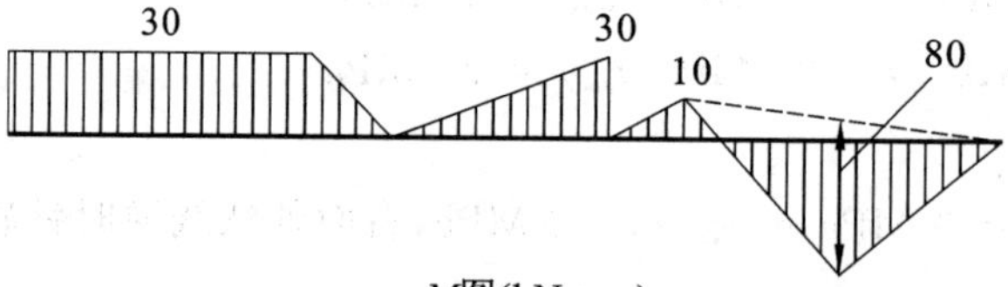


$M$图(kN·m)

11.3

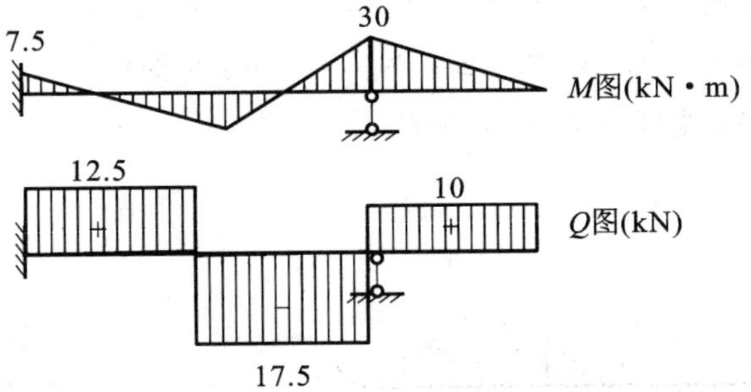


11.4

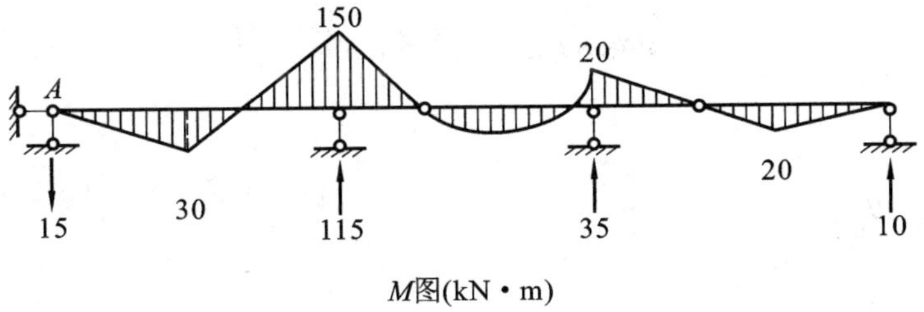


11.5 $F_{Ax} = 3ql/8$ 向左，$F_{Ay} = ql/8$ 向下，$F_{Bx} = ql/8$ 向左，$F_{By} = ql/8$ 向上

11.6

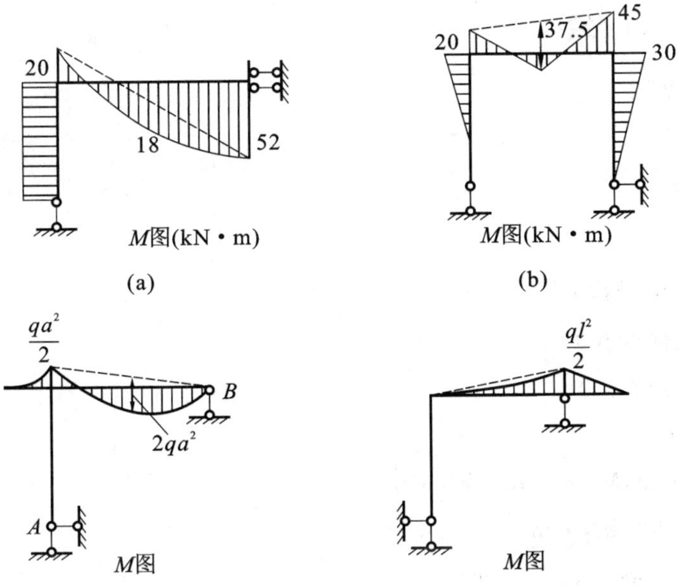


(a) (b) (c) (d)

11.7 (a)$F_{N1} = -5$ kN 受压

(b)$F_{N1} = 75$ kN，$F_{N2} = -5\sqrt{13}/2$ kN 受压

(c)$F_{N1} = 30$ kN，$F_{N2} = 70$ kN，$F_{N3} = 12.5$ kN

(d)$F_{N1} = 0$，$F_{N2} = P/3$，$F_{N3} = -P/3$ 受压，$F_{N4} = \sqrt{2}/3P$

11.8 (a) 联合桁架，6 根零杆；(b) 联合桁架，10 根零杆；

(c) 简单桁架，4 根零杆；(d) 复杂桁架，8 根零杆。

11.9　$F_{Ax}=1$ kN 向右，$F_{Ay}=3$ kN 向上，$F_{Bx}=1$ kN 向左，$F_{By}=1$ kN 向上

11.10　$T=5$ kN 受拉，$M_K=44$ kN·m，$Q_K=0.6$ kN，$N_K=5.8$ kN 受拉

11.11　$F_{N1}=3F_P/2$，$F_{N2}=-0.75F_P$ 受压，$F_{N3}=1.68F_P$

梁式杆的弯矩图：

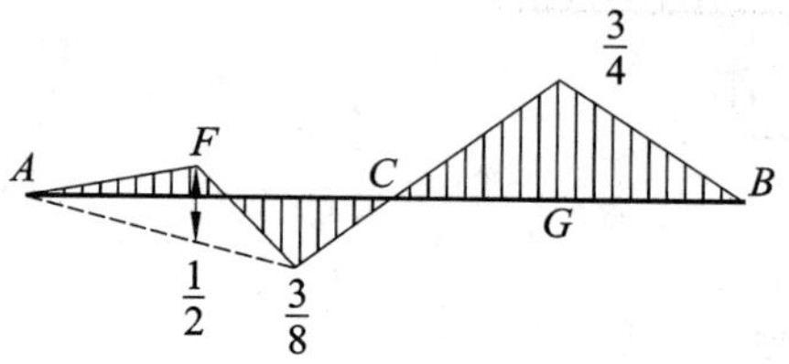

$M$图($\times F_P a$)

12.1　略

12.2　(a) $\dfrac{Pl^3}{16EI}$；　(b) $\dfrac{41ql^4}{384EI}$

12.3　(a) $\dfrac{Pl^2}{192EI}$；　(b) $\dfrac{ql^3}{16EI}$

12.4　(a) $\dfrac{(2\sqrt{2}+1)Pa}{2EA}$；　(b) $\dfrac{5Pa}{2EA}$

12.5　(a) $\dfrac{Pl^3}{16EI}$；　(b) $\dfrac{23Pl^3}{3EI}$

12.6　(a) $\dfrac{ql^3}{6EI}$；　(b) $\dfrac{ql^3}{48EI}$

13.1　(a)$M_A=3Pl/16$(上侧受拉)

(b)$M_B=3Pl/32$(上侧受拉)

(c)$M_{CB}=ql^2/14$(上侧受拉)

(d)$M_{CD}=62.5$ kN·m

13.2　(a)$M_B=175.2$ kN·m，$M_C=58.9$ kN·m

(b) 左柱下端弯矩 $-280$ kN·m

(c)$\Delta_1=-\dfrac{ql^2}{672i}$，$\Delta_2=\dfrac{3ql^2}{672i}$，$M_{12}=\dfrac{ql^2}{168}$

(d)$\Delta_1=-\dfrac{ql^2}{112i}$，$\Delta_2=\dfrac{ql^2}{42i}$，左柱下端弯矩 $-\dfrac{11ql^2}{56}$

13.3　(a)$M_{BA}=34$ kN·m

(b)$M_{BA}=24$ kN·m

(c)$M_{CD}=-39.5$ kN·m

(d)$M_{CB}=72.9$ kN·m

# 参考文献


[1] 李前程,安学敏.建筑力学[M].3版.北京:高等教育出版社,2021.
[2] 吕令毅,吕子华.建筑力学[M].3版.北京:中国建筑工业出版社,2018.
[3] 周国瑾,施美丽,张景良.建筑力学[M].5版.上海:同济大学出版社,2016.
[4] 刘明晖.建筑力学[M].3版.北京:北京大学出版社,2017.
[5] 刘寿梅,黎永索.建筑力学[M].2版.北京:高等教育出版社,2015.
[6] 周海龙,李晓丽.建筑力学[M].北京:水利水电出版社,2017.
[7] 黎永索,郭剑.建筑力学[M].武汉:武汉理工大学出版社,2015.
[8] 陈德先,建筑力学[M].成都:西南交通大学出版社,2013.
[9] 孙训方,方孝淑,关来泰.材料力学[M].6版.北京:高等教育出版社,2019.
[10] 刘鸿文.材料力学[M].4版.北京:高等教育出版社,2017.
[11] 季顺迎.材料力学[M].2版.北京:科学出版社,2020.
[12] 朱慈勉,张伟平.结构力学[M].3版.北京:高等教育出版社,2016.
[13] 包世华,熊峰,范小春.结构力学教程[M].武汉:武汉理工大学出版社,2017.
[14] 哈尔滨工业大学力学教研室.理论力学(I)[M].8版.北京:高等教育出版社,2016.